普通高等教育物联网工程专业规划教材
普通高等学校卓越工程能力培养规划教材

物联网技术与应用

第2版

武奇生　姚博彬　高　荣　汪贵平　编著

机 械 工 业 出 版 社

本书是在第1版的基础上修订而成，内容涵盖了物联网、无线射频识别技术和无线传感器网络的基本概念、原理、技术和应用以及发展趋势和前景，反映了物联网技术的最新进展。主要包括物联网概述、物联网体系结构及其信息技术、无线射频识别技术、无线射频识别的频率标准与技术规范、射频电子标签应用、无线传感器网络、云计算技术、物联网安全技术、物联网的应用、物联网实验等内容。

本书论述严谨、内容新颖、图文并茂，注重基本原理和基本概念的阐述，强调理论联系实际，突出应用技术和实践，重点介绍了物联网技术在智能交通上的应用，通过教学实验和场景训练，掌握物联网理论知识。本书可作为高等院校物联网及相关专业本科生的教材或参考教材，作者开发了实验装置供读者选用，也可作为广大从事无线传感器网络与物联网工作的科技人员及工程技术人员的参考用书。

图书在版编目（CIP）数据

物联网技术与应用/武奇生等编著．—2版．—北京：机械工业出版社，2016.2（2018.2重印）

普通高等教育物联网工程专业规划教材　普通高等学校卓越工程能力培养规划教材

ISBN 978-7-111-52167-9

Ⅰ．①物…　Ⅱ．①武…　Ⅲ．①互联网络-应用-高等学校-教材②智能技术-应用-高等学校-教材　Ⅳ．①TP393.4②TP18

中国版本图书馆CIP数据核字（2015）第294866号

机械工业出版社（北京市百万庄大街22号　邮政编码100037）
策划编辑：于苏华　责任编辑：于苏华　路乙达　版式设计：霍永明
责任校对：陈　越　封面设计：张　静　责任印制：李　昂
三河市宏达印刷有限公司印刷
2018年2月第2版第3次印刷
184mm×260mm · 19.5印张 · 479千字
标准书号：ISBN 978-7-111-52167-9
定价：42.00元

前　言

物联网是互联网的延伸和拓展，它紧密结合无线射频识别、计算机、通信以及无线传感器网络等一系列信息技术，是正在迅速发展并获得广泛应用的一门综合性学科，也正极大地推动着我国的经济建设，改变着人们的工作和生活方式，影响着智能交通的发展。如何加快推动信息产业的发展，培养物联网学科专业人才，为“中国制造2025”培养人才，已经成为政府高度重视的战略问题。

本书在介绍物联网概述、物联网体系结构等理论的基础上，从工程和实际应用角度全面介绍了物联网的关键技术和相关知识。全书共分12章。第1章是绪论，第2章是物联网体系结构及其信息技术，第3章是无线射频识别技术，第4章是相关识别技术及射频电子标签应用，第5章是无线传感器网络简介，第6章是无线传感器网络协议规范与通信技术，第7章是无线传感器网络及其应用，第8章是蓝牙技术，第9章是云计算，第10章是物联网安全技术，第11章是物联网的典型应用，第12章是物联网基础实验。每章均附有小结及习题，为教学的实施提供了方便。本教材参考学时为40～60学时，可根据具体情况酌情选择。

本书由武奇生主编并负责统稿，全书编写具体分工为：武奇生编写第1章，姚博彬编写第5、6、7、8、12章，高荣编写第3、4、9、10、11章，汪贵平编写第2章。曹清源、王爱民等研究生参与研制了实验装置，对本书的初稿进行了阅读和校对。在本书即将出版之际，回顾近一年的编写过程，时常想起要感谢的人和事。

在2010年夏，参加机械工业出版社组织的教育部计算机科学与技术专业教学指导分委员会教师高级研修班时，听取了南开大学吴功宜教授的讲座“智慧的物联网”，并与吴功宜老师探讨物联网的发展，得吴功宜老师赠书，获益匪浅。

在2010年夏，与上海交通大学王东老师本人及无线射频识别技术研究团队进行了交流并实地参观了上海张江无线射频识别技术应用测试公共服务平台、国家无线射频识别技术产业化（上海）基地，讨论了物联网的发展和应用中的问题和关键技术，对物联网有了更深刻的认识，获益匪浅。

本书在编写过程中参阅了许多资料，还得到了作者单位的支持和其他同事的帮助，在此，对单位、同事及编写本书时所参考书籍的作者一并表示诚挚的感谢。

由于篇幅所限，没有将云计算实践、大数据等内容补充进来，读者可参阅相关资料。鉴于无线传感器网络的迅速发展，物联网协议和相关技术标准仍在不断发展和完善之中，加之作者水平和时间有限，书中难免存在错误和不妥之处，恳请同行专家和读者批评指正。

编　者

目　　录

第1章　绪　　论

我国正处在经济发展转型的历史转折阶段，第十二届全国人民代表大会第一次会议的政府工作报告中指出：国际金融危机正在促使新的科技革命和产业革命，要大力发展新能源、新材料、节能环保、生物医药、信息网络和高端制造产业等战略性新兴产业，为“中国制造2025”打好基础，信息网络中的物联网等新兴战略产业必然会得到大力推进及发展。

1.1　物联网概述

1.1.1　物联网的概念

物联网的概念首先由麻省理工学院（MIT）的自动识别实验室在1999年提出，中国科学院在1999年也启动了传感网的研究和开发，当时不叫“物联网”而叫“传感网”，与其他国家相比，我国在此领域的技术研发水平处于世界前列，和较早发展物联网的国家具有同等优势和重大影响力。

国际电信联盟（ITU）从1997年开始每一年出版一部世界互联网发展年度报告，其中2005年度报告的题目是《物联网（Internet of Things，IOT）》。2005年11月27日在突尼斯举办的信息社会世界峰会（WSIS）上，ITU发布的报告“ITU互联网报告2005：物联网”系统地介绍了意大利、日本、韩国与新加坡等国家的案例，并提出了“物联网时代”的构思。该构思设想世界上的万事万物，小到钥匙、手表、手机，大到汽车、楼房，只要注入一个微型的射频标签芯片或传感器芯片，通过互联网就能够实现物与物之间的信息交互，从而形成一个无所不在的“物联网”。世界上所有的人和物在任何时间、任何地点，都可以方便地实现人与人、人与物、物与物之间的信息交互。物联网概念的兴起，很大程度上得益于ITU的互联网发展年度报告，但是ITU的报告对物联网并没有给出一个清晰的定义。总的来说，物联网是指各类传感器和现有的互联网相互衔接的一种新技术，过去对物质的概念一直是将物理基础设施和IT基础设施分开，一方面是机场、公路、建筑物等存在的物质世界，另一方面是可对其进行管理的数据中心、个人电脑、宽带等IT基础设施。而在物联网时代，建筑物、电缆等与芯片、宽带将会整合为统一的物联网基础设施。

1.1.2　物联网的定义

1999年MIT首次提出物联网的概念，而2005年在突尼斯举行的信息社会世界峰会上，ITU在年度报告中对物联网概念的含义进行了扩展：信息与通信技术的目标已经从任何时间、任何地点连接任何人，发展到连接任何物品的阶段，而物体的连接就构成了物联网。在其发布的“ITU互联网报告2005：物联网”中，正式提出了“物联网”的概念。

通过十余年的发展，物联网基本可以定义为：通过无线射频识别（RFID）卡、无线传感器等信息传感设备，按传输协议，以有线和无线的方式把任何物品与互联网相连接，运用

“云计算”等技术，进行信息交换、通信等处理，以实现智能化识别、定位、跟踪、监控和管理等功能的一种网络。物联网是在互联网的基础上，将用户端延伸和扩展到任何物品与物品之间，在这个网络中，物品（商品）能够彼此进行“交流”，而无需人的干预。其实质是利用射频自动识别等技术，通过计算机互联网实现物品（商品）的自动识别和信息的互联与共享。

物联网把新一代IT技术充分运用到各行各业之中，具体地说，就是把带RFID的传感器等相关设备嵌入和装备到电网、铁路、桥梁、隧道、公路、建筑、大坝、供水系统、油气管道等各种物体中，然后将物联网与现有的互联网整合起来，实现人类社会与物理系统的整合。在这个整合的网络当中，运用功能强大的中心计算机群，即“云计算”服务，能够对其中的人员、机器、设备和基础设施实施实时的管理和控制。

当前，世界各国的物联网研究基本都处于技术研究与试验期这一阶段。美、日、韩、中以及欧盟等国家和组织都投入巨资深入研究探索物联网，并启动了以物联网为基础的“智慧地球”、“U-Japan”、“U-Korea”、“感知中国”等国家或区域战略规划。由于物联网是建立在现有的微电子技术、计算机网络与信息系统处理技术、识别技术等成熟并完整的产业链基础之上，许多新概念正处于研究和试验阶段。

美国的IBM公司早在几年前，便提出了“智慧地球”策略；而作为两次信息化革命浪潮中的领跑者，美国已经推出了许多物联网产品，并且通过运营商、学校、科研机构、IT企业等机构结合不少项目建立了广泛的试验区；同时，还与包括中国在内的一些国家积极推动物联网有关技术标准框架的制订。

与历次信息化浪潮革命不同，中国在物联网领域几乎与美国等国家同时起步，中国高度重视物联网的发展，已建立了中国的传感信息中心、“感知中国”中心。

虽然目前全球各主要经济体及信息发达国家纷纷将物联网作为未来战略发展新方向，也有诸多产品进入了试验阶段，包括中国在内的极少数国家已经能够实现物联网完整产业链，但无论是标识物体的IP地址匮乏关键技术，还是各类通信传输协议需要建立的标准体系、商业模式，以及由物品智能化带来的生产成本较高问题，均制约着物联网的发展和成熟。

因此，物联网目前整体情况既有积极的一面，也有客观存在的诸多难题需要解决；其业务将遵照生产力变革的历史规律不断向前快速发展，但业务的成熟还需要不断地努力。

IBM公司也在智慧地球概念的基础上提出了他们对物联网的理解。IBM的学者认为，智慧地球将感应器嵌入和装备到电网、铁路、桥梁、隧道、公路、建筑、供水系统、大坝、油气管道等各种物体中，并通过超级计算机和云计算组成物联网，实现人类社会与物理系统的整合。智慧地球的概念从根本上说，就是希望通过在基础设施和制造业上大量嵌入传感器，捕捉运行过程中的各种信息，然后通过无线传感器网接入互联网，通过计算机分析处理发出指令，反馈给传感器，远程执行指令，以达到提高效率、效益的目的。这种技术控制的对象小到控制一个开关、一个可编程序逻辑控制器、一台发电机，大到控制一个行业的运行过程。

因此，我们可以将物联网理解为“物-物相连的互联网”、一个动态的全球信息基础设施，也有的学者将它称作无处不在的“泛在网”和“传感网”。无论是叫它“物联网”，还是“泛在网”或“传感网”，这项技术的实质是使世界上的物、人、网与社会融合为一个有机的整体。物联网概念的本质就是将地球上人类的经济活动、社会生活、生产运行与个人生活都放在一个智慧的物联网基础设施之上运行。

从长远技术发展的观点看，互联网实现了人与人、人与信息、人与系统的融合，物联网则进一步实现了人与物、物与物的融合，使人类对客观世界具有更透彻的感知能力、更全面的认识能力、更智慧的处理能力。这种新的思维模式可以在提高人类的生产力、效率、效益的同时，改善人类社会发展与地球生态的和谐性、可持续发展的关系，“互联化”、“物联化”与“智能化”的融合最终会形成“智慧地球”。

1.1.3 从互联网到物联网

在理解物联网的基本概念的同时，需要了解物联网发展的社会背景、技术背景，以及它能够产生的经济与社会效益。

1. 互联网与无线通信网络为物联网的发展奠定了基础

随着我国经济的高速发展，社会对互联网应用的需求日趋增长，互联网的广泛应用对我国信息产业发展产生了重大的影响。因此，研究我国互联网发展的特点与趋势，对学习计算机网络与互联网技术显得更为重要。

我国互联网发展状况数据由中国互联网络信息中心（CNNIC）组织调查、统计，从1998年起每年1月和7月发布两次。调查统计的内容主要包括中国网民人数、互联网普及率，以及网民结构特征、上网条件、上网行为、互联网基础资源等方面的基本情况。2015年2月，中国互联网络信息中心（http：//www. cnnic. org）发布了第35次《中国互联网络发展状况统计报告》。

报告显示，截至2014年12月底，中国网民数量达到6. 49亿，增长速度更加趋于平稳。其中最引人注目的是，手机网民规模达到5. 57亿，手机首次超越台式电脑成为第一大上网终端。网民数量快速增长是我国经济、文化、科技与教育高速发展的重要标志之一。

IP地址分为IPv4和IPv6两种，目前主流应用是IPv4地址。截至2014年12月底，中国大陆IPv4地址数量约为3. 32亿个，居全球第二位（http：//trace. twnic. net. tw/ipstats/statsipv4php）。据2007年底公布的数据，IPv4地址资源的59. 7%集中在美国。随着互联网应用的迅速发展，IPv4资源的短缺形势将越来越严峻，向IPv6过渡已是大势所趋。

2009年初3G发牌后，政府部门的相关鼓励政策、电信运营商围绕3G展开的推广活动，都为移动互联网的发展注入了新的活力。庞大的用户需求市场，将进一步推动移动互联网各项应用，以及3G产业链的发展和不断完善。2013年底中国移动互联网4G应用环境日益成熟，未来将继续保持高速增长的趋势。

从以上数据中可以看出，随着我国国民经济的高速发展，我国的互联网应用得到了快速发展，这也将为我国物联网技术的研究打下坚实的基础。

2. 解决物理世界与信息世界分离所造成的问题成为物联网发展的推动力

如果将人们生活的社会称为物理世界，将互联网称为信息世界的话，那么会发现：物理世界发展的历史远远早于信息世界，物理世界中早已形成了自己的生活规则与思维方式，尽管从事信息世界建设的人们希望将两者尽可能地融合在一起，但是物理世界与信息世界分开发展、互相割裂的现象明显存在，造成了物质资源的浪费与信息资源不能被很好地利用。例如，由于我国电网管理与调度的智能化程度仍然不高，电能在传输过程中损失达到6%～8%；由于我国医疗信息化程度不够，患者的医疗信息不能够共享，每个患者辗转在不同医疗机构之间多花费的各种检查与手续费用平均多出1000元；由于物流自动化程度不高，每年的物流成本占我国GDP的比重高达20%，高出美国一倍；由于缺乏相应的监管手段，我国仍有大量工业废水与社会污水未经处理就排入到河流或湖泊中，加剧了全国城市的水环境恶化与可利用水资源的不足。据美国仅在洛杉矶的一个小商务区统计，每年车辆因寻找停车位燃烧的汽油就达47000加仑。我国地震、水灾、冰冻灾害频发，使得人们不得不集中精力，组织力量研究数字地质、数字煤炭技术，通过接入物联网，达到预防和减少地质灾害、天气灾害与生产事故所造成的人员伤害与经济损失，提高抗灾救灾的能力。

以上数据和分析说明，过去人类的思维方式一直是将物理世界的社会基础设施（高速公路、机场、电站、建筑物、煤炭生产建设）与信息基础设施（互联网、计算机、数据中心）分开规划、设计与建设，而物联网的概念是将人、钢筋混凝土、网络、芯片、信息整合在一个统一的基础设施之上，通过将现实的物理世界与信息世界融合，通过信息技术去提高物理世界的资源利用率、节能减排，达到改善物理世界环境与人类社会质量的目的。

3. 社会经济发展与产业转型成为物联网发展的推动力

社会需求是新技术与新概念产生的真正推动力。在经济全球化的形势下，商品货物在世界范围内的快速流通已经成为一种普遍现象。传统的技术手段对货物的跟踪识别效率低、成本高，容易出现差错，已经无法满足现代物流业的发展要求。同时，经济全球化使得所有的企业都面临激烈竞争的局面，企业需要及时获取世界各地对商品的销售情况与需求信息，为全球采购与生产制定合理的计划，以提高企业的竞争力，这就需要采用先进的信息技术手段和现代管理理念。

同时，在节能减排等方面物联网也有十分成功的案例。以日本建筑物空调节能的设计为例，在日本的一幢大楼里安装了两万个联网的温度传感器，大楼里面不同的房间在不同的时间要求的温度不一样，传感器测量房间的温度，控制系统按照需要的温度对空调进行智能控制。通过实验，这项技术节约的电能可达29.4%。有的IT公司办公室所有的灯光都是智能控制的。员工进入办公室之后，头顶上的灯自动打开；离开这个位置后，头顶上的光源则自动关闭；如果外面的阳光太过强烈，窗帘则自动拉下。各个光源都是通过自动感应设备连接到网络中的控制计算机，由计算机进行智能控制，这样可以做到最大限度地节约电能。

智能电网、电力安全监控也是物联网的一个重要的应用。电力行业是关系到国计民生的基础性行业。电力线传输系统包括变电站（高、低压变压器，控制箱）、高压传输线、中继器、塔架等，其中高压传输线及塔架位于野外，承担电能的输运，电压至少为35kV以上，是电力网的骨干部分。电力系统是一个复杂的网络系统，其安全可靠运行不仅可以保障电力系统的正常运营与供应，避免安全隐患所造成的重大损失，更是全社会稳定健康发展的基础。中国国家电网公司于2010年5月21日公布了智能电网计划，其主要内容包括：以坚强的智能电网为基础，以通信信息平台为支撑，以智能控制为手段，包含电力系统的发电、输电、变电、配电、用电和调度各个环节，覆盖所有电压等级，实现“电力流、信息流、业务流”的高度一体化融合，构建坚强可靠、经济高效、清洁环保、透明开放、友好互动的现代电网。采用物联网技术可以全面有效地对电力传输的整个系统，从电厂、大坝、变电站、高压输电线路直至用户终端进行智能化处理。包括对电力系统运行状态的实时监控和自动故障处理，确定电网整体的健康水平，触发可能导致电网故障的早期预警，确定是否需要立即进行检查或采取相应的措施，分析电网系统的故障、电压降低、电能质量差、过载和其他不希望的系统状态，基于这些分析，采取适当的控制行动。

物联网在工业生产中的应用可以极大地提高企业的核心竞争力。在信息化过程中，信息技术越来越多地融入传统工业产品的设计、生产、销售与售后服务中，提高了企业的产品质量、生产水平与销售能力，极大地提高了企业的核心竞争力。学术界将信息化与工业化的融合总结为五个层面的内容：产业构成层的融合、工业设计层的融合、生产过程控制层的融合、物流与供应链层的融合、经营管理与决策层的融合。应用信息技术改造传统产业主要将表现在产品设计、研发的信息化；生产装备与生产过程的自动化、智能化，物流与供应链管理的信息化；RFID 技术在工业生产过程中的应用，用物联网技术支撑工业生产的全过程等方面。

在推进信息化与工业化融合的过程中，人们认识到：物联网可以将传统的工业化产品的设计、供应链、生产、销售、物流与售后服务融为一体，可以最大限度地提高企业的产品设计、生产、销售能力，提高产品质量与经济效益，极大地提高企业的核心竞争力。

物联网发展的社会背景如图 1-1 所示。

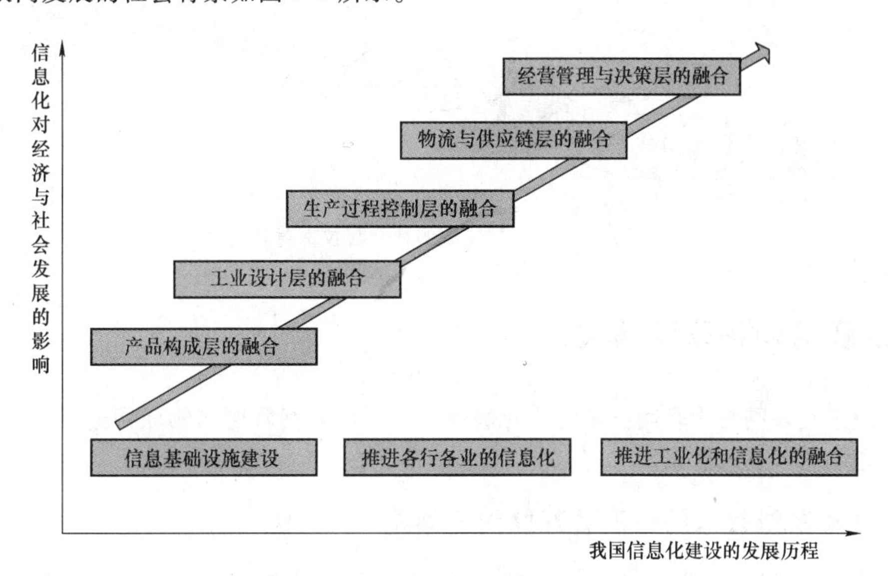

图 1-1 物联网发展的社会背景

计算机技术、通信与微电子技术的高速发展，促进了互联网技术、无线射频识别（RFID）技术、全球定位系统（GPS）与数字地球技术的广泛应用，以及无线网络与无线传感器网络（WSN）研究的快速发展，互联网应用所产生的巨大经济与社会效益，加深了人们对信息化作用的认识，而互联网技术、RFID 技术、GPS 技术与 WSN 技术为实现全球商品货物快速流通的跟踪识别与信息利用，进而为实现现代管理打下了坚实的技术基础。

互联网已经覆盖了世界的各个角落，已经深入到世界各国的经济、政治与社会生活中，改变了几十亿网民的生活方式和工作方式。但是现在互联网上关于人类社会、文化、科技与经济信息的采集还必须由人来输入和管理。为了适应经济全球化的需求，人们设想如果从物流角度将 RFID 技术、GPS 技术与 WSN 技术与“物品”信息的采集、处理结合起来，就能够将互联网的覆盖范围从“人”扩大到“物”，就能够通过 RFID 技术、WSN 技术与 GPS 技术采集和获取有关物流的信息，通过互联网实现对世界范围内的物流信息的快速、准确识别与全程跟踪，这种技术就是物联网技术。

物联网发展的社会与技术背景如图1-2所示。

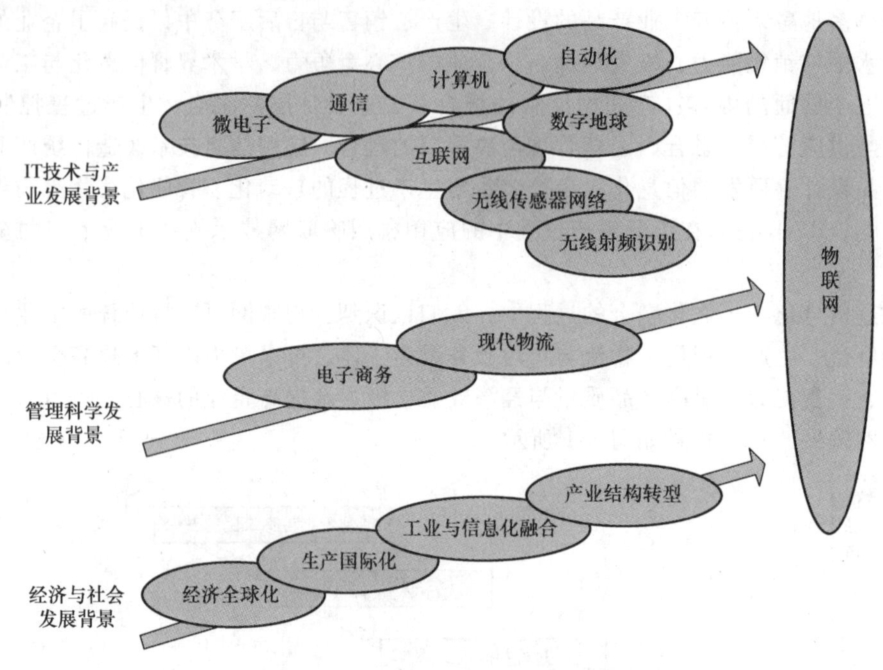

图1-2　物联网发展的社会与技术背景

1.2　互联网和物联网的关系

在介绍了互联网与物联网技术特点的基础上，可以对互联网与物联网进行深入的比较，说明它们之间的区别与联系。

1.2.1　从端系统接入的角度看互联网的结构

图1-3给出了从端系统接入的角度看互联网的结构示意图。从图1-3可以看出，互联网的端系统接入主要有两种类型：有线接入与无线接入。

有线接入主要有三种基本方法：

1）计算机通过网卡接入局域网，然后再通过企业或校园网接入地区主干网，通过地区主干网接入国家或国际主干网，最终接入到互联网。

2）计算机可以使用ADSL接入设备，通过电话交换网接入互联网。

3）计算机可以使用Cable Modem接入设备，通过有线电视网接入互联网。

无线接入主要有四种基本方法：

1）计算机通过无线网卡接入无线局域网，然后再通过企业网或校园网接入地区主干网，通过地区主干网接入国家或国际主干网，最终接入互联网。

2）计算机可以通过无线城域网接入互联网。

3）计算机可以通过无线自组网接入互联网。

4）计算机可以通过Wi-Fi接入互联网。

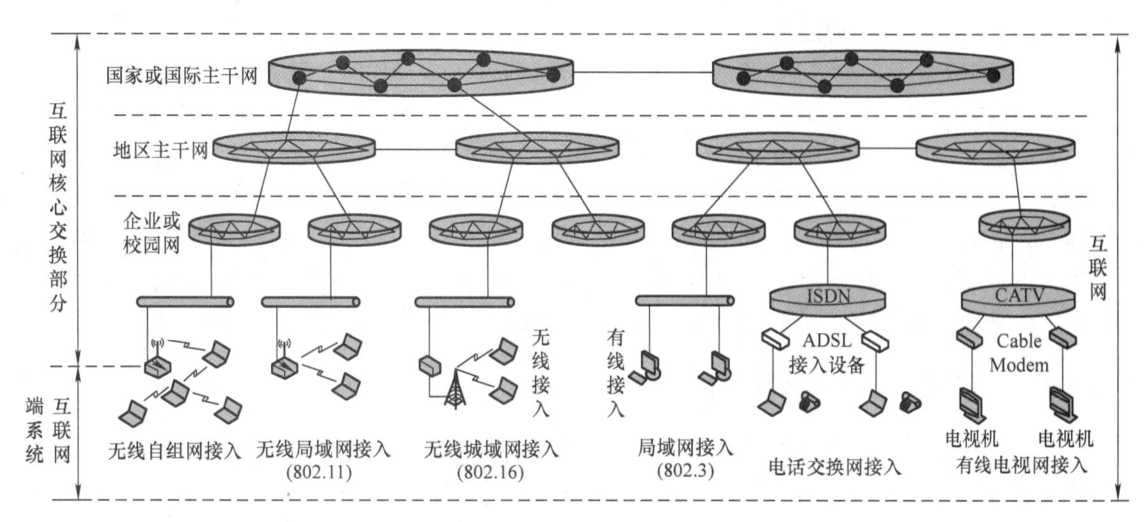

图 1-3　从端系统接入的角度看互联网的结构

1.2.2　从端系统接入的角度看物联网的结构

图 1-4 给出了从端系统接入的角度看物联网的结构示意图，可以看出物联网的两个重要特点。

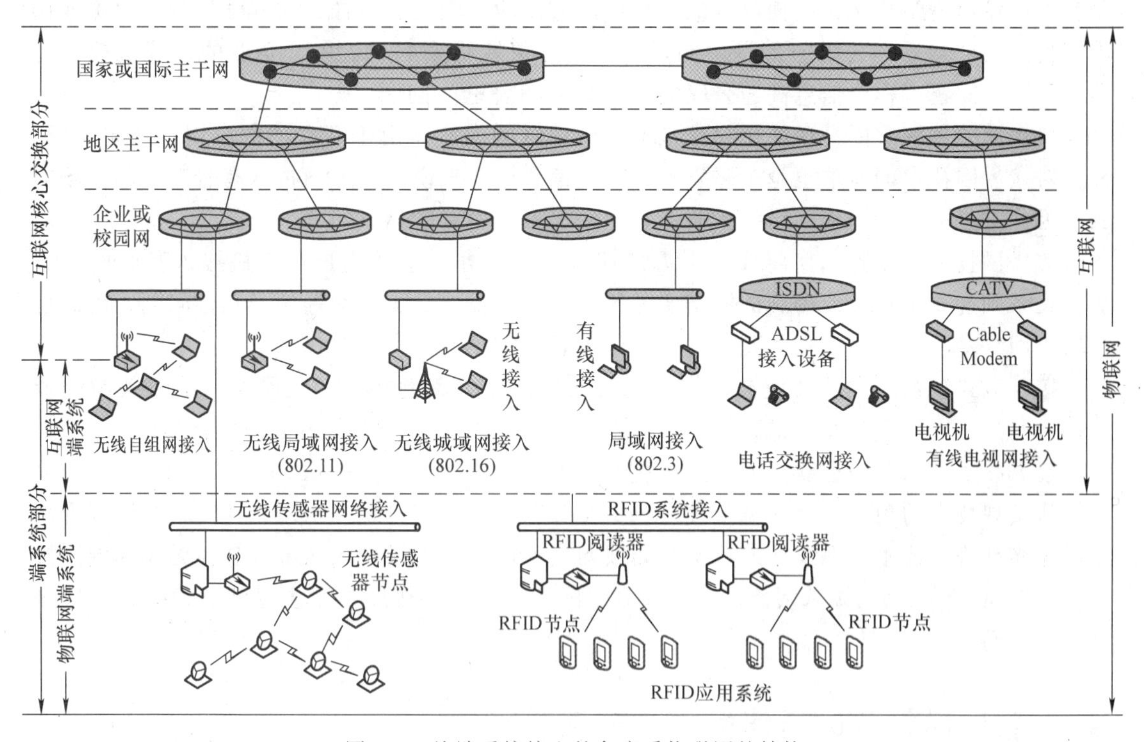

图 1-4　从端系统接入的角度看物联网的结构

1）物联网应用系统运行在互联网核心交换结构的基础之上，在规划和组建物联网应用系统的过程中，我们将充分利用互联网的核心交换部分，基本上不会改变互联网的网络传输系统结构与技术。物联网应用系统是运行在互联网核心交换结构的基础上的。这一点正体现出互联网与物联网的相同之处。

2）物联网应用系统将根据需要选择无线传感器网络或RFID应用系统的接入方式。互联网与物联网在接入方式上是不相同的。互联网用户通过端系统的计算机或手机、PDA访问互联网资源，发送或接收电子邮件；阅读新闻；写博客或读博客；通过网络电话通信；在网上买卖股票，订机票、酒店。而物联网中的传感器节点需要通过无线传感器网络的汇聚节点接入互联网；RFID芯片通过读写器与控制主机连接，再通过控制节点的主机接入互联网。因此，由于互联网与物联网的应用系统不同，所以接入方式也不同。物联网应用系统将根据需要选择无线传感器网络或RFID应用系统接入互联网。

1.2.3　互联网与物联网的融合

未来的计算机网络将覆盖所有的企业、学校、科研部门、政府机关和家庭，其覆盖范围可能会超过现有的电话通信网。如果将国家级大型主干网比喻成国家级公路，各个城市和地区的高速城域网比喻成地区级公路，那么接入网就相当于最终把家庭、机关、企业用户接到地区级公路的道路。国家需要设计和建设覆盖全国的国家级高速主干网，各个城市、地区需要设计与建设覆盖一个城市和地区的主干网。但是，最后人们还是需要解决用户计算机的接入问题。对于互联网来说，任何一个家庭、机关、企业的计算机都必须首先连接到本地区的主干网中，才能通过地区主干网、国家级主干网与互联网连接。就像一个大学需要将校内道路就近与城市公路连接，以使学校的车辆可以方便地行驶出去一样，这样学校就要解决连接城市公路的“最后一公里”问题。同样，可以形象地将家庭、机关、企业的计算机接入地区主干网的问题也称为信息高速公路中的“最后一公里”问题。

接入网技术解决的是最终用户接入宽带城域网的问题。由于互联网的应用越来越广泛，社会对接入网技术的需求也越来越强烈，对于信息产业来说，接入网技术有着广阔的市场前景，因此它已经成为当前网络技术研究、应用与产业发展的热点问题。

接入网技术关系到如何将成千上万的住宅、小型办公室的用户计算机接入互联网的方法，关系到这些用户所能得到的网络服务的类型、服务质量、资费等切身利益问题，因此也是城市网络基础设施建设中需要解决的一个重要问题。

接入方式涉及用户的环境与需求，它大致可以分为家庭接入、校园接入、机关与企业接入。

接入技术可以分为有线接入与无线接入两类。

从实现技术的角度，目前宽带接入技术主要有：数字用户线技术、光纤同轴电缆混合网技术、光纤接入技术、无线接入技术与局域网接入技术。无线接入又可以分为无线局域网接入、家庭Wi-Fi、无线城域网接入与无线自组网接入。这些接入技术会逐渐互相融合构成一个统一的网络。

1.3　物联网的传输通信保障——互联网

在实际开展一项互联网应用系统设计与研发任务时，设计者面对的不会只是单一的广域网或局域网环境，而将是多个路由器互联起来的，局域网、城域网与广域网构成的，复杂的互联网环境。作为互联网的一个用户，你可能是坐在位于中国西安长安大学的某个研究室的一台计算机前，正在使用位于英国剑桥大学的某个实验室的一台超级并行机，合作完成一项大型的分布式计算任务。在设计这种基于互联网的分布式计算软件系统时，设计者关心的是协同计算的功能是如何实现的，而不是每一条指令或数据具体是以多少个字节长度的分组，以及通过哪一条路径传送给对方的。应用软件设计者的任务是如何合理地利用底层所提供的服务，而不需要考虑底层的数据传输任务是由谁、使用什么样的技术，以及是通过硬件还是软件方法去实现的。

面对复杂的互联网结构，研究者必须遵循网络体系结构研究中“分而治之”的分层结构思想，在解决过程中对复杂网络进行简化和抽象。在各种简化和抽象方法中，将互联网系统分为边缘部分和核心交换部分是最有效的方法之一。图 1-5 给出了将互联网抽象为核心交换部分和边缘部分的结构示意图。

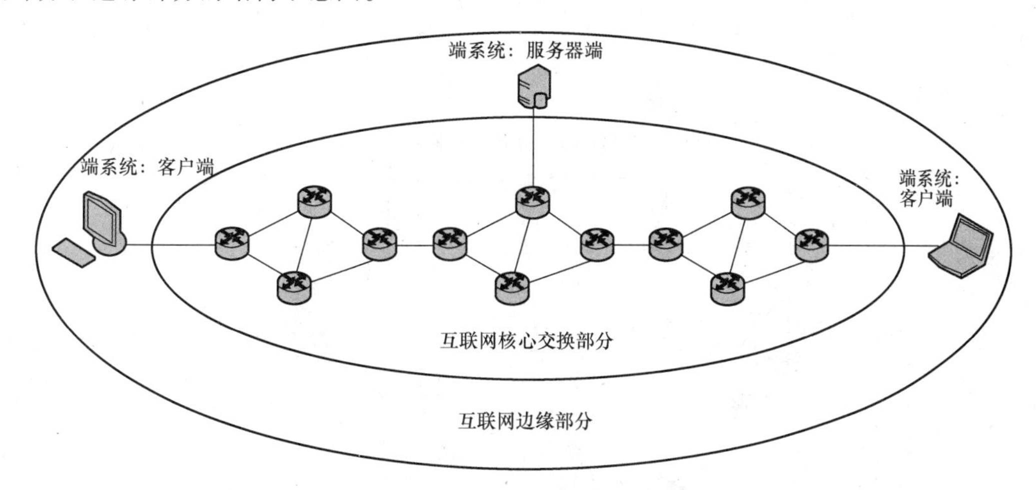

图 1-5 互联网抽象为核心交换部分与边缘部分的结构示意图

互联网边缘部分主要包括大量接入互联网的主机和用户设备，核心交换部分包括由大量路由器互联的广域网、城域网和局域网。边缘部分利用核心交换部分所提供的数据传输服务功能，使得接入互联网的主机之间能够相互通信和共享资源。

互联网边缘部分的用户设备也称为端系统（End System）。端系统是指能够运行 FTP 应用程序、E-mail 应用程序、Web 应用程序，以及 P2P 文件共享程序或即时通信程序的计算机。因此，端系统又统称为主机（Host）。随着互联网应用的扩展，接入端系统的主机类型已经从初期只有一种接入设备——计算机，扩展到所有能够接入互联网的设备，如手持终端 PDA、固定与移动电话、数字相机、数字摄像机、电视机、无线传感器网络以及各种家用电器。

1.4 物联网的一般应用及发展

1.4.1 物联感知下的发展阶段

物联网是十分复杂的，人们对它的认识以及物联网自身的发展也必然有一个由表及里、由局部到全面的过程。物联网应用的发展可以分为三个阶段：信息汇聚、协同感知和泛在聚合。

1. 信息汇聚

图1-6给出了信息汇聚应用的示意图。

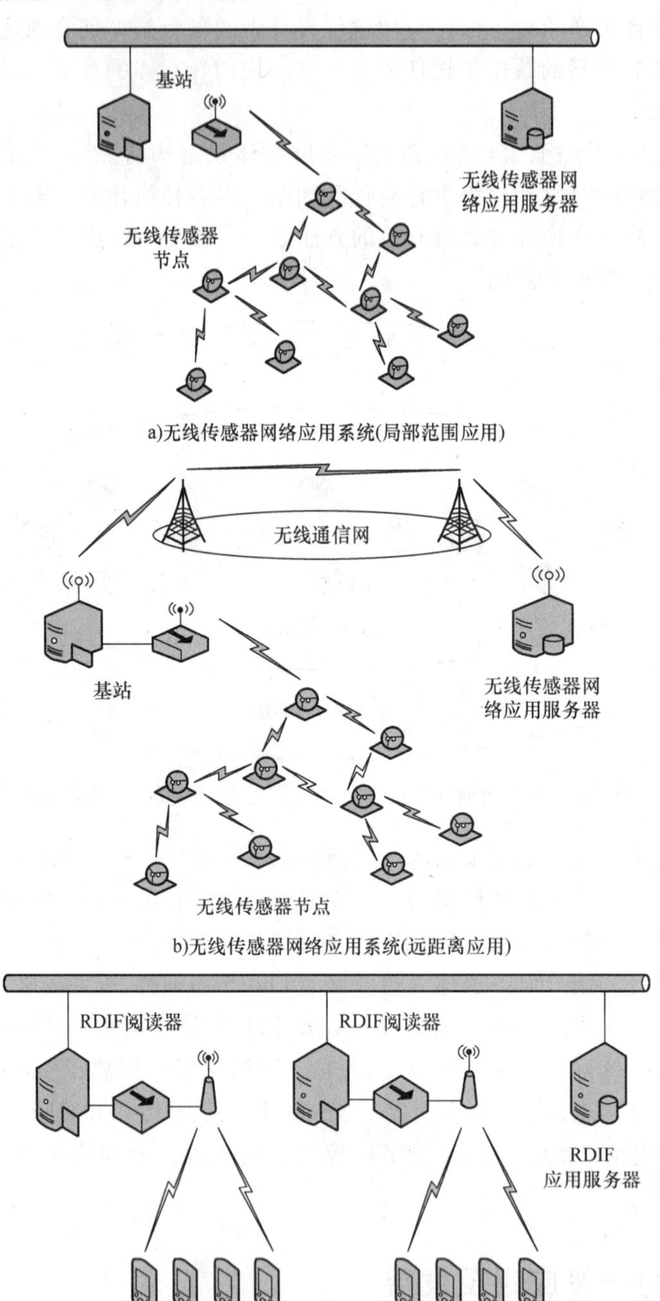

图1-6　信息汇聚应用示意图

在物联网应用初期，根据应用的实际需求，可实现局部应用场景的物联网应用系统的结构，它的主要作用是信息汇聚。

图 1-6a 是一个文物和珠宝展览大厅或销售大厅的安保系统、一幢大楼的监控系统、一个车间或一个仓库的物流系统为对象的无线传感器网络结构示意图。这类系统建设目标单一、明确，可以用一个简单的无线传感器网络去覆盖。网络中的一个或多个基站之间可以通过局域网与 WSN 服务器互联，或者通过无线局域网或 M2M 无线网络互联。

图 1-6b 是一个室外无线传感器网络应用，如特定地区安保、农业示范区应用、无人值守库区监控、公园与公共设施监控为对象的无线传感器网络结构示意图。这类系统建设目标单一、明确，但是传输距离较远，网络中的基站与 WSN 服务器之间必须通过无线城域网或 M2M 无线网络互联。

图 1-6c 是一个 RFID 应用系统的结构示意图。这类应用如商场、超市、仓库、装配流水线、高速公路不停车收费等。多个 RFID 读写器可以通过局域网、无线局域网或 M2M 无线网络与应用服务器连接。由此看出，在物联网应用初期阶段，对于目标单一、明确的应用，可以采用结构相对简单的信息汇聚应用类小型系统结构。

2. 协同感知

有几种情况需要采用协同感知的方法。例如：如果简单地使用 RFID 或 WSN 中的一种感知方法已经不能够满足应用需求；或者是一个区域内，一个车辆从一个入口进入，然后它可能装载另一批货物出去的复杂情况；或者是需要融合不同位置、不同传感器数据进行分析的应用场景。这时需要选择将 RFID 和 WSN 两种方法协同感知，或者将多种传感器综合起来协同感知。军事物流、大型集装箱码头、保税区物流、城市智能交通、战场协同感知系统的应用都属于协同感知应用。

物联网传感器产品已率先在上海浦东国际机场防入侵系统中得到应用。机场防入侵系统铺设了三万多个传感节点，覆盖了地面、栅栏和低空探测，可以防止人员的翻越、偷渡、恐怖袭击等攻击性入侵，是典型的协同感知系统的应用。

在军事物流中，军用物资通过铁路运输时，不同的物资可能装在同一个车皮中或一个集装箱中。军需官首先要知道这个车皮是否到达这个车站，这就需要使用无线传感器网络技术；知道车皮到达之后，需要马上得到这个车皮到底有哪些物资，他需要用 RFID 读写器，快速地扫描并列出物资清单。如果这列军车中有运输食品的冷冻车厢，军需官还需要根据冷冻车厢 WSN 无线传感器网络保存的记录和报警信号了解是否出现过故障，以及确定食品保鲜的情况。

一个保税区面积有几十平方公里，可能有多个公路进出口。为了快速、准确地审查货物报关手续，又不能让无关车辆进入，就必须通过无线传感器网络识别车辆，用 RFID 技术快速获取报关货物信息，结合电子报税单进行核对，在这种情况下也必须同时选择将 RFID 与 WSN 两种感知系统协同应用。

协同感知系统相对比较复杂，属于中等规模的物联网应用系统。协同感知系统的通信网可以使用 M2M 无线网络或者互联网。

3. 泛在聚合

更大范围的物联网，例如国际民用航空运输、海运物流、我国的智慧城市，以及国家级数字环保、数字防灾、数字农业等大型物联网应用系统都属于泛在聚合的类型。这种类型的特点是覆盖范围广、技术复杂、感知目标多样化，属于物联网应用的高级阶段。

例如智能交通系统（ITS）是利用现代信息技术为核心，利用先进的通信、计算机、自动控制、传感器技术，实现对交通的实时控制与指挥管理。交通信息采集被认为是ITS的关键子系统，是发展ITS的基础，它已成为交通智能化的前提。无论是交通控制还是交通违章管理系统，都涉及交通动态信息的采集，利用物联网对交通动态信息采集也就成为交通智能化的首要任务。

1.4.2　物联网的国内外发展现状

1. 国外现状

物联网概念一经提出，立即受到各国政府、企业和学术界的重视，在需求和研发的相互推动下，迅速热遍全球。目前国际上对物联网的研究逐渐明朗起来，最典型的解决方案有欧美的EPC系统和日本的UID系统等。

EPC系统是一个先进的、综合性的和复杂的系统，由EPC编码体系、RFID系统及信息网络系统三个部分组成，主要包括六个方面：EPC编码、EPC标签、读写器、Savant管理软件、对象名解析服务器（ONS）和实体标记语言（Physical Markup Language，PML）。EPC系统工作示意图如图1-7所示。

目前EPC技术的研发和试点主要由专门的研发中心、大型的供应商、零售商和系统集成商来推动，包括Auto-ID中心、沃尔玛、麦德龙、吉列、强生、SAVI、Verisign等，在全球已经超过100个终端用户或系统集成商进行EPC系统的测试研发，可以说是如火如荼。

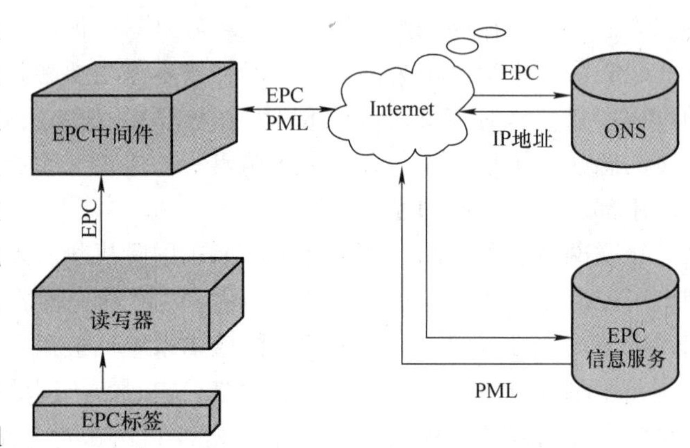

图1-7　EPC系统工作示意图

1999年麻省理工学院Auto-ID中心，在美国统一代码委员会（United Code Commission，UCC）的支持下，将RFID技术与Internet结合，提出了EPC的概念。随后由国际物品编码协会（EAN/UCC）和美国统一代码委员会主导，实现了全球统一标识系统中的全球贸易产品码（Global Trade Item Number，GTIN）编码体系与EPC概念的完美结合，将EPC纳入了全球统一标识系统，从而确立了EPC在全球统一标识系统中的战略地位。

2003年10月28～29日，Auto-ID中心在东京召开了它的最后一次董事会会议，决定从10月31日起，分布在美国麻省理工学院、英国、日本、中国、澳大利亚和瑞士的六个Auto-ID中心正式更名为Auto-ID实验室，并致力于自动识别技术的开发和研究工作，倡导为能够跨越整个供应链的操作方案制定公共的标准。

EPC系统使用数据接口组件的方式解决数据的传输和存储问题，用标准化的计算机语言来描述物品的信息。2003年9月Auto-ID中心发布的规范1.0版中将这个组件命名为PML Server。作为EPC系统中的信息服务关键组件，PML成为描述自然物体、过程和环境的统一标准。在其后的一年中，技术小组依照各个组件的不同标准和作用以及它们之间的关系修改了规范，于2004年9月发布了修订的EPC网络结构方案，EPC信息服务（EPC Information

Service，EPCIS）代替了原来的 PML Server。这个方案提出了 EPCIS 在 EPC 系统中的作用和具体功能，如图 1-8 所示。

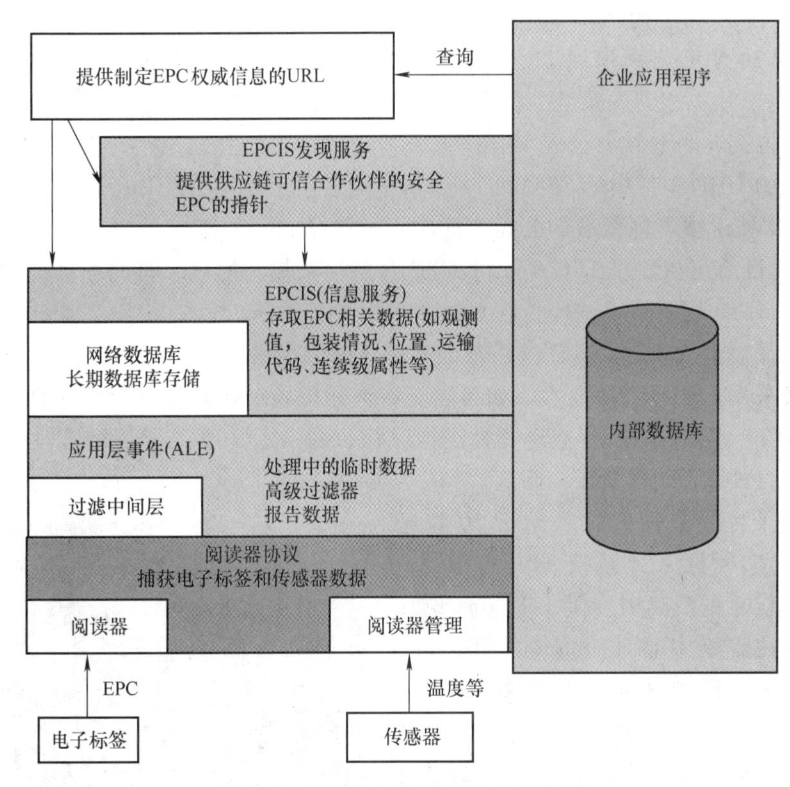

图 1-8 EPCIS 在 EPC 系统中的作用

2007 年 4 月 16 日，EPCIS 行业标准由 EPC Global 正式发布，为资产、产品和服务在全球的移动、定位和部署带来了前所未有的可见度，标志着 EPC 发展的又一里程碑。

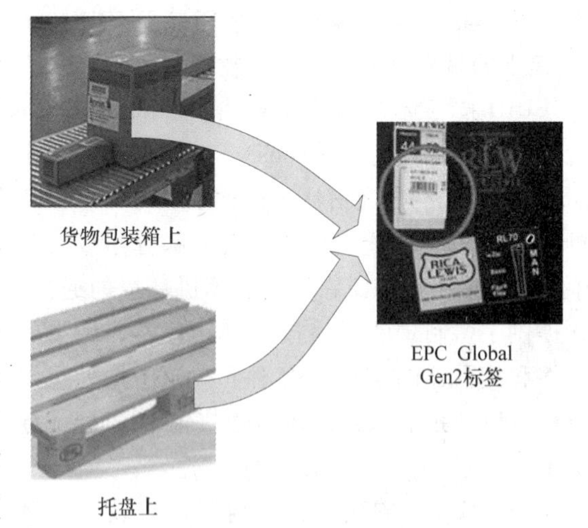

图 1-9 沃尔玛使用 EPC 系统

近年来，在各种力量的推动下，EPC 已经走出实验室，在许多行业中得到广泛应用。

在美国，全球零售巨头沃尔玛从 2003 年，提出要让他们的前 100 位主要供应商采用 EPC 规范的标签要求后，经过 2004 年的测试和准备，已从 2005 年 1 月起，开始实施在他们的货物中放入 EPC 标签，并将之应用到一个关键配送中心。从 2006 年 1 月起，应用到所有配送中心。据统计，到 2005 年 6 月，沃尔玛集团已有 130 位 EPC 供应商参加 EPC 供货，在 104 家沃尔玛商店、36 个配送中心、189 万个箱子、5.5 万个托盘上应用了 EPC 标签，如图 1-9 所示。还有制造业，如吉列、强生、宝洁以及知名的物流企业，如联合包裹服务公司（United Parcel Service）也都承诺要尽快地将 EPC 系统引入企业的供应链管理过程中。

在英国，Tesco 公司已于 2003 年 9 月进行了该公司物流中心“National Distribution Centre（NDC）”和英国的两家商店（St. Neots 和 Peterborough）间 EPC 系统的应用测试，使用 915MHz 频带，对 NDC 和两家商店之间的包装盒以及货盘的流通路径进行追踪。当年年底，Tesco 公司使用了基本相同的系统，同著名的日化用品公司美国金佰利、美国宝洁、英国联合利华、美国吉列，著名饮料公司英国 Diageo 等五家供货商展开进一步测试，以验证已在欧洲获得批准的 UHF 频带中的 868MHz/869MHz 的通信中使用 RFID 电子标签的效果。

EPC/RFID 技术被不同领域的公司广泛应用于产品和人员跟踪。如全球最大的国旗制造商 Annin&Co，目前正在使用 EPC Gen2 技术追踪发往沃尔玛的包装箱和托盘；美国华盛顿执照局决定部署 RFID 驾照技术试验，在驾照中采用 EPC Gen2 技术；Alien 和 Siment 公司联合为意大利纺织品制造商 Griva 部署卷板布匹追踪 EPC 解决方案，如图 1-10 所示。同时，各国机场也积极采用 EPC/RFID 技术，如泰国曼谷国际机场正在部署成千上万的可重复使用的被动式 UHFRFID 标签，对所有空运货物进行追踪；据报道，西门子公司已建设了北京首都国际机场新航站楼 RFID 行李传输系统。

日本在电子标签方面的发展始于 20 世纪 80 年代中期的实时嵌入式系统 TRON。T-Engine 是其中核心的体系架构。在 T-Engine 论坛的领导下，泛在识别中心（Ubiquitous ID Center，UID Center）于 2003 年 3 月在东京成立，具体负责研究和推广自动识别的核心技术，即在所有的物品上植入微型芯片，组建网络进行通信。确立和普及自动识别物品所需的基础技术，进而最终实现在泛在网络环境下 UID Center 建立的最终目的，即建立物联网。

a)固定在传送带上的Alien 8800阅读器

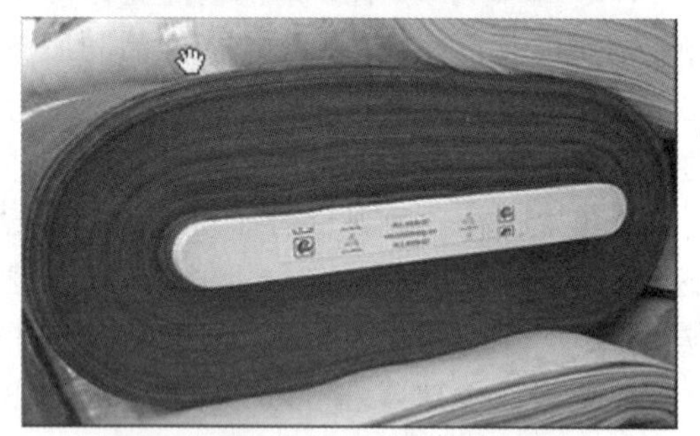

b)布匹卷轴中心贴有EPC Gen2 Squiggle

图 1-10　意大利纺织品制造商 Griva S. p. A 应用 EPC 卷板布匹追踪系统

UID 技术体系结构主要由 Ubiquitous Code（泛在识别码，简称 Ucode）、Ubiquitous Communication（泛在通信器，简称 UC）、Ucode 解析服务器和信息系统服务器四个部分组成。其中 UC 支持用户和泛在识别计算机环境的通信，并提供了多制式的通信接口以处理不同种类的标签和读写器的信息，无论是本地还是远程网络都可以通过嵌入式的接口连接 UID 信息服务系统。

UID Center 的建立，得到了日本政府经济产业省和总务省以及大企业的支持，目前包括微软、索尼、三菱、日立、日电、东芝、夏普、富士通、大日本印刷、凸版印刷、理光等重量级企业，而且技术的应用也相当广泛。比如，东京大学附属医院的医药管理、富士施乐公司产品管理和追踪、大田农产品批发市场的物流管理、智能 TRON 住宅、日本助残项目、综合食品追踪项目以及 2005 年日本国际博览会（爱知世博会）等场合都已经使用到了 UID 技术。其中在 2005 年日本爱知世博会的电子入场券中，使用了只读的2.45GHz的票芯，并将门票上印刷的号码与电子门票ID相关联，形成100万张/月的生产线，收到了良好的社会效益和经济效益。

2009年1月7日，IBM与美国智库机构信息技术与创新基金会（ITIF）共同向奥巴马政府提交报告，美国政府只要新增300亿美元ICT投资（包括智能电网、智能医疗、宽带网络三个领域），便可以为民众创造出94.9万个就业机会。

2009年1月28日，IBM首席执行官建议政府投资新一代的智能型基础设施。上述提议得到了奥巴马总统的积极回应，在随后出台的总额7870亿美元《经济复苏和再投资法》中建议对上述战略加以具体落实，其中鼓励物联网技术发展的政策主要体现在推动能源、宽带与医疗三大领域开展物联网技术的应用。

2009年，欧盟执委会发表了题为“Internet of Things-An action plan for Europe”的物联网行动方案，描绘了物联网技术应用的前景，并提出要加强欧盟政府对物联网的管理，消除物联网发展的障碍。为增强机构间协调，加深各相关方对物联网机遇、挑战的理解，共同推动物联网发展，欧盟执委会将定期向欧洲议会、欧盟理事会、欧洲经济与社会委员会、欧洲地区委员会、数据保护法案29工作组等相关机构通报物联网发展状况。

2009年韩国通信委员会出台了《物联网基础设施构建基本规划》，将物联网市场确定为新增长动力，提出到2012年实现“通过构建世界最先进的物联网基础实施，打造未来广播通信融合领域超一流信息通信技术强国”的目标，并确定了构建物联网基础设施、发展物联网服务、研发物联网技术、营造物联网扩散环境等4大领域、12项详细课题。

作为战略性新兴产业，物联网产业具有资源能耗低、带动系数大、就业机会多、综合效益好的特征，拥有巨大的市场需求前景。

美国咨询机构Forrester预测，到2020年，全球物物互联的业务（即物联网业务）与现有的人人互联业务（即互联网业务）之比将达到30:1，世界各国都积极投入到物联网的建设中。

2. 国内现状

随着我国国民经济的快速发展，对外经济交流的日益频繁，国外物联网技术的发展和应用，客观上可能形成新的技术壁垒，这就要求我们紧密把握这一发展趋势，迎头赶上，真正在国内也推广使用这一新技术，达到提升我国工商企业的国际竞争力的目的。因此，物联网的建设在我国也成为大家普遍关注的热点，得到国家科技部、质检总局、国家标准委员会等政府部门和自动识别技术等相关行业及企业的高度重视。

我国对物联网信息服务的研究，比发达国家稍晚，在跟踪发达国家研究的同时已经逐渐有了自己的创新。参与这方面研究的有中国物品编码中心（Article Numbering Center of China，ANCC）、中国标准协会、AIM China以及复旦大学Auto-ID中国实验室等科研机构，并取得了一些初步的成果。1999年，ANCC完成了原国家技术监督局的科研项目《新兴射频识别技术研究》，制定了作为物联网系统关键技术之一的射频识别技术的技术规范。2002年ANCC开始积极跟踪国际EPC的发展动态，2003年完成了《EPC产品电子代码》课题的研究，出版了《条码与射频标签应用指南》一书。2003年9月，为促进国内对EPC的了解，ANCC还邀请了UCC董事会成员、全球宝洁的首席信息官Steve David来中国就有关EPC技术及其在供应链的应用情况进行交流。2003年12月23日，在北京举行了第一届中国EPC联席会，此次会议统一了EPC和物联网的概念，协调了各方的关系，将EPC技术纳入标准化、规范化管理，为EPC在我国快速、有序地发展奠定了基础。ANCC还于2004年1月12日被全球产品电子代码管理中心（EPC global）正式授权为EPC global在中华人民共和国境内的唯一代表。

2004年4月22日，EPC global China成立暨首届中国国际EPC与物联网高层论坛，在北京国际会议中心举办。EPC global China负责EPC global在中国范围内的注册、管理和业务推广工作，它的成立标志着我国在跟踪EPC技术发展动态、研究EPC技术、推进EPC技术标准化、推进EPC技术应用等方面工作的全面启动。

2004年10月11日，由EPC global China主办，全球物流信息管理标准化技术委员会、Auto-ID中国实验室、同济大学电子与信息工程学院、上海市标准化研究院、上海外高桥软件产业发展有限公司等单位协办的第二届国际EPC与物联网高层论坛在上海展览中心举行。该论坛以“RFID技术和EPC的应用与发展”为主题，旨在及时掌握国际EPC发展动态，分享EPC与物联网应用成果，培育EPC标准化应用市场，促进EPC技术的标准化，对在全国范围内，有计划、有步骤、有针对性地开展EPC技术的应用推广工作有着重要的意义。

第三届中国国际EPC与RFID高层论坛也于2005年6月22日在北京隆重召开，讨论EPC和RFID技术的发展动态和规划、标准化工作的进展、技术应用现状和预期目标等主题。这同样引起了中国标准化领域、中国编码和自动识别领域、中国物流界、工商业等各个方面以及相关政府部门、大学和科研单位的极大关注。

2006年，EPC global China进一步加大EPC工作，积极开展同国家相关部委之间的沟通，起草了EPC相关标准草案，加强了同国家无线电频率规划局就UHF频段的沟通与协作，积极筹建RFID测试中心的工作，申报了国家863计划中的RFID重大专项，成功申请了欧盟项目BRIDGE（利用RFID技术给全球环境提供解决方案），发展了EPC新的会员，积极组织EPC会员参加EPC global标准工作组的工作，在相关国际国内各种论坛、学术期刊上介绍EPC技术，积极实施EPC的应用试点工作。

同时，有国内从事RFID研发及生产的知名企业也在物联网建设方面积极开展工作，在2005年两会期间提交了《适应社会经济发展需求，建立中国物流互联网工程》的提案，提出了开展中国物联网研究和规划的建议，有关部委领导已就此提案进行了考察和论证。

对于日本的UID系统，2004年4月22日，T-Engin Forum正式授权北京实华开泛在技术网络有限公司，将UID Center落户中国，即UID Center China（Ubiq-uitous ID Center China，UID中国中心）正式成立。UID Center China是为中国引进泛在计算技术成立的，全面负责在中国普及与推广UID技术的非营利、开放性机构。它的成立，标志着UID在中国发展的时代迈出了一大步。

目前，UID技术在我国正处于不断推广和使用中。比如2004年10月的全球RFID中国峰会，2005年7月大连第三届软件交易会和2005年10月第三届亚洲智能标签应用大会和UID技术中国论坛都已成功地应用了UID技术。

江苏省《2009—2012年物联网产业发展规划纲要》提出，发展物联网产业要“举全省之力”，物联网产业地位超越了经济发展方式转变抓手中其他五大战略性新兴产业。江苏省用3～6年时间，建设物联网领域技术、产业、应用的先导省，与国家部委加强联系，将江苏省物联网产业发展上升至国家战略层面。

2010年在全国举行的相关会议有：

1）6 月 8 日，第八届中国（北京）RFID 与物联网国际峰会。

2）6 月 22 日，2010 中国国际物联网大会。

3）6 月 29 日，2010 中国物联网大会。

4）7 月 1 日，2010 深圳国际物联网技术与应用展等。

图 1-11 是 2009 年 10 月上海世博会的 RFID 示范店，它是国内第一家基于 RFID 的未来商店在南京路投入商业运营。

图 1-11　上海世博会的 RFID 示范店

2010 年教育部批准设立物联网相关专业，如图 1-12 所示。

教育部关于公布同意设置的高等学校战略性新兴产业相关本科新专业名单的通知

教高[2010]7号

各省、自治区、直辖市教育厅（教委），新疆生产建设兵团教育局，有关部门（单位）教育司（局），部属各高等学校：

各有关部门（学校）按照《教育部办公厅关于战略性新兴产业相关专业申报和审批工作的通知》（教高厅函〔2010〕13号）精神，申请增设相关专业的请示收悉。根据《国务院对确需保留的行政审批项目设定行政许可的决定》（国务院令第412号）、《高等学校本科专业设置规定》、《教育部办公厅关于进一步加强和改进高等学校本科专业备案和审批管理工作的通知》等有关文件精神，以及战略性新兴产业相关专业教指委专家评审会议和教育部学科发展与专业设置专家委员会特别会议的评议意见，经研究，现公布同意设置的高等学校战略性新兴产业相关本科新专业名单。

本次公布的高校新设置的140个本科专业（见附件），自2011年开始招生，其专业名称、专业代码、修业年限、学位授予门类等均以公布的内容为准。2010年需按新设置专业开展培养工作的高校，可通过从本校2010年招收的其他专业的学生或本科二年级的在校生中通过转专业的方式转入所批准的专业学习。

望各有关部门（学校）充分利用高校现有的办学条件，加强新增专业建设，切实保证教育质量，为国家战略性新兴产业发展所需高素质专门人才的培养做出新的更大贡献。

中华人民共和国教育部

二〇一〇年七月十二日

图 1-12　2010 年教育部批准设立物联网专业

2009 年 5 月，国际标准化组织在法国巴黎召开的第 17 次工作组会议上，由中国上海港提出的、历经 8 年研究的国际标准草案——《货运集装箱-RFID-货运标签》获得通过，6 月获得国际编号 ISO/NP 18186。这也是中国在获准制定航运国际标准方面的第一次突破。

2010年上海交通大学在张江高科已建设完成“RFID应用测试公共服务平台”，如图1-13所示，可为RFID研发、应用提供服务。

图1-13 RFID应用测试公共服务平台

国家计划在2012年，建成引领我国物联网技术创新、标准制定和示范应用的中国物联网研究发展中心、中国传感网创新研发中心、无锡物联网产业研究院等科研机构，在国内物联网相关标准制定中发挥主导和关键作用，在国际物联网标准制定中取得了重要话语权。

从2010年以来，中国已在物联网人才培养、核心技术研发、行业推进等方面做了许多工作，为物联网在中国的发展打下了坚实的基础。

1.4.3 物联网未来趋势——网络融合

互联网应用与接入技术的发展促进了计算机网络、电信通信网与广播电视网三网在技术、业务与产业上的融合。

目前可以作为用户接入网的主要有三类：计算机网络、电信通信网与广播电视网。长期以来，我国的这三种网络是由不同的部门管理按照各自的需求、采用不同的体制发展的。由电信部门经营的通信网最初主要是电话交换网，它用于模拟的语音信息传输；由广播电视部经营的广播电视网用于模拟的图像、语音信息的传输；计算机网络出现得比较晚，不同的计算机网络由不同部门各自建设与管理，它们主要是用来传输计算机的数字信号。

尽管这三种网络所使用的传输介质、传输机制都不相同，但各自都按自己的体制经历了数字化的进程。因为数字技术可以将各种信息都变成数字信号来获取、处理、存储与传输。电信通信网的电话交换网正在从模拟通信方式向数字通信方式发展。广播电视网同样也在向数字化方向发展。计算机网络本身就是用于传输数字信号的。在文本、语音、图像与视频信息实现数字化之后，这三种网络在传输数字信号这个基点上是一致的。同时，它们在完成自己原来的传统业务之外，还有可能经营原本属于其他网络的业务。数字化技术使得这三种网络的服务业务相互交叉，三种网络之间的界限越来越模糊，人们可以选择一种最简单、费用最低的方式将自己的计算机接入互联网。

未来的信息网络建设应该将服务与建设分开，建立分层的服务模型与统一的标准，以使原属于不同行业的网络系统过渡形成一个全国性的大网，为各种新应用的发展提供高效能的服务平台，让更多的家庭、企业、机关的计算机更方便地接入互联网。这种应用需求促进了计算机网络、电信通信网与电视通信网的“三网融合”局面的出现。三网融合所形成的高性能、全覆盖的通信网络将为物联网的发展创造有利的条件。

1.5　本章小结

物联网可广泛应用于城市公共安全、工业安全生产、环境监控、智能交通、智能家居、公共卫生、健康监测等多个领域，让人们享受到更加安全轻松的生活。物联网正日益成为备受全球社会各界共同关注的热点和焦点，其发展从概念到技术研究、试点实验阶段，已经取得了突破性进展。伴随国家和企业，政策和资金的大力支持，政策、金融、研发机构、人员四大环境的不断增强和投入，物联网将会顺应生产力变革的要求不断发展下去。

如今，促进中国物联网发展的政策、产业环境，以及支撑其运行的网络基础正在逐渐完善，中国物联网发展已拥有了良好的基础和发展前景。但同时仍存在成本、技术标准、关键核心技术攻关、成熟商业模式建立等问题，物联网的发展任重而道远！

习题

1-1　简述物联网的概念。

1-2　简述物联网的定义。

1-3　简述互联网与物联网的关系。

1-4　简述物联网的发展趋势。

第2章　物联网体系结构及其信息技术

物联网的体系结构是了解物联网的基础，支持物联网的信息技术是物联网的根本。

根据功能不同，物联网技术可以分为三类：一是感知技术通过多种传感器、RFID、二维码、定位、地理识别系统、多媒体信息等数据采集技术，实现外部世界信息的感知和识别；二是网络技术通过广泛的互联功能，实现感知信息高可靠性、高安全性传送，包括各种有线和无线传输技术、交换技术、组网技术、网关技术等；三是应用技术通过应用中间件提供跨行业、跨应用、跨系统之间的信息协同及共享和互通的功能，包括数据存储、并行计算、数据挖掘、平台服务、信息呈现、服务体系架构、软件和算法技术等。

在这些技术中，目前存在着三个比较重要的体系；第一个是RFID体系，除了RFID技术外还包括条码和二维码等，这个体系的技术主要用来识别物体，不能对物体进行控制，一般需要手动读取信息；第二个是传感网体系，这里面的主要技术是传感器技术和近距离通信技术；第三个体系是M2M技术，M2M是重在强调广域网络传输的技术。另外，半导体、嵌入式等作为支撑技术，在每个体系中都有所涉及。

2.1　物联网的体系结构

对于物联网结构，我们可以从物联网的体系结构与物联网技术体系结构两个角度去认识。

2.1.1　物联网的工作原理

在物联网上，通过对所有身边的实际事物安装智能芯片，利用无线射频识别（RFID）技术，让物品能“开口说话”，告知其他人或物有关的静态、动态信息。RFID电子标签中存储着规范而具有互用性的信息，RFID电子标签技术在第3章中介绍。再通过光电式传感器、压电式传感器、压阻式传感器、电磁式传感器、热电式传感器、光导纤维传感器等传感装置，借助有线、无线数据通信网络把它们自动采集到中央信息系统，实现物品（商品）的识别，进而通过开放性的计算机网络实现信息交换和共享，实现对物品的“透明”管理。

物联网中重要的技术是RFID技术，以RFID系统为基础，结合已有的网络、数据库、中间件等技术，构筑由大量联网的读写器和无数移动的标签组成的比互联网更为庞大的物联网，成为RFID发展的趋势。

2.1.2　物联网的体系结构

物联网应该具备三个特征：一是全面感知，即利用RFID、传感器、二维码等随时地获取物体的信息；二是可传递，通过各种电信网络与互联网的融合，将物体的信息实时准确地传递出去；三是智能处理，利用云计算、模糊识别等各种智能计算技术，对海量数据和信息进行分析和处理，对物体实施智能化控制。

1. 物联网的体系结构

物联网大致被认为有三个层次：感知层、网络层、应用层，如图 2-1 所示。

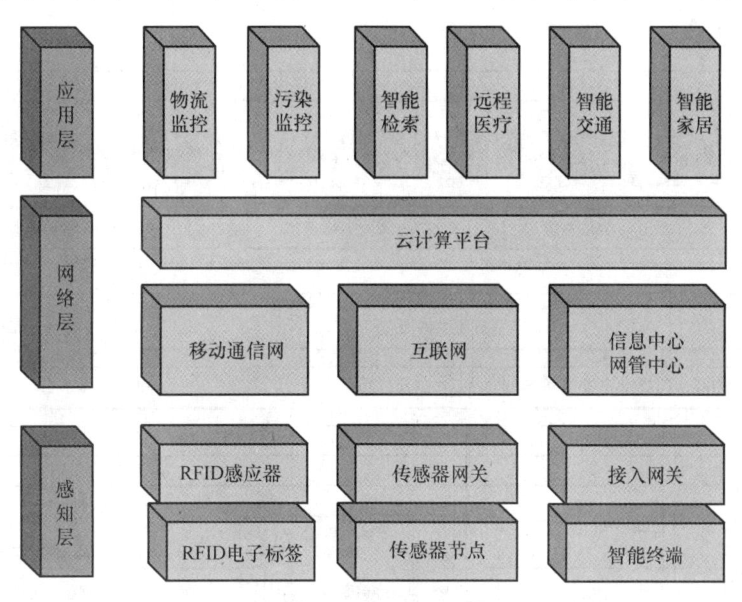

图 2-1　物联网体系结构

(1) 感知层　感知层包括传感器等数据采集设备，包括数据接入到网关之前的传感器网络。感知层是物联网发展和应用的基础，RFID 技术、传感和控制技术、短距离无线通信技术是感知层涉及的主要技术，其中又包括芯片研发、通信协议研究、RFID 材料、智能节点供电等细分技术。例如，加利福尼亚大学伯克利分校等研究机构主要研发通信协议；西安优势微电子有限责任公司研发的“唐芯一号”是国内自主研发的首片短距离物联网通信芯片；Perpetuum 公司针对无线节点的自主供电已经研发出通过采集振动能供电的产品；Powermat 公司已推出了一种无线充电平台。

(2) 网络层　物联网的网络层建立在现有的移动通信网和互联网的基础上。物联网通过各种接入设备与移动通信网和互联网相连，如手机付费系统中，由刷卡设备将内置手机的 RFID 信息采集上传到互联网，网络层完成后台鉴权认证并从银行网络划账。

网络层中的感知数据管理与处理技术是实现以数据为中心的物联网的核心技术，包括传感网数据的存储、查询、分析、挖掘、理解及基于感知数据决策和行为的理论和技术。云计算平台作为海量感知数据的存储、分析平台，将是物联网网络层的重要组成部分，也是应用层众多应用的基础。

通信网络运营商将在物联网的网络层占据重要地位，而正在高速发展的云计算平台将是物联网发展的基础。

(3) 应用层　物联网的应用层利用经过分析处理的感知数据为用户提供丰富的特定服务，可分为监控型（物流监控、污染监控）、查询型（智能检索、远程抄表）、控制型（智能交通、智能家居、路灯控制）、扫描型（手机钱包、高速公路不停车收费）等应用类型。

应用层是物联网发展的目的，软件开发、智能控制技术将会为用户提供丰富多彩的物联网应用。各种行业和家庭应用的开发将会推动物联网的普及，也给整个物联网产业链带来了利润，具体的应用参阅第11章的内容。

2. 物联网的体系结构的另一种描述

也有学者描述物联网的体系结构如图2-2所示。

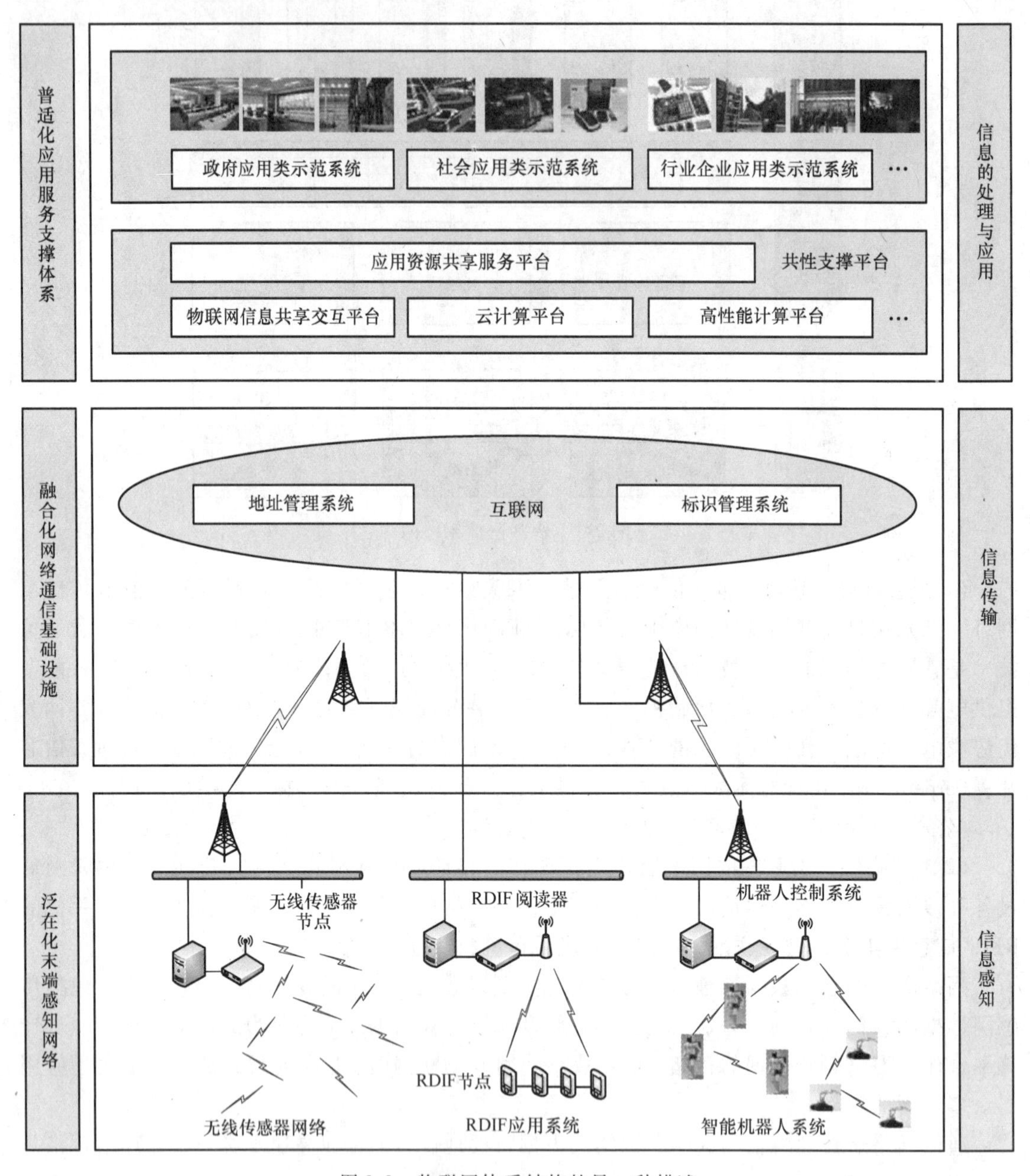

图2-2　物联网体系结构的另一种描述

由图2-2可知，物联网的体系结构可以分为三个层次：泛在化末端感知网络（对应感知层）、融合化网络通信基础设施（对应网络层）、普适化应用服务支撑体系（对应应用层）。

（1）泛在化末端感知网络（对应感知层）　泛在化末端感知网络的主要任务是信息感知。理解泛在化末端感知网络需要注意以下几个问题：

1）如何理解“泛在化”的概念。物联网的一个重要特征是“泛在化”，即“无处不在”的意思。这里的“泛在化”主要是指无线网络覆盖的泛在化，以及无线传感器网络、RFID标识与其他感知手段的泛在化。“泛在化”的特征说明两个问题：第一，全面的信息采集是实现物联网的基础；第二，解决低功耗、小型化与低成本是推动物联网普及的关键。

2）如何理解“末端感知网络”的概念。“末端网络”是相对于中间网络而言的。大家知道，在互联网中，如果在中国访问欧洲的一个网络时，数据需要通过多个互联的中间网络转发过去。“末端网络”是指它处于网络的末端位置，即它只产生数据，通过与它互联的网络传输出去，而自身不承担转发其他网络数据的作用。因此可以将“末端感知网络”类比为物联网的末梢神经。

3）如何理解感知手段的“泛在化”。泛在化末端感知网络的第三个含义是物联网的感知手段的“泛在化”。通常所说的RFID、传感器是感知网络的感知节点。但是，目前仍然有大量应用的IC卡、磁卡、一维或二维的条形码也纳入了感知网络，称为感知节点。

目前讨论的物联网主要针对大规模、造价低的RFID和传感器的应用问题，这在物联网发展的第一阶段是非常自然和必需的。但是作为信息技术研究人员，不能不注意到世界各国正在大力研究的智能机器人技术的发展，以及智能机器人在军事、防灾救灾、安全保卫、航空航天及其他特殊领域的应用问题。通过网络来控制装备有各种传感器、由大量具备协同工作能力的智能机器人节点组成的机器人集群的研究，正在一步步展示出其有效扩大人类感知世界的能力的应用前景。当智能机器人发展到广泛应用的程度，它必然也会进入物联网，成为感知网络的智能感知节点。在理解感知手段的“泛在化”特点时，必须前瞻性地预见到这个问题。

（2）融合化网络通信基础设施（对应网络层）　融合化网络通信基础设施的主要功能是实现物联网的数据传输。目前能够用于物联网的通信网络主要有互联网、无线通信网与卫星通信网、有线电视网。理解融合化网络通信基础设施需要注意以下几个问题：

1）理解三网融合对推进物联网网络通信基础设施建设的作用。目前我国正在推进计算机网络、电信网与有线电视网的三网融合。三网融合的结果将会充分发挥国家在计算机网络、电信网与有线电视网基础设施建设上多年投入的作用，推动网络应用，也为物联网的发展提供了一个高水平的网络通信基础设施条件。

2）理解互联网与物联网在传输网层面的融合问题。在互联网应用环境中，用户通过计算机接入互联网时是通过网络层的IP地址和数据链路层的硬件地址（网卡）来标识地址的。当用户要访问一台服务器时，只要输入服务器名，DNS服务器就能够根据服务器名找出服务器的IP地址。而在物联网中，增加了末端感知网络与感知节点标识，因此在互联网中传输物联网数据和提供物联网服务时，必须增加对应于物联网的“地址管理系统”与“标识管理系统”。

3）理解M2M通信业务在物联网应用中的作用。中国电信预计未来用于人对人通信的终端可能仅占整个终端市场的1/3，而更大数量的通信是机器对机器（Machine-to-Machine，M2M）通信业务。在这个分析的基础上，中国电信提出了M2M的概念。目前，M2M重点在于机器对机器的无线通信。这里存在三种模式：机器对机器、机器对移动电话（如用户远程监视）以及移动电话对机器（如用户远程控制）。由于M2M是无线通信和信息技术的整合，它可用于双向通信，如远距离采集信息、设置参数和发送指令，因此M2M技术可以用于安全监测、远程医疗、货物跟踪、自动售货机等。因此，M2M通信业务是目前物联网应用中一个重要的通信模式，也是一种经济、可靠的组网方法。

（3）普适化应用服务支撑体系（对应应用层） 普适化应用服务支撑体系的主要功能是物联网的数据处理与应用。理解普适化应用服务支撑体系需要注意以下几个问题：

1）理解物联网的智能性与普适化的关系。物联网的一大特征是智能性。物联网的智能性体现在协同处理、决策支持以及具有算法库和样本库的支持上，而要实现物联网的智能性必然要涉及海量数据的存储、计算与数据挖掘问题。海量数据的存储、计算对于物联网应用服务的普适化是一个很大的挑战。

2）理解云计算对实现物联网应用服务普适化的作用。关于云计算的相关介绍可参阅第9章。IBM公司研究人员对云计算的定义是：云计算是以公开的标准和服务为基础，以互联网为中心，提供安全、快速、便捷的数据存储和网络计算服务，让互联网这片“云”成为每一个网民的数据中心和计算中心。网格计算之父 Ian Foster 认为：云计算是一种大规模分布式计算模式，其推动力来自规模化所带来的经济性。在这种模式下，一种抽象的、虚拟化的、可动态扩展和管理的计算能力、存储、平台和服务汇聚成资源池，提供“互联网按需交付”给外部用户。对于云计算的特点，Ian Foster 总结为：大规模可扩展性；可以被封装成一个抽象的实体，并提供不同的服务水平给外部用户使用；由规模化带来的经济性；服务可被动态配置，按需交付。

根据以上分析可以清晰地看出：云计算适合于物联网的应用，由规模化带来的经济性对实现物联网应用服务的普适化将起到重要的推动作用。

3）理解物联网应用服务普适化。从目前的物联网应用系统的类型看，大致可以分为政府应用类示范系统、社会应用类示范系统，以及行业、企业应用类示范系统等。物联网将在公共管理和服务、企业应用、个人与家庭三大领域应用，将出现大批应用于工业生产、精准农业、公共安全监控、城市管理、智能交通、安全生产、环境监测、远程医疗、智能家居物联网应用示范系统，这也正体现了物联网应用服务普适化的特点。

3. 物联网技术体系结构

图2-3给出了物联网技术体系结构的示意图。

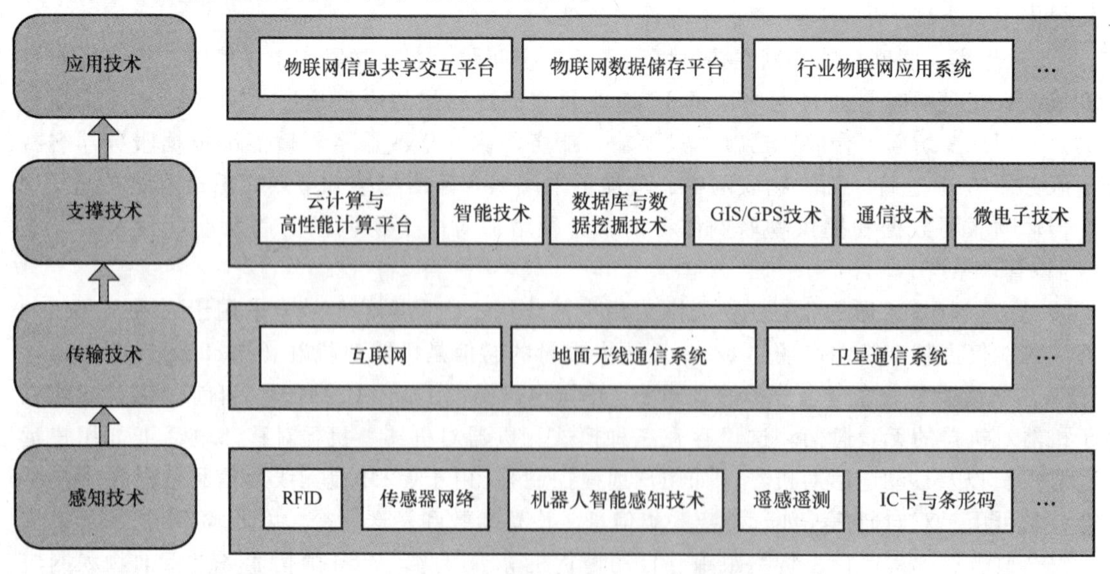

图2-3 物联网技术体系结构示意图

从物联网技术体系结构角度解读物联网，可以将支持物联网的技术分为四个层次：感知技术、传输技术、支撑技术与应用技术。

（1）感知技术　感知技术是指能够用于物联网底层感知信息的技术，它包括 RFID 与 RFID 读写技术、传感器与传感器网络、机器人智能感知技术、遥测遥感技术以及 IC 卡与条形码技术等。

（2）传输技术　传输技术是指能够汇聚感知数据，并实现物联网数据传输的技术，它包括互联网技术、地面无线传输技术以及卫星通信技术等。

（3）支撑技术　支撑技术是指用于物联网数据处理和利用的技术，它包括云计算与高性能计算技术、智能技术、数据库与数据挖掘技术、GIS/GPS 技术、通信技术以及微电子技术等。

（4）应用技术　应用技术是指用于直接支持物联网应用系统运行的技术，它包括物联网信息共享交互平台技术、物联网数据存储技术以及各种行业物联网应用系统。

2.1.3 物联网的工作步骤

在物联网中，系统应用流程如下：物联网在实际应用上的开展需要各行各业的参与，并且需要国家政府的主导及相关法规政策上的扶助，物联网的开展具有规模性、广泛参与性、管理性、技术性等特征。其中，技术上的问题是物联网最为关键的问题。物联网技术是一项综合性的技术，是一个系统，目前国内还没有哪家公司可以全面负责物联网的整个系统规划和建设，尽管理论上的研究已经在各行各业展开，而实际应用还仅局限于行业内部。物联网的规划、设计及研发关键在于 RFID、传感器、嵌入式软件、数据传输计算等领域的研究。

一般来讲，物联网的开展步骤主要如下：

1）对物体属性进行标识，属性包括静态和动态的属性，静态属性可以直接存储在标签中，动态属性需要先由传感器实时探测。

2）需要识别设备完成对物体属性的读取，并将信息转换为适合网络传输的数据格式。

3）将物体的信息通过网络传输到信息处理中心（处理中心可能是分布式的，如家里的电脑或者手机；也可能是集中式的，如中国移动的 IDC），由处理中心完成物体通信的相关计算。

2.2 支持物联网发展的技术

2.2.1 RFID 技术

RFID 技术和传感器具有不同的技术特点，传感器可以监测感应到各种信息，但缺乏对物品的标识能力，而 RFID 技术恰恰具有强大的标识物品能力。尽管 RFID 也经常被描述成一种基于标签的，并用于识别目标的传感器，但 RFID 读写器不能实时感应当前环境的改变，其读写范围受到读写器与标签之间距离的影响。因此提高 RFID 系统的感应能力，扩大 RFID 系统的覆盖能力是亟待解决的问题。而传感器网络较长的有效距离将拓展 RFID 技术的应用范围。传感器、传感器网络和 RFID 技术都是物联网技术的重要组成部分，它们的相互融合和系统集成将极大地推动物联网的应用，其应用前景不可估量。具体内容参阅后面章节。

2.2.2 无线传感器网络

传感器网络（Sensor Network）的概念最早由美国军方提出，起源于 1978 年美国国防部高级研究计划局（DARPA）资助卡耐基梅隆大学进行分布式传感器网络的研究项目，当时此概念仅局限于由若干具有无线通信能力的传感器节点自组织构成的网络。随着近年来互联网技术和多种接入网络以及智能计算技术的飞速发展，2008 年 2 月，ITU-T 发表了《泛在传感器网络（Ubiquitous Sensor Networks)》研究报告。在报告中，ITU-T 指出传感器网络已经向泛在传感器网络的方向发展，它是由智能传感器节点组成的网络，可以以“任何地点、任何时间、任何人、任何物”的形式被部署。该技术可以在广泛的领域中推动新的应用和服务，从安全保卫和环境监控到推动个人生产力和增强国家竞争力。从以上阐述可见，传感器网络已被视为物联网的重要组成部分，如果将智能传感器的范围扩展到 RFID 等其他数据采集技术，从技术构成和应用领域来看，泛在传感器网络等同于现在提到的物联网。

在物联网的关键技术中，RFID 技术和无线传感器网络（WSN）各有侧重且优势互补。RFID 侧重于识别，能够实现对目标的标识和管理，同时，RFID 系统具有读写距离有限、抗干扰性差、实现成本较高等不足；WSN 侧重于组网，实现数据的传递，具有部署简单、实现成本低廉等优点，但一般 WSN 并不具有节点标识功能。RFID 与 WSN 的结合存在很大的契机。RFID 与 WSN 可以在两个不同的层面进行融合：物联网架构下 RFID 与 WSN 的融合，如图 2-4 所示；传感器网络架构下 RFID 与 WSN 的融合，该架构下的融合又分为智能基站、智能节点、智能传感标签三种情况，分别如图 2-5 ~ 图 2-7 所示。

WSN 除了可以与 RFID 融合外，还可以与其他无线通信技术融合，如图 2-8 所示。

具体内容参阅第 5 章，实验参阅第 12 章。

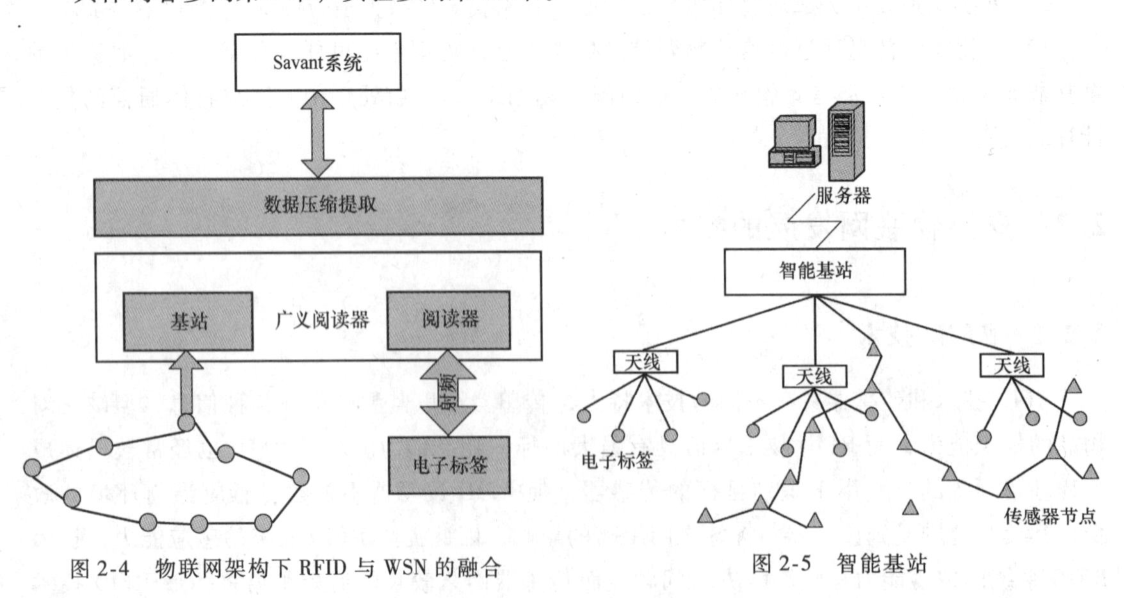

图 2-4 物联网架构下 RFID 与 WSN 的融合

图 2-5 智能基站

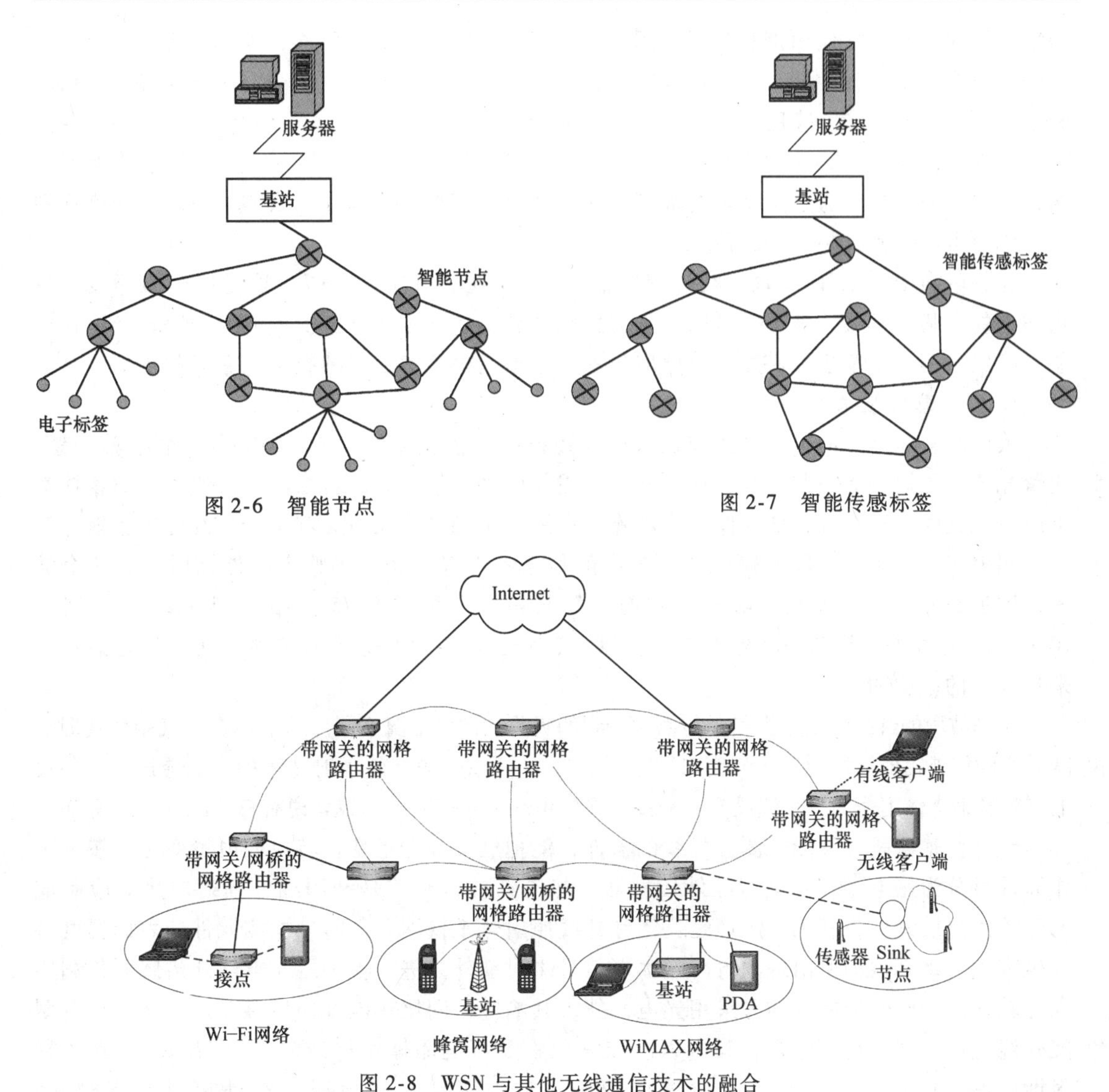

图 2-6　智能节点

图 2-7　智能传感标签

图 2-8　WSN 与其他无线通信技术的融合

2.2.3　纳米技术

纳米技术不是物联网的专有技术。目前，纳米技术在物联网技术中的应用主要体现在RFID 设备的微小化设计、感应器设备的微小化设计、加工材料和微纳米加工技术上。

纳米技术是研究尺寸在 0.1 ~ 100nm 的物质组成体系的运动规律和相互作用及可能的实际应用中的技术问题的科学，主要包括纳米体系物理学、纳米化学、纳米材料学、纳米生物学、纳米电子学、纳米加工学、纳米力学等。其中，纳米物理学和纳米化学是纳米科学的理论基础，而纳米电子学是纳米科学最重要的内容，纳米电子技术也是纳米技术的核心。

2.2.4　感知技术

物联网是将各种信息传感设备，如 RFID 装置、红外感应器、GPS、遥感系统、WSN、激光扫描器等种种装置与互联网结合起来而形成的一个巨大网络，其目的是使所有物品都与网络连接在一起，方便识别和管理。用一个通俗的比喻来描述物联网，人的眼睛、耳朵、鼻子好比单个的“传感器”，一杯牛奶摆在面前，眼睛看到的是杯子，杯子里有白色的液体，鼻子闻到有股奶香味，嘴巴尝一下有一丝淡淡的甜味，用手再摸一下，感觉有温度。这些感官的感知综合在一起，人便得出关于这一杯牛奶的判断。假如把牛奶的感知信息传上互联网，坐在办公室的人通过网络随时能了解家中牛奶的情况，这就是“传感网”，假如给你授权，你也可以看到这杯牛奶的情况。

在物联网中，RFID 装置、红外感应器、GPS、遥感系统、WSN、激光扫描器等装置就犹如人的眼睛、耳朵、鼻子，可以分别去感知外界事物的不同信息。RFID 技术和 WSN 在上节中已经讲述，本节主要讲述红外感应技术、全球定位技术、遥感技术、激光扫描器。

1. 红外感应技术

人的眼睛能看到的可见光按波长从长到短排列，依次为红、橙、黄、绿、青、蓝、紫。比紫光波长更短的光叫紫外线，比红光波长更长的光叫红外线。自然界中，绝大多数物体都可以看成红外线辐射源，如人体、小动物、房屋、车辆等都无时无刻不产生红外线辐射。按红外辐射产生的机理及红外辐射在大气中的传播特性等，通常将整个红外辐射分为三个波段，即近红外、中红外和远红外，它们的波长范围分别是 0.75 ~ 3μm、3 ~ 25μm、25 ~ 1000μm。近红外光谱和中红外光谱来自原子、分子的振动及分子的转动，远红外光谱主要来自分子的振动和转动。

不同波段的红外辐射在大气中传播时受到的吸收和散射情况不同。通常称在大气中传播时衰减很小的红外辐射波段为“大气窗口”波长，在 1 ~ 15μm 的红外辐射光谱中，能透过大气传播的红外辐射大体上分为三个波段 1 ~ 2.5μm、3 ~ 5μm 和 8 ~ 14μm，或者说有三个红外大气窗口。

红外传感器是一种能探测红外线的器件，能把红外辐射量变化转换成电量变化，按其工作原理可分为热电型和光电型红外传感器。热电红外传感器是利用红外辐射的热效应制成的，采用热敏元件，其工作原理是：当红外线照射热敏检测元件时，检测元件的表面温度将发生变化，将其表面所出现的电荷作为电信号，对红外线进行检测。光电红外传感器是利用红外辐射的光电效应制成的，采用光电元件，其响应时间比热电红外传感器短得多。热电型红外线光敏元件的材料较多，其中以陶瓷氧化物及压电晶体用得最多，如 $PbTiO_3$。陶瓷材料性能好，用它制成的红外传感器已用于人造卫星地平线检测及红外辐射温度检测。$LiTaO_3$、LATGS 及 PZT 制成的热释电红外传感器目前用得极广。近年来开发的具有热释电性能的高分子薄膜聚偏二氟乙烯（PUF_2）已用于红外成像器件、火灾报警传感器等。下面主要讲述热释电红外传感器。

当一些晶体受热时，在晶体两端将会产生数量相等而符号相反的电荷，这种由于热变化产生的电极化现象被称为热释电效应。通常，晶体自发极化所产生的束缚电荷被来自空气中附着在晶体表面的自由电子所中和，其自发极化电矩不能表现出来。当温度变化时，晶体结构中的正负电荷重心相对移位，自发极化发生变化，晶体表面就会产生电荷耗尽，电荷耗尽的状况正比于极化程度，图 2-9 表示了热释电效应的形成原理。

能产生热释电效应的晶体称为热释电体或热释电元件，其常用的材料有单晶（$LiTaO_3$ 等）、压电陶瓷（PZT 等）及高分子薄膜（PVFZ 等）。

热释电红外传感器利用的正是热释电效应，是一种温度敏感传感器。它由陶瓷氧化物或压电晶体元件组成，元件两个表面做成电极，当传感器监测范围内温度有 ΔT 的变化时，热

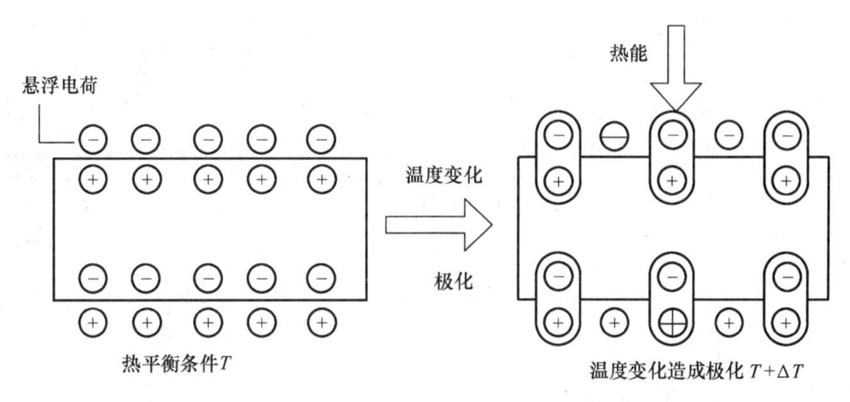

图 2-9　热释电效应的形成原理

释电效应会在两个电极上产生电荷 ΔQ，即在两电极之间产生微弱电压 ΔV。由于它的输出阻抗极高，所以，传感器中有一个场效应管进行阻抗变换。热释电效应所产生的电荷 ΔQ 会跟空气中的离子结合而消失，当环境温度稳定不变时，$\Delta T=0$，传感器无输出；当人体进入检测区时，因人体温度与环境温度有差别，产生 ΔT，则有信号输出。若人体进入检测区后不动，则温度没有变化，传感器也没有输出，所以，这种传感器能检测人体或者动物的活动。热释电红外传感器的结构及内部电路如图 2-10 所示。传感器主要由外壳、滤光片、热释电元件 PZT、场效应管等组成。其中，滤光片设置在窗口处，组成红外线通过的窗口。滤光片为 6μm 多层膜干涉滤光片，对太阳光和荧光灯光的短波（波长约 5μm 以下）可很好地滤除。热释电元件 PZT 将波长在 8～12μm 之间的红外信号的微弱变化转变为电信号，为了只对人体的红外辐射敏感，在它的辐射面通常覆盖有特殊的菲涅耳滤光片，使环境的干扰受到明显的抑制作用。

图 2-11 为菲涅耳透镜，它是根据菲涅耳原理制成的，把红外光线分成可见区和盲区，同时又有聚焦的作用，使热释电人体红外传感器（PIR）灵敏度大大增加。菲涅耳透镜有折

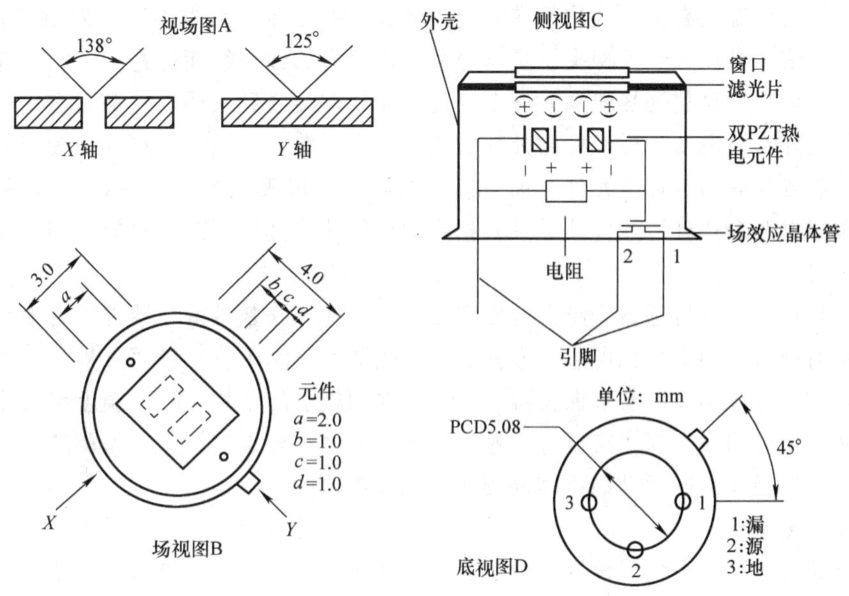

图 2-10　热释电红外传感器的结构及内部电路

射式和反射式两种形式，其作用为：一是聚焦作用，将热释的红外信号折射（反射）在PIR上；二是将检测区内分为若干个明区和暗区，使进入检测区的移动物体能以温度变化的形式在PIR上产生变化热释红外信号，这样，PIR就能产生变化电信号。如果在热电元件接上适当的电阻，当元件受热时，电阻上就有电流流过，在两端就可得到电压信号。

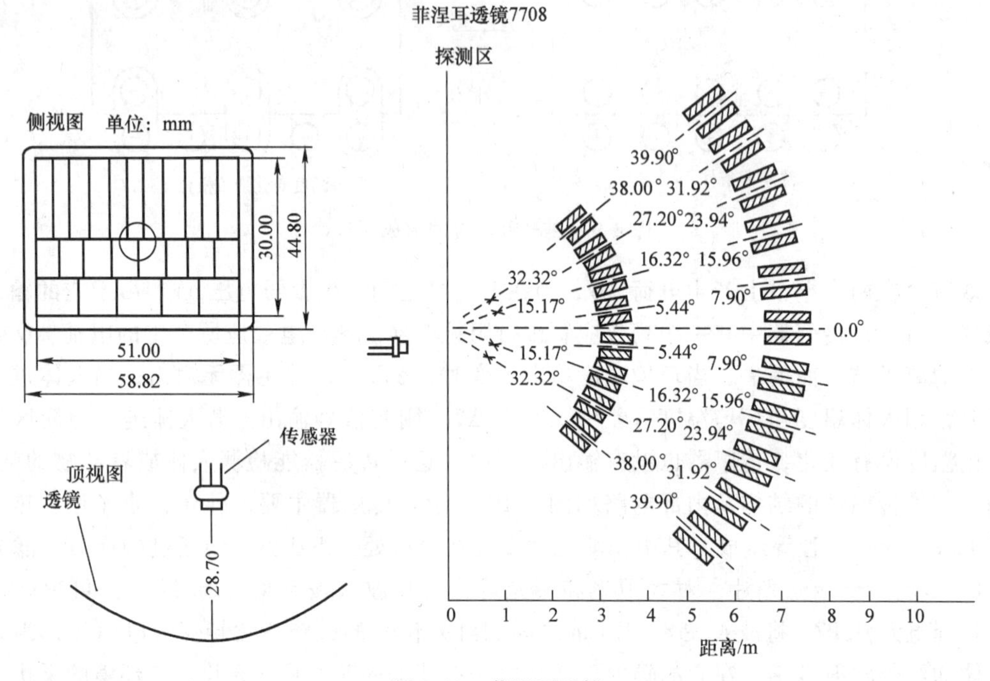

图2-11　菲涅耳透镜

在自然界，任何高于绝对温度（-273K）的物体都将产生红外光谱，不同温度的物体释放的红外能量的波长是不一样的，因此，红外波长与温度的高低是相关的，而且辐射能量的大小与物体表面温度有关。人体都有恒定的体温，一般在37℃左右，会发出10μm左右特定波长的红外线，被动式红外探头就是靠探测人体发射的红外线而进行工作的。红外线通过菲涅耳滤光片增强后聚集到热释电元件上，这种元件在接收到人体红外辐射变化时就会失去电荷平衡，向外释放电荷，后经检测处理后就能产生报警信号。被动红外探头的传感器包含两个互相串联或并联的热释电元件，而且制成的两个电极极化方向正好相反（见图2-10），环境背景辐射对两个热释电元件几乎具有相同的作用，使其产生热释电效应相互抵消，于是探测器无信号输出。

被动式热释电红外传感器本身没有任何类型的辐射，隐蔽性好，器件功耗很小，价格低廉，但其也有缺点，如信号幅度小，容易受各种热源、光源干扰；被动红外穿透力差，人体的红外辐射容易被遮挡，不易被探头接收；易受射频辐射的干扰；环境温度和人体温度接近时，探测和灵敏度明显下降，有时造成短时失灵；被动红外探测器主要检测的运动方向为横向运动方向，对径向方向运动的物体检测能力比较差。

2. 全球定位技术

全球定位技术是当今世界发展最为迅速的科学技术之一，它已被广泛应用于军事、航空航天、交通运输、航海等诸多领域。全球定位技术的高度自动化及所达到的高精度和具有的发展潜力也引起了广大测量工作者的极大兴趣，并已在测量工作中得到较为广泛的应用，对经典大地测量学的各个方面产生了极其深刻的影响。在大地测量学及其相关领域，如海洋大地测量学、卫星遥感、工程变形监测、精密工程测量、地壳运动监测、城市控制网的改善等方面的应用及其所取得的成功经验，充分显示了这一卫星定位技术的高精度、高效益，充分地展示了它的显著优越性和巨大潜力。

全球定位系统（GPS）由三部分组成：空间部分——GPS 星座；地面控制部分——地面监控系统；用户设备部分——GPS 信号接收机。

（1）空间部分　GPS 的空间部分由 24 颗工作卫星组成，它位于距地表 20 ~ 200km 的上空，均匀分布在 6 个轨道面上（每个轨道面 4 颗），轨道倾角为 55°。此外，还有 4 颗有源备份卫星在轨运行。卫星的分布使得在全球任何地方、任何时间都可观测到 4 颗以上的卫星，并能保持良好定位解算精度的几何图像，这就提供了在时间上连续的全球导航能力。GPS 卫星产生两组电码：一组称为 C/A 码，一组称为 P 码。P 码因频率较高、不易受干扰、定位精度高，因此受美国军方管制，并设有密码，一般民间无法解读，主要为美国军方服务。C/A 码经人为采取措施刻意降低精度后，主要开放给民间使用。

（2）地面控制部分　地面控制部分由 1 个主控站、5 个全球监测站和 3 个地面控制站组成。监测站均配装有精密的时钟和能够连续测量到所有可见卫星的接收机，将其取得的卫星观测数据，包括电离层和气象数据，经过初步处理后传送到主控站。主控站从各监测站收集跟踪数据，计算出卫星的轨道和时钟参数，然后将结果送到 3 个地面控制站。地面控制站在每颗卫星运行至上空时，把这些导航数据及主控站指令注入卫星，这种注入对每颗 GPS 卫星每天一次，并在卫星离开注入站作用范围之前进行最后的注入。如果某地面站发生故障，那么在卫星中预存的导航信息还可用一段时间，但导航精度会逐渐降低。

（3）用户设备部分　用户设备部分即 GPS 信号接收机，其主要功能是捕获按一定卫星截止角所选择的待测卫星，并跟踪这些卫星的运行。当接收机捕获到跟踪的卫星信号后，即可测量出接收天线至卫星的伪距离和距离的变化率，解调出卫星轨道参数等数据。根据这些数据，接收机中的微处理计算机就可按定位解算方法进行定位计算，计算出用户所在地理位置的经纬度、高度、速度、时间等信息。接收机硬件、机内软件及 GPS 数据的后处理软件包构成完整的 GPS 用户设备。GPS 接收机的结构分为天线单元和接收单元两部分。接收机一般采用机内和机外两种直流电源。设置机内电源的目的在于更换外电源时不中断连续观测。在用机外电源时，机内电池自动充电。关机后，机内电池为 RAM 存储器供电，以防止数据丢失。目前，各种类型的接收机体积越来越小，重量越来越轻，便于野外观测使用。

GPS 是无源被动式伪码单向测距三维导航，由用户设备独立解算自己的三维定位数据。根据高速运动的卫星瞬间位置作为已知的起算数据，采用空间距离后方交会的方法，确定待测点的位置，如图 2-12 所示。假设 t 时刻在地面待测点上安置 GPS 接收机，可以测定 GPS 信号到达接收机的时间 Δt，再加上接收机所接收到的卫星星历等其他数据可以确定以下四个方程式

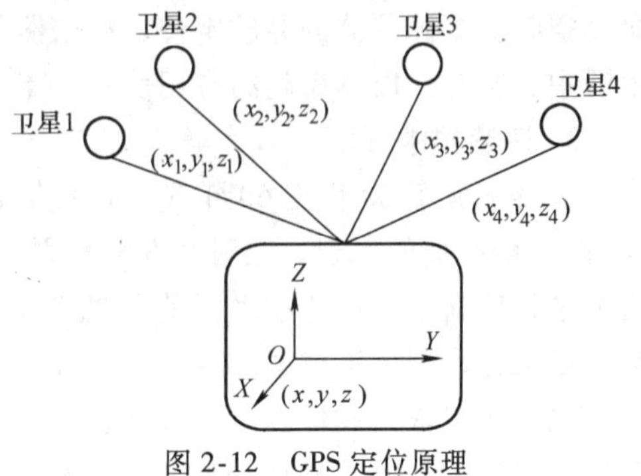

图 2-12　GPS 定位原理

$$r_i=[(x-x_i)^2+(y-y_i)^2+(z-z_i)^2]^{1/2}+c\Delta t_u+c(\Delta t_{Ai}-\Delta t_i)(i=1,2,3,4)$$

式中，待测点坐标 x、y、z 和 Δt_u 为未知参数；r_i（$i=1$，2，3，4）分别为卫星1、卫星2、卫星3和卫星4到接收机之间的距离（伪距）；c 为GPS信号的传播速度（即光速）。

四个方程式中各个参数意义如下：x、y 和 z 为待测点坐标的空间直角坐标；x_i、y_i 和 z_i（$i=1$，2，3，4）分别为卫星1、卫星2、卫星3和卫星4在 t 时刻的空间直角坐标，可由卫星导航电文求得；Δt_i（$i=1$，2，3，4）分别为卫星1、卫星2、卫星3和卫星4的卫星钟的钟差，由卫星星历提供；Δt_{Ai}是传播延时误差，用双频测量法校正。由以上四个方程即可解算出待测点的坐标 x、y、z 和接收机的钟差 Δt_u。

GPS具有全球覆盖、全天候、高精度和多用途的特点。

（1）全球覆盖 GPS是以人造卫星作为导航台的星基无线电导航系统，由于其24颗卫星均匀分布，形成同时覆盖全球的卫星网，由于卫星距地面越高，可见的地球表面或卫星的覆盖区域就越大，借助地球的自转可使地球上任何地方至少同时看到6~11颗卫星。实际上，只需4颗卫星就足够完成一次有效定位。这种可见卫星的裕度设计可保证用户挑选视野中几何配置最佳的4颗卫星来实现高精度的定位。

（2）全天候 由于GPS的导航卫星是人造天体，可以将描述卫星位置的轨道参数及测距信号居高临下的以无线电波形式发射给用户，这种无线电导航信号不受气象条件和昼夜变化的影响，是全天候的。但无线电波穿过电离层和对流层时，会产生相应延迟，电波的直视也会因高大的建筑、稠密的森林遮挡对信号的跟踪带来一定的影响，但它们并不影响GPS卫星导航的全天候特性。

（3）高精度 GPS的定位精度取决于卫星和用户间的几何结构、卫星星历精度、GPS时间同步精度、测距精度和机内噪声等诸多因素的组合。卫星和用户间的最佳几何配置由可见卫星的裕度设计保证；由于大地测量技术的飞速发展及人造卫星在测量领域的广泛应用，已经能够得到精确的地球重力模型，地面跟踪网对卫星的定轨精度可精确到1~10m以内；卫星和用户之间的相对位置测量精度利用伪码测距可达米级，利用载波相位可精确到毫米级；电波传播的电离层折射影响可采用双频接收技术消除；对流层折射的影响也可通过本地气象观测得到精确模型予以降低；有效利用用户和基准站（置于位置精确已知的点上）间误差在空间和时间上的相关性，可使实时定位精度提高到厘米量级。P码定位精度为水平方向20~40m，垂直方向45m，测速0.2m/s，测时精度0.2μs。C/A码定位精度为水平方向100m，垂直方向156m，测速0.3m/s，测时精度340ns。

（4）多用途 GPS具有全天候、全球覆盖和高精度的优良性能，因此可广泛用于陆、海、空各类军民载体的导航定位、精密测量和授时服务。在军事和国民经济各部门乃至个人生活中，都有着极其广阔的应用前景，不再局限于传统的导航定位。

3. 遥感技术

遥感起源于20世纪60年代，其特征是不直接接触被研究的目标，感测目标的特征信息（一般是电磁波的反射、辐射和发射辐射），经过传输、处理，从中提取人们感兴趣的信息，这个过程叫遥感。遥感技术则是实现这种过程所采取的各种技术手段的总称，包括陆地、航空、航天摄影测量等技术。

遥感技术依其波谱性质，可分为电磁波遥感技术、声学遥感技术和物理场遥感技术。电磁波遥感技术经过了地面遥感技术、航空遥感技术、航天遥感技术三个阶段。随着空间技术、电子技术、光学技术和计算机技术的发展，遥感器的运输工具从飞机很快发展到卫星、宇宙飞船和航天飞机，遥感谱段从可见光发展到红外和微波，遥感信息的记录和传输从图像的直接传输到非图像的无线传输。

经过多方比较分析，陆地卫星照片信息源在资源环境、动态、生态效益等的综合调查中具有明显的技术与经济优势，其表现在数字处理、光学处理的潜力大，波段组合能力强，成图几何精度高，可满足1:2.5万、1:5万、1:10万和1:20万等比例尺专题制图的要求。

卫星照片的制作是通过卫星传输的非图像数据或曲线信息源，利用计算机处理卫星数据等一系列复杂过程来打印输出卫星照片，还可以提供以卫星照片为底板背景，带有林班线、小班线及地名的卫星照片林相图，具有分类精度高、地学综合信息丰富等特点。

卫星照片被广泛应用于森林资源一类清查、二类规划设计调查、伐区设计调查、森林资源监测、专业调查、林业规划、营林、造林及自然保护区调查规划设计、荒山荒地评价及综合分析等。

地球上每一个物体都在不停吸收、发射和反射电磁波，并且不同物体的电磁波特性是不同的。遥感就是根据这个原理来探测地表物体对电磁波的发射特性及其对电磁波的反射特征，从而提取这些物体的信息，最终完成远距离识别物体。可以说，遥感技术是一种建立在现代物理学、电子计算机技术、数学方法和地学规律基础上的综合性探测技术。随着现代计算机技术、通信技术、数字化技术和传感器技术等的进步，遥感技术的水平已得到很大提高，正朝着高精度、多光谱、高时空分辨率的方向发展。

遥感技术日益呈现出“三高”（高光谱、高时间分辨率、高空间分辨率）、“三全”（全天候、全天时、全球）、“3W”（What，When，Where）、“三结合”（大小卫星结合、航空与航天结合、技术与应用结合）等特点，这些都为遥感技术在全社会的广泛应用提供了很好的基础。尤其在人流、物流、信息流高度集中和膨胀的城市当中，遥感技术的发展更是日新月异，其应用的深度和广度都在飞速拓展。

4. 激光扫描器

激光扫描器是一种远距离条码阅读设备，因其性能优越，而在各个行业中被广泛应用。激光扫描器有单线扫描、光栅式扫描和全角度扫描三种扫描方式。手持式激光扫描器属单线扫描，其景深较大，扫描首读率和精度较高，扫描宽度不受设备开口宽度限制；卧式激光扫描器为全角扫描器，操作方便，操作者可双手对物品进行操作，只要条码符号面向扫描器，不管其方向如何，均能实现自动扫描，超级市场大都采用这种设备。

激光扫描器的基本工作原理如图2-13所示。手持式激光扫描器通过一个激光二极管发出一束光线，照射到一个旋转的棱镜或来回摆动的镜子上，反射后的光线穿过阅读窗照射到条码表面，光线经过条形码的条或空的反射后返回到读写器，由一个镜子进行采集、聚焦，通过光电转换器转换成电信号，该信号将通过扫描器或终端上的译码软件进行译码。激光扫描器的工作流程如图2-14所示。

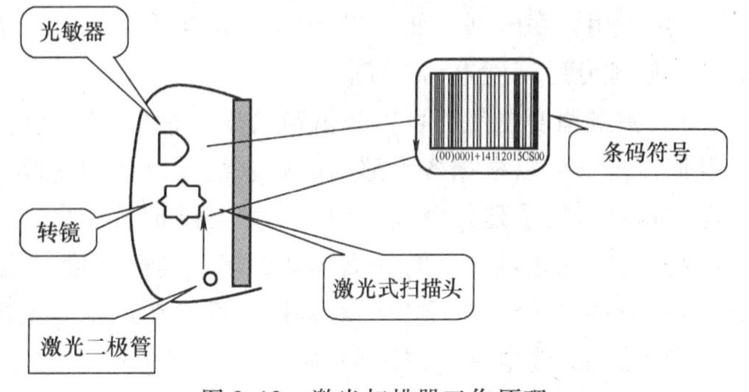

图2-13　激光扫描器工作原理

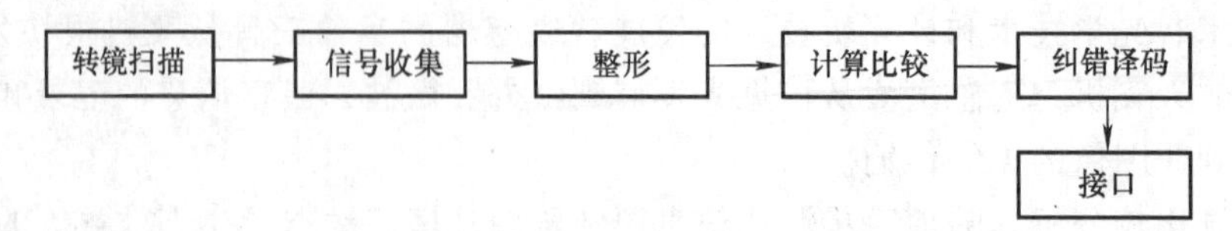

图 2-14 激光扫描器工作流程

激光扫描器有以下优点：可以很好地用于非接触扫描，通常情况下，在阅读距离超过30cm时，激光读写器是唯一的选择；阅读条码密度范围广，并可以阅读不规则的条码表面或透过玻璃、透明胶纸阅读；因为是非接触阅读，所以不会损坏条码标签；因为有较先进的阅读及解码系统，所以首读识别成功率高，识别速度相对光笔及CCD更快，而且对印刷质量不好或模糊的条码识别效果好；误码率极低（约为三百万分之一）；激光读写器的防震、防摔性能好。其缺点是：价格相对较高，但如果从购买费用与使用费用的总和计算，与CCD读写器并没有太大的区别。

2.2.5 通信及计算技术

通信技术：物联网的通信工具。物联网的一个重要特征是“泛在化”。实现物联网泛在化特征的基础是移动通信与无线网络。因此，了解移动通信与无线网络技术对于理解物联网的基本工作原理是十分重要的。

1. 移动通信的分类

移动通信分类方法主要有三种：按设备的使用环境分类、按服务对象分类、按移动通信系统分类。

（1）按设备的使用环境分类　移动通信主要可以分为三种类型：陆地移动通信、海上移动通信和航空移动通信。针对特殊使用环境还有地下隧道与矿井移动通信、水下潜艇移动通信、太空航天移动通信。

（2）按服务对象分类　移动通信可以分为公用移动通信与专用移动通信。目前所说的手机通信是公用移动通信。专用移动通信是为公安、消防、急救、公路管理、机场管理、海上管理与内河航运管理等专业部门提供服务。

（3）按移动通信系统分类　移动通信可以分为：蜂窝移动通信、专用调度电话、集群调度电话、个人无线电话、公用无线电话、移动卫星通信等类型。

1）蜂窝移动通信。属于公用、全球性、用户数量最大的用户移动电话网，也是移动通信的主体。

2）专用调度电话。属于专用的业务电话系统，可以是单信道的，也可以是多信道的，如公交管理专用调度电话系统。

3）集群调度电话。可以是城市公安、消防等多个业务系统共享的一个移动通信系统。集群调度电话可以根据各个部门的要求统一设计和建设，集中管理，共享频道、线路和基站资源，从而节约了建设资金、频段资源与维护费用，是专用调度电话系统发展的高级阶段。

4）个人无线电话。与蜂窝移动通信、集群调度电话相比，个人无线电话不需要中心控制设备，一家两个人各拿一个对讲机就可以在近距离范围内实现个人无线通话。

5）公用无线电话。属于公共场所（如商场、机场、火车站）使用的无线电话系统。它可以通过拨号接入城市电话系统，只支持工作人员在局部范围内行走过程中使用，不适合于乘车时使用。

6）移动卫星通信。21 世纪通信的重要突破之一是卫星通信终端的手持化和个人通信的全球化。通信卫星覆盖全球，手持卫星移动电话可以用于地面基站无法覆盖的山区、海上，实现船与岸上、船与船之间的通信。这类系统的典型是国际海事卫星电话系统。在遇到自然灾害，常用的蜂窝移动电话基站受到破坏时，普通的手机已经不能够通信，而卫星移动通信系统就显示出它独特的优越性。

在四川汶川地震发生之后，震中地区通信一度中断，给救援工作带来了很大的困难，这时国际海事卫星通信系统发挥了重要的作用。汶川的第一个电话、第一幅震中照片都是通过海事卫星通信系统传出的。抗震救灾人员之间互相联系、外界联系和与震中联系，也都是使用了海事卫星通信系统。在突发事件发生的时候，卫星通信能够起到其他通信手段无法起到的作用。

2.2.6　普适计算技术

1. 普适计算的基本概念

1991 年，美国 Xerox PAPC 实验室的 Mark Weiser 在《Scientific American》上发表文章《The Computer for the 21st Century》，正式提出了普适计算（Pervasive Computing 或 Ubiquitous Computing）的概念。1999 年，欧洲研究团体 ISTAG 提出了环境智能（Ambient Intelligence）的概念。环境智能与普适计算的概念类似，研究的方向也比较一致。

理解普适计算概念需要注意以下几个问题：

1）普适计算的重要特征是“无处不在”与“不可见”。“无处不在”是指随时随地访问信息的能力；“不可见”是指在物理环境中提供多个传感器、嵌入式设备、移动设备以及其他任何一种有计算能力的设备可以在用户不觉察的情况下进行计算、通信，提供各种服务，以最大限度地减少用户的介入。

2）普适计算体现出信息空间与物理空间的融合。普适计算是一种建立在分布式计算、通信网络、移动计算、嵌入式系统、传感器等技术基础上的新型计算模型，它反映出人类对于信息服务需求的提高，具有随时随地享受计算资源、信息资源与信息服务的能力，以实现人类生活的物理空间与计算机提供的信息空间的融合。

3）普适计算的核心是“以人为本”，而不是以计算机为本。普适计算强调把计算机嵌入到环境与日常工具中去，让计算机本身从人们的视线中“消失”，从而将人们的注意力拉回到要完成的任务本身。人类活动是普适计算空间中实现信息空间与物理空间融合的纽带，而实现普适计算的关键是“智能”。

4）普适计算的重点在于提供面向用户的、统一的、自适应的网络服务。普适计算的网络环境包括互联网、移动网络、电话网和各种无线网络；普适计算设备包括计算机、手机、传感器、汽车、家电等能够联网的设备；普适计算服务内容包括计算、管理、控制、信息浏览等。

2. 普适计算研究的主要问题

普适计算最终的目标是实现物理空间与信息空间的完全融合，这一点是和物联网非常相似的。因此，了解普适计算需要研究的问题，对于理解物联网的研究领域有很大的帮助。要实现普适计算的目标，必须解决以下几个基本的问题：

（1）理论建模 普适计算是建立在多个研究领域基础上的全新计算模型，因此它具有前所未有的复杂性和多样性。要解决普适计算系统的规划、设计、部署、评估，保证系统的可用性、可扩展性、可维护性与安全性，就必须研究适应于普适计算“无处不在”的时空特性、“自然透明”的人机交互特性的工作模型。

（2）自然透明的人机交互 普适计算设计的核心是“以人为本”，这就意味着普适计算系统对人具有自然和透明交互以及意识和感知能力。普适计算系统应该具有人机关系的和谐性，交互途径的隐含性，感知通道的多样性等特点。在普适计算环境中，交互方式从原来的用户必须面对计算机，扩展到用户生活的三维空间。交互方式要符合人的习惯，并且要尽可能地不分散人对工作本身的注意力。

（3）无缝的应用迁移 为了在普适计算环境中为用户提供“随时随地”的“透明的”数字化服务，必须解决无缝的应用迁移的问题。随着用户的移动，伴随发生的任务计算必须一方面保持持续进行，另一方面任务计算应该可以灵活、无干扰地移动。无缝的移动要在移动计算的基础上，着重从软件体系的角度去解决计算用户的移动所带来的软件流动问题。

（4）上下文感知 普适计算环境必须具有自适应、自配置、自进化能力，所提供的服务能够和谐地辅助人的工作，尽可能地减少对用户工作的干扰，减少用户对自己的行为方式和对周围环境的关注，将注意力集中于工作本身。上下文感知计算就是要根据上下文的变化，自动地做出相应的改变和配置，为用户提供适合的服务。因此，普适计算系统必须能够知道整个物理环境、计算环境、用户状态的静止信息与动态信息，能够根据具体情况采取上下文感知的方式，自主、自动地为用户提供透明的服务。因此，上下文感知是实现服务自主性、自发性与无缝的应用迁移的关键。

3. 普适计算研究的发展

已经有很多学者开展了对普适计算的研究工作，研究的方向主要集中在以下几个方面：

（1）理论模型 普适计算理论模型的研究目前主要集中在两个方面：层次结构模型、智能影子模型。层次结构模型主要参考计算机网络的开放系统互连（OSI）参考模型，分为环境层、物理层、资源层、抽象层与意图层。也有的学者将模型的层次分为基件层、集成层与普适世界层。智能影子模型是借鉴物理场的概念，将普适计算环境中的每一个人都作为一个独立的场源，建立对应的体验场，对人与环境状态的变化进行描述。

从目前开展的研究情况看，普适计算模型研究的智能空间原型正在从开始相对封闭的一个房间，向诸如一个购物中心、一个车间的开放环境发展；从对一个人日常生活中每一件事、每一个行为的记录，向大规模的个人数字化“记忆”方向发展。

（2）自然人机交互 自然人机交互的研究主要集中在笔式交互、基于语音的交互、基于视觉的交互。研究涉及用户存在位置的判断、用户身份的识别、用户视线的跟踪，以及用户姿态、行为、表情的识别等问题。关于人机交互自然性与和谐性的研究也正在逐步深入。

（3）无缝的应用迁移。无缝的应用迁移的研究主要集中在服务自主发现、资源动态绑定、运行现场重构等方面。资源动态绑定包括资源直接移动、资源复制移动、资源远程引用、重新资源绑定等几种情况。

（4）上下文感知 上下文感知的研究主要集中在上下文获取、上下文建模、上下文存储和管理、上下文推理等方面。在这些问题之中，正确地获取上下文是基础。传感器具有分布性、异构性、多态性，这使得如何采用一种方式去获取多种传感器数据变得比较困难。目前，RFID 已经成为上下文感知中最重要的手段，智能手机作为普适计算的一种重要的终端，发挥着越来越重要的作用。

（5）安全性　普适计算安全性研究是刚刚开展的研究领域。为了提供智能化、透明的个性化服务，普适计算必须收集大量与人活动相关的上下文。在普适计算环境中，个人信息与环境信息高度结合，智能数据感知设备所采集的数据包括环境与人的信息。人的所作所为，甚至个人感觉、感情都会被数字化之后再存储起来。这就使得普适计算中的隐私和信息安全变得越来越重要，也越来越困难。为了适应普适计算环境隐私保护框架的建立，研究人员提出了六条指导意见：声明原则、可选择原则、匿名或假名机制、位置关系原则、增加安全性以及追索机制。为了适应普适计算环境中隐私保护问题，欧盟甚至还特别制定了欧洲隐式计算机（Disappearing Computer）的隐私设计指导方针。

Marc Weiser 认为，普适计算的思想就是使计算机技术从用户的意识中彻底“消失”。在物理世界中结合计算处理能力与控制能力，将人与人、人与机器、机器与机器的交互最终统一为人与自然的交互，达到“环境智能化”的境界。因此可以看出，普适计算与物联网从设计目标到工作模式都有很多相似之处，普适计算的研究领域、研究课题、研究方法与研究成果对于物联网技术的研究有着重要的借鉴作用。

2.2.7　云计算技术

云计算（Cloud Computing）是支撑物联网的重要计算环境之一（云计算的相关内容参阅第9章），因此，了解云计算的基本概念，对于理解物联网的工作原理和实现方法具有重要的意义。了解云计算的基本概念时，需要注意云计算的几个主要特点：

1）云计算是一种新的计算模式。云计算是一种基于互联网的计算模式，它将计算、数据、应用等资源作为服务通过互联网提供给用户。在云计算环境中，用户不需要了解“云”中基础设施的细节，不必具备相应的专业知识，也无需直接进行控制，而只需要关注自己真正需要什么样的资源，以及如何通过网络来得到相应的服务。图2-15给出了云计算工作模式的示意图。

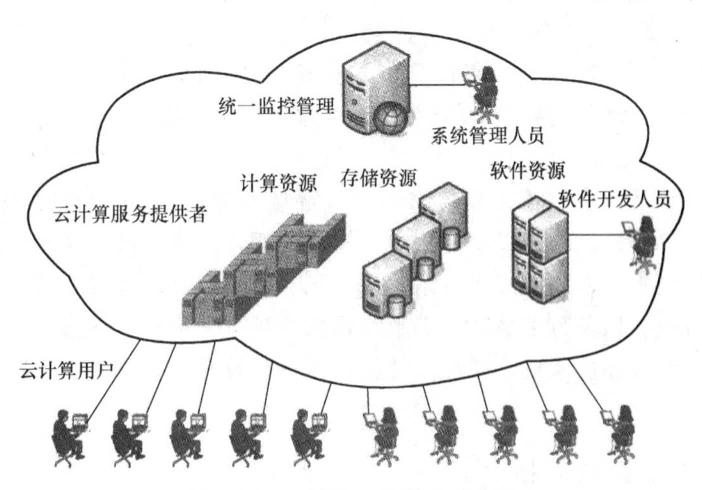

图2-15　云计算工作模式示意图

2）云计算是互联网计算模式的商业实现方式。提供资源的网络被称为“云”。在互联网中，成千上万台计算机和服务器连接到专业网络公司搭建的能进行存储、计算的数据中心形成“云”。“云”可以理解成互联网中的计算机群，这个群可以包括几万台计算机，也可以包括上百万台计算机。“云”中的资源在使用者看来是可以无限扩展的。用户可以通过台式计算机、笔记本电脑、手机，通过互联网接入到数据中心，可以随时获取、实时使用、按需扩展计算和存储资源，按实际使用的资源付费。目前微软、雅虎、亚马逊（Amazon）等公司正在建设这样的“云”。

3）云计算的优点是安全、方便，共享的资源可以按需扩展。云计算提供了可靠、安全的数据存储中心，用户可以不用再担心数据丢失、病毒入侵。这种使用方式对于用户端的设备要求很低。用户可以使用一台普通的个人计算机，也可以使用一部手机，就能够完成用户需要的访问与计算。

4）云计算更适合于中小企业和低端用户。由于用户可以根据自己的需要，按需使用云计算中的存储与计算资源，因此云计算模式更适用于中小企业，可以降低中小企业的产品设计、生产管理、电子商务的成本。苹果公司推出的平板计算机 iPad 的关键功能全都聚焦在互联网上，包括浏览网页、收发电子邮件、观赏影片照片、听音乐和玩游戏。当有人质疑 iPad 的存储容量太小时，苹果公司的回答是：当一切都可以在云计算中完成时，硬件的存储空间早已不是重点。

5）云计算体现了软件即服务的理念。软件即服务（SaaS）是 21 世纪开始兴起的、基于互联网的软件应用模式，而云计算恰恰体现了软件即服务的理念。云计算通过浏览器把程序传给成千上万的用户。从用户的角度来看，他们将省去在服务器和软件购买授权方面的费用。从供应商的角度来看，这样只需要维持一个程序就可以了，从而降低了运营成本。云计算可以将开发环境作为一种服务向用户提供，使得用户能够开发出更多的互联网应用程序。

在讨论云计算时一般会想到云计算与网格计算区别的问题。网格计算出现于 20 世纪 90 年代，它是伴随着互联网应用的发展而出现的一种专门针对复杂科学计算而出现的新型计算模式。这种计算模式利用互联网将分散在不同地理位置的计算机组织成一台“虚拟的超级计算机”，其中每一个参与计算的计算机就是一个“节点”，而成千上万个节点就形成了一个“网格”。这种“虚拟的超级计算机”的特点是：计算能力强，并能够充分地利用互联网上空闲的计算资源。网格计算是超级计算机与计算机集群的延伸，它的应用主要是针对大型、复杂的科学计算问题，例如 DNA 等生物信息学的计算问题。这一点是网格计算与云计算的主要区别。

高性能计算、普适计算、云计算与物联网、智慧地球成为 21 世纪研究与发展的重点，它们将计算变为一种公共设施，以服务租用的模式向用户提供服务，这些理念摆脱了传统自建信息系统的习惯模式。未来的网络应用，从手机、GPS 等移动装置，到搜索引擎、网络信箱等基本的网络服务，以及数字地球中大数据量的分析、大型物流的跟踪与规划、大型工程设计都可以通过云计算环境实现。高性能计算、普适计算与云计算将成为物联网重要的计算环境。

2.2.8 数据库与数据仓库技术

物联网需要通过大量的传感器采集、存储和处理海量的数据，如何经济、合理、安全地存储数据是实现物联网应用系统的一个富有挑战性的课题。数据库与数据仓库技术是支撑物联网应用系统的重要工具。了解数据库技术的发展，对于理解物联网系统的基本工作原理是有益的。

1. 数据库技术的发展

数据库技术经过30余年的研究与发展，已经形成了较为完整的理论体系和应用技术。目前，传统的数据库技术与其他相关技术结合，已经出现了许多新型的数据库系统，如面向对象数据库、分布式数据库、多媒体数据库、并行数据库、演绎数据库、主动数据库、工程数据库、时态数据库、工作流数据库、模糊数据库以及数据仓库等，形成了许多数据库技术新的分支和新的应用。

(1) 面向对象数据库　面向对象数据库（Object Orient DataBase，OODB）采用面向对象数据模型，是面向对象技术与传统数据库技术相结合的产物。面向对象数据模型能够完整地描述现实世界的数据结构，具有丰富的表达能力。目前，在许多关系数据库系统中已经引入并具备了面向对象数据库系统的某些特性。

(2) 分布式数据库　分布式数据库（Distributed DataBase，DDB）是传统数据库技术与网络技术相结合的产物。一个分布式数据库是物理上分散在计算机网络各节点上，但在逻辑上属于同一系统的数据集合。它具有局部自治与全局共享性、数据的冗余性、数据的独立性、系统的透明性等特点。分布式数据库管理系统（DDBMS）支持分布式数据库的建立、使用与维护，负责实现局部数据管理、数据通信、分布式数据管理以及数据字典管理等功能。分布式数据库在物联网系统中将有广泛的应用前景。

(3) 多媒体数据库　多媒体数据库（Multi-media DataBase，MDB）是传统数据库技术与多媒体技术相结合的产物，是以数据库的方式存储计算机中的文字、图形、图像、音频和视频等多媒体信息。多媒体数据库管理系统（MDBMS）是一个支持多媒体数据库的建立、使用与维护的软件系统，负责实现对多媒体对象的存储、处理、检索和输出等功能。多媒体数据库研究的主要内容包括多媒体的数据模型、MDBMS的体系结构、多媒体数据的存取与组织技术、多媒体查询语音、MDB的同步控制以及多媒体数据压缩技术。

(4) 并行数据库　并行数据库（Parallel DataBase，PDB）是传统数据库技术与并行技术相结合的产物，它在并行体系结构的支持下，实现数据库操作处理的并行化，以提高数据库的效率。

超级并行机的发展推动了并行数据库技术的发展。并行数据库的设计目标是提高大型数据库系统的查询与处理效率，而提高效率的途径不仅是依靠软件手段，更重要的是依靠硬件的多CPU的并行操作来实现。并行数据库技术主要研究的内容包括：并行数据库体系结构、并行数据库、并行操作算法、并行查询优化、并行数据库的物理设计、并行数据库的数据加载和再组织技术问题。

(5) 演绎数据库　演绎数据库（Deductive DataBase，DeDB）是传统数据库技术与逻辑理论相结合的产物，是指具有演绎推理能力的数据库。通常，它用一个数据库管理系统和一个规则管理系统来实现。将推理用的事实数据存放在数据库中，称为外延数据库；用逻辑规则定义要导出的事实，称为内涵数据库。演绎数据库关键要研究如何有效地计算逻辑规则推理。演绎数据库技术主要研究内容包括：逻辑理论、逻辑语言、递归查询处理与优化算法、演绎数据库体系结构等。演绎数据库系统不仅可应用于事务处理等传统的数据库应用领域，而且将在科学研究、工程设计、信息管理和决策支持中表现出优势。

（6）主动数据库　主动数据库（Active DataBase，Active DB）是相对于传统数据库的被动性而言的，它是数据库技术与人工智能技术相结合的产物。传统数据库及其管理系统是一个被动的系统，它只能被动地按照用户所给出的明确请求，执行相应的数据库操作，完成某个应用事务。而主动数据库则打破了常规，它除了具有传统数据库的被动服务功能之外，还提供主动服务功能。这是因为在许多实际应用领域，如计算机集成制造系统、管理信息系统、办公自动化系统中，往往需要数据库系统在某种情况下能够根据当前状态主动地做出反应，执行某些操作，向用户提供所需的信息。主动数据库的目标是提供对紧急情况及时反应的功能，同时又提高数据库管理系统的模块化程度。实现该目标的基本方法是采取在传统数据库系统中嵌入“事件－条件－动作”的规则。当某一事件发生后引发数据库系统去检测数据库当前状态是否满足所设定的条件，若条件满足则触发规定动作的执行。

主动数据库研究的问题主要包括：主动数据库中的知识模型、执行模型、事件监测和条件检测方法、事务调度、安全性和可靠性、体系结构和系统效率。

2. 数据仓库、数据集市与数据挖掘技术

数据仓库（Data Warehouse，DW）这个术语是比尔·恩门（Bill Inmon）在1991年出版的《Building the Data’ Warehouse》一书中所提出和定义的。目前工商企业、科研机构、政府部门都已积累了海量的、以不同形式存储的数据，要从中发现有价值的信息、规律、模式或知识，达到为决策服务的目的，成为十分艰巨的任务。数据仓库是一个在企业管理和决策中面向主题的、集成的、相对稳定的、动态更新的数据集合。应用数据仓库技术使系统能够面向复杂数据分析、高层决策支持，提供来自不同的应用系统的集成化数据和历史数据，为决策者进行全局范围内的战略决策和长期趋势分析提供有效的支持。

数据仓库采用全新的数据组织方式，对大量的原始数据进行采集、转换、加工，并按照主题进行重组，提取有用的信息。数据仓库系统需提供工具层，包括联机分析处理工具、预测分析工具和数据挖掘工具。

数据挖掘技术是人们长期对数据库技术进行研究和开发的成果。起初各种商业数据是存储在计算机的数据库中的，然后发展到可对数据库进行查询和访问，进而发展到对数据库的即时遍历。数据挖掘使数据库技术进入了一个更高级的阶段，它不仅能对过去的数据进行查询和遍历，并且能够找出过去数据之间的潜在联系，从而促进信息的传递。随着海量数据搜集、大型并行计算机与数据挖掘算法的日趋成熟，数据仓库与数据挖掘的研究与应用已经成为当前计算机应用领域一个重要的方向。

2.2.9　人工智能技术

物联网从物与物相连开始，最终要达到智慧地感知世界的目的，而人工智能就是实现智慧物联网最终目标的技术。

1. 人工智能的基本概念

人工智能（Artificial Intelligence）是计算机科学、控制论、信息论、神经生理学、心理学、语言学等多种学科高度发展、紧密结合、互相渗透而发展起来的一门交叉学科，其诞生的时间可追溯到20世纪50年代中期。人工智能研究的目标是：如何使计算机能够学会运用知识，像人类一样完成具有智能的工作。

2. 人工智能技术的研究与应用

当前人工智能技术的研究与应用主要集中在以下几个方面：

（1）自然语言理解　自然语言理解的研究开始于 20 世纪 60 年代初，它是研究用计算机模拟人的语言交互过程，使计算机能理解和运用人类社会的自然语言（如汉语、英语等），实现人机之间通过自然语言的通信，以帮助人类查询资料、解答问题、摘录文献、汇编资料，以及一切有关自然语言信息的加工处理。自然语言理解的研究涉及计算机科学、语言学、心理学、逻辑学、声学、数学等学科。自然语言理解分为语音理解和书面理解两个方面。

语音理解是用口语语音输入，使计算机“听懂”人类的语言，用文字或语音合成方式输出应答。由于理解自然语言涉及对上下文背景知识的处理，同时需要根据这些知识进行一定的推理，因此实现功能较强的语音理解系统仍是一个比较艰巨的任务。目前人工智能研究中，在理解有限范围的自然语言对话和理解用自然语言表达的小段文章或故事方面的软件已经取得了较大进展。

书面语言理解是将文字输入到计算机，使计算机“看懂”文字符号，并用文字输出应答。书面语言理解又叫作光学字符识别（Optical Character Recognition，OCR）技术。OCR 技术是指用扫描仪等电子设备获取纸上打印的字符，通过检测和字符比对的方法，翻译并显示在计算机屏幕上。书面语言理解的对象可以是印刷体或手写体。目前已经进入广泛应用的阶段，包括手机在内的很多电子设备都成功地使用了 OCR 技术。

（2）数据库的智能检索　数据库系统是存储某个学科大量事实的计算机系统。随着应用的进一步发展，存储信息量越来越庞大，因此解决智能检索的问题便具有实际意义。将人工智能技术与数据库技术结合起来，建立演绎推理机制，变传统的深度优先搜索为启发式搜索，从而有效地提高了系统的效率，实现数据库智能检索。智能信息检索系统应具有如下的功能：能理解自然语言，允许用自然语言提出各种询问；具有推理能力，能根据存储的事实，演绎出所需的答案；系统拥有一定的常识性知识，以补充学科范围的专业知识，系统根据这些常识，将能演绎出更一般询问的一些答案来。

（3）专家系统　专家系统是人工智能中最重要的也是最活跃的一个应用领域，它实现了人工智能从理论研究走向实际应用，从一般推理策略探讨转向运用专门知识的重大突破。专家系统是一个智能计算机程序系统，该系统存储有大量的、按某种格式表示的特定领域专家知识构成的知识库，并且具有类似于专家解决实际问题的推理机制，能够利用人类专家的知识和解决问题的方法，模拟人类专家来处理该领域问题。同时，专家系统应该具有自学习能力。

专家系统的开发和研究是人工智能研究中面向实际应用的课题，受到极大重视，已经开发的系统涉及医疗、地质、气象、交通、教育、军事等领域。目前专家系统主要采用基于规则的演绎技术，开发专家系统的关键问题是知识表示、应用和获取技术，困难在于许多领域中专家的知识往往是琐碎的、不精确的或不确定的，因此目前研究仍集中在这一核心课题上。此外对专家系统开发工具的研制发展也很迅速，这对扩大专家系统应用范围，加快专家系统的开发过程，起到了积极的作用。

（4）定理证明　把人证明数学定理和日常生活中的演绎推理变成一系列能在计算机上自动实现的符号演算的过程和技术称为机器定理证明和自动演绎。机器定理证明是人工智能的重要研究领域，它的成果可应用于问题求解、程序验证和自动程序设计等方面。数学定理证明的过程尽管每一步都很严格，但决定采取什么样的证明步骤，依赖于经验、直觉、想象力和洞察力，需要人的智能。因此，数学定理的机器证明和其他类型的问题求解，就成为人工智能研究的起点。

（5）博弈 计算机博弈（或机器博弈）就是让计算机学会人类的思考过程，能够像人一样下棋。计算机博弈有两种方式：一是计算机和计算机之间对抗，二是计算机和人之间对抗。

在20世纪60年代就出现了西洋跳棋和国际象棋的程序，并达到了大师级的水平。进入20世纪90年代后，IBM公司以其雄厚的硬件基础，支持开发后来被称之为“深蓝”的国际象棋系统，并为此开发了专用的芯片，以提高计算机的搜索速度。IBM公司负责“深蓝”研制开发项目的是两位华裔科学家谭崇仁博士和许峰雄博士。1996年2月，“深蓝”与国际象棋世界冠军卡斯帕罗夫进行了第一次比赛，经过6个回合的比赛之后，“深蓝”以2∶4告负。

博弈问题也为搜索策略、机器学习等问题的研究提供了很好的实际应用背景，它所产生的概念和方法对人工智能其他问题的研究也有重要的借鉴意义。

（6）自动程序设计 自动程序设计是指采用自动化手段进行程序设计的技术和过程，也是实现软件自动化的技术。研究自动程序设计的目的是提高软件生产效率和软件产品质量。

自动程序设计的任务是设计一个程序系统，它接受关于所设计的程序要求实现某个目标的非常高级的描述作为其输入，然后自动生成一个能完成这个目标的具体程序。自动程序设计具有多种含义。按广义的理解，自动程序设计是尽可能借助计算机系统，特别是自动程序设计系统完成软件开发的过程。软件开发是指从问题的描述、软件功能说明、设计说明，到可执行的程序代码生成、调试、交付使用的全过程。按狭义的理解，自动程序设计是从形式的软件功能规格说明到可执行的程序代码这一过程的自动化。因而自动程序设计所涉及的基本问题与定理证明和机器人学有关，要用到人工智能的方法来实现，它也是软件工程和人工智能相结合的课题。

（7）组合调度问题 许多实际问题都属于确定最佳调度或最佳组合的问题，例如互联网中的路由优化问题、物流公司要为物流确定一条最短的运输路线。这类问题的实质是对由几个节点组成的一个图的各条边，寻找一条最小耗费的路径，使得这条路径只对每一个节点经过一次。在大多数这类问题中，随着求解节点规模的增大，求解程序面临的困难程度按指数方式增长。人工智能研究者研究过多种组合调度方法，使“时间—问题大小”曲线的变化尽可能缓慢，为很多类似的路径优化问题找出最佳的解决方法。

（8）感知问题 视觉与听觉都是感知问题。计算机对摄像机输入的视频信息以及话筒输入的声音信息的处理最有效方法应该是建立在“理解”能力的基础上，使得计算机具有视觉和听觉。视觉是感知问题之一。机器视觉的前沿研究领域包括实时并行处理、主动式定性视觉、动态和时变视觉、三维景物的建模与识别、实时图像压缩传输和复原、多光谱和彩色图像的处理与解释等。机器视觉已在机器人装配、卫星图像处理、工业过程监控、飞行器跟踪和制导以及电视实况转播等领域获得极为广泛的应用。

2.2.10　嵌入式技术

物联网的感知层必然要大量使用嵌入传感器的感知设备，因此嵌入式技术是使物联网具有感知能力的基础。了解嵌入式技术的研究与发展，对于理解物联网的基本工作原理是非常重要的。

1. 嵌入式技术与环境智能化

嵌入式系统的概念在工程科学中是一个沿用了很久的概念。嵌入式系统（Embedded System）也称嵌入式计算机系统，它是针对特定的应用，剪裁计算机的软件和硬件，以适应应用系统对功能、可靠性、成本、体积、功耗的严格要求的专用计算机系统。

嵌入式系统是将计算与控制的概念联系在一起，并嵌入到物理系统之中，实现“环境智能化”的目的。据统计，将有98%的计算设备工作在嵌入式系统中。环顾一下我们的周围，就不难接受这个数字了。因为在周围的世界中，小到儿童玩具、家用电器，大到航天飞机，微处理器芯片无处不在。嵌入式系统通过采集和处理来自不同感知源的信息，实现对物理过程的控制，以及与用户的交互。嵌入式系统技术是实现环境智能化的基础性技术。而无线传感器网络是在嵌入式技术基础上实现环境智能化的重要研究领域。

2. 嵌入式计算机系统的特点

从计算机技术发展的角度分析嵌入式系统的发展，可以看到嵌入式系统的几个主要特点：

1）微型机应用和微处理器芯片技术的发展为嵌入式系统研究奠定了基础。早期的计算机体积大、耗电多，它只能够安装在计算机机房中使用。微型机的出现使得计算机进入了个人计算与便携式计算的阶段。而微型机的小型化得益于微处理器芯片技术的发展。微型机应用技术的发展、微处理器芯片可定制、软件技术的发展都为嵌入式系统的诞生创造了条件，奠定了基础。

2）嵌入式系统的发展适应了智能控制的需求。计算机系统可以分为两大并行发展的分支：通用计算机系统与嵌入式计算机系统。通用计算机系统的发展适应了大数据量、复杂计算的需求。而生活中大量的电器设备，如PDA、电视机顶盒、手机、数字电视、数字相机、汽车控制器、工业控制器、机器人、医疗设备中的智能控制，都对作为其内部组成部分的计算机的功能、体积、耗电有特殊的要求，这种特殊的设计要求是推动定制的小型、嵌入式计算机系统发展的动力。

3）嵌入式系统的发展促进了适应特殊要求的微处理器芯片、操作系统、软件编程语言与体系结构研究的发展。由于嵌入式系统要适应PDA、手机、汽车控制器、工业控制器、物联网端系统与医疗设备中不同的智能控制功能、性能、可靠性与体积等方面的要求，而传统的通用计算机的体系结构、操作系统、编程语言都不能够适应嵌入式系统的要求，因此研究人员必须为嵌入式系统研究特殊要求的微处理器芯片、嵌入式操作系统与嵌入式软件编程语言。

4）嵌入式系统的研究体现出多学科交叉融合的特点。由于嵌入式系统是PDA、手机、汽车控制器、工业控制器、机器人或医疗设备中有特殊要求的定制计算机系统，因此如果要求完成一项用于机器人控制的嵌入式计算机系统的开发任务，只有通用计算机的设计与编程能力是不能够胜任这项任务的，研究开发团队必须由计算机、机器人、电子学等多方面的技术人员参加。目前在实际工作中，从事嵌入式系统开发的技术人员主要有两类：一类是电子工程、通信工程专业的技术人员，他们主要是完成硬件设计，开发与底层硬件关系密切的软件；另一类是从事计算机与软件专业的技术人员，主要从事嵌入式操作系统和应用软件的开发。同时具备硬件设计能力、底层硬件驱动程序、嵌入式操作系统与应用程序开发能力的复合型人才，是社会急需的人才。

3. 嵌入式系统发展的过程

嵌入式系统从20世纪70年代出现以来，发展至今已经有30多年历史。嵌入式系统大致经历了四个发展阶段。

1）第一阶段是以可编程序逻辑控制器系统为核心的研究阶段。嵌入式系统最初的应用是基于单片机的，大多以可编程序逻辑控制器的形式出现，具有监测、伺服、设备指示等功能，通常应用于各类工业控制和飞机、导弹等武器装备中，一般没有操作系统的支持，只能通过汇编语言对系统进行直接控制，运行结束后再清除内存。这些装置虽然已经初步具备了嵌入式的应用特点，但仅仅只是使用8位的CPU芯片来执行一些单线程的程序，因此严格地说还谈不上“系统”的概念。

2）第二阶段是以嵌入式中央处理器CPU为基础，以简单操作系统为核心的阶段。这一阶段嵌入式系统的主要特点是：系统结构和功能相对单一，处理效率较低，存储容量较小，几乎没有用户接口。由于这种嵌入式系统使用简便、价格低廉，因而曾经在工业控制领域得到了非常广泛的应用，但却无法满足现今对执行效率、存储容量都有较高要求的信息家电等的需要。

3）第三阶段是以嵌入式操作系统为标志的阶段。20世纪80年代，随着微电子工艺水平的提高，集成电路制造商开始把嵌入式应用中所需要的微处理器、I/O接口、串行接口，以及RAM、ROM等部件统统集成到一片VLSI中，制造出面向I/O设计的微控制器，并在嵌入式系统中广泛应用。与此同时，嵌入式系统的程序员也开始基于一些简单的操作系统开发嵌入式应用软件，大大缩短了开发周期，提高了开发效率。

这一阶段嵌入式系统的主要特点是出现了大量高可靠性、低功耗的嵌入式CPU，各种简单的嵌入式操作系统开始出现并得到迅速发展。此时的嵌入式操作系统虽然还比较简单，但已经具有了一定的兼容性和扩展性，内核精巧且效率高，主要用来控制系统负载以及监控应用程序的运行。嵌入式系统能够运行在不同类型的处理器上，模块化程度高，具有图形窗口和应用程序接口的特点。

4）第四阶段是基于网络操作的嵌入式系统发展阶段。20世纪90年代，在分布式控制、柔性制造、数字化通信和信息家电等巨大需求的牵引下，嵌入式系统进一步飞速发展，而面向实时信号处理算法的DSP产品则向着高速度、高精度、低功耗的方向发展。随着硬件实时性要求的提高，嵌入式系统的软件规模也不断扩大，逐渐形成了实时多任务操作系统（RTOS），并开始成为嵌入式系统的主流。这一阶段嵌入式系统的主要特点是操作系统的实时性得到了很大改善，已经能够运行在各种不同类型的微处理器上，具有高度的模块化和扩展性。此时的嵌入式操作系统已经具备了文件和目录管理、设备管理、多任务、网络、图形用户界面等功能，并提供了大量的应用程序接口，从而使得应用软件的开发变得更加简单。随着互联网应用的进一步发展，以及互联网技术与信息家电、工业控制技术等的日益紧密结合，嵌入式设备与互联网的结合、物联网终端系统成为嵌入式技术未来的研究与应用的重点。

2.3　现代网络通信与物联网

2.3.1　无线网络与物联网

20世纪90年代末，随着现代传感器、无线通信、现代网络、嵌入式计算、微机电（Micro-Electro-Mechanical Systems，MEMS）、集成电路、分布式信息处理与人工智能等新兴技术的发展与融合，以及新材料、新工艺的出现，传感器技术向微型化、无线化、数字化、网络化、智能化方向迅速发展。由此研制出了各种具有感知、通信与计算功能的智能微型传感器。由大量的部署在监测区域内的微型传感器节点构成的无线传感器网络，通过无线通信方式智能组网，形成一个自组织网络系统，具有信号采集、实时监测、信息传输、协同处理、信息服务等功能，能感知、采集和处理网络所覆盖区域中感知对象的各种信息，并将处理后的信息传递给用户。WSN可以使人们在任何时间、地点和任何环境条件下，获取大量详实可靠的物理世界的信息，这种具有智能获取、传输和处理信息功能的网络化智能传感器和无线传感器网，正在逐步形成IT领域的新兴产业。它可以广泛应用于军事、科研、环境、交通、医疗、制造、反恐、抗灾、家居等领域。无线传感器网络系统是一个学科交叉综合的、知识高度集成的前沿热点研究领域，正受到各方面的高度关注。美国国防部在2000年就把传感网定为五大国防建设领域之一；美国研究机构和媒体认为它是21世纪世界最具有影响力的、高技术领域的四大支柱型产业之一，是改变世界的十大新兴技术之一；日本在2004年就把传感器网络定为四项重点战略之一；我国《国家中长期科学与技术发展规划（2006—2020年）》中把智能感知技术、自组织网络与通信技术、宽带无线移动通信等技术列为重点发展的前沿技术。

基于RFID（Radio Frequency Identification）的无线传感器网络，是目前最主要的一种无线传感器网络类型。无线射频识别是一种利用无线射频方式在读写器和电子标签之间进行非接触的双向数据传输，以达到目标识别和数据交换目的的技术。它能够通过各类集成化的微型传感器协作地实时监测、感知和采集各种环境或监测对象的信息，将客观世界的物理信号转换成电信号，从而实现物理世界、计算机世界以及人类社会的交流。

2.3.2　无线局域网与协议

无线局域网（WLAN）是指以无线电波、激光、红外线等无线媒介来代替有线局域网中的部分或全部传输媒介而构成的网络。它不仅可以作为有线数据通信的补充和延伸，而且还可以与有线网络环境互为备份。802.11协议、蓝牙标准和HomeRF工业标准是无线局域网所有标准中最主要的竞争对手。它们各有优劣，各有自己擅长的应用领域，有的适合于办公环境，有的适合于个人应用，有的则一直被家庭用户所推崇。下面就介绍一下三种标准的具体情况。

1. 802.11协议

802.11是电气和电子工程师协会（IEEE）最初制定的一个无线局域网标准，主要用于解决办公室局域网和校园网中用户与用户终端的无线接入，主要限于数据存取，速率最高只能达到2Mbit/s。由于它在速率和传输距离上都不能满足人们的需要，因此，IEEE随后又相继推出了802.11b和802.11a两个新标准，2001年11月，第三个新的标准802.11g面世。尽管目前802.11a和802.11g倍受业界关注，但从实际的应用上来讲，802.11b已成为无线局域网的主流标准，被多数厂商所采用，并且已经有成熟的无线产品推向市场。

目前，802.11b无线局域网技术已经在美国得到了广泛的应用，它已经进入了写字间、饭店、咖啡厅和候机室等场所。没有集成无线网卡的笔记本电脑用户只需插进一张PCMCIA卡或USB卡，便可通过无线局域网连到Internet。在国内，支持802.11b无线局域网协议的产品不仅全面上市，而且像IBM，还特别为用户和专业人士搭建了“体验中心”，让用户和媒体可以亲身体验无线局域网的便利和高效。

2. 蓝牙标准

蓝牙技术是一种用于替代便携或固定电子设备上使用的电缆或连线的短距离无线连接技术。其设备使用全球通行的、无需申请许可的2.45GHz频段，可实时进行数据和语音传输，其传输速率可达到10Mbit/s，在支持3个话音频道的同时还支持高达723.2kbit/s的数据传输速率。也就是说，在办公室、家庭和旅途中，无需在任何电子设备间布设专用线缆和连接器，通过蓝牙遥控装置可以形成一点到多点的连接，即在该装置周围组成一个“微网”，网内任何蓝牙收发器都可与该装置互通信号。而且，这种连接无需复杂的软件支持。蓝牙收发器的一般有效通信范围为10m，强的可以达到100m左右。

由于蓝牙在无线传输距离上的限定，它和个人网络通信用品有着不解之缘。因此，生产蓝牙产品的厂除了网络集成厂商和传统PC厂商以外，还包括很多移动电话厂商。近一年，随着全球无线市场的不断扩大，蓝牙手机成为移动电话用户的新宠。

3. HomeRF工业标准

HomeRF是由HomeRF工作组开发的，适合家庭区域范围内，在PC和用户电子设备之间实现无线数字通信的开放性工业标准。作为无线技术方案，它代替了需要铺设昂贵传输线的有线家庭网络，为网络中的设备，如笔记本电脑和Internet应用提供了漫游功能。

在美国联邦通信委员会（FCC）正式批准HomeRF标准之前，HomeRF工作组已为在家庭范围内实现语音和数据的无线通信制定出一个规范，这就是共享无线访问协议（SWAP)。

SWAP规范定义了一个新的通用空中接口，此接口支持家庭范围内语音、数据的无线通信。用户使用符合SWAP规范的电子产品可实现如下功能：在PC的外设、无绳电话等设备之间建立一个无线网络，以共享语音和数据；在家庭区域范围内的任何地方，可以利用便携式微型显示设备浏览Internet；在PC和其他设备之间共享同一个ISP连接；家庭中的多个PC可共享文件、调制解调器和打印机；前端智能导入电话机可呼叫多个无绳电话听筒、传真机和语音信箱；从无绳电话听筒可以再现导入的语音、传真和E-mail信息；将一条简单的语音命令输入PC无绳电话听筒，便可以启动其他家庭电子系统；可实现基于PC或Internet的“多玩家”游戏等。

SWAP规范问世以后，除了扩展高性能、多波段无绳电话技术以外，还极大地促进了低成本无线数据网络技术的发展。但是，HomeRF占据了与802.11b和Bluetooth相同的2.4G频率段，并且在功能上过于局限家庭应用，再考虑到802.11b在办公领域已取得的地位，恐怕在今后难以有较大的作为。调查显示，该标准在2000年的普及率高达45%，但到了2001年已降至30%，且逐渐丧失市场优势。特别是很多PC厂商并没有在自己的PC产品中对该项标准加以支持，也造成了其扩展上的障碍。看来，HomeRF 这项工业标准注定不会冲出“Home”。

2.3.3 IPv6 技术

物联网丰富的应用和庞大的节点规模既带来了商业上的巨大潜力，同时也带来了技术上的挑战。

首先，物联网由众多节点连接构成，无论是采用自组织方式，还是采用现有的公众网进行连接，这些节点之间的通信必然牵涉到寻址问题。目前，物联网的寻址系统可以采用两种方式：一种方式是采用基于 E.164 电话号码编址的寻址方式，但由于目前大多数物联网应用的网络通信协议是 TCP/IP 协议，电话号码编址的方式必然需要对电话号码与 IP 地址进行转换，这既提高了技术实现的难度，也增加了成本，同时由于 E.164 编址体系本身的地址空间较小，也无法满足大量节点的地址需求；另一种方式是直接采用 IPv4 地址的寻址体系来进行物联网节点的寻址，随着互联网本身的快速发展，IPv4 的地址已经日渐匮乏，从目前的地址消耗速度来看，IPv4 地址空间已经很难再满足物联网对网络地址的庞大需求。从另一方面来看，物联网对海量地址的需求，也对地址分配方式提出了要求。海量地址的分配无法使用手工分配，使用传统的 DHCP 分配方式对网络中的 DHCP 服务器也提出了极高的性能和可靠性要求，可能造成 DHCP 服务器性能不足，成为网络应用的一个瓶颈。

其次，目前互联网的移动性不足也造成了移动能力的瓶颈。IPv4 协议在设计之初并没有充分考虑到节点移动性带来的路由问题，即当一个节点离开了它原有的网络，如何再保证这个节点访问可达性的问题。由于 IP 网络路由的聚合特性，在网络路由器中，路由条目都是按子网进行汇聚的，当节点离开原有网络，其原来的 IP 地址离开了该子网，而节点移动到目的子网后，网络路由器设备的路由表中并没有该节点的路由信息（为了不破坏全网路由的汇聚，也不允许目的子网中存在移动节点的路由），会导致外部节点无法找到移动后的节点。因此，如何支持节点的移动能力是需要通过特殊机制实现的。在 IPv4 中，IETF（互联网工程任务组）提出了 MIPv4 移动 IP 机制来支持节点的移动，但这样的机制引入了著名的三角路由问题，对于少量节点的移动，该问题引起的网络资源损耗较小，而对于大量节点的移动，特别是物联网中特有的节点群移动和层移动，会导致网络资源被迅速耗尽，使网络处于瘫痪的状态。

再次，网络质量保证也是物联网发展过程中必须解决的问题。目前，IPv4 网络中实现服务质量（QoS）有两种技术：一是采用资源预留的方式，利用资源预留协议（RSVP）等协议为数据流保留一定的网络资源，在数据包传送过程中保证其传输的质量；二是采用 Diffserv 技术，由 IP 包自身携带优先级标记，网络设备根据这些优先级标记来决定包的转发优先策略。目前，IPv4 网络中 QoS 的划分基本是从流的类型出发，使用 Diffserv 来实现端到端的 QoS 保证。例如，视频业务有低丢包、时延、抖动的要求，就给它分配较高的 QoS 等级；数据业务对丢包、时延、抖动不敏感，就分配较低的 QoS 等级。这样的分配方式仅考虑了业务的网络层质量需求，没有考虑业务的应用层的质量需求。例如，一个普通视频业务对 QoS 的需求可能比一个基于物联网传感的手术应用对 QoS 的需求要低。因此，物联网中的 QoS 保障必须与具体的应用相结合。

最后，物联网节点的安全性和可靠性也需要重新考虑。由于物联网节点限于成本约束，很多都是基于简单硬件，不可能处理复杂的应用层加密算法；同时，单节点的可靠性也不可能做得很高，其可靠性主要还是依靠多节点冗余来保证。因此，靠传统的应用层加密技术和网络冗余技术很难满足物联网的需求。

为了走出以上物联网的各种网络困境，研究者提出了基于 IPv6 技术的物联网技术解决方案，该方案包括 IPv6 地址技术、IPv6 移动性技术、IPv6 服务质量（QoS）技术、IPv6 安全性与可靠性技术。

（1）IPv6 地址技术　IPv6 拥有巨大的地址空间，同时，128 位的 IPv6 地址被划分成两部分，即地址前缀和接口地址。与 IPv4 地址划分不同的是，IPv6 地址的划分严格按照地址的位数来进行，而不采用 IPv4 中的子网掩码来区分网络号和主机号。IPv6 地址的前 64 位被定义为地址前缀，地址前缀用来表示该地址所属的子网络，即地址前缀用来在整个 IPv6 网中进行路由，而地址的后 64 位被定义为接口地址，接口地址用来在子网络中标识节点。在物联网应用中，可以使用 IPv6 地址中的接口地址来标识节点，在同一子网络下，可以标识 264 个节点，这个标识空间约有 185 亿亿个地址空间，这样的地址空间完全可以满足节点标识的需要。

另一方面，IPv6 采用无状态地址分配的方案来解决高效率海量地址分配的问题。其基本思想是：网络层不管 IPv6 地址的状态，包括节点应该使用什么样的地址、地址的有效期有多长，且基本不参与地址的分配过程。节点设备连接到网络中后，将自动选择接口地址（通过算法生成 IPv6 地址的后 64 位），并加上前缀地址 FE80，作为节点的本地链路地址，本地链路地址只在节点与邻居之间的通信中有效，路由器设备将不路由以该地址为源地址的数据包。在生成本地链路地址后，节点将进行地址冲突检测（DAD），检测该接口地址是否有邻居节点已经使用，如果节点发现地址冲突，则无状态地址分配过程终止，节点将等待手工配置 IPv6 地址；如果在检测定时器超时后仍没有发现地址冲突，则节点认为该接口地址可以使用，此时，终端将发送路由器前缀通告请求，寻找网络中的路由设备，当网络中配置的路由设备接收到该请求，则将发送地址前缀通告响应，将节点应该配置的 IPv6 地址前 64 位的地址前缀通告给网络节点，网络节点将地址前缀与接口地址组合，构成节点自身的全球 IPv6 地址。

采用无状态地址分配之后，在网络层不再需要保存节点的地址状态，这大大简化了地址分配的过程，因此，网络可以以很低的资源消耗来达到海量地址分配的目的。

（2）IPv6 移动性技术　IPv6 协议设计之初就充分考虑了对移动性的支持。针对移动 IPv4 网络中的三角路由问题，移动 IPv6 提出了相应的解决方案。

首先，从终端角度 IPv6 提出了 IP 地址绑定缓冲的概念，即 IPv6 协议栈在转发数据包之前需要查询 IPv6 数据包目的地址的绑定地址，如果查询到绑定缓冲中目的 IPv6 地址存在绑定的转交地址，则直接使用这个转交地址为数据包的目的地址，这样，发送的数据流量就不会再经过移动节点的家乡代理，而直接转发到移动节点本身。

其次，MIPv6 引入了探测节点移动的特殊方法，即某一区域的接入路由器以一定时间进行路由器接口的前缀地址通告，当移动节点发现路由器前缀通告发生变化时，则表明节点已经移动到新的接入区域。与此同时，根据移动节点获得的通告，节点又可以生成新的转交地址，并将其注册到“代理”上。

应用控制层由各种应用服务器组成（包括数据库服务器），主要功能包括对采集数据的汇集、转换、分析，以及用户层呈现的适配和事件的触发等。对于信息采集，由于从末梢节点获取大量的原始数据，并且这些原始数据对于用户来说只有经过转换、筛选、分析处理后才有实际价值，这些有实际价值的内容应用服务器将根据用户的呈现设备不同，完成信息呈现的适配，并根据用户的设置触发相关的通知信息，应用控制层就承担了该项工作。同时，在需要完成对末梢节点控制时，应用控制层将完成控制指令的生成和指令下发控制功能。针对不同的应用将设置不同的应用服务器。

MIPv4 与 MIPv6 的转发比较如图 2-16 所示，由该图可知，MIPv6 的数据流量可以直接发送到移动节点，而 MIPv4 的数据流量必须经过“代理”的转发。在物联网应用中，传感器有可能密集地部署在一个移动物体上，如为了监控地铁的运行状况，需要在地铁车厢内部署许多传感器。从整体上来看，地铁的移动就等同于一群传感器的移动，在移动过程中必然发生传感器的群体切换。在 MIPv4 情况下，每个传感器都需要建立到“代理”的隧道连接，这样，对网络资源的消耗非常大，很容易导致网络资源耗尽而瘫痪。在 MIPv6 网络中，传感器进行群切换时只需要向“代理”注册，之后的通信完全由传感器和数据采集设备之间直接进行，这样，就可以使网络资源消耗的压力大大下降。因此，在大规模部署物联网应用，特别是移动物联网应用时，MIPv6 是一项关键性的技术。

（3）IPv6 QoS 技术　在网络 QoS 保障方面，IPv6 在其数据包结构中定义了流量类别字段和流标签字段。流量类别字段有 8 位，和 IPv4 的服务类型（ToS）字段功能相同，用于对报文的业务类别进行标识；流标签字段有 20 位，用于标识属于同一业务流的包。流标签和源、目的地址一起唯一标识了一个业务流。同一个流中的所有包具有相同的流标签，以便对有同样 QoS 要求的流进行快速、相同的处理。

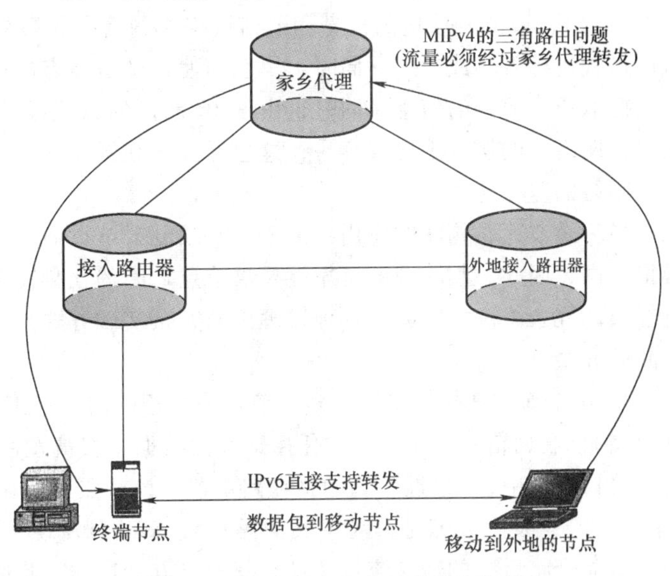

图 2-16　MIPv4 与 MIPv6 的转发比较

目前，IPv6 的流标签定义还未完善，但从其定义的规范框架来看，IPv6 流标签提出的支持 QoS 保证的最低要求是标记流，即给流打标签。流标签应该由流的发起者——信源节点赋予一个流，同时要求在通信的路径上的节点都能够识别该流的标签，并根据流标签来调度流的转发优先级算法。这样的定义可以使物联网节点上的特定应用有更大的调整自身数据流的自由度，节点可以只在必要的时候选择符合应用需要的 QoS 等级，并为该数据流打上一致的标记。在重要数据转发完成后，即使通信没有结束，节点也可以释放该流标记，这样的机制再结合动态 QoS 申请和认证、计费的机制，就可以做到使网络按应用的需要来分配 QoS。同时，为了防止节点在释放流标签后又误用该流标签，造成计费上的问题，信源节点必须保证在 120s 内不再使用释放了的流标签。

在物联网应用中，普遍存在节点数量多、通信流量突发性强的特点。与 IPv4 相比，由于 IPv6 的流标签有 20 位，足够标记大量节点的数据流，又与 IPv4 中通过五元组（源、目的 IP 地址、源、目的端口、协议号）不同，IPv6 可以在一个通信过程中（五元组没有变化），只在必要的时候数据包才携带流标签，即在节点发送重要数据时，动态提高应用的 QoS 等级，做到对 QoS 的精细化控制。

当然，IPv6 的 QoS 特性并不完善，由于使用的流标签位于 IPv6 报头，容易被伪造，产生服务盗用的安全问题。因此，在 IPv6 中，流标签的应用需要开发相应的认证加密机制。同时，为了避免流标签使用过程中发生冲突，还要增加源节点的流标签使用控制机制，保证在流标签使用过程中不会被误用。

（4）IPv6 安全性与可靠性技术 首先，在物联网的安全保障方面，由于物联网应用中节点部署的方式比较复杂，节点可能通过有线方式或无线方式连接到网络，因此，节点的安全保障的情况也比较复杂。在使用 IPv4 的场景中，一个黑客可能通过在网络中扫描主机 IPv4 地址的方式来发现节点，并寻找相应的漏洞；而在 IPv6 场景中，由于同一个子网支持的节点数量极大（达到百亿亿数量级），黑客通过扫描的方式找到主机难度大大增加。

在 IP 基础协议栈的设计方面，IPv6 将 IPSec 协议嵌入到基础的协议栈中，通信的两端可以启用 IPSec 加密通信的信息和通信过程。网络中的黑客将不能采用中间人攻击的方法对通信过程进行破坏或劫持。同时，黑客即使截取了节点的通信数据包，也会因为无法解码而不能窃取通信节点的信息。同时，由于 IP 地址的分段设计将用户信息与网络信息分离，使用户在网络中的实时定位很容易，这也保证了在网络中可以对黑客行为进行实时地监控，提升了网络的监控能力。

另一个方面，物联网应用中由于成本限制，节点通常比较简单，节点的可靠性也不可能做得太高，因此，物联网的可靠性要靠节点之间的互相冗余来实现；又因为节点不可能实现较复杂的冗余算法，因此，一种较理想的冗余实现方式是采用网络层的广播技术来实现节点之间的冗余。

采用 IPv6 的任播技术后，多个节点采用相同的 IPv6 广播地址（广播地址在 IPv6 中有特殊定义）。在通信过程中，发往任播地址的数据报将被发往由该地址标识的“最近”的一个网络接口，其中，“最近”指的是在路由器中该节点的路由矢量计算值最小的节点。当一个“最近”节点发生故障时，网络层的路由设备将会发现该节点的路由矢量不再是“最近”的，从而会将后续的通信流量转发到其他节点，这样，物联网的节点之间就自动实现了冗余保护的功能。而节点上基本不需要增加算法，只需要应答路由设备的路由查询，并返回简单信息给路由设备即可。

IPv6 具有很多适合物联网大规模应用的特性，但目前也存在一些技术问题需要解决。例如，无状态地址分配中的安全性问题、移动 IPv6 中的绑定缓冲安全更新问题、流标签的安全防护、全球任播技术的研究等。虽然 IPv6 还有众多的技术细节需要完善，但从整体来看，使用 IP 不仅能够满足物联网的地址需求，还能满足物联网对节点移动性、节点冗余、基于流的 QoS 保障的需求，IPv6 很有希望成为物联网应用的基础网络技术。

2.3.4 蓝牙、无线个人区域网与 ZigBee

所谓蓝牙技术，实际上是一种短距离无线电技术，利用“蓝牙技术”能够有效地简化掌上电脑、笔记本电脑和移动电话手机等移动通信终端设备，并且能够成功地简化以上这些设备与网之间的通信，从而使这些现代通信设备与因特网之间的数据传输变得更加迅速高效，为无线通信拓宽道路。通俗地讲，蓝牙技术使得现代一些轻易携带的移动通信设备和电脑设备，不必借助电缆就能联网，并且能够实现无线上网。其实际应用范围还可以拓展到各种家电产品、消费电子产品和汽车等信息家电，组成一个巨大的无线通信网络。

无线个人区域网（或无线个域网）（Wireless Personal Area Network，WPAN）。就是在个人工作地方把属于个人使用的电子设备（如便携式计算机，掌上电脑以及蜂窝电话等）用无线技术连接起来，整个网络的范围大约为10m。

目前市面上有多种不同的无线通信技术，分别以频率、频宽、范围、应用方式等要素来加以区分。这些技术可大致分成四类，从涵盖面积最广的无线广域网路（广域网），到通信距离小于10m的无线个人区域网（WPAN）等多种类型。无线个人区域网络是相当小型的随意网络（ad hoc 网络），通常范围不超过10m。由于通信范围有限，无线个人区域网络通常用于取代实体传输线，让不同的系统能够近距离进行资料同步或连线。

ZigBee是一种高可靠的无线数传网络，类似于CDMA和GSM网络。ZigBee数传模块类似于移动网络基站。通信距离从标准的75m到几百米、几公里，并且支持无限扩展。ZigBee是一个由可多到65000个无线数传模块组成的一个无线数传网络平台，在整个网络范围内，每一个ZigBee网络数传模块之间可以相互通信，每个网络节点间的距离可以从标准的75m无限扩展。与移动通信的CDMA网或GSM网不同的是，ZigBee网络主要是为工业现场自动化控制数据传输而建立的，因此，它必须具有简单、使用方便、工作可靠、价格低的特点。而移动通信网主要是为语音通信而建立，每个基站价值一般都在百万元人民币以上，而每个ZigBee“基站”却不到1000元人民币。每个ZigBee网络节点不仅本身可以作为监控对象，例如其所连接的传感器直接进行数据采集和监控，还可以自动中转别的网络节点传过来的数据资料。除此之外，每一个ZigBee网络节点（FFD）还可在自己信号覆盖的范围内，和多个不承担网络信息中转任务的孤立的子节点（RFD）无线连接。

ZigBee是一种无线连接，可工作在2.14GHz（全球流行）、868MHz（欧洲流行）和915 MHz（美国流行）三个频段上，分别具有最高250kbit/s、20kbit/s和40kbit/s的传输速率，它的传输距离在10～75m的范围内，但可以继续增加。作为一种无线通信技术，ZigBee具有如下特点：

1）功耗低。由于ZigBee的传输速率低，发射功率仅为1mW，而且采用了休眠模式，因此ZigBee设备非常省电。据估算，ZigBee设备仅靠两节5号电池就可以维持6个月到2年左右的使用时间，这是其他无线设备望尘莫及的。

2）成本低。ZigBee模块的初始成本在6美元左右，估计很快就能降到1.5～2.5美元，并且ZigBee协议是免专利费的。低成本对于ZigBee也是一个关键的因素。

3）时延短。通信时延和从休眠状态激活的时延都非常短，典型的搜索设备时延30ms，休眠激活的时延是15ms，活动设备信道接入的时延为15ms。因此ZigBee技术适用于对时延要求苛刻的无线控制（如工业控制场合等）应用。

4）网络容量大。一个星形结构的ZigBee网络最多可以容纳254个从设备和一个主设备，一个区域内可以同时存在最多100个ZigBee网络，而且网络组成灵活。

5）可靠。采取了碰撞避免策略，同时为需要固定带宽的通信业务预留了专用时隙，避开了发送数据的竞争和冲突。MAC 层采用了完全确认的数据传输模式，每个发送的数据包都必须等待接收方的确认信息。如果传输过程中出现问题可以进行重发。

6）安全。ZigBee 提供了基于循环冗余校验（CRC）的数据报完整性检查功能，支持鉴权和认证，采用了 AES-128 的加密算法，各个应用可以灵活确定其安全属性。

传感器网络的典型应用是将 ZigBee 无线路灯照明节能环保技术应用于济南园博园的路灯控制系统。

2.4 无线通信 4G 与物联网的发展

2.4.1 4G 促进物联网发挥无线通信

第四代移动通信技术简称为“4G”，是移动电话行动通信标准。该技术包括 TD-LTE 和 FDD-LTE 两种制式。4G 集 3G 与 WLAN 于一体，并能够快速传输数据、高质量、音频、视频和图像等。

2013 年 12 月 18 日，中国移动在广州宣布将建成全球最大 4G 网络。2013 年年底前，北京、上海、广州、深圳等 16 个城市可享受 4G 服务。

2014 年 1 月，京津城际高铁作为全国首条实现移动 4G 网络全覆盖的铁路，实现了 300 公里时速高铁场景下的数据业务高速下载，一部 2GB 大小的电影只需要几分钟即可下载完成。

2014 年 1 月 20 日，中国联通已在珠江三角洲及深圳等十余个城市和地区开通 4G，初期可达 42Mbit/s 标准，实现全网升级。升级后的 4G 网络均可以达到 100Mbit/s 标准，同时在年内完成全国 360 多个城市和大部分地区 4G 网络的 42Mbit/s 升级。

2014 年 7 月 21 日，中国移动在召开的新闻发布会上又提出包括持续加强 4G 网络建设、实施清晰透明的订购收费、大力治理垃圾信息等六项服务承诺。中国移动表示，将继续降低 4G 资费门槛，4G 应用迅速发展。

第四代移动通信系统传输速率可达到 20Mbit/s，甚至最高可以达到 100Mbit/s，相当于 2009 年最新手机传输速度的 1 万倍左右，第三代手机传输速度的 50 倍，同时 4G 也考虑与已有 3G 系统的兼容性。

2.4.2 物联网信息发送的平台——4G 手机

普通 4G 手机服务业务包括以下几个方面：

（1）宽带上网　宽带上网是 4G 手机的一项很重要的功能。用户可以在手机上收发语音邮件、写博客、聊天、搜索、下载图像与视频。4G 手机上网的速度比 3G 手机要快得多。

（2）视频通话　4G 手机的视频通话功能是现在最流行的 4G 服务之一。4G 手机用户在拨打视频电话时，不再需要把手机放在耳边，而是面对手机，再戴上有线耳麦或蓝牙耳麦，就会在通话的过程中通过手机屏幕看到对方图像。

（3）手机电视　通过 4G 手机收看电视是 4G 用户非常希望得到的一种有用的服务。依靠 4G 网络的高速数据传输功能，用户可以在旅行过程中或上下班途中观看新闻、球赛和电视剧。

（4）无线搜索　4G手机用户可以利用搜索引擎获得与传统互联网搜索同样的服务，查询所需要的信息。

（5）手机音乐　4G手机音乐效果能够和专业MP3相媲美，用户可以随时随地通过手机网络下载和收听歌曲。

（6）手机购物　用户可以通过4G手机查询商品信息，使商家与消费者的距离拉近，增强购物体验，快速、安全地完成在线购物与支付过程。

（7）手机网游　4G网络的高带宽使得用户可以通过手机访问互联网游戏平台，获得与通过个人计算机访问互联网同样的游戏服务。

2.4.3 基于RFID和手机终端的移动电子商务

1. 4G特色定位应用

（1）高精度定位　利用4G网络高带宽的优点和卫星辅助定位技术，定位精度能够达到5~50m，可以开展城市导航、出租车辆定位、人员定位、基于位置的游戏、合法的跟踪、高精度的紧急救护等业务。

（2）区域触发定位　区域触发定位是指用户接近某个区域时，通信系统自动收集用户的位置信息，提示或通知用户，以实现保安通知、人员监控、银行运钞车监控、区域广告等业务。

2. 移动企业应用

（1）移动多媒体会议电话、会议电视服务　4G网络高带宽的优点使得移动多媒体会议电话、会议电视服务由原来只能由专用网络提供，变成通过4G公用移动通信网络向中、小企业提供。

（2）高速移动企业接入　企业管理者可以在旅途或车上，使用笔记本计算机或其他4G终端设备（如移动PDA），通过4G网络访问企业网络，处理业务问题。

3. 移动行业的应用

移动行业服务的对象可以是公众用户或企业内部人员。

（1）面向公众的业务　例如，利用4G手机、移动PDA查询交通状况，接受为大型会议定制的用户服务，为运动会、演唱会、展览会定制的服务，以及电台、电视台、报纸等公众媒体提供的移动阅读服务。

（2）面向行业内部生产管理的应用　例如，交通部门的车辆跟踪，移动保险经纪人位置跟踪，远程设备监控，远程设备维修监控等。

“4G”与“物联网”无疑是目前信息技术领域最热门的词汇。在积极推动4G商业应用的同时，必须注意4G是物联网产业链上重要的一环，并且存在着重大的产业发展机遇。物联网产业链由标识、感知、处理和信息传送四个环节组成，信息传送的主要工具是无线信道，而无线通信与互联网融合的最成熟的技术是4G。预测到2020年，物联网上物与物互联的通信量和人与人的通信量相比将达到30:1，这无疑是4G产业发展的一个重要商机。因此，4G与物联网受到来自政府、运营商和产业制造商的高度重视也就很容易理解了。

2.5 集成电路：物联网的基石

实现社会信息化的关键是计算机和通信技术，推动计算机和通信技术广泛应用的基础就是微电子技术，而微电子技术的核心是超大规模集成电路设计与制造技术。可见，微电子技术是发展物联网的基石。理解微电子与集成电路技术可以让我们清楚地看到物联网是如何感知世界的。

2.5.1 微电子技术和产业发展的重要性

现实说明，一个国家不掌握微电子技术，就不可能成为真正意义上的经济大国与技术强国。这里可以看以下两组数据。

第一组数据是微电子技术对国民经济总产值的贡献。王元阳院士曾经对微电子技术和产业发展重要性问题有过这样的描述：国民经济总产值每增加100~300元，就必须有10元电子工业和1元集成电路产值的支持。同时，发达国家或发展中国家在经济增长方面存在着一条规律，那就是电子工业产值的增长速率是国民经济总产值增长速率的三倍，微电子产业的增长速率又是电子工业增长速率的两倍。

第二组数据是集成电路产品与其他门类产品对国民经济贡献率的比较。根据有关研究机构的测算，集成电路对国民经济的贡献率远高于其他门类的产品。如果以单位质量钢筋对GDP的贡献为1计算，那么小汽车为5，彩电为30，计算机为1000，而集成电路的贡献率则高达2000。

同时还应该看到，微电子产业除了本身对国民经济的贡献巨大之外，它还具有极强的渗透性。几乎所有的传统产业只要与微电子技术结合，用微电子技术进行改造，就能够重新焕发活力。

微电子技术已经广泛地应用于国民经济、国防建设，乃至家庭生活的各个方面。由于制造微电子集成电路芯片的原材料主要是半导体材料——硅，因此有人认为，从20世纪中期开始人类进入了继石器时代、青铜器时代、铁器时代之后的硅器时代。一位日本经济学家认为，谁控制了超大规模集成电路技术，谁就控制了世界产业。英国学者则认为，如果哪个国家不掌握半导体技术，哪个国家就会立刻沦落到不发达国家的行列。

2.5.2 集成电路的研究与发展

1. 集成电路的研究与发展的现状

集成电路（IC）打破了电子技术中器件与线路分离的传统，使得晶体管与电阻、电容等元器件，以及连接它们的线路都集成在一块小小的半导体基片上，为提高电子设备的性能、缩小体积、降低成本、减少能耗提供了一个新的途径，大大促进了电子工业的发展。从此，电子工业进入了IC时代。在微电子学研究中，它的空间尺度通常是微米与纳米。经过40余年的发展，集成电路已经从最初的小规模芯片，发展到目前的超大规模集成电路和系统芯片，单个电路芯片集成的元件数从当时的十几个发展到目前的几亿个甚至几十、上百亿个。

衡量集成电路有两个主要的参数：集成度与特征尺寸。集成电路的集成度是指单块集成电路芯片上所容纳的晶体管及电阻器、电容器等元器件数目。特征尺寸是指集成电路中半导体器件加工的最小线条宽度。集成度与特征尺寸是相关的。当集成电路芯片的面积一定时，集成度越高，功能就越强，性能就越好，但是特征尺寸就会越小，制造的难度也就越大。所以，特征尺寸也成为衡量集成电路设计和制造技术水平高低的重要指标。

在过去的几十年中，以硅为主要加工材料的微电子制造工艺从开始的几个微米技术到现在的0.13μm技术，集成电路芯片集成度越来越高，成本越来越低。目前，50nm甚至35nm微电子制造技术已经在制造厂商的生产线上实现，并将逐步形成11nm的生产能力。

2. 集成电路的发展阶段

回顾集成电路的发展过程，大致可以将它划分为六个阶段。

第一阶段：1962年制造出集成了12个晶体管的小规模集成电路（SSI）芯片。

第二阶段：1966年制造出集成度为100~1000个晶体管的中规模集成电路（MSI）芯片。

第三阶段：1967~1973年，制造出集成度为1000~100000个晶体管的大规模集成电路（LSI）芯片。

第四阶段：1977年研制出在30mm^{2}的硅晶片上集成了15万个晶体管的超大规模集成电路（VLSI）芯片。

第五阶段：1993年制造出集成了1000万个晶体管的16MB FLASH与256 MB DRAM的特大规模集成电路（ULSI）芯片。

第六阶段：1994年制造出集成了1亿个晶体管的1GB DRAM巨大规模集成电路（GSI）芯片。

3. 集成电路发展与摩尔定律

在讨论集成电路发展时，人们自然会想到摩尔定律。摩尔定律是由Intel公司创始人之一的戈登·摩尔（Gordon E. Moore）在1965年提出的。摩尔定律是对集成电路产业发展规律的一个预言。摩尔定律的基本内容是：集成电路的集成度每18个月就翻一番，特征尺寸每三年缩小1/2。

计算机界对于摩尔定律的两点推论是：

1）微处理器的性能每隔18个月提高一倍，而价格下降了1/2。

2）用1美元所能买到的计算机性能，每隔18个月翻两番。

集成电路自1959年诞生以来，经历了小规模、大规模、超大规模到巨大规模集成电路的发展。集成电路中的器件特征尺寸不断缩小，集成密度不断提高，集成规模迅速增大。自20世纪70年代后期至今，集成电路芯片的集成度大体上每三年增加四倍。目前50nm的集成电路已进入大规模生产，在单个芯片上可集成约几十亿个晶体管，研究工作则已经进入深亚微米（Very Deep SubMicron，VDSM）领域。

在讨论集成电路发展时会发现，集成电路发展之迅速，使得人们只能用“大规模”、“超大规模”、“巨大规模”这样的形容词去描述集成电路集成度的快速增长，人们已经很难再用“芯片（Chip）”这个单词来准确地描述集成电路的复杂程度。但是，从中可以看出两个明显的发展趋势：

1）20世纪末出现的系统芯片（System on Chip，SoC）预示着集成电路行业正在出现一个从量变到质变的突破。

2）SoC的设计与生产必将导致计算机辅助设计工具、生产工艺与产业结构的重大变化。

2.5.3　系统芯片的研究与应用

系统芯片（SoC）也称为片上系统。SoC技术的兴起是对传统芯片设计方法的一场革命。21

世纪SoC技术将快速发展，并且成为市场的主导，这一点目前产业界已经形成了共识。

SoC与集成电路的设计思想是不同的。SoC与集成电路的关系类似于过去集成电路与分立元器件的关系。使用集成电路制造的电子设备同样需要设计一块印制电路板，再将集成电路与其他的分立元件（电阻、电容、电感）焊接到电路板上，构成一块具有特定功能的电路单元。随着计算机技术、通信技术、网络应用的快速发展，电子信息产品向高速度、低功耗、低电压和多媒体、网络化、移动化趋势发展，要求系统能够快速地处理各种复杂的智能问题，除了需要数字集成电路以外，还需要根据应用的需求加上生物传感器、图像传感器、无线射频电路、嵌入式存储器等。基于这样一个应用背景，20世纪90年代后期人们提出了SoC的概念。SoC就是将一个电子系统的多个部分集成在一个芯片上，能够完成某种完整的电子系统功能。SoC与集成电路的关系可以用图2-17表示。图的左端是一款用多块大规模集成电路和一些分立元件组成的手机电路结构图；图的右端是将手机的多块大规模集成电路和部分元件集成在一起的SoC芯片示意图。

SoC技术的应用，可以进一步提高电子信息产品的性能和稳定性，减小体积，降低成本和功耗，缩短产品设计与制造的周期，提高产品市场竞争力。IBM公司发布的一种逻辑电路和存储器集成在一起的系统芯片，速度相当于PC处理速度的8倍，存储容量提高了24倍，存取速度也提高了24倍。NS公司将原来40个芯片集成为一个芯片，推出了全球第一个用单片芯片构成的彩色图形扫描仪，价格降低了近一半。目前人们已经设计了RFID、传感器、PDA、手机、蓝牙通信系统、数字相机、MP3播放器、DVD播放器的单片SoC，并已大量使用。小型化、造价低的RFID芯片与读写器、传感器芯片、传感器的无线通信芯片，以及无线传感器网络的节点电路的研制都需要使用SoC技术，因此将微电子芯片设计与制造定义为物联网的基石是非常恰当的。

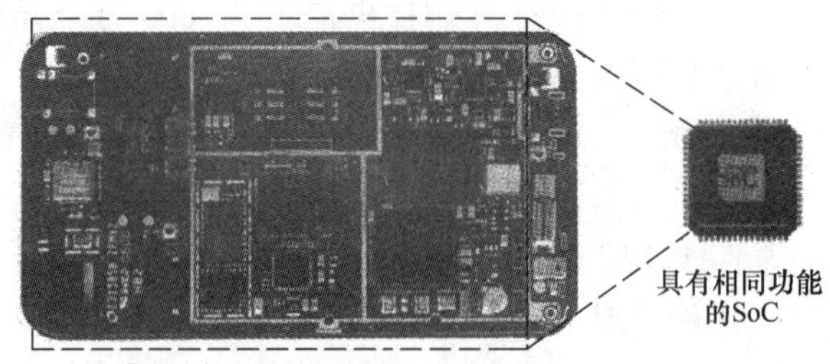

图2-17　SoC芯片与集成电路的关系示意图

2.6　本章小结

本章在介绍物联网的体系结构基础上，系统地介绍了支撑物联网发展的信息技术。计算机技术为物联网提供了计算工具，通信技术为物联网提供了通信手段，微电子技术是物联网发展的基石。

微电子芯片设计与制造是物联网产业的基石。小型化、造价低的RFID芯片与读写器，传感器芯片、传感器的无线通信芯片，以及无线传感器网络的节点电路与设备的研制都需要使用SoC技术。物联网的应用为我国微电子产业的发展创造了重大的发展机遇。

习题

2-1　简述物联网的工作原理。

2-2　物联网的组成有哪些？
2-3　简述 RFID 技术的含义。
2-4　物联网领域中的几个重要感知技术分别是什么？
2-5　移动通信的分类有哪些？蜂窝移动通信的发展经历了哪几个阶段？
2-6　理解普适计算所要注意的问题。
2-7　云计算的特点有哪些？
2-8　什么是数据仓库技术？
2-9　人工智能技术的研究和应用主要在哪些方面？
2-10　什么是嵌入式系统，它的特点是什么？
2-11　无线局域网与协议有哪些内容？
2-12　简述物联网的信息发送平台。
2-13　物联网的基石包含哪些内容？

第 3 章　无线射频识别技术

无线射频识别技术是一种综合利用多门学科、多种技术的应用技术。所涉及的关键技术大致包括：芯片技术、天线技术、无线收发技术、数据变换与编码技术以及电磁传播特性等。

无线射频识别技术近年来在全球得到了迅速发展，在日常生活中已经出现并且悄悄地产生着影响。那么什么是无线射频识别技术？它有什么用处？它是怎样发展起来的？它的工作原理是怎样的？其通信基础包含哪些内容呢？本章将一一给读者解答。

3.1　无线射频识别技术概述

3.1.1　无线射频识别技术的基本概念和特点

无线射频识别（Radio Frequency Identification，RFID）技术是一种非接触的自动识别技术，其基本原理是利用射频信号和空间耦合（电感或电磁耦合）的传输特性，实现对被识别物体的自动识别。

由上可见，为了完成 RFID 系统的主要功能，RFID 系统具有两个基本的构成部分，即电子标签（Tag）和阅读器（Reader）。电子标签（或称应答器）由耦合元件及芯片组成，其中包含加密逻辑、串行电可擦除可编程序只读存储器（Electric Erasable and Programmable Read-Only Memory，EEPROM）、微处理器以及射频收发电路。电子标签具有智能读写和加密通信的功能，通过无线电波与读写设备进行数据交换，它工作的能量由阅读器发生的射频脉冲提供。阅读器有时也称为查询器、读写器或读出装置，主要由无线收发模块、天线、控制模块及接口电路等组成。阅读器可将主机的读写命令传送到电子标签，并把从主机发往电子标签的数据加密，然后将电子标签返回的数据解密后送到主机。

由上可见，为了完成 RFID 系统的主要功能，RFID 必须具有两个基本部分，即电子标签和阅读器。此外，为了更好地对识别数据进行分析和处理，在较大型的 RFID 系统中，还需要中间件，应用系统软件等附属设备来完成对多阅读器识别系统的管理。本书将安排专门的篇幅来介绍电子标签、阅读器、中间件和应用系统软件。图 3-1 所示为一个典型的 RFID 应用系统的组成图。

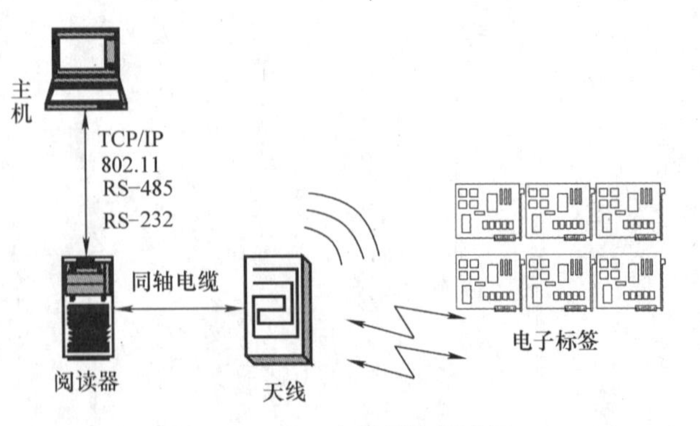

图 3-1　RFID 应用系统组成图

3.1.2　无线射频识别技术的现状和发展

RFID 技术的前身可以追溯到第二

次世界大战（约 1940 年）期间，当时该技术被英军用于识别敌我双方的飞机。采用的方法是在英方飞机上装识别电子标签（类似于现在的主动式电子标签），当雷达发出微波查询信号时，装在英方飞机上的识别电子标签就会做出相应的回执，使得发出微波查询信号的系统能够判别出飞机的身份，此系统称为敌我识别（Identity Friend or Foe，IFF）系统，目前世界上的飞行管制系统仍是在此基础上建立的。而被动式 RFID 技术应该归结为雷达技术的发展及应用，因此其历史可追溯到 20 世纪初期，大约在 1922 年雷达诞生了。雷达发射无线电波并通过接收到的目标反射信号来测定和定位目标的位置及其速度。随后，在 1948 年出现了早期研究 RFID 技术的一篇具有里程碑意义的论文——《Communication by Means of Reflected Power》。后来，信息技术，如晶体管集成电路、微处理芯片、通信网络等新技术的发展，拉开了 RFID 技术的研究序幕。在 20 世纪 60 年代出现了一系列的 RFID 技术论文、专利及文献。

RFID 的应用已于 20 世纪 60 年代应运而生，出现了商用 RFID 系统——电子商品监视（Electronic Article Surveillance，EAS）设备。EAS 被认为是 RFID 技术最早且最广泛应用于商业领域的系统。

20 世纪 70 年代，RFID 技术成为人们研究的热门课题，各种机构都开始致力于 RFID 技术的开发，出现了一系列的研究成果，并且将 RFID 技术成功应用于自动汽车识别（Automatic Vehicle Identification，AVI）的电子计费系统、动物跟踪以及工厂自动化等。

20 世纪 80 年代是充分使用 RFID 技术的 10 年。虽然世界各地开发者的方向有所不同，但是美国、法国、意大利、西班牙、挪威以及日本等国家都在不同应用领域安装和使用了 RFID 系统。第一个实用的 RFID 电子收费系统于 1987 年在挪威正式使用。1989 年美国达拉斯南路高速公路也开始使用不停车收费系统。在此期间，纽约港备局和新泽西港备局开始在林肯路的汽车入口使用 RFID 系统。

20 世纪 90 年代是 RFID 技术繁荣发展的 10 年，主要体现在美国大量配置了电子收费系统。1991 年在俄克拉荷马州（Oklahoma）建成了世界第一个开放的高速公路不停车收费系统，汽车可以高速通过计费站。世界上第一个包括电子收费系统和交通管理的系统于 1992 年安装在休斯敦（Houston），该系统中首次使用了 Title21 电子标签，而且这套系统和安装在俄克拉荷马州的 RFID 系统相兼容。同时，在欧洲也广泛使用了 RFID 技术，如不停车收费系统、道路控制和商业上的应用。而一种新的尝试是德州仪器（TI）公司开发的 TIRIS 系统用于汽车发动机的启动控制。由于已经开发出了小到能够密封到汽车钥匙中的电子标签，因此 RFID 系统可以方便地应用于汽车防盗中，如日本丰田汽车、美国福特汽车、日本三菱汽车和韩国现代汽车的欧洲车型已将 RFID 技术用于汽车防盗系统中。RFID 技术已经在许多国家或地区的公路不停车收费、火车车辆跟踪与管理中得到应用，如澳大利亚、中国、菲律宾、巴西、墨西哥、加拿大、日本、马来西亚、新加坡、新西兰、南非、韩国、美国和欧洲等。借助于电子收费系统，出现了一些具有新功能的 RFID 技术。例如，一个电子标签可以具有多个账号，分别用于电子收费系统、停车场管理、费用征收、保安系统以及社区管理。在达拉斯，车辆上有一个电子标签也能用于在北达拉斯的计费系统，并且可用于通过关口和停车场收费，以及在其附近的娱乐场所、乡村停车场、团体及商业住宅区中使用。

为适应数字化信息社会发展的需求，RFID 技术的研究与开发也正突飞猛进地发展。在美国、日本及欧洲等国家和地区正在研究各种各样的RFID技术。各种新功能的RFID系统不断地涌现，满足了市场各种各样的需求。从20世纪末到21世纪初，RFID技术中的一个重大的突破就是微波肖特基（Schottky）二极管可以被集成在CMOS（Complementary Metal-Oxide Semiconductor）集成电路上。这一技术使得微波RFID的电子标签只含有一个集成芯片成为可能。在这方面，IMB、Tagmaster，Micron、Single Chip System（SCS）、Motorola、Siemens、Microchip、Transco（兼并了Amtech公司组成了Intermec）以及日本的Hitach、Mexell等公司表现积极。目前，Microchip、Hitachi、Maxell、Transcore和Tagmaster等公司已有单一芯片的不同频段的电子标签供应市场，而且已加入防碰撞协议（Anti-Collision Protocol），使得一个阅读器可以同时读出至少40个微波电子标签的内容信息，同时也增加了许多功能，如电子钱包需要的低功耗读写功能、数据加密功能等，为RFID系统的应用提供更加广泛的应用前景。

RFID技术在我国也有一定范围的应用。自1993年我国政府颁布实施“金卡工程”计划以来，加速了我国国民经济信息化的进程。由此，各种射频识别技术的发展及应用十分迅猛。1996年1月北京首都机场高速公路天竺收费站安装了不停车收费系统，该设备从美国Amtech公司引进。因该系统没有真正实现一卡通功能而限制了其速卡通用户的数量。为适应全国信息化技术的要求，我国铁道部于1999年开始投资建设自动车号识别系统，并于2000年开始正式投入使用，作为电子清算的依据。该项目由兰州远望公司和哈尔滨铁路科学研究所共同研制。2001年7月上海虹桥国际机场组合式不停车电子收费系统（ETC）试验开通，被国家经贸委和交通部确定为“高等级公路电子收费系统技术开发和产业化创新”项目的示范工程。中国香港已有80多辆过往关口的车辆使用了速通卡，大大加快了通关速度。与此相适应，深圳市海关正在建设不停车通关系统，在往来车辆上安装了具有防盗等功能的主、副两个微波电子标签。深圳市的机荷、梅观高速公路的不停车收费系统在2002年12月已进入试运行。在我国西部四川宜宾市建立了国内第一个RFID实验工程用于市内车辆交通管理与不停车收费。在2001年，我国交通部宣布开发使用电子车牌管理系统，给RFID技术的应用增添了新的活力。

3.1.3 无线射频识别技术的分类

1. 根据电子标签的供电形式分类

在实际应用中，必须给电子标签供电它才能工作，尽管它的电能消耗非常低（一般是百万分之一毫瓦级别）。按照电子标签获取电能方式的不同，可以把电子标签分成有源电子标签、无源电子标签和半有源电子标签。

（1）有源电子标签　有源电子标签内部自带电池进行供电，它的电能充足，工作可靠性高，信号传送距离远。另外，有源电子标签可以通过设计电池的不同寿命对电子标签的使用时间或使用次数进行限制，也可以用在需要限制数据传输量或者使用数据有限制的地方，比如，一年内电子标签只允许读写有限次。有源电子标签的缺点主要是电子标签的使用寿命受到限制，而且随着电子标签内电池电力的消耗，其数据传输的距离会越来越小，从而影响系统的正常工作。

（2）无源电子标签　无源电子标签内部不带电池，要靠外界提供能量才能正常工作。无源电子标签典型的产生电能的装置是天线与线圈，当电子标签进入系统的工作区域时，天线接收到特定的电磁波，线圈就会产生感应电流，再经过整流电路给电子标签供电。无源电子标签具有永久的使用期，常常用在电子标签信息需要每天读写或频繁读写多次的地方，而且无源电子标签支持长时间的数据传输和永久性的数据存储。无源电子标签的缺点主要是数据传输的距离要比有源电子标签短。无源电子标签依靠外部的电磁感应供电，它的电能就比较弱，因此数据传输的距离和信号强度就受到限制，需要灵敏度比较高的信号接收器（阅读器）才能可靠识读。

（3）半有源电子标签　半有源系统介于两者之间，虽然带有电池，但是电池的能量只激活系统，系统激活后无需电池供电，直接进入无源电子标签工作模式。

2. 根据电子标签的工作方式分类

电子标签的工作方式即是电子标签通过何种形式或方法与阅读器进行数据交换，据此，RFID 可分为主动式、被动式和半主动式。

（1）主动式　通常来说，主动式 RFID 系统为有源系统，即主动式电子标签用自身的射频能量主动地发送数据给阅读器，在有障碍物的情况下，只需穿过障碍物一次。因此主动方式工作的电子标签主要用于有障碍物的应用中，距离较远（可达 30m）。

（2）被动式　被动式系统必须利用读写器的载波来调制自身的信号，电子标签产生电能的装置是天线和线圈。电子标签进入 RFID 系统工作区域后，天线接收到特定电磁波，线圈产生感应电流，从而给电子标签供电，在有障碍物的情况下，读写器的能量必须来去穿过障碍物两次。该类系统一般适合用在门禁或交通领域应用中，因为读写器可以确保只激活一定范围之内的电子标签。

（3）半主动式　半主动式 RFID 系统虽然本身带有电池，但是电子标签并不通过自身能量主动发送数据给阅读器，电池只负责对电子标签内部电路供电。电子标签需要被阅读器的能量激活，然后才通过反向散射调制方式传送自身数据。

3. 根据电子标签的工作频率分类

从应用概念来说，电子标签的工作频率也就是无线射频识别系统的工作频率，是其最重要的特点之一。电子标签的工作频率不仅决定着无线射频识别系统的工作原理（电感耦合还是电磁耦合）、识别距离，还决定着电子标签及读写器实现的难易程度和设备的成本。

工作在不同频段或频点上的电子标签具有不同的特点。射频识别应用占据的频段或频点在国际上有公认的划分，即位于 ISM 波段之中。典型的工作频率有 125kHz、133kHz、13.26MHz、27.12MHz、433MHz、902～928MHz、2.45GHz、5.8GHz 等，它们分别属于低频、中频和高频 RFID 系统，如图3-2所示。

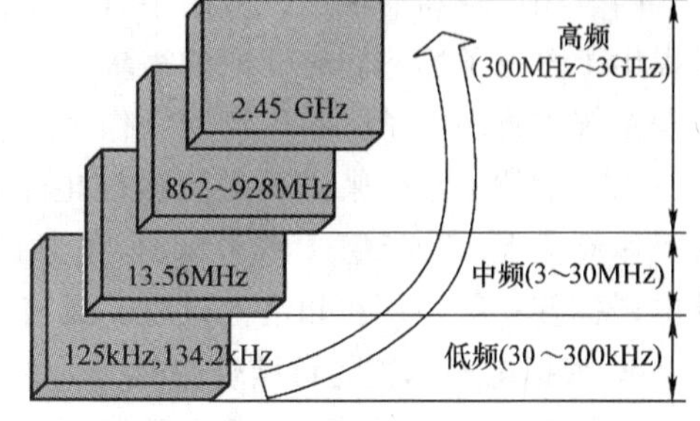

图 3-2　不同频率的 RFID 系统

（1）低频段电子标签　低频段电子标签，简称低频电子标签，其工作频率范围为 30～300kHz。典型工作频率有 125kHz、133kHz（也有接近的其他频率，如 TI 公司使用 134.2kHz）。低频电子标签一般为无源电子标签，其工作能量通过电感耦合方式从阅读器耦合线圈的辐射近场中获得。低频电子标签与阅读器之间传送数据时，低频电子标签需要位于阅读器天线辐射的近场区内。低频电子标签的阅读距离一般情况下小于1m。

低频电子标签的典型应用有动物识别、容器识别、工具识别、电子闭锁防盗（带有内置应答器的汽车钥匙）等。

低频电子标签的主要优势是：低频电子标签芯片一般采用普通的CMOS工艺，具有省电、廉价的特点；工作频率不受无线电频率管制约束；可以穿透水、有机组织、木材等，非常适合近距离、低速度、数据量要求较少的识别应用（例如动物识别）等。

低频电子标签的劣势主要是：低频电子标签存储数据量较小；只适合低速、近距离识别应用；与高频电子标签相比，其天线匝数更多，成本更高一些。

（2）中频段电子标签　中频段电子标签的工作频率一般为3～30MHz，典型工作频率为13.56MHz。该频段的电子标签，从射频识别应用角度来说，因为其工作原理与低频电子标签完全相同，即采用电感耦合方式工作，所以宜将其归为低频电子标签类。另一方面，根据无线电频率的一般划分，其工作频段又称为高频，所以也常将其称为高频电子标签。

中频电子标签一般也采用无源方式，其工作能量同低频电子标签一样，也是通过电感（磁）耦合方式于阅读器耦合线圈的辐射近场中获得。中频电子标签与阅读器进行数据交换时，必须位于阅读器天线辐射的近场区内。中频电子标签的阅读距离一般情况下也小于1m（最大读取距离为1.5m）。

中频电子标签可方便地做成卡的形状，其典型应用包括电子车辆、电子身份证、电子闭锁防盗（电子遥控门锁控制器）等。

中频标准的基本特点与低频标准相似，随着其工作频率的提高，可以选用较高的数据传输速率。电子标签天线的设计相对简单，一般制成标准卡片形状。

（3）高频段电子标签　高频段电子标签的工作频段处于超高频（UHF）或微波频段，因此，高频段电子标签也可称为超高频或微波频段电子标签，又可称为微波电子标签，其典型工作频率为433.92MHz、862（902）～928MHz、2.45GHz、5.8GHz。

微波电子标签可分为有源电子标签与无源电子标签两类。工作时，电子标签位于阅读器天线辐射场的远区场内，与阅读器之间的耦合方式为电磁耦合方式。阅读器天线辐射为无源电子标签提供射频能量，将有源电子标签唤醒。相应的射频识别系统阅读距离一般大于1m，典型情况范围为4～7m，最大可达10m。阅读器天线一般均为定向天线，只有在阅读器天线定向波速范围内的电子标签可被读/写。

随着阅读距离的增加，应用中有可能存在阅读区域中同时出现多个电子标签的情况，从而提出了多电子标签同时读取的需求，这种需求进而发展成为一种潮流。目前，先进的射频识别系统均将多电子标签识读问题作为系统的一个重要特征。

以目前技术水平来说，无源微波电子标签比较成功，其产品相对集中在902～928MHz的工作频段上。2.45GHz和5.8GHz射频识别系统多以半无源微波电子标签产品面世。半无源电子标签一般采用纽扣电池供电，具有较远的阅读距离。

4. 根据电子标签的可读性分类

根据电子标签内部使用的存储器类型的不同，电子标签可分为三种，即可读和写（Read and Write，RW）电子标签、一次写入多次读出（Write Once Read Many，WORM）电子标签和只读（Read Only，RO）电子标签。可读写电子标签一般比多次读出电子标签和只读电子标签的成本高很多。

（1）只读电子标签　只读电子标签内部只有只读存储器（Read Only Memory，ROM）和随机存取存储器（Random Access Memory，RAM）。ROM用于存储发射器操作系统程序和安全性要求较高的数据，它与内部的处理器或逻辑处理单元共同完成内部的操作控制功能，如响应延迟时间控制、数据流控制等。另外，只读电子标签的ROM中还存储有电子标签的标识信息。这些信息可以在电子标签制造过程中由制造商写入ROM，也可以在电子标签开始使用时由使用者根据特定的应用目的写入。这种信息可以只简单地代表二进制中的“0”或者“1”，也可以像二维条码那样，包含相当复杂、丰富的信息。只读电子标签中的RAM用于存储电子标签反应和数据传输过程中临时产生的数据。另外，只读电子标签中除了ROM和RAM外，一般还有缓冲存储器，用于暂时存储调制后等待向天线发送的信息。

（2）可读写电子标签　可读写电子标签内部的存储器除了ROM、RAM和缓冲存储器之外，还有非活动可编程序记忆存储器。这种存储器除了有存储数据的功能外，还具有在适当的条件下允许多次写入数据的功能。非活动可编程序记忆存储器有许多种，EEPROM是比较常用的一种，这种存储器在加电的情况下，可以实现对原有数据的擦除以及数据的重新写入。

（3）一次写入多次读出电子标签　一次写入多次读出电子标签是用户可以一次性写入的电子标签，但写入后数据不能再改变。

5. 根据电子标签中存储器数据存储能力分类

根据电子标签中存储器数据存储能力的不同，可以把电子标签分成仅用于标识目的的标识电子标签与便携式数据文件两种。对于标识电子标签来说，一个数字或者多个数字、字母、字符串存储在电子标签中是为了识别的目的或者是作为进入信息管理系统中数据库的钥匙（Key）。条码技术中标准码制的号码，如EAN/UPC码、混合编码，或者电子标签使用者按照特别的方法编的号码，都可以存储在标识电子标签中，标识电子标签中存储的只是标识号码，用于特定的标识项目，如人、物、地点等进行标识，关于被标识项目详细的、特定的信息，只能在与系统相连接的数据库中进行查找。

顾名思义，便携式数据文件就是说电子标签中存储的数据量非常大，足以看作是一个数据文件。这种电子标签一般都是用户可编程的，电子标签中除了存储有标识码外，还存储有大量的被标识项目及其他的相关信息，如包装说明、工艺过程说明等。在实际应用中，关于被标识项目的所有信息都是存储在电子标签中的，读电子标签就可以得到关于被标识项目的所有信息，而不用再连接到数据库中进行信息读取。另外，随着电子标签存储能力的提高，它还可以提供组织数据的能力，在读电子标签的过程中，可以根据特定的应用目的控制数据的读出，实现在不同的情况下读出的数据部分不同。

6. 根据电子标签和阅读器之间的通信工作时序分类

时序是指电子标签和阅读器的工作次序问题，即是阅读器首先唤醒（Reader Talk First，RTF），还是电子标签首先自报（Tag Talk First，TTF）的方式。

对于无源电子标签来讲，一般是阅读器先讲的形式；对于多电子标签同时识读来讲，可以采用阅读器先讲的形式，也可以采用电子标签先讲的形式。多电子标签的同时识读，只是相对的概念。为了实现多电子标签无冲撞同时识读，对于阅读器先讲的形式，阅读器先对一批电子标签发出间隔指令，使得阅读器识读范围内的多个电子标签被隔离，最后只保证一个电子标签处于活动状态与阅读器建立无冲撞的通信联系。通信结束后指令该电子标签进入休眠，然后指定一个新的电子标签执行无冲撞通信指令。如此往复，完成多电子标签同时识读。对于电子标签先讲的方式，电子标签在随机的时间内反复地发送自己的识别ID，不同的电子标签可在不同的时间段内被阅读器正确识读，完成多电子标签的同时识别。

7. 按数据通信方式划分

按数据在RFID阅读器与电子标签之间的通信方式，RFID系统可以划分为三种，即半双工系统、全双工系统和时序系统，如图3-3所示。

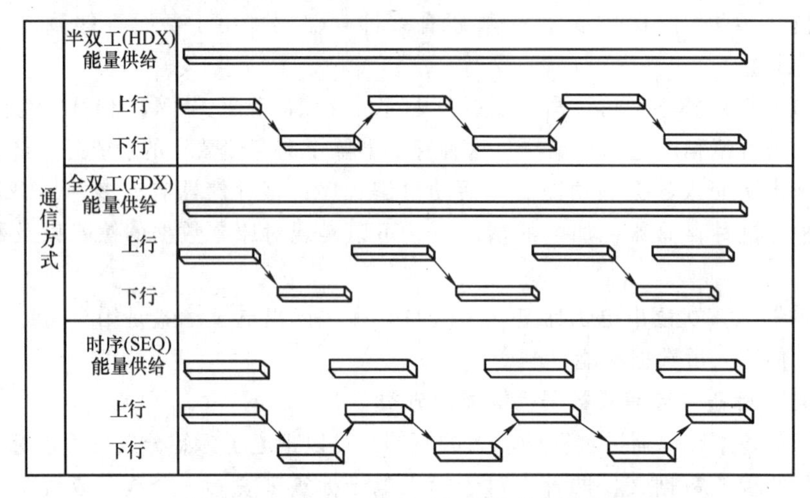

图3-3 半双工、全双工与时序系统示意图

（1）半双工系统 在半双工（HDX）系统中，从电子标签到阅读器的数据传输与从阅读器到电子标签的数据传输是交替进行的。当频率在300MHz以下时常常使用负载调制的半双工法，有没有负载都可以，其电路也很简单。与此很相近的方式是来源于雷达技术的调制反射截面的方法，工作频率在100MHz以上。负载调制和调制反射截面直接影响由阅读器产生的磁场或电磁场，因此被称为谐波处理法。

（2）全双工系统 在全双工（FDX）系统中，数据在电子标签和阅读器之间的双向传输是同时进行的。其中，电子标签发送数据，所用频率为阅读器的几分之一，即采用分谐波，或是用一种完全独立的非谐波频率。

（3）时序系统 在时序（SEQ）系统中，从阅读器到电子标签的数据传输和能量供给与从电子标签到阅读器的数据传输在时间上是交叉的，即脉冲系统。

半双工与全双工两种方式的共同点是，从阅读器到电子标签的能量供给是连续的，与数据传输的方向无关，而与此相反，在使用时序系统的情况下，从阅读器到电子标签的能量供给总是在限定的时间间隔内进行，从电子标签到阅读器的数据传输是在电子标签的能量供给间歇时进行的。这三种通信方式的时间过程说明如图3-3所示，其中，从阅读器到电子标签的数据传输定义为下行，而从电子标签到阅读器的数据传输定义为上行。

3.2 无线射频识别的基本原理及工作过程

3.2.1 无线射频识别的基本原理

1. 无线射频识别（RFID）的交互原理

RFID 的基本原理框图如图 3-4 所示。

应答器为集成电路芯片，它的工作需要由阅读器提供能量，阅读器产生的射频载波用于为应答器提供能量。

阅读器和应答器之间的信息交互通常是采用询问—应答的方式进行，因此必须有严格的时序关系，时序由阅读器提供。

应答器和阅读器之间可以实现双向数据交换，应答器存储的数据信息采用对载波的负载调制方式向阅读器传送，阅读器给应答器的命令和数据通常采用载波间隙、脉冲位置调制、编码调制等方法实现传送。

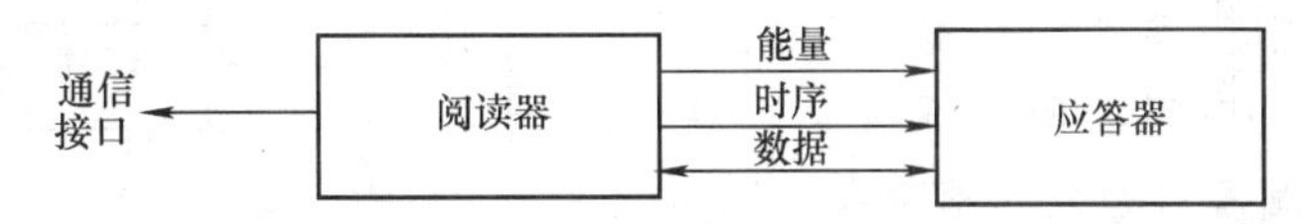

图 3-4　RFID 的基本原理框图

2. RFID 的耦合方式

根据射频耦合方式的不同，RFID 可以分为电感耦合方式（磁耦合）和反向散射耦合方式（电磁场耦合）两大类。

3. RFID 的工作频率

RFID 系统的工作频率划分为下述频段：

1）低频（LF，频率范围为 30～300kHz）：工作频率低于 135kHz，最常用的是 125kHz。

2）高频（HF，频率范围为 3～30MHz）：工作频率低于 13.56MHz ±7kHz。

3）特高频（UHF，频率范围为 300MHz～3GHz）：工作频率为 433MHz，866～960MHz 和 2.45GHz。

4）超高频（SHF，频率范围为 3～30GHz）：工作频率为 5.8GHz 和 24GHz，但目前 24GHz 基本没有采用。

其中，后三个频段为 ISM（Industrial Scientific Medical）频段。ISM 频段是为工业、科学和医疗应用而保留的频率范围，不同的国家可能会有不同的规定。UHF 和 SHF 都在微波频率范围内，微波频率范围为 300MHz～300GHz。

在 RFID 技术的术语中，有时称无线电频率在 LF 和 HF 内时为 RFID 低频段，在 UHF 和 SHF 为 RFID 高频段。

RFID 技术涉及无线电的低频、高频、特高频和超高频频段。在无线电技术中，这些频段的技术实现差异很大，因此可以说，RFID 技术的空中接口覆盖了无线电技术的全频段。

3.2.2 无线射频识别系统的工作过程

读写器（在只读的情况下经常称为阅读器）在一个区域内发射射频能量形成电磁场，

作用距离和范围的大小取决于发射功率和天线。电子标签通过这一区域时被触发，发送存储在电子标签中的数据，或根据读写器的指令改写存储在电子标签中的数据。读写器可以与电子标签建立无线通信，向电子标签发送数据及从电子标签接收数据，并能通过标准接口与计算机网络进行通信。从而实现了无线射频识别系统的顺利工作。

1. RFID 应用系统的组成

RFID 应用系统的组成结构如图 3-5 所示，它由阅读器、应答器和高层等部分组成。最简单的应用系统只有单个阅读器，它一次对一个应答器进行操作，如公交汽车上的票务操作。较复杂的应用需要一个阅读器可同时对多个应答器进行操作，即要具有防碰撞（也称为防冲突）的能力。更复杂的应用系统要解决阅读器的高层处理问题，包括多阅读器的网络连接。可参阅第 9 章第 1 节和第 12 章的实验。

2. 应答器（射频卡和电子标签）

从技术角度来说，RFID 技术的核心在应答器，阅读器是根据应答器的性能而设计的。虽然在 RFID 系统中应答器的价格远比阅读器低，但通常情况下，在应用中应答器的数量是很大的，尤其是在物流应用中，应答器用量不仅大而且可能是一次性使用，而阅读器的数据相对要少很多。

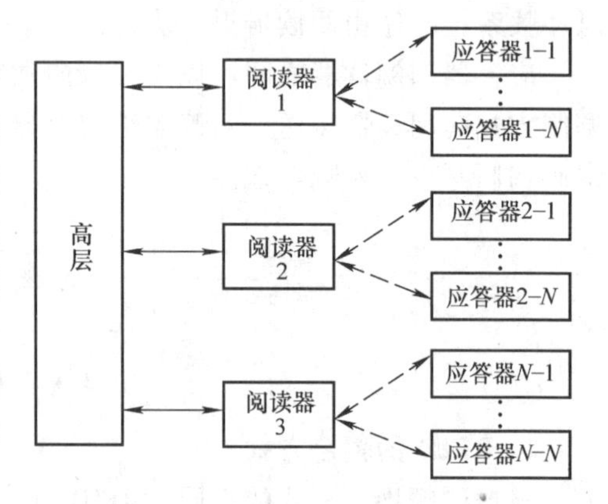

图 3-5　RFID 应用系统的组成结构

（1）射频卡和电子标签　应答器在某种应用场合还有一些专有的名称，如射频卡（也称为非接触卡）、电子标签等，但都可统称为应答器。

1）射频卡（RF Card）。射频卡的外形多种多样，如盘型、卡型、条型、钥匙扣型、手表型等，不同的形状适应于不同的应用。

如果将应答器芯片和天线塑封成像银行的银联卡和电信的电话卡那样，塑料卡的物理尺寸符合 ID-1 型卡的规范，那么这类应答器称为射频卡或非接触卡，如图 3-6 所示。

ID-1 是国际标准 ISO/IEC 7810 中规定的三种磁卡尺寸规格中的一种，其宽度 × 高度 × 厚度为 85.6mm × 53.98mm × 0.76mm ± 容许误差。

射频卡的工作频率为 135kHz 或 13.56MHz，采用电感耦合方式实现能量和信息的传输。射频卡通常用于身份识别和收费。

图 3-6　射频卡

2）电子标签（Tag）。除了卡状外形，应答器还具有上面介绍的很多其他形状，可用于动物识别、商品货物识别、集装箱识别等，在这些应用领域应答器常称为电子标签。

图 3-7 所示为几种典型电子标签的外形。应答器芯片安放在一张薄纸膜或塑料膜内，这种薄膜往往和一层纸胶合在一起，背面涂上黏胶剂，这样就很容易粘贴到被识别的物体上。

（2）应答器的主要性能参数　应答器的主要性能参数有工作频率、读/写能力、编码调制方式、数据传输速率、信息数据存储容量、工作距离、多应答器识读能力（也称为防碰撞或者防冲突能力）、安全性能（密钥、认证）等。

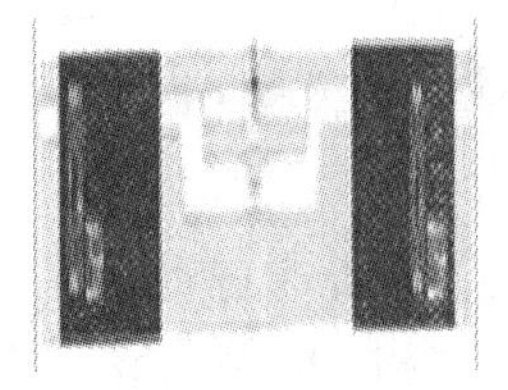

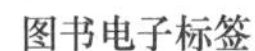

图书电子标签　　电子车牌电子标签　　物流电子标签　　超高频不干胶电子标签

图 3-7　电子标签

(3) 应答器的分类　根据应答器是否需要加装电池及电池供电的作用，可将应答器分为无源（被动式）、半无源（半被动式）和有源（主动式）应答器三种类型。

1）无源应答器。不附带电池。在阅读器的阅读范围之外，应答器于无源状态；在阅读器的阅读范围之内，应答器从阅读器发出的射频能量中提取工作所需的电能。采用电感耦合方式的应答器多为无源应答器。

2）半无源应答器。半无源应答器内装有电池，但电池仅起辅助作用，它对维持数据的电路供电或对应答器芯片工作所需的电压作辅助支持。应答器电路本身耗能很少，平时处于休眠状态。当应答器进入阅读器的阅读范围时，受阅读器发出的射频能量的激励而进入工作状态，它与无源应答器一样，用于传输通信的射频能量源自阅读器。

3）有源应答器。有源应答器的工作电源完全由内部电池供给，同时内部电池能量也部分地转换为应答器与阅读器通信所需的射频能量。

(4) 应答器电路的基本结构和作用　应答器电路的基本结构如图 3-8 所示，由天线、编/解码器、电源、解调器、存储器、控制器和负载调制电路组成。

1）应答器组成电路的复杂度和应答器所具有的功能相关。按照应答器的功能分类，可分为存储器应答器（又可分为只读应答器和可读/写应答器）、具有密码功能的应答器和智能应答器。

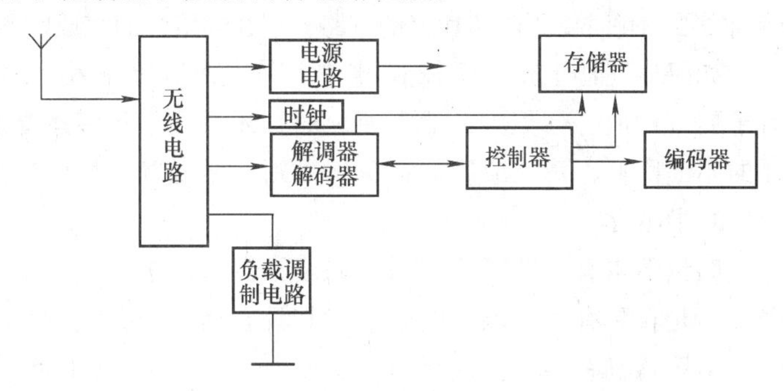

图 3-8　应答器电路的基本结构

2）能量获取。天线电路用于获取射频能量，由电源电路整流稳压后为应答器电路提供直流工作电压。对于可读/写应答器，如果存储器是 EEPROM，电源电路还需要产生写入数据时所需的直流高电压。

3）时钟。天线电路获取的载波信号的频率经分频后，分频信号可作为应答器的控制器、存储器、编/解码器等电路工作时所需的时钟信号。

4）数据的输入/输出。从阅读器送来的命令，通过解调、解码器送到控制器，控制器实现命令所规定的操作；从阅读器送来的数据，经解调、解码后在控制器的管理下写入存储器。应答器送至阅读器的数据，在控制器的管理下从存储器输出，经编码器、负载调制电路输出。

5）存储器。RFID 应答器的存储数据量通常在几字节到几千字节之间，但有一个例外，就是前面介绍的用于电子防盗系统（EAS）的1比特应答器。

简单系统的应答器的存储数据量不大，通常多为序列号码（如唯一识别号UID、电子商品码EPC等）。它们在芯片生产时写入，以后就不能改变。

在可读/写的应答器中，除了固化数据外，还需支持数据的写入，为此有三种常用的存储器：EEPROM（电可擦除只读存储器）、SRAM（静态随机存储器）和FRAM（铁电随机存储器）。

EEPROM使用较广，但其写入过程中的功耗大，擦写寿命约为10万次，是电感耦合方式应答器主要采用的存储器。SRAM写入数据很快，但为了保存数据需要用辅助电池进行不中断的供电，因此SRAM用在一些微波频段自带电池的应答器中。

FRAM是一种新的非瞬态存储技术。FRAM存储的基本原理是铁电效应，即一种材料在电场消失的情况下保持其电极化的能力。FRAM与EEPROM相比，其写入功耗低（约为EEPROM功耗的1/100），写入时间短（约为0.1μs，比EEPROM快1000倍），因此FRAM在RFID系统中极有应用前景。FRAM目前存在的问题是，把它与CMOS微处理器、射频前端模拟电路集成到单独一块芯片上仍存在困难，这妨碍了FRAM在RFID中的广泛应用。

在具有密码功能的应答器中，存储器中还存在密码，以供加密信息和提供认证。由于篇幅有限，有关RFID中的加密、认识技术，这里不再详细说明，有兴趣的读者可以参阅有关文献。

6）控制器。控制器是应答器芯片有序工作的指挥器。只读应答器的控制器电路比较简单。对于可读/写和具有密码功能的应答器，必须有内部逻辑控制对存储器的读/写操作和对读/写授权请求的处理，该项工作通常由一台状态机来完成。然而，状态机的缺点是缺乏灵活性，这意味着当需要变化时要更改芯片上的电路，这在经济性和完成时间上都存在着问题。

如果应答器上带有微控制器（MCU）或数字信号处理器（DSP），成为智能应答器，则对于更改的应答会更为灵活方便，而且还增加了很多运算和处理能力。随着MCU和DSP功耗的不断降低，智能应答器在身份识别、金融等领域的应用会不断扩大。

3. 阅读器

阅读器也有一些其他称呼，如读写器、读卡器等。本书中没有对它们加以区别，即阅读器并不是仅具有读功能，而是泛指其具有读/写功能。读卡器一词是用于无线移动通信的术语，阅读器具有相当于读卡器的功能。实际上在RFID系统中，也可将应答器固定安装，而将阅读器应用于移动状态。图3-9所示为几种典型阅读器的实物图。

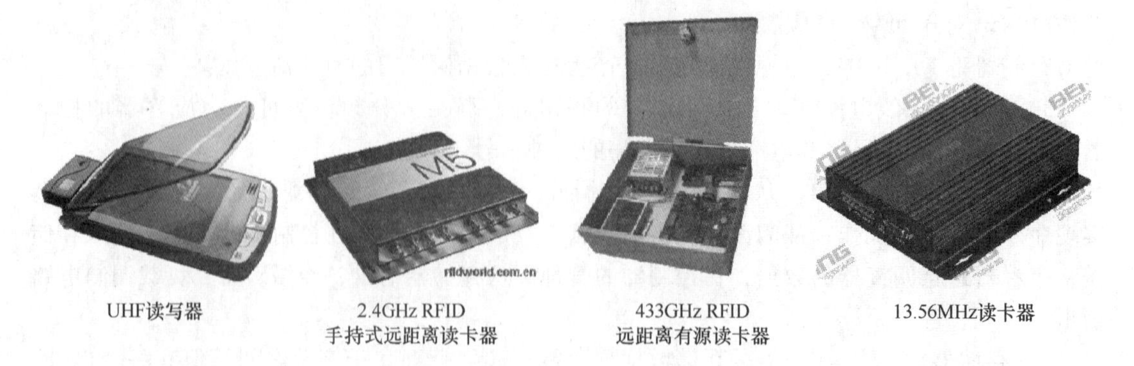

图3-9　阅读器

（1）阅读器的功能　虽然因频率范围、通信协议和数据传输方法的不同，各种阅读器在一些方面会有很大的差异，但阅读器通常都应具有下述功能：

1）以射频方式向应答器传输能量。

2）从应答器中读出数据或向应答器写入数据。

3）完成对读取数据的信息处理并实现应用操作。

4）若有需要，应能和高层处理单元交互信息。

（2）阅读器电路的组成　阅读器电路的组成框图如图3-10所示，各部分的作用简述如下：

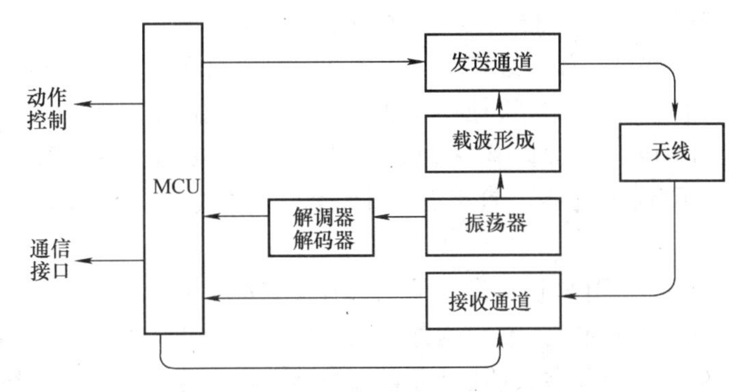

图3-10　阅读器电路的组成框图

1）振荡器。振荡器电路产生符合RFID系统要求的射频振荡信号，一路经时钟电路产生MCU所需的时钟信号，另一路经载波形成电路产生阅读器工作的载波信号。例如，振荡器的振荡频率为4MHz，经整形后提供MCU工作的4MHz时钟上，经分频（32分频）产生125kHz的载波。

2）发送信道。发送信道包括编码、调制和功率放大电路，用于向应答器传送命令和写数据。

3）接收信道。接收信道包括解调、解码电路，用于接收应答器返回的应答信息和数据。根据应答器的防碰撞能力的设置，还应考虑防碰撞电路的设计。

4）微控制器（MCU）。MCU是阅读器工作的核心，完成收/发控制、向应答器发送命令与写数据、应答器数据读取与处理、与应用系统的高层进行通信等任务。

MCU的动作控制包括与声、光、显示部件的接口，通信接口可采用RS-232、USB或其他通信接口。

随着数字信号处理器（DSP）应用的普及，阅读器也可采用DSP作为核心器件来实现更加完善的功能。

4. 天线

阅读器和应答器都需要安装天线，天线的应用目的是取得最大的能量传输效率。选择天线时，需要考虑天线类型、天线的阻抗、应答器附着物的射频特性、阅读器与应答器周围的金属物体等因素。

RFID系统所用的天线类型主要有偶极子天线、微带贴片天线、线圈天线等。偶极天线辐射能力强，制造工艺简单，成本低，具有全向方向性，常用于远距离RFID系统。微带贴片天线的方向图是定向的，但工艺较复杂，成本较高。线圈天线用于电感耦合方式的RFID系统中

（阅读器和应答器之间的耦合电感线圈在这里也称为天线），线圈天线适用于近距离（1m 以下）的 RFID 系统，在 UHF、SHF 频带段的工作距离、方向不定的场合难以得到广泛的应用。

在应答器中，天线和应答器芯片封装在一起，由于应答器尺寸的限制，天线的小型化、微型化成为决定 RFID 系统性能的重要因素。近年来研制的嵌入式线圈天线、分型开槽环天线和低剖面圆极化 EBG（电磁带隙）天线等新型天线为应答器天线小型化提供了技术保证。

5. 高层

（1）高层的作用　对于独立的应用，阅读器可以完成应用的需求，例如，公交车上的阅读器可以实现对公交票卡的验读和收费。但是对于由多阅读器构成网络架构的信息系统，高层（或后端）是必不可少的。也就是说，针对 RFID 的具体应用，需要在高层将多阅读器获取的数据有效地整合起来，提供查询、历史档案等相关管理和服务。更进一步，通过对数据的加工、分析和挖掘，为正确决策提供依据。这就是所谓的信息管理系统和决策系统。

（2）中间件与网络应用　在 RFID 网络应用中，企业通常最想问的第一个问题是如何将现有的系统与 RFID 阅读器连接。针对这个问题的解决方案就是 RFID 中间件（Middle Ware）。

RFID 中间件是介于 RFID 阅读器和后端应用程序之间的独立软件，能够与多个 RFID 阅读器和多个后端应用程序连接。应用程序使用中间件所提供的一组通用应用程序接口（API），应能连接到 RFID 阅读器，读取 RFID 应答器数据。这样一来，即使当存储应答器信息的数据库软件改变、后端应用程序增加或改由其他软件取代、阅读器种类增加等情况发生时，应用端不需要修改也能应对这些变化，从而减轻了多对多连接的设计与维护的复杂性。

图 3-11 所示为利用中间件的网络应用的结构。

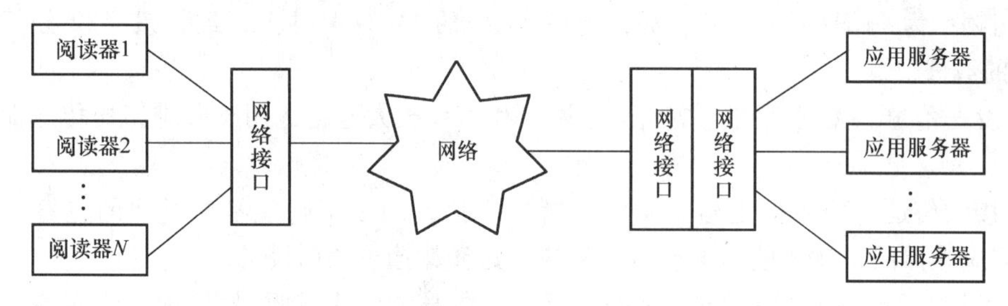

图 3-11　利用中间件的网络应用的结构

3.2.3 射频电子标签的分类

射频电子标签的分类有多种方式。

1. 根据射频电子标签工作方式

根据工作方式，射频电子标签可以分为主动式和被动式两种类型。

（1）主动式电子标签　用自身的射频能量主动地发射数据给读写器的电子标签称为主动式电子标签。主动式电子标签含有电源。

（2）被动式电子标签　由读写器发出的信号触发进入通信状态的电子标签称为被动式电子标签。被动式电子标签的通信能量从读写器发射的电磁波中获得，它既有不含电源的电子标签，也有含电源的电子标签。含有电源的电子标签，电源只为芯片运转提供能量，这种电子标签也称为半主动电子标签。

2. 根据射频电子标签读写方式

根据读写方式，射频电子标签可以分为只读型和读写型两种类型。

（1）只读型电子标签　在识别过程中，内容只能读出不可写入的电子标签称为只读型电子标签。只读型电子标签所具有的存储器是只读型存储器。只读型电子标签又可分为以下三种：

1）只读电子标签。只读电子标签的内容在电子标签出厂时已被写入，识别时只可读出，不可再改写。存储器一般由 ROM 组成。

2）一次性编程只读电子标签。电子标签的内容只可在应用前一次性编程写入，识别过程中电子标签内容不可改写。一次性编程只读型电子标签的存储器一般由 PROM、可编程逻辑（PAL）组成。

3）可重复编程只读电子标签。需要时电子标签内容经擦除后可重新编程写入，识别过程中电子标签内容不改写。可重复编程只读电子标签的存储器一般是由 EPROM 或可编程阵列逻辑（GAL）组成的。

（2）读写型电子标签　识别过程中，电子标签的内容既可被读写器读出，又可由读写器写入的电子标签称为读写型电子标签。读写型电子标签可以只具有读写型存储器（如 RAM 或 EEROM），也可以同时具有读写型存储器和只读型存储器。

3. 根据射频电子标签有无电源

根据有无电源，射频电子标签可以分为无源电子标签和有源电子标签两种类型。

（1）无源电子标签　电子标签中不含有电池的电子标签称为无源电子标签。无源电子标签工作时一般距读写器天线的识读距离比同频段有源电子标签近一些。无源电子标签使用寿命长。

（2）有源电子标签　电子标签中含有电池的电子标签称为有源电子标签。有源电子标签距读写器的天线距离较无源电子标签要远。有源电子标签需定期更换电池。

4. 根据射频电子标签工作频率

根据工作频率，射频电子标签一般可以分为低频电子标签、高频电子标签和微波电子标签三种类型。

（1）低频标签　工作频率在 500kHz 以下的电子标签称为低频电子标签。如动物识别电子标签、行李识别电子标签等。

（2）高频电子标签（包括超高频）　工作频率在 500kHz ~ 1GHz 的电子标签称为高频电子标签。如电子门票、门禁控制电子标签等。

（3）微波电子标签　工作频率在 1GHz 以上的电子标签称为微波电子标签。如集装箱自动识别用电子标签、高速公路不停车收费用电子标签等。

5. 根据射频电子标签工作距离

根据射频电子标签的工作距离，射频电子标签可以分为远程电子标签、近程电子标签和超近程电子标签三种类型。

1）远程电子标签。工作距离在 100cm 以上的电子标签称为远程电子标签。

2）近程电子标签。工作距离在 10 ~ 100cm 的电子标签称为近程电子标签。

3）超近程电子标签。工作距离在 0.2 ~ 10cm 的电子标签称为超近程电子标签。

3.3　RFID的数据传输协议

3.3.1　数据传输协议与方式

从阅读器到电子标签方向的数据传输过程中，所有已知的数字调制方法都可以选用，而与工作频率和耦合方式无关。常用的数据调制解调方式有幅度调制键控（ASK）、频移键控（FSK）和相移键控（PSK）等方式。为了简化电子标签设计并降低成本，多数无线射频识别系统采用ASK调制方式。

数据编码一般又称为基带数据编码，一方面便于数据传输，另一方面可以对传输的数据进行加密。常用的数据编码方式有反向不归零编码、曼彻斯特编码、单极性归零编码、差动双相编码、米勒编码（Miller）、变形米勒编码、差动编码，如图3-12所示。脉冲宽度编码（Pulse Width Modulation，PWM）、脉冲位置编码（Pulse Position Modulation，PPM）等方式，如图3-13和图3-14所示。

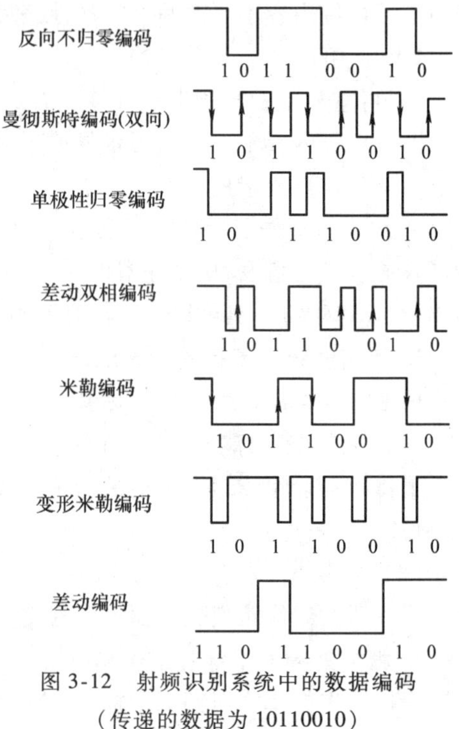

图3-12　射频识别系统中的数据编码（传递的数据为10110010）

（1）反向不归零编码　反向不归零编码（Non-Return-to-Zero，NRZ）用“高”电平表示1，“低”电平表示0。

（2）曼彻斯特编码（Manchester）　曼彻斯特编码在半个比特周期时的负跳变表示1，半个比特周期时的正跳变表示0。曼彻斯特编码在采用负载波的负载调制或者反相散射调制时，通常用于从电子标签到读写器的数据传输，因为这有利于发现数据传输的错误。

（3）单极性归零编码　单极性归零编码（Unipolar RZ）在第一个半比特周期内的“高”表示1，而持续整个比特周期的“低”表示0。

（4）差动双相编码　差动双相编码（DBP）在半个比特周期内的任意边沿跳变表示0，而没有边沿跳变表示1。因为在每个比特周期的开始电平都要反相，因此对于接收器来说，位同步重建比较容易。

（5）米勒编码　米勒编码（Miller）在半个比特周期内的任意边沿表示1，而经过下一个比特周期内不变的电平表示0。一连串的零在比特周期开始时产生跳变。对于接收器来说，要建立位同步也比较容易。

（6）变形米勒编码　变形米勒编码相对于米勒编码来说，将其每个边沿都用负脉冲代替。由于负脉冲的时间很短，可以保证数据传输过程中从高频场中连续给电子标签提供能量。变形米勒编码在电感耦合的射频识别系统中用于从读写器到射频电子标签的数据传输。

（7）差动编码　采用差动编码时，每个要传输的二进制1将引起信号电平的改变，而对于0则保持信号电平不变。

（8）脉冲宽度编码　对脉冲位置编码来说，在下一脉冲前的暂停持续时间 t 表示二进制 1，而下一脉冲前的暂停持续时间 $2t$ 表示二进制 0，如图 3-13 所示。

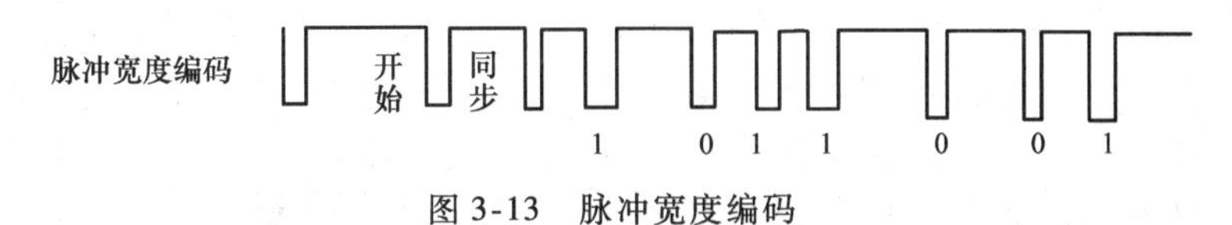

图 3-13　脉冲宽度编码

在系统中，采用的“开始”和“同步”也是用不同间隔 t 的脉冲来表示的。

（9）脉冲位置编码。脉冲位置编码（Pulse Position Modulation，PPM）与上述的脉冲间歇编码类似，不同的是，在脉冲位置编码方式中，每个数据比特的宽度是一致的。其编码方式如图 3-14 所示，其中，脉冲在第一个时间段表示 00，第二个时间段表示 01，第三个时间段出现脉冲表示 10，第四个时间段出现脉冲表示 11。

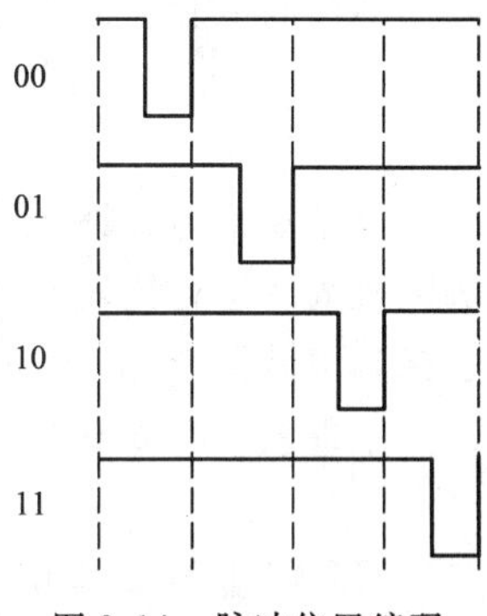

图 3-14　脉冲位置编码

在无线射频识别系统选择一种合适的信号编码系统时，最重要的是调制后的信号频谱，以及对传输错误的敏感度。此外，对无源电子标签来讲，不允许由于信号编码与调制方法的不适当而导致能量供应的中断。

3.3.2　数据安全性

在选择无线射频识别系统时，应该根据实际情况考虑是否选择具有密码功能的系统。在一些对安全功能没有要求的应用中，如工业自动控制、工具识别、动物识别等应用领域，如果引用密码过程，会使费用增高。与此相反，在高安全性的应用中（例如车票、支付系统），如果省略密码过程，可能会由于使用假冒的应答器来获取未经许可的服务，从而形成非常严重的疏漏。

高度安全的射频识别系统对于以下单项攻击应能够予以防范：

- 为了复制或改变数据，未经授权的读取数据载体；
- 将外来的数据载体置入某个读写器的询问范围内，企图得到非授权出入建筑物或不付费的服务；
- 为了假冒真正的数据载体，窃听无线电通信并重放数据。

无线射频识别系统常用的系统安全手段有许多种，下面分别进行介绍。

1. 相互对称的鉴别

对称算法是指加密密钥和解密密钥要一样，这种算法的安全程度依赖于密钥的保密程度，而且密钥的分发困难。

读写器和电子标签之间的相互鉴别是建立在国际标准 ISO 9798—2《三通相互鉴别》的基础上。双方在通信中互相检测另一方的密码。

在这个过程中，所有电子标签和读写器构成了某项应用的一部分，具有相同的密钥 K（对称加密过程）。当某个电子标签首先进入阅读器的询问范围时，它无法断定参与通信的对方是否属于同一个应用。从读写器来看，需要防止假冒的伪造数据。另一方面，电子标签同样需要防止未经认可的数据读取或重写。

相互鉴别的过程从读写器发送“查询”命令给射频电子标签开始，如图 3-15 所示。

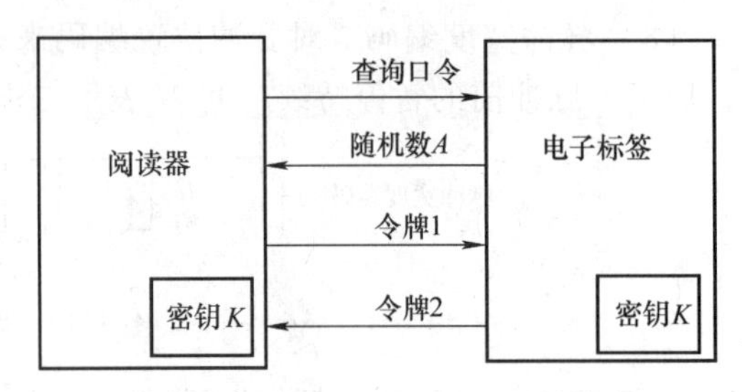

图 3-15 标签和读写器相互鉴别的过程

于是，在电子标签中产生一个随机数 A，并回送给读写器。读写器收到 A 后，产生一个随机数 B，使用共同的密钥 K 和共同的密码算法 ek，读写器算出一个加密的数据块，用令牌 1（Token 1）表示。Token 1 包含了两个随机数及附加的控制数据，并将此数据块发送给电子标签。

$$\text{Token1} = \text{ek}(B \parallel A \parallel IDA \parallel \text{电文1})$$

在电子标签中，收到的 Token 1 被译码，并将从明码报文中取得的随机数 A_1 与原先发送的随机数 A 进行比较。如果二者一致，则电子标签确认两个公有的密钥是一致的。射频电子标签中另行产生一个随机数 A_2，并用以算出一加密的数据块，用令牌 2（Token 2）表示，其中也包含有 B 和控制数据，Token2 由电子标签发送给读写器。

$$\text{Token2} = \text{ek}(B \parallel A \mid \text{电文2})$$

读写器将 Token2 译码，检查原先发送的 B 与刚收到的 B' 是否一致。如果两个随机数一致，则读写器也证明了两个公有的密钥是一致的。于是读写器和电子标签均已查实属于共同的系统，双方更进一步的通信是合法的。

综上所述，相互鉴别的过程具有以下优点：

1）密钥从不经过空间传输，而只是传输加密的随机数。

2）总是两个随机数同时加密，排除了为了计算密钥用 A 执行逆变换获取 Token1 的可能性。

3）可以使用任意算法对令牌进行加密。

4）通过严格使用来自两个独立源（电子标签、阅读器）的随机数，使回放攻击而记录鉴别序列的方法失败。

5）从产生的随机数可以算出随机的密钥，以便加密后续传输的数据。

2. 利用导出密钥的鉴别

相互对称的鉴别方法有一个缺点，即所有属于同一应用的电子标签都是用相同的密钥 K 来保护。这种情况对于具有大量电子标签的应用来说是一种潜在的危险。由于这些电子标签以不可控的数量分布在众多的使用者手中，而且廉价并容易得到，因此必须考虑电子标签的密钥被破解的可能。如果发生了这种情况，改变密钥的代价将会非常大，实现起来也会很困难。

对图 3-15 描述的鉴别过程进行改进，如图 3-16 所示。主要的改进措施是每个电子标签采用不同的密钥来保护。为此，在射频电子标签生产过程中读出它的序列号，用加密算法和主控密钥 KM 计算密钥 KX，而电子标签就这样被初始化。每个电

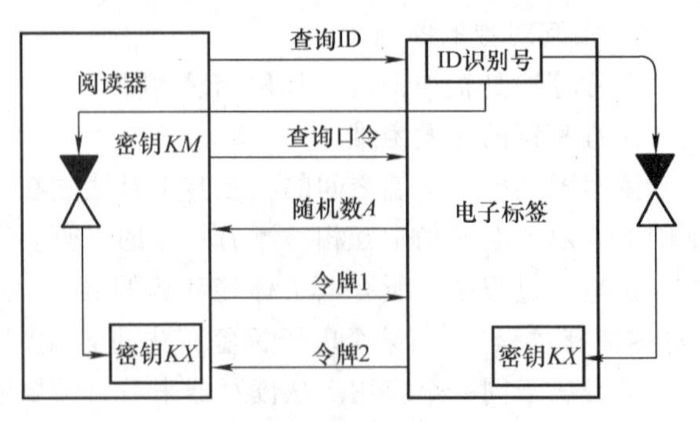

图 3-16 鉴别过程的改进

子标签因此接受了一个与自己识别号和主控密钥 *KM* 相关的密钥。

利用导出密钥的相互鉴别过程如下：首先由读写器读取射频电子标签的 ID 号，然后用读写器通过安全模块（Security Authentication Module，SAM），使用主控密钥 *KM* 计算出电子标签的专用密钥，以便启动鉴别过程。

3. 加密的数据传输

数据在传输时受到物理影响而可能面临某种干扰，可以用这种模型扩展到一个隐藏的攻击者。攻击者的类型可以分为两种，试图窃听数据和试图修改数据的攻击者，如图 3-17 所示。

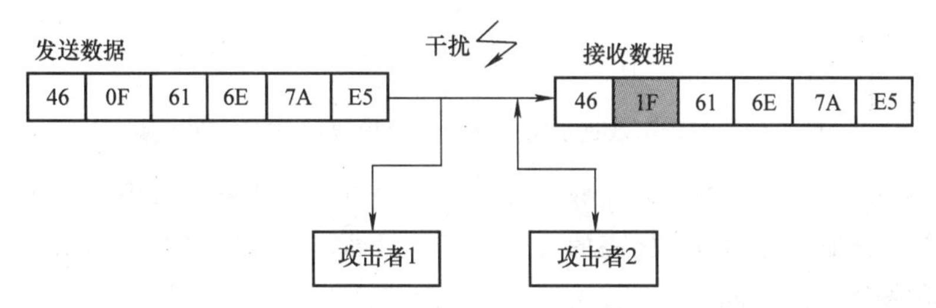

攻击者1试图窃听数据，攻击者2试图修改数据

图 3-17　数据传输线路攻击模型

攻击者 1 的行为表现为被动的，并试图通过窃听传输线路发现秘密而达到非法目的。攻击者 2 处于主动状态，操作传输数据并为了其个人利益而修改它。

加密过程可以用来防止主动攻击和被动攻击，为此传输数据（明文）可以在传输前改变（加密），使隐藏的攻击者不能推断出信息的真实内容（明文）。

加密的数据传输总是按相同的模式进行：传输数据（明文）被密钥 K 和加密算法变换（密码术）为秘密数据（密文）。如果不了解加密算法和加密密钥 K，则隐藏的攻击者将无法解释所记录的数据，即从密文不可能重现传输数据。在接收器中，使用解密密钥 K' 和加密算法把加密数据变换回原来的形式（解密）。

如果加密密钥 K 和解密密钥 K' 是相同的（$K=K'$），或者相互间有直接的关系，那么，这种加密解密算法就称为对称密钥算法。如果解密过程与加密密钥 K 的知识无关，那么这种加密解密算法就称为非对称算法。对无线射频识别系统来说，最常用的算法就是使用对称算法，所以这里不对其他方法做进一步的讨论。

如果每个符号在传输前单独加密，这种方法称为序列密码（也称流密码）。相反，如果多个符号划分为一组进行加密，则称其为分组密码。通常分组密码的计算强度大，因而分组密码在无线射频识别系统中用得较少。因此，下面把重点放在序列密码上，如图 3-18 所示。

所有加密方法的基本问题是安全分配密钥 K，因为在启动数据传输过程之前，必须让授权的参与通信方知道。

数据流密码：每一步都用不同的函数把明文的字符序列变换为密码序列的加密算法，就是序列密码法或流密码法。流密码术的理想实现方法是所谓的“一次插入”法，也称为“Vernam 密码法”。

加密数据前，要产生一个随机密钥 K，而且这个密码对双方都适用。作为密钥使用的随机序列的长度至少必须与要加密的信息长度相等，因为与明文相比，如果密钥较短，有可能

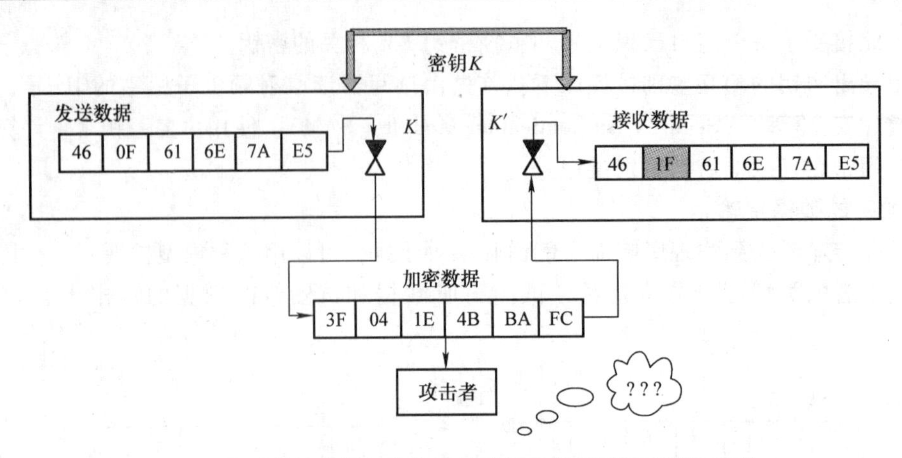

图 3-18 对传输数据加密能有效地保护数据不被窃听和修改

被攻击者通过密码分析而破解，从而导致传输线路被攻击。此外，密码只能使用一次，这意味着为了安全地分配，密钥需要极高的安全水平。然而，对无线射频识别系统来说，这种形式的流密码是完全不适用的。

为了克服密码的产生和分配问题，系统应按照“一次插入”原则创建流密码。而使用所谓的伪随机数序列来取代真正的随机序列，伪随机序列用伪随机数发生器产生，如图 3-19 所示。

图 3-19 是使用伪随机数发生器产生密钥的基本原理。由于序列密码的机密函数可以随着每个符号（随机地）改变，所以此函数不仅依赖于当前输入的符号，而且还应当依赖于附加的特性，即其内部状态 M。内部状态 M 在每一加密步骤后随状态变换函数 $g(K)$ 而改变。伪随机数发生器由部件 M 和 $g(K)$ 构成。密文的安全性主要取决于内部状态 M 的数量和函数 $g(K)$ 的复杂性。对于序列密码的研究，主要是对伪随机数发生器的研究。

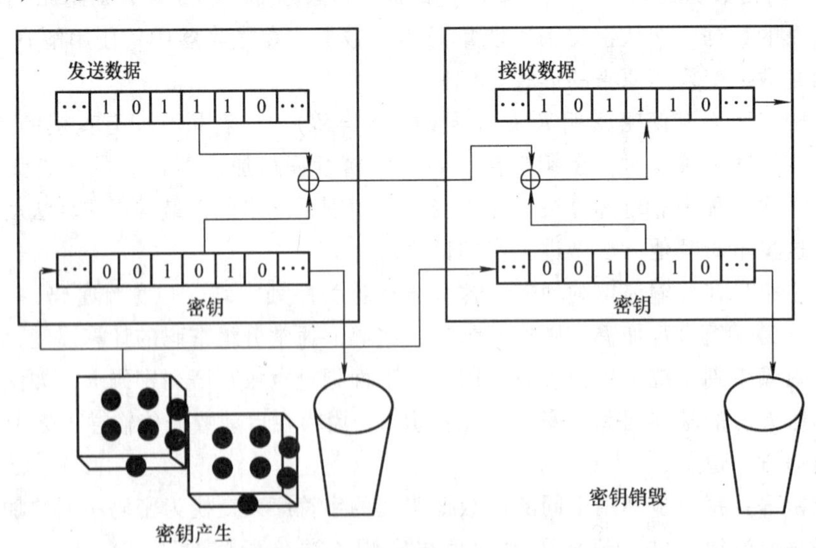

图 3-19 使用伪随机数发生器产生密钥的基本原理

另一方面，加密函数 $f(K)$ 通常很简单，可能仅包括加法或者“XOR”逻辑门。从图 3-20线路的观点来看，伪随机数发生器是由状态自动机产生的，它由二进制存储单元即所谓的触发器组成。如果一个状态机具有 n 个存储单元，则它可取 $2n$ 个不同的内部状态 M。状态变换函数 $g(K)$ 可表示为组合逻辑。如果仅限于使用线性反馈移位寄存器，则可大大简化伪随机数发生器的研制与实现。

移位寄存器由触发器串联组成，所有的时钟输入是并联在一起的。对每一个时钟脉冲来说，触发器的时钟脉冲均向前移一位。最后触发器的内容即为输出。

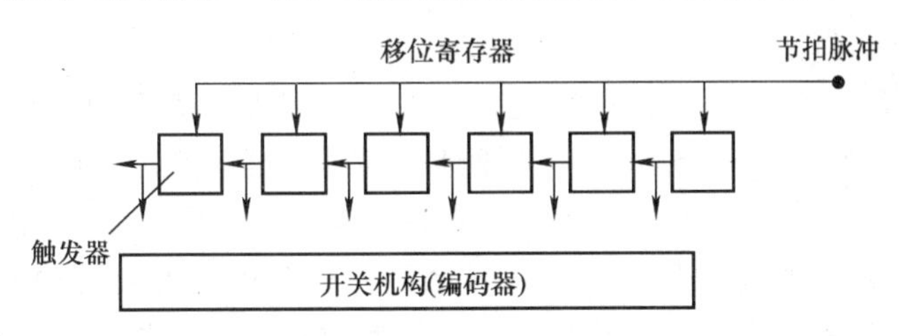

图 3-20　由线性移位寄存器组成的伪随机数发生器原理图

3.4　RFID 的频率标准与技术规范

标准化是指对产品、过程和服务中的现实和潜在问题做出规定，提供可共同遵守的工作语言，以利于技术合作和防止贸易壁垒。射频标准体系是将无线技术作为一个大系统，并形成一个完整的标准体系。由于目前还没有正式的 RFID 产品（包括各个频段）的国家标准，因此，各个厂家推出的 RFID 产品互不兼容，造成了 RFID 产品在不同市场和应用上的混乱和孤立，这势必对未来的 RFID 产品互通和发展造成障碍，标准化是推动 RFID 产业化进程的必要措施。

标准化的重要意义是改进产品、过程和服务的适用性，防止贸易壁垒，促进技术合作。无线射频识别技术主要用于物流管理等行业，一般都需要通过电子标签来实现数据共享，因此无线射频识别技术中的数据编码结构、数据的读取都需要通过标准进行规范，以保证电子标签能够在全世界范围内跨地域、跨行业、跨平台使用。无线射频识别系统也属于无线电传播系统的一种，所以它必须占据一定的空间通信信道。无线射频识别系统的工作频率是无线射频识别技术系统最基本的技术参数之一。工作频率的选择在很大程度上决定了电子标签的应用范围、技术可行性和系统的成本。因此，本节将介绍 RFID 的频率标准。

3.4.1　RFID 标准简介

目前，“电子标签”已经成为 21 世纪全球自动识别技术发展的主要方向。电子标签贴附在商品等物品上，通过专门的设备无线地进行信息读取。电子标签可广泛用于商品流通、制造业成品、零部件管理以及物品和人员的跟踪等多个领域。在全球大型零售企业的推动下，可以预见，电子标签很快就将取代目前正在应用的商品条形码。有关专家指出，不仅是电子标签本身，而且电子标签读取设备和相关的应用软件也将形成一个迅速发展的大市场。正是由于微小的电子标签从设计、制作和应用上含有较高的技术含量以及拥有极为广阔的市场前景，美国、欧洲和日本等发达国家都看好这一新生事物。他们将从技术标准等知识产权方面入手，主导这一市场。

据业内人士预测，RFID 市场在未来 5 年内能达到数千亿美元的市场空间。这一数字或许存在一定的水分，但 RFID 将膨胀为一个巨大的市场却毫无疑问。RFID 作为 21 世纪最具发展潜力的技术之一，其标准之争正进入白热化阶段。

通过对无线射频识别技术国际标准的研究，可以跟踪国际射频技术的最新发展动态及标准化的进程，指导和推进无线射频识别技术在我国现代物流中的应用，为我国的无线射频识别技术的国家标准的制定奠定基础，为标准的实施提供技术资料。

事实证明，标准化是推动 RFID 产业化进程的必要措施。以 RFID 电子标签与阅读器之间进行无线通信的频段为例，其频段就达五种之多，分别是 135kHz 以下、13.56MHz、860～928MHz（UHF）、2.45GHz 以及 5.8GHz。每种频段各具特色也都有缺陷。前两者使用最广，但通信速度过慢，传输距离也不够长；而后三者频段高，通信距离远，但耗电量也大。

目前，国际上 RFID 技术发展迅速，并且已经在很多国际大公司中开始进入实用阶段。在 2005 年全球最大的零售商沃尔玛已经要求旗下前 100 大的供货商，所有运到主要集散工场的产品，都装上 RFID 电子标签，至今该公司的前 600 大供货商都已导入 RFID 电子标签。如同条形码一样，“电子标签”的应用是全球性的，所以标准化工作非常重要。相关的标准包括电器特性部分、通信频率、数据格式和元数据等。可以预见，“电子标签”国家标准的制定和实施将指导新兴的“电子标签”产业走标准化、规范化、产业化的道路。

标准不统一已成为制约 RFID 发展的重要因素之一。由于每个 RFID 电子标签中都有一个唯一的识别码（ID），如果它的数据格式有很多种类且互不兼容，那么使用不同标准的 RFID 产品就不能通用，这对全球经济一体化的物品流通非常不利。数据格式的标准问题涉及各个国家自身的利益和安全，因此，预计各国将从自身的利益和安全出发，倾向于制定不同的数据格式标准，由此带来的兼容麻烦和损失难以估量。如何让这些标准互相兼容，让一个 RFID 产品能顺利地在世界范围中流通，是当前重要而急切需要解决的问题。

目前 RFID 存在两个技术标准阵营，一个是总部设在美国麻省理工学院的 Auto-ID Center，另一个是日本的 Uniquitous ID Center（UID）。前者的领导组织是美国的 EPC（电子产品代码）环球协会，提出了 EPC 电子产品编码标准。旗下有沃尔玛集团、英国 Tesco 等 100 多家欧美的零售流通企业，同时有 IBM、微软、飞利浦、Auto-ID Lab 等公司提供技术研究支持。后者主要由日本厂商组成，有日本电子厂商、信息企业和印刷公司等，总计达 352 家；该识别中心实际上就是日本有关电子标签的标准化组织，提出了 UID 编码体系。

日本 UID 标准和欧美的 EPC 标准在使用的无线频段、信息位数和应用领域等方面有许多不同点。例如，日本的电子标签采用的频段为 2.45GHz 和 13.56MHz，欧美的 EPC 标准采用 UHF 频段，从 902～928MHz。日本的电子标签的信息位数为 128 位，EPC 标准的位数为 96 位；日本的电子标签标准可用于库存管理、信息发送和接收以及产品和零部件的跟踪管理等；EPC 标准侧重于物流管理，库存管理等。值得一提的是，美国海关和边境保护局（CBP）的边境警备系统将导入采用 EPC 标准的电子标签，进行出、入境的车辆和人员管理。

由于两大阵营得到了不同厂商的支持，因而国际标准采纳何种标准，势必会影响各个厂商的市场份额，进而影响产业链各个环节的积极互动合作。在 RFID 的规模应用进程中，如何协调各大厂商利益，将其纳入到统一的技术规范中，肯定要比解决单纯的技术问题复杂得多。

欧美阵营就 EPC 标准的争夺从 RFID 标准制定机构（EPC Global）诞生之日起就一刻都

没有停止。2004 年 4 月，飞利浦、德州仪器等 13 家厂商联合向 EPC Global 提出了新的 RFID 标准提案，至此仅 EPC 标准就有三家的提案在角逐较劲。提出不同提案的三家组织分别为 RFID 专业公司 Alien 科技（Q 提案），飞利浦和德州仪器联盟（Unified Group），以及 EM、Matrics、Atmel 及其他一些小型企业所组成的联合体（Performance Team）。由于三大提案都基于 ISO18000-6A，因此技术方面存在着广泛的相似之处，不过它们之间的差异也足以改变 RFID 产业链的格局。因此，哪个提案能在这场较量中脱颖而出，其背后的厂商就有可能成为 RFID 行业的领跑者。

目前，拥有芯片技术的 Matrics 和 Alien 等公司是市场的领导厂商，测试所用的 RFID 芯片均出自这些厂商。不过，飞利浦和德州仪器提供的 RFID 提案号称能解决沃尔玛等零售商提出的新需求，即在 RFID 电子标签中提供额外的信息空间，用以记录货物在供应链中所进行的各种处理和加工情况，并要求信息能方便地进行更新。据了解，EPC Global 的技术委员会已在 2004 年 10 月建立了第二代电子标签空中接口规范，并经 ISO 审核后，批准为 C 类 UHF 电子标签标准，列入 ISO/IEC18000-6 修订标准。

中国是世界上最大的产品制造基地，当中国制造的产品远涉重洋走向世界的时候，在产品里安装的 RFID 电子标签也必定要符合世界通用标准。国内由于涉足 RFID 时间较晚，在标准制定、技术储备和人才培养等方面与国外存在着较大的差距。

国内外对 RFID 标准的利益之争已经进入了白热化阶段。中国自己的 RFID 标准制定过程必须加速，并应在国际标准制定中扮演重要角色。在技术标准策划制定的同时，国内 RFID 的技术储备、技术研发和产业化工作也应加大力度，力争以较短的时间跻身世界一流水平。

2004 年 2 月，中国国家标准化管理委员会宣布成立电子标签国家标准工作组，负责起草、制定中国有关电子标签的国家标准。2004 年 4 月底，中国企业加入了 RFID 的全球化标准组织——EPC Global，同期，EPC Global China 也已成立。与此同时，日本的 RFID 标准化组织 T-Engine 论坛与中国企业实华开电子商务有限公司合作成立了基于日本 UID 标准技术的实验室——UID 中国中心。

目前中国电子标签国家标准工作组正在考虑制定中国的 RFID 标准，包括 RFID 技术本身的标准，如芯片、天线、频率等方面，以及 RFID 的各种应用标准，如 RFID 在物流、身份识别、交通收费等各领域的应用标准。如何让国家标准与未来的国际标准相互兼容，让贴着 RFID 电子标签的中国产品顺利地在世界范围中流通，是当前重要而急需解决的问题。特别是在中国，这个未来全球制造业的中心，其一举一动牵动了国际标准的未来走向。

为此，国家标准化管理委员会下达了电子标签国家标准的起草任务。目前，电子标签国家标准系列包括：标准 ISO/IEC 15693 的部分：

- 识别卡　无触电的集成电路卡　邻近式卡　第 1 部分：物理规范　项目编号 20030175-T-339；
- 识别卡　无触电的集成电路卡　邻近式卡　第 2 部分：空气接口和初始化　项目编号 20030176-T-339；
- 识别卡　无触电的集成电路卡　邻近式卡　第 3 部分：防冲突和传输协议　项目编号 20030177-T-339；
- 射频识别技术应用规范　第 1 部分：电子标签　项目编号 20030444-T-443；

• 射频识别技术应用规范 第2部分：读写器终端 项目编号20030444-T-444。

"电子标签"国家标准工作组实行开放式模式，有一定资质的社会单位根据工作组章程自愿加入，工作组还将对国际在"电子标签"科研和实施层面的工作进行考察调研，广泛吸取国际的先进科学技术和经验。据悉，实华开电子商务有限公司已经成为"电子标签国家标准工作组"首个成员单位。

可以预见，"电子标签"国家标准的制定和实施将指导新兴的"电子标签"产业走标准化、规范化、产业化的道路。

3.4.2 无线射频识别的频率标准

1. 频率标准许可

无线射频识别系统的工作频率是无线射频识别技术系统最基本的技术参数之一。工作频率的选择在很大程度上决定了射频电子标签的应用范围、技术可行性以及系统成本的高低。无线射频识别系统归根到底是一种无线电传播系统，必须占据一定的空间通信信道。在空间通信信道中，射频信号只能以电磁耦合或电磁波耦合的形式表现出来。因此，射频系统的工作性能必定要受到电磁波空间传输特性的影响。

在日常生活中，电磁波无处不在。飞机的导航、电台的广播、军事应用等，无处不用到电磁波。美国国家和地区都对电磁频率的使用进行了许可证制度，在中国是国家无线电管理委员会（简称无委会）进行归口管理。因此，无线电产品的生产和使用都必须符合国家的许可。

2. 不同的电磁波频段

国际上通行的电磁波频段（波段）划分方法包括按照频率、波长等方法，见表3-1、表3-2。

表3-1 电磁波频段（波段）的划分

波段名	亚毫米波	毫米波	厘米波	分米波	超短波	短波 SW	中波 MW	长波 LW	甚长波	特长波	超长波	极长波
		微波										
	射频波段											
波长 λ	0.1～1mm	1～10mm	1～10cm	10～100cm	1～10m	10～100m	100～1000m	1～10km	10～100km	100～1000km	1000～10000km	10000km以上
频率 f	300～300GHz	300～30GHz	30～3GHz	3000～300MHz	300～30MHz	30～3MHz	3000～300kHz	300～30kHz	30～3kHz	3000～300Hz	300～30Hz	30Hz以下
频段		EHF 极高频	SHF 超高频	UHF 特高频	VHF 甚高频	HF 高频	MF 中频	LF 低频	VLF 甚低频	ULF 特低频	SLF 超级频	ELF 极低频

表3-2 微波常用波段代号及其标称波长

波段代号	L	S	C	X	Ku	K	Q
标称波长/cm	50/23	10	5.5	3.2	2	1.25	0.82
对应频率/GHz	0.6/1.3	3	5.455	9.375	15	24	36.58

3. 无线射频识别系统的工作频率与应用范围

无线射频识别系统属于无线电的应用范畴，因此，其使用不能干扰到其他系统的正常工作。工业、科学和医疗使用的频率范围（ISM）通常是局部的无线电通信频段，因此，通常情况下，无线射频使用的频段也是ISM频段。

对于135kHz以下的低频频段也可以自由使用无线射频识别系统，因为低频穿透力较强，但是传播距离很近。

无线射频识别系统最主要的工作频率是0～135kHz、ISM频段6.78MHz、13.56MHz、27.125 MHz、40.680MHz、433.920MHz、869MHz、915.0MHz、2.45GHz、5.8GHz以及24.125GHz。

4. 无线射频识别系统工作频段解释

（1）频段0～135kHz　这个频段没有作为ISM使用的频段保留，因此，被其他无线电机构大量使用。这个频段的技术比较成熟和开放，长波到达的距离非常远（长达1000km以上），但是其发射功率也非常大。在这个频段，常见的应用是航空与航海导航系统、定时信号系统以及军事领域。此外，在普通门禁上，低频系统也得到了非常广泛的应用。

（2）频段6.78MHz　频段6.765～6.795MHz属于短波频率。在这个频段，波白天到达距离最多为几百千米，而在晚上会非常远。这个频率范围广泛被无线电广播服务、气象服务以及航空服务所利用。

（3）频段13.56MHz　频段13.553～13.567MHz处于短波范围之间。这个频段允许昼夜横穿大陆。应用范围为新闻广播、电信服务、电感射频识别、遥控系统、远距离控制模拟系统、无线电演示设备以及传呼台等。频段13.56MHz在中国的最大应用案例为第二代身份证以及学生铁路优惠票证。

（4）频段27.125MHz　频段25.565～27.405MHz在欧洲、美国、加拿大分配给民用无线电台使用。在26.957MHz和27.283MHz之间还有的ISM应用除了电感射频识别系统外，还有电热治疗仪、高频焊接装置、远动控制模型和传呼装置。

（5）频段40.680MHz　频段40.680～40.700MHz处于VHF频段类较低端。波的传播限制为表面波，对建筑物和其他障碍物的衰减不敏感。该频段的主要应用为遥感与测控。

（6）频段433.920MHz　频段430.00～434.970MHz分配给业余无线电服务机构。ISM频段为433.050～434.790MHz的应用主要有反向散射射频识别系统、小型电话、遥测发射器、无线耳机、无需许可的近距离小功率对讲机、汽车遥控系统。

（7）频段869MHz　频段868～870MHz允许短距离使用，如邮政、会议等。

（8）频段915.0MHz　频段888～889MHz和902～928MHz被无线射频识别系统广泛使用。此外，与此临近的频段范围被D-网络电话和无绳电话占用。

（9）频段2.45GHz　2.400～2.4835GHz频段波通过建筑物和其他障碍物进行反射，衰减很大。主要应用在以下方面：无线射频识别、遥测发射器与计算机的无线网络。

（10）频段5.8GHz　频段5.725～5.875GHz典型的ISM应用包括大门开启系统、厕所自动冲洗传感、无线射频识别系统。

（11）频段24.125GHz　频率范围24.00～24.25GHz的主要应用有移动信号传感器、无线电定位系统（传输数据用）。无线射频识别系统不使用此频段。

5. 电感耦合无线射频识别系统的使用频率选择

对于电感耦合的无线射频识别系统的频率选择（135kHz～27.125MHz）来说，应考虑到一些供使用的频率范围的特性，其所涉及的系统工作范围内的可用场强对系统参数有着决定性的影响，因此，应该进行试验选择。同时，还要考虑到带宽、天线线圈尺寸（粗细以及长度等）以及频段的可用性。对于不同的频段范围，可以参照表3-3所示的频率优选条件。

表3-3 不同频率的优选条件

不同的频率范围	选择条件
小于135kHz——优先适用于远距离和低成本电子标签	·高功率可供电子标签使用 ·较低的时钟频率使电子标签的功率消耗较低 ·电子标签可以使用铁氧体线圈，电子标签体积较小，可供动物识别使用 ·金属材料和液态物体对其有较低的吸收率，穿透性较强，适用于动物识别 ·和高频相比，同等功耗下距离较近
6.78MHz——低成本和中等识别速度的电子标签	·与13.56MHz相比，可以使用较大一些的功率 ·时钟频率为13.56MHz的一半 ·可以和低频结合使用，制造双频产品
13.56MHz——可用于高速/高档、中速、低档的应用场合	·数据传输快（典型速率106kbit/s） ·时钟频率较高，可以实现密码功能和微处理器工作 ·可以实现电子标签线圈片上并联电容器（谐振微调）
27.125MHz——特殊的应用场合	·带宽较宽，数据传输快（典型速率为42kbit/s） ·时钟频率较高，可以实现密码功能和微处理器工作 ·可以实现电子标签线圈上并联电容器（谐振微调） ·与13.56MHz相比，可供使用的功率较小 ·只适合于短距离

3.5 RFID标准体系结构

针对无线射频识别技术的广阔应用前景，根据目前我国已应用领域的现状（如动物标识的应用、防伪标识的应用、产品标识的应用、交通运输收费管理、门禁管理应用、身份识别应用、物流管理等），应开展无线射频识别技术应用标准体系的研究，阐明符合重点行业特点的射频技术的应用模式，从而加快无线射频识别技术在重点行业的应用，提高我国无线射频识别技术的应用水平，促进物流、电子商务等信息技术的发展，推动我国自动识别产业的发展，并提供咨询服务。

图3-21是RFID标准体系基本结构，图3-22则是标准体系中的技术标准基本结构，图3-23是标准体系中的应用标准基本结构。

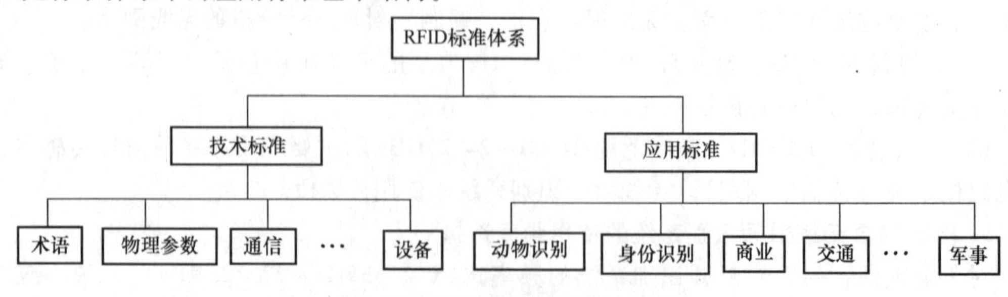

图3-21 RFID标准体系基本结构

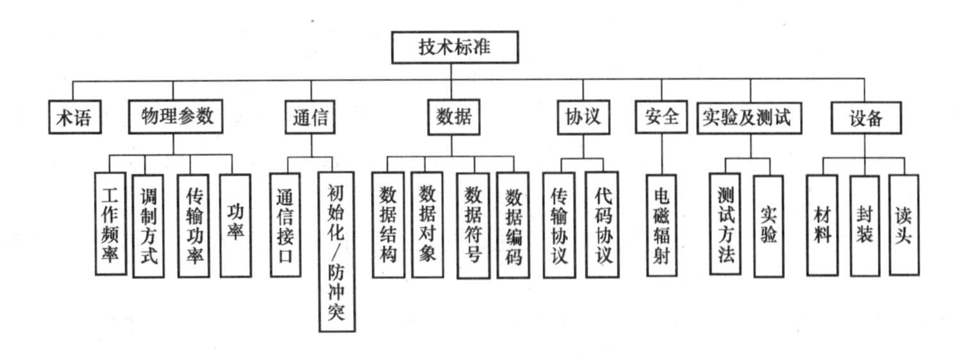

图 3-22　RFID 标准体系中技术标准基本结构

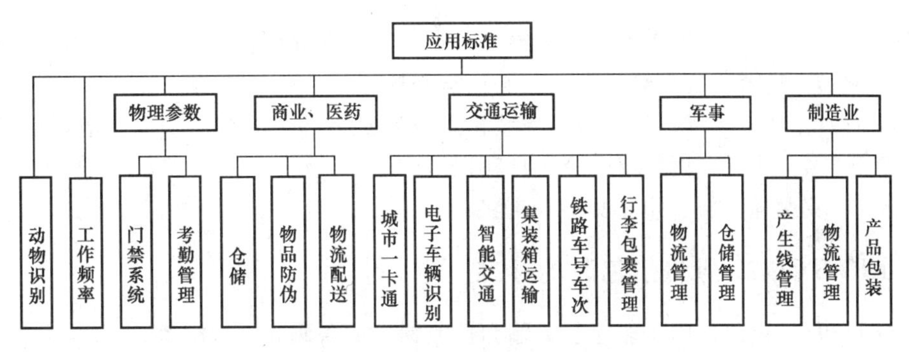

图 3-23　RFID 标准体系中应用标准基本结构

3.6　无线射频识别的应用行业标准

在本节中，将简单介绍无线射频识别在行业上的应用标准，包括动物识别、集装箱识别等。

3.6.1　ISO TC 23/SC 19 WG3 应用于动物识别的标准

- ISO　11784：1996 动物无线射频识别编码结构；
- ISO　11785：1996 动物无线射频识别技术概念；
- ISO　14223：2000 动物无线射频识别高级标签 第一部分：非接触接口。

3.6.2　ISO TC 204 应用于道路交通信息学的标准

- ISO/DTR 14813—1　运输信息与控制系统 TICS 部门的参考模型构造　第一部分：TICS 基础服务；
- ISO/DTR 14813—2　参考模型，TICS 部分的构造　第二部分：核心参考模型；
- ISO/DTR 14813—3　参考模型，TICS 部分的构造　第三部分：案例细节；
- ISO/DTR 14813—4　参考模型，TICS 部分的构造　第四部分：参考模型指南；
- ISO/DTR 14813—5　运输信息与控制系统　TICS 部分的参考模型构造　第五部分：在 TICS 标准中对构造描述的要求；

• ISO/DTR 14813—6 参考模型，TICS部分的构造 第六部分：ASN.1中的数据描述；

• ISO/DTR 14816 一般AVI/AEI的数字配置；

• ISO/DTR 14819—1 交通和旅游信息（TTI） TTI信息通过交通信息编码 第一部分：无线数字系统的代码协议 交通信息通道（RDS-TMC） 采用C警报；

• ISO/TR 14825：1996 地理数据文件（GDF）；

• ISO/TR 14904：1997 道路运输和交通信息通信 自动收费系统（AFC） 交换机之间的清空界面规范；

• ISO/TR 14906：1998 道路运输和交通信息通信（R1flrr） 电子收费系统 （EFC）专用的近距离通信的应用界面定义。

3.6.3 ISO TC 104应用于集装箱运输的标准

• ISO 668：1995 系列1集装箱运输 分类、尺寸和等级；

• ISO 6346：1995 集装箱运输 代码识别和标记；

• ISO 9897：1997 集装箱运输 集装箱设备数据交互（CEDEX） 一般通信代码；

• ISO 10374：1991 集装箱运输 自动识别；

• NWIP 集装箱运输 电子集装箱封签。

3.6.4 ISO TC 122应用于包装的标准

• ISO 15394 包装 用于船运、运输和接收标签的条码和二维标签；

• NWIP 包装 产品包装的条码和二维标签；

• ANSI MH10.8.4 装载单元和运输单元的射频标签（美国标签工程）。

3.6.5 ISO/IEC JTC 1 SC 31自动识别应用标准

• ISO/IEC 15434 信息技术 高品质ADC介质的传输规则；

• ISO/IEC 15459—1 传输单元的唯一识别 第一部分：技术标准；

• ISO/IEC 15459—2 传输单元的唯一识别 第二部分：程序标准；

• ISO/IEC 15418 EAN/UCC 应用标志符和实际数据标志符；

• ISO/IEC 15424 数据载体/象征标志符；

• ISO/IEC 18001 项目管理无线射频识别 应用需求概要；

• ISO/IEC 15962 数据符号；

• ISO/IEC 15963 射频标签的唯一识别和管理唯一性的注册职权；

• ISO/IEC 15961 项目管理无线射频识别 数据对象。

3.6.6 ISO/IEC 18000项目管理的无线射频识别——非接触接口

• Part 1 全球通用频率非接触接口通信一般参数；

• Part 2 135kHz以下的非接触接口通信参数；

• Part 3 13.56MHz非接触接口通信参数；

• Part 4 2.45GHz非接触接口通信参数；

• Part 5 5.8GHz非接触接口通信参数；

- Part 6　非接触接口通信参数 UHF 频段。

3.6.7　SC 17/WG 8 识别卡非接触式集成电路

1. ISO 10536 紧密耦合卡（0～1mm）

- 物理特性；
- 耦合区的尺寸和位置；
- 电子信号和复位过程；
- 响应复位和传输协议。

2. ISO 14443 近距离 Proximity 卡（0～10cm）

- 物理特性；
- 无线射频能量和信号接口；
- 初始化和防冲突；
- 传输协议。

3. ISO 15693 近距离 Vicinity 卡（0～100cm）

- 物理特性；
- 空中接口和初始化；
- 协议；
- 应用/发行注册。

3.7　本章小结

无线射频识别技术是一种先进的自动识别技术。它的主要任务是提供关于个人、动物和货物等被识别对象的信息。本章首先对现有的自动识别技术进行了简要的介绍，介绍无线射频识别技术的发展历史、分类，分析各种自动识别技术的特点；介绍无线射频识别的工作原理；无线射频识别技术的通信基础，无线射频识别技术的数据传输协议、数据完整性等关键技术、多电子标签同时识别与系统防冲撞。让读者对无线射频识别技术概念、工作原理和流程、关键技术以及应用领域都有一个全面的认识。

本章介绍了无线射频识别技术的频率标准，RFID 的标准体系结构以及 RFID 的应用行业标准。RFID 技术已拥有较长的应用历史，特别是随着其成本的降低，印制技术的革新，数值信息技术在各行业的广泛深入，为 RFID 技术提供了更广阔的发展前景。将来 RFID 一旦在零售、医疗等各行业，甚至在政府部门等应用领域中普及开来，各厂商的产品之间的标准化问题也会得到相应的解决。另外，随着 RFID 技术在安全性和成本方面的全面进展，其潜在的商用价值将逐渐发挥出来。

习题

3-1　按照电子标签获取电能方式的不同，电子标签可以分为哪几类？各自有什么特点？

3-2　根据无线射频识别技术特点，设想一下可以将其应用到生活中的哪些方面？

3-3　请简述 RFID 应用系统的组成及工作原理。

3-4 请简述应答器的分类及其特点。

3-5 试回答应答器电路的基本结构和作用。

3-6 试回答阅读器电路的基本结构和功能。

3-7 RFID 数据传输中常用的数据编码方式有哪些？

3-8 简述无线射频识别系统常用的系统安全手段有哪几种，基本原理是什么？

3-9 RFID 数据传输中常用的数据校验方法有哪几种？

3-10 RFID 数据传输中对抗干扰的技术有哪几种？

3-11 在无线射频识别系统中采用的多路存取方法有哪些？有什么特点？

3-12 无线射频识别系统的工作频率是什么？

3-13 无线视频识别应用于动物识别的标准是什么？

3-14 无线视频识别应用于道路交通信息学的标准是什么？

3-15 无线射频识别在自动识别应用方面的标准是什么？

3-16 非接触识别卡的主要参数有哪几个？

第4章　相关识别技术及射频电子标签应用

目前，RFID在很多领域都得到实际应用，包括工业自动化、商业自动化、交通运输控制管理、防伪等众多领域。本章将进一步为读者介绍无线射频识别技术中条形码、磁卡、IC卡、电子标签以及RFID应用系统。

4.1　射频电子标签及相关的自动识别技术

4.1.1　条形码简介

1. 条形码技术产生的背景

读者们一定都有到书店买书的经历。早期书店还没有使用POS收款机，当读者将一本要买的书递给售货员时，他会看一下书上标注的价格，直接告诉你应该交多少钱。他不可能在卖出每一本书时马上记下卖出了哪本书，收了多少钱。书店一般在一个星期或一个月之后，集中停业一天来进行盘点和结算。那时候人们经常在商店门口看到“盘点，停业一天”的告示。这种销售方式极容易出错，并且也无法知道哪一笔交易出错。随着商业信息化的推进，商店开始使用条形码与POS收款机。

早期的信息系统大部分数据是通过人工的方式输入到计算机系统之中。由于数据量庞大，数据输入的劳动强度大，人工输入的误差率高，严重地影响到生产与决策的效率。很多发达国家的企业每天要产生非常大的数据量，而人工录入的费用又很高，因此他们往往将数据录入的工作外包到发展中国家。在这种背景下，如何解决数据的快速、自动识别问题已经成为交通、物流、安全与防伪领域中大型信息系统发展和运行的瓶颈。基于条形码、磁卡、IC卡、射频电子标签的数据采集与自动识别技术的研究就是在这样的背景下产生的。图4-1给出了数据采集与自动识别技术的发展与分类。

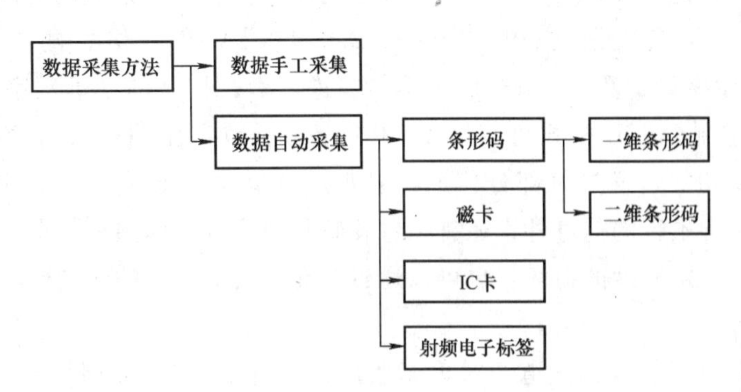

图4-1　数据采集与自动识别技术的发展与分类

2. 条形码基本工作原理

对于条形码，读者一定很熟悉，因为正在阅读这本书的封底就印有条形码。当顾客到书店买书，或者到超市去买一样商品，售货员只需要用条形码识读器在物品的条码上扫一下，POS收款机上就会立即显示物品的名称、单价等信息。

条形码或条码（Barcode）是将宽度不等的多个黑条（或黑块）和空白，按照一定的编码规则排列，用以表达一组信息的图形标识符。常见的一维条形码是由黑条（简称条）和白条（简称空）排成的平行线图案。条形码可以标出物品的生产国、制造厂家、商品名称、生产日期、图书分类号、邮件起止地点、类别、日期等信息，因而在商品流通、图书管理、邮政管理、银行系统等许多领域都得到了广泛的应用。

当条形码识读器中的扫描器光源发出的光在条形码上反射后，反射光照射到条码扫描器内部的光电转换器上。光电转换器根据强弱不同的反射光信号，转换成相应的电信号。电信号输出到条码扫描器的放大电路之后，再送到整形电路将模拟信号转换成数字信号。条形码图形中的白条、黑条的宽度不同，相应的电信号持续时间长短也不同。译码器测量脉冲数字电信号“0”与“1”的数字的数目和顺序。识读器根据编码规则对条形码的“0”与“1”的数字序列值，将条形码的图形信息换成相应的数字、字符信息，然后送到计算机系统进行数据处理。直到1970年，第一个商业化的条形码技术才开始进入市场，但是当时包括条形码打印设备和识读器在内的全套设备价格大约需要5000美元，高昂的价格严重地影响着条形码技术的大规模应用。随着微处理器技术和激光二极管、发光二极管技术的成熟，条形码打印设备和识读器技术日趋成熟，价格大大降低，这就使得条形码技术的应用领域迅速扩大到几乎所有的物品流通行业。

3. 条形码的类型

一维条形码只是在一个方向（一般是水平方向）表达信息，而在垂直方向不表达任何信息。一维条形码的优点是编码规则简单，条形码识读器造价较低。但是它的缺点是数据容量较小，一般只能包括字母和数字；条形码尺寸相对较大，空间利用率较低；条形码一旦出现损坏将被拒读。多数一维条形码所能表示的字符集不过是10个数字、26个英文字母及一些特殊字符，条码字符集最大所能表示的字符个数为128个ASCII符。

二维条形码是在二维空间水平和垂直方向存储信息的条形码。它的优点是信息容量大，译码可靠性高，纠错能力强，制作成本低，保密与防伪性能好。条形码的信息容量与编码规则相关。以常用的便携数据文件（Portable Data File，PDF）格式的二维条形码为例，PDF417码可以表示字母、数字、ASCII字符与二进制数；扩展的字母数字压缩格式可容纳1850个字符：一进制/ASCII格式可容纳1108个字节；数字压缩格式可容纳2710个数字。二维条形码的纠错功能是通过将部分信息重复表示（冗余）来实现的。例如在PDF417码中，某一行除了包含本行的信息外，还有一些反映其他位置的纠错码信息。这样，即使条形码的某个部分遭到一定程度的损坏，也可以通过存在于其他位置的纠错码将损失的信息还原出来。

2009年12月10日，我国铁道部对火车票进行了升级改版。新版火车票最明显的变化是车票下方的一维条形码变成二维防伪条形码，火车票的防伪功能更强。进站口检票时，检票人员通过二维条形码识读设备对车票上的二维条形码进行识读，系统自动辨别车票的真伪并将相应信息存入系统中。图4-2给出了我国使用的一维条形码与二维条形码火车票的比较。

4. 条形码数据采集设备

图 4-2 我国使用的一维条形码与二维条形码火车票的比较

条形码数据的采集是通过固定的或手持的条形码扫描器完成的。条形码扫描器有三种类型：光扫描器、光电转换器、激光扫描器。光扫描器采用最原始的扫描方式，它需要手工移动光笔，并且还要与条形码图形区域接触。光电转换器是以 LED 作为发光光源的扫描器。在一定范围内，可以实现自动扫描，并且可以阅读各种材料、不平表面上的条形码，成本也较为低廉。激光扫描器是以激光作为发光源，多用于手持式扫描器，范围远，准确性高。但是，无论是哪种类型的条形码扫描器，都只适用于近距离、静态、小数据量的商业物品销售与仓库的物资管理、医院管理、身份证等应用，动态、快速、大数据量以及有一定距离要求的大型物流信息系统的数据采集需要采用基于无线技术的射频电子标签。

4.1.2 磁卡与 IC 卡简介

1. 磁卡的特点与应用

磁卡（Magnetic Card）是一种卡片状的磁性记录介质，如图 4-3 所示，利用磁性载体记录字符与数字信息，与各种读卡、读写器配合，用来标识身份或其他用途。

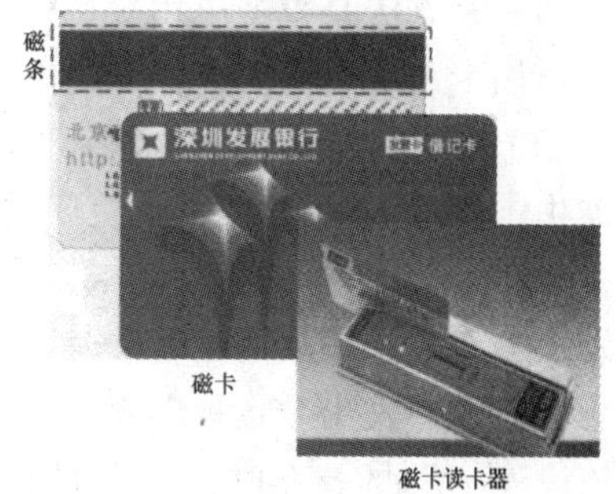

图 4-3 磁卡与磁卡读卡器示意图

通常磁卡的一面印刷有提示性信息，如插卡方向；另一面则有磁层或磁条，具有 2 ~ 3 个磁道以记录有关信息数据。磁条是一层薄薄的磁性材料，磁卡受压、被折、长时间磕碰、曝晒、高温、磁条划伤弄脏，或者受到外部磁场的影响，都会造成磁卡消磁，丢失数据而不能使用。有的时候，当拿着物品准备用磁卡结账时，POS 机显示磁卡失效了，这种尴尬的情况大概很多人经历过。在这种情况下人们一定希望有更为便捷并且更加安全的智能卡。

2. IC 卡的特点与应用

(1) IC 卡的基本概念与特点　IC 卡（Integrated Circuit Card）也叫作智能卡（Smart Card），如图 4-4 所示，它是通过在集成电路芯片中写的数据来进行识别的。IC 卡与 IC 卡读写器，以及后台计算机管理系统组成了 IC 卡应用系统。图 4-4 给出了几种 IC 卡与读写器的示意图。

IC 卡的外形与磁卡相似，它与磁卡的区别主要在于数据存储媒体的不同。磁卡是通过卡上磁条来存储信息的，IC 卡是通过嵌入卡中的集成电路芯片来存储数据的。因此，与磁卡相比较，IC 卡的优点表现在以下几个方面：

1）存储容量大。磁卡的存储容量大约在200个字符左右，而IC卡的存储容量根据型号而定，小到几百个字符，大到上百万个字符。

2）安全保密性好。IC卡在使用时，必须要通过与读写设备间特有的双向密钥认证。出厂时，先对IC卡进行初始化加密；待交付使用时还需通过IC卡发行系统，为各用户卡生成自己的专用密钥。

接触式IC卡读卡器

接触式IC卡与读卡器图

IC卡

图4-4　IC卡与读卡器

3）IC卡读写方便，使用寿命长。IC卡上的数据能够随意读取、修改、擦除，但都需要密码。IC卡在与读卡器进行数据交换时，需要对数据进行加密、解密，以确保交抽象数据的准确、可靠，这是磁卡不能做到的。同时，磁卡的磁条划伤、磨损、弄脏或者受到外部磁化的影响，会造成磁卡失效。而IC卡的数据至少可以保持10年，读写次数能够达到10万次以上。因此磁卡的使用寿命与使用的方便程度远不如IC卡。

（2）IC卡的分类　IC卡分类方法主要有三种：

第一种方法是根据IC卡读卡器是否需要接触才能够读写数据来分类，IC卡可以分为接触式IC卡与非接触式IC卡两类。

第二种方法是根据IC卡是否有微处理器来分类，如果IC卡中有存储芯片而没有微处理器芯片，则称为存储卡；如果IC卡中有存储芯片和微处理器芯片，则称为智能卡。电话IC卡一般使用的是存储卡，而银行的IC卡一般使用的是智能卡。

第三种方法是根据应用领域来分类，IC卡可以分为金融卡和非金融卡两种。金融卡又分为信用卡和现金储值卡；非金融卡是指应用于医疗、通信、交通等非金融领域的IC卡。

（3）接触式IC卡与非接触式IC卡　接触式IC卡在使用时必须将IC卡插入到IC卡读卡器中，完成IC卡与读卡器之间的物理连接之后，才能读取写入数据。

非接触式IC卡又称射频卡，它是以无线通信的方式与读卡器进行通信。当读卡器向IC卡发出一组固定频率的电磁波时，卡内电路将接收电磁波能量转换成电能，驱动IC卡的电路。当读卡器发出“读取”数据的指令时，卡内的电路将数据发射到读卡器；如果读卡器发出“写入”的指令时，卡内的电路接收读卡器写入数据。

非接触式IC卡可以分为主动式和被动式两类。主动式非接触式IC卡需要使用者主动将卡靠近读卡器，用户需要将卡在读卡器上晃过才能够完成数据交换的过程；被动式则不用出示卡片，只要走过读卡器的范围，即可完成数据交换的过程。

目前IC卡已是当今国际电子信息产业的热点产品之一，除了在商业、医疗、保险、交通、能源、通信、安全管理、身份识别等非金融领域得到广泛应用外，在金融领域的应用也日益广泛，未来的发展趋势将是用IC卡逐步取代磁卡。

4.1.3　射频电子标签

射频电子标签技术是一种非接触式的自动识别技术，它通过射频信号自动识别目标对象并获取相关数据，识别工作无需人工干预，可工作于各种恶劣环境。射频电子标签技术可识别高速运动物体并可同时识别多个电子标签，操作快捷方便。其识别距离可达几十米远。可以说，RFID具有条形码所不具备的防水、防磁、耐高温、使用寿命长、读取距离大、电子标签上数据可以加密、存储数据容量更大、存储信息可更改等优点。当然，RFID在物流领域的应用并不仅仅涉及RFID技术本身，而是一个庞大的应用系统，涉及技术、管理、硬件、软件、网络、系统安全、无线电频率等许多方面。

射频电子标签就是近年来常提到的RFID电子标签（也称电子标签、射频卡、射频卷标或应答器）。由于电子标签可广泛应用于商品流通、物流管理和众多与普通百姓密切相关的领域，也便于和其他形式的电子标签互相区别，因而采用通俗的“电子标签”的称呼有助于其推广和应用。

射频电子标签是指由IC芯片和无线通信天线组成的无线通信IC，即超微型的小电子标签。电子标签中一般保存有约定格式的电子数据，在实际应用中，射频电子标签附着在待识别物体的表面。存储在芯片中的数据，可以由阅读器以无线电波的形式非接触地读取，并通过阅读器的处理器，进行信息解读并进行相关管理。这种技术最早是在第二次世界大战中用来在空中作战中进行敌我识别。按照目前比较标准的说法，射频电子标签是一种非接触式的自动识别技术，是目前使用的条形码的无线版本。射频电子标签的应用将给零售、物流等产业带来革命性变化。如果电子标签技术能与电子供应链紧密联系，那它很有可能在几年以内取代条形码扫描技术。

射频电子标签十分方便于大规模生产，并能做到日常免维护使用。读出设备采用独特的微波技术，同时收发电路成本低，性能可靠，是近距离自动设备识别技术实施的好方案。收发天线采用微带平板天线，便于各种应用场合安装且易于生产，天线环境适应性强，机械、电气特性好。

RFID技术正在给零售、物流等产业带来革命性的变化。面临最大挑战的当属条形码。条形码虽然在提高商品流通效率方面立下了汗马功劳，但自身也有一些不可克服的缺陷。例如，扫描仪必须“看到”条形码才能读取，因此工作人员必须亲手扫描每件商品，这不仅效率较低，而且容易出现差错。另外，如果条形码撕裂、污损或丢失，扫描仪将无法扫描导致无法识别商品。条形码的信息容量有限，通常只能记录生产厂商和商品类别。目前普遍使用的二维条形码虽然能有效地进行分类，而且能传达众多物品信息，但是数据容量最大的PDF417最多也只能存储2725个数字，对于沃尔玛或联邦快递这样的超级条形码使用者已经捉襟见肘。更大的缺陷在于条形码必须用红外扫描设备进行识别，无法编号也难以通过无线的网络数据中心来统计库存。

RFID之所以被重视，关键在于可以让物品实现真正的自动化管理，不再像条形码那样需要扫描。在RFID的标签中存储着规范可以互用的信息，通过无线数据通信网络可以将其自动采集到中央信息系统，RFID磁条可以以任意形式附带在包装中，不需要条形码那样占用固定空间。另一方面，RFID不需要人工去识别标签，读卡器每250ms就可以从射频电子标签中读出位置和商品相关数据。

系统工作时，阅读器发出微波查询（能量）信号，电子标签（无源）收到微波查询能量信号后，将其一部分整流为直流电源供电子标签内的电路工作，另一部分微波能量信号被电子标签内保存的数据信息调制（ASK）后反射回阅读器。阅读器接收反射回的幅度调制信号，从中提取出电子标签中保存的标识性数据信息。在系统工作过程中，阅读器发出的微波信号与接收反射回的幅度调制信号是同时进行的。反射回去的信号强度比发射信号要弱得多，因此，在技术实现上的难点在于同频接收。

1. 电子标签的种类

射频电子标签附着在被识别物体上，作为特定的标识，在RFID应用系统中，这是一种耗损件。在目前各个厂家制造的RFID系统中，除了个别厂家以外，绝大多数厂家的产品都互不兼容。对于较大的应用系统而言，电子标签的成本决定着整个系统的建设成本，因为阅读器的数量和电子标签的数量比较可以忽略不计。

射频电子标签由标签天线、芯片等采用特殊的封装工艺封装而成。虽然电子标签的封装形式不一样，但是其构造却基本一致。典型的电子标签结构如图4-5所示。

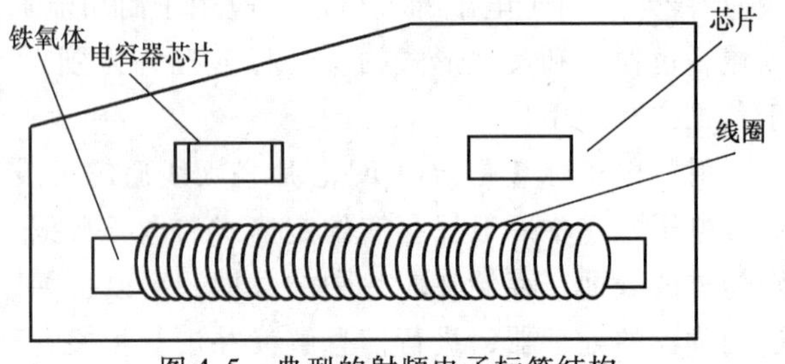

图4-5 典型的射频电子标签结构

根据射频电子标签的技术特征，可以将各种无线射频识别系统在第3章介绍的基础上进行比较完整的分类，见表4-1。

表4-1 无线射频识别系统的各种区别特征

技术特征	分类
工作方式	全双工系统，半双工系统，时序系统
数据量	大于1bit/1bit电子标签
可否编程	阅读器/编程器
数据载体	EEPROM/FRAM/SRAM
状态模式	状态机/微处理器
能量供应	有源系统/无源系统（电池供电/射频场供电）
频率范围	低频/中高频/超高频/微波
标签-阅读器数据应答频率	次谐波/反向散射（负载调制）/其他
标签应答频率	n,1/n倍/1:1/多样化

下面对表4-1中的技术特征进行补充说明。

1）无线射频识别系统的基本工作方式可以分为全双工（FDX）和半双工（HDX）以及时序系统（SEQ），对于全双工和半双工系统来讲，电子标签的响应是在阅读器接通高频电磁场的情况下送出去的。和阅读器本身的信号相比，电子标签的信号在接收天线上非常弱，所以必须使用合适的方法来进行数据传输，以便将电子标签信号与阅读器信号区分开。这种传输方法包括负载调制、有副载波的负载调制以及阅读器发射频率的谐波。在时序方法中，阅读器的电磁场周期性断开，这些间隔被电子标签识别出来，用于电子标签到阅读器的数据传输。因此，在这个间隔里，阅读器对电子标签的能量供应中断，这样，电子标签就必须配置足够大的补偿电容来存储能量，以便电子标签能够连续工作。

2）射频电子标签的数据储存量在几字节到几千字节之间。但是，作为电子物品监视系统（EAS）使用的电子标签只有一个比特的容量，因为其工作状态只需说明是否在电磁场中，而不需要芯片。当1比特电子标签标识的商品合法地离开卖场时，收款员对商品进行灭活处理，否则，报警器就会通知卖场，有未经付款的商品非法离场。

3）在一般情况下，无线射频识别标签只需具有被识别的功能，即只读功能，但是，有的情况下，也需要具有可写的功能，即可编程的功能。但是无论如何，电子标签的ID号是出厂时就赋予的，终身不得更改。

4）存储数据主要有电可擦可编程只读存储器（EEPROM）、铁电随机存取存储器（FRAM）和静态随机存取存储器（SRAM）。一般射频电子标签采用EEPROM方式存储数据。FRAM与EEPROM相比，具有写入功耗小、写入速度快等特点，但由于生产问题未得到广泛应用。SRAM写入速度更快，但是要长久保存数据，必须用辅助电池供电。

5）使用状态机可完成对电子标签内部逻辑的控制功能，也可采用微处理器来控制。采用状态机模式成本较低，采用微处理器模式更加灵活，可以调整以适合各种专门应用。利用各种物理效应也可以存储电子标签的数据，例如声表面波射频电子标签。

6）无源的射频电子标签没有自己的电源，其工作所需的能量必须从阅读器发出的电磁场中获取。有源的电子标签内含有一个电池，为电子标签提供全部或部分能量。

7）工作在不同频率的电子标签具有不同的特点，电子标签的工作频率决定了无线射频识别系统是电感耦合还是电磁耦合，还决定了系统的识别距离，并直接影响着电子标签和阅读器的实现成本和难易程度。

8）射频电子标签回送到阅读器的数据传输方式多种多样。一种是利用负载调制或反向散射调制方式，另一种是利用阅读器发送频率的次谐波传送电子标签信息，电子标签反射波频率为阅读器发射频率的高次谐波（n倍）或分谐波（$1/n$倍）。

2. 双频电子标签与双频系统

无线射频识别系统的工作频率对系统的工作性能具有很强的支配作用，也就是说，从识别距离、穿透能力等特性来看，不同射频频率的表现存在较大的差异，特别是在低频和高频两个频段的特性上，具有很大的对比性。

简单来讲，低频具有较强的穿透能力，能够穿透水、金属、动物，包括人的躯体等导体材料，但是在同样功率下，传播的距离很近。而高频或超高频则具有较远的传播距离，同时也很容易被上述导体媒介所吸收。如何利用它们各自的长处来设计识别距离较远又具有较强穿透能力的产品，这就用到了所谓的混频和双频技术。混频特别是双频产品，既具有低频的穿透能力，又有高频的识别距离。能够广泛地运用在动物识别、导体材料干扰的环境及潮湿的环境中。

目前市场上所能见到的混频或双频产品的工作形式有两种：有源系统和无源系统。

（1）有源系统

1）中国深圳世纪潮双频产品。对于电子标签来说，所谓上行就是接收，下行就是发送。在这种双频系统中，发送和接收采用不同的工作频率。有源双频系统的结构如图4-6所示。

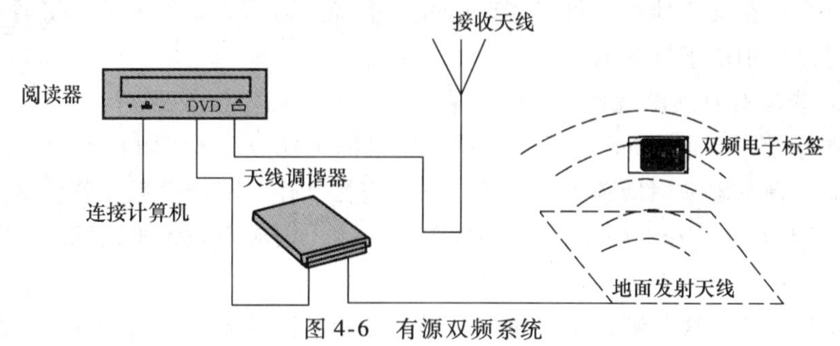

图4-6　有源双频系统

发射天线：用于发射低频无线电信号以激活双频电子标签。

接收天线：接收双频电子标签发出的高频无线电信号。

阅读器：不断产生低频编码电磁波信号，经发射天线发射出去，用来激活进入该区域的双频电子标签，同时把接收天线接收来的双频电子标签的高频载波信号经过放大后，进行解调、解码，提取有效的数字信号，通过标准串口 RS-232 或 RS-485 给下一级工作站。

双频电子标签：由嵌入式处理器及其软件、卡内发射和接收天线、收发电路和高能电池组成，其工作在两个频点上，全双工通信。双频电子标签平时处于睡眠状态，当进入系统工作区后，被发射天线发出的低频无线电信号激活，发射出唯一的加密识别码无线电信号。卡内高能电池为标识卡正常工作和发射高频电磁波提供能量。

工作原理：阅读器将低频的加密数据载波信号经发射天线向外发送；双频电子标签进入低频的发射天线工作区域后被激活，同时将加密的载有目标识别码的高频加密载波信号经电子标签内高频发射模块发射出去；接收天线接收到射频卡发来的载波信号，经阅读器接收处理后，提取出目标识别码送至计算机，完成预设的系统功能和自动识别，实现目标的自动化管理。

2）Savi 公司的 EchoPoint（反射点）双频产品。由 Savi 公司开发的 EchoPoint（反射点）技术同样也是有源双频技术。EchoPoint 采用了多频率设计和三元素系统结构来同时实现可靠的长距离通信与短距离定位功能。与传统的电子标签比较，EchoPoint 增加了一个第三元素——路标（Signpost）。由路标在 123kHz 激活电子标签（Tag），发现电子标签，电子标签和阅读器（Reader）之间在长距离的 UHF 频段（433.92MHz）进行通信，发送其位置信息以及特殊标志。其工作原理如图 4-7 所示。

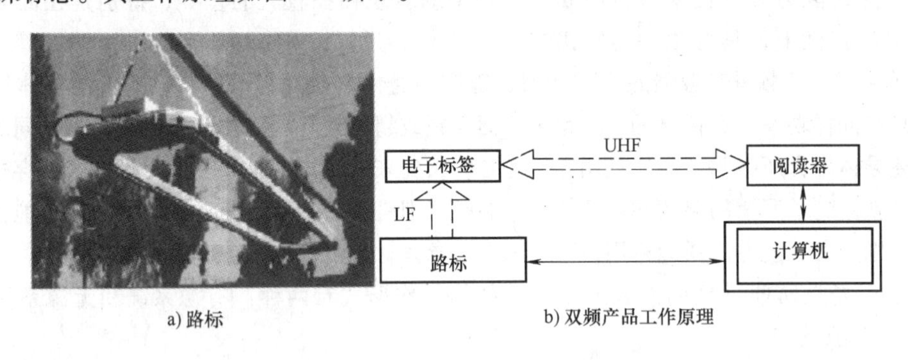

图 4-7　Savi 公司的双频产品

路标可以固定在某个地点，可以移动也可以手持，当标志物的电子标签通过路标标识区域时，路标可以识别电子标签的位置。

EchoPoint 能够有效跟踪货物，能够获取长距离的准确定位效果。

（2）无源系统　目前 iPico 公司是世界上较大的无源 RFID 双频技术与产品提供商，其产品——无源双频系统采用低频和高频两个频率进行工作，将两个频率特性集成到单一的双频电子标签（DF Tags）和双频阅读器（DF Readers），构成双频无源系统。无源双频系统的实物如图 4-8 所示。

采用双频技术的无线射频识别系统同时具有低频和高频系统各自的优点，既具有较强的

a) 双频阅读器

b) 双频电子标签

图 4-8　无源双频系统

穿透能力，又具有较远的识别距离。无源双频电子标签体积可以制造得很小（信用卡电子标签和半卡电子标签），广泛使用于人员管理、运动计时、动物识别、矿井、有干扰的环境（如金属物品识别）等场合。与有源双频系统相比，无源双频系统具有体积小，系统紧凑，成本低廉等特点。

图 4-9 是一款可以作为门禁等使用的无源双频系统。它是一个实际的双频系统及其天线，适用于会议签到、门禁控制、人员自由流跟踪等环境。由于双频系统的优势，人员佩戴胸卡形式的电子标签，无需刷卡就可以自由通过，甚至可以将电子标签放到衣袋中，钱夹里，无需掏出卡片，也可以做到准确快速识别，这在超高频的系统中是无法实现的。另外，这种双频系统也具有良好的多目标识别能力。也可以根据用户的需要进行天线设计与施工。

3. 电子标签的封装

（1）电子标签的封装形式　根据无线射频识别系统不同的应用场合以及不同的技术性能参数，考虑到应用系统的电子标签成本、环境要求等，可以将无线射频识别电子标签封装成不同厚度、不同大小、不同形状的电子标签，有圆形、线形、信用卡形、半信用卡形等。根据电子标签封装材质的不同，可以将电子标签制成以纸、PP（塑料聚丙烯）、PET（涤纶树脂）、PVC（聚氯乙烯）等材料作为封装材质的电子标签。

图 4-10 ~ 图 4-21 是多种不同的电子标签形式，电子标签的封装形式多种多样，下面只是部分代表性电子标签的封装形式。

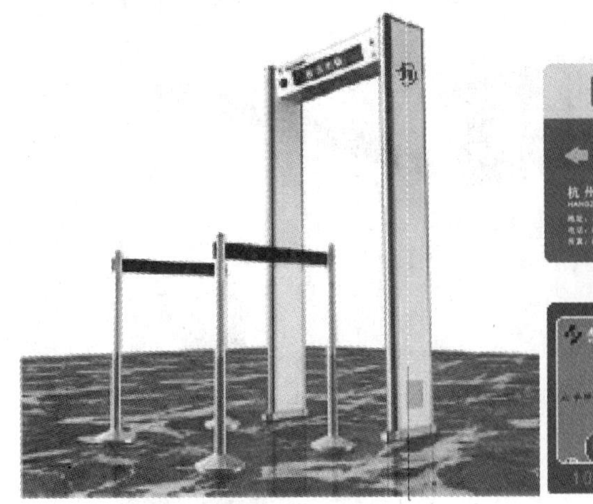
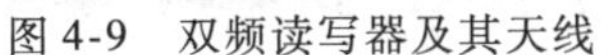

图 4-9　双频读写器及其天线

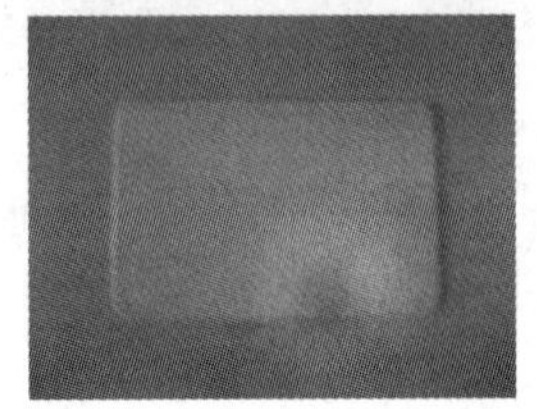

图 4-10　各种信用卡标签

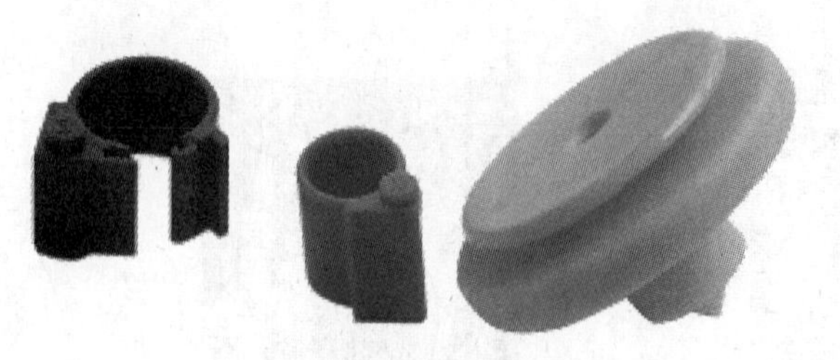

图 4-11 各种动物电子标签

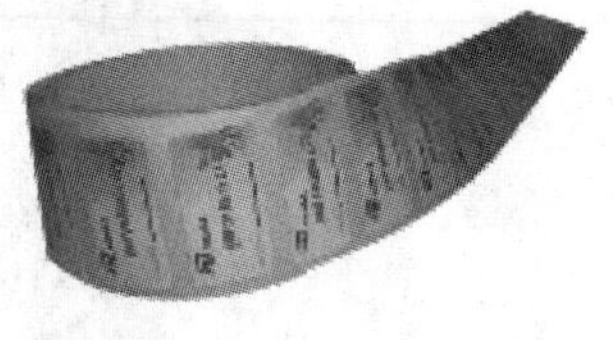

图 4-12 信用卡纸电子标签

图 4-13 耐高温纽扣电子标签

图 4-14 抗金属电子标签

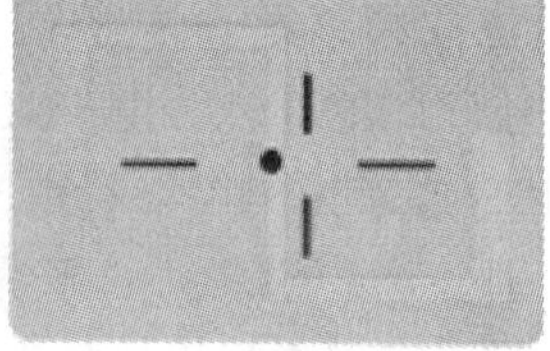

图 4-15 高性能陶瓷电子标签

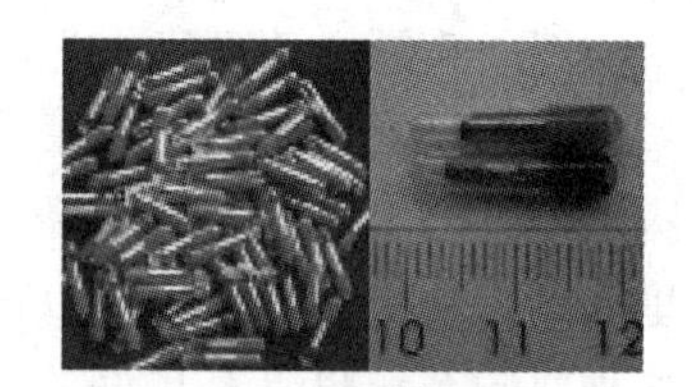

图 4-16 微型电子标签

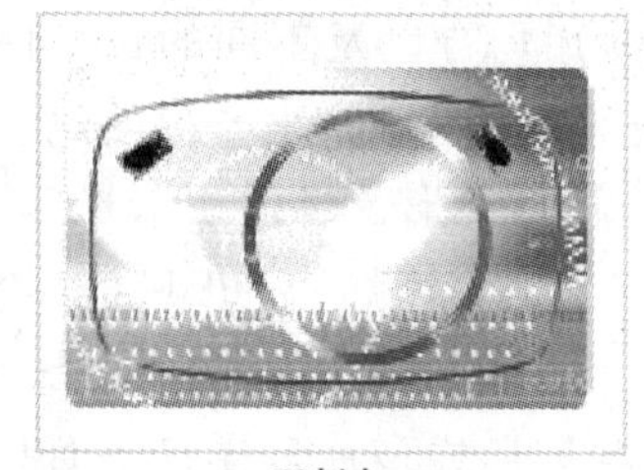

双频卡

双频卡

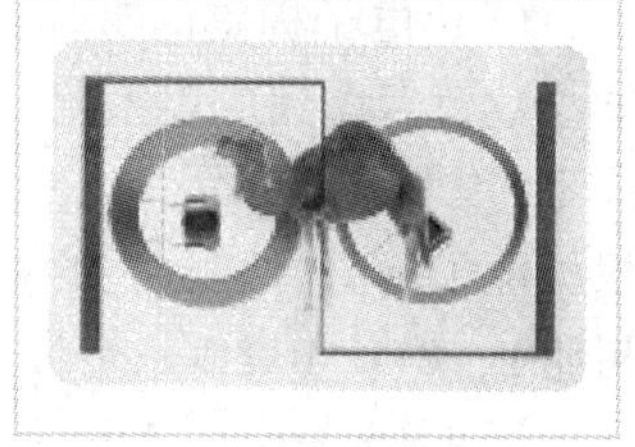

三频卡

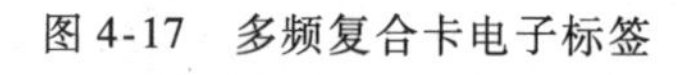

图 4-17 多频复合卡电子标签

图 4-18 UHF 塑料电子标签

图 4-19 螺栓型电子标签

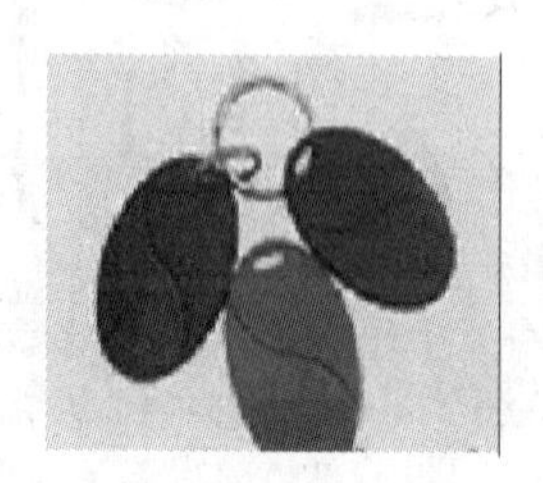

图 4-20 迷你型密钥卡电子标签

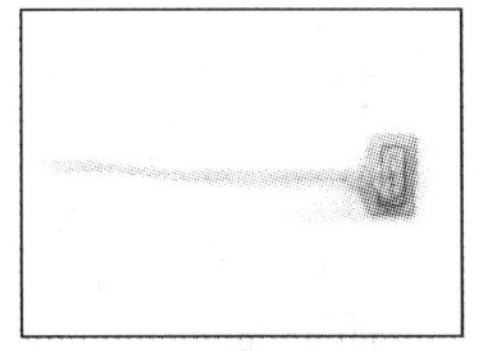
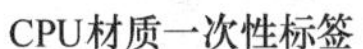
CPU材质一次性标签

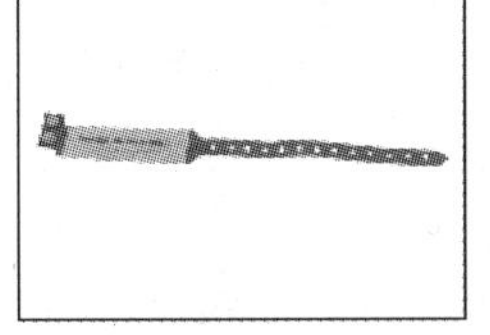
一次性手腕带纸质标签

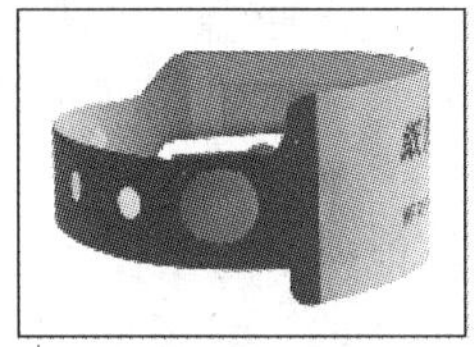
一次性扎带标签

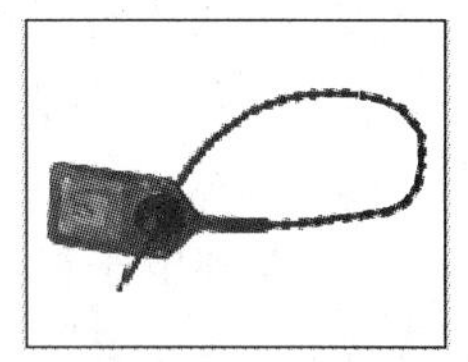
扎带标签

图4-21　一次性电子标签

1）不同封装材质的电子标签：为了保护电子标签芯片与天线，也便于用户使用，射频电子电子标签必须利用某种基材进行封装，不同封装形式的电子标签针对不同的应用场合。按照不同的电子标签封装材质，可以将电子标签分成不同基材的封装材质。

① 纸电子标签。如图4-12所示，可以做成带有自粘功能的电子标签，用来粘贴在被识别物品上。这种电子标签价格比较便宜，一般由面层、芯片线路层（Inlay）、胶层、底层组成。

面层一般由纸构成，纸面可以印刷成公司或使用者信息的纸面，也可以不印刷。芯片线路层和胶层黏合在一起，胶层起到固定芯片和天线的作用，同时也将电子标签粘贴到被识别物体的表面上。底层则是电子标签在未使用前的保护层。

成品的纸电子标签可以是单张的，也可以是连续的纸卷形式。

在使用中，将底层撕下，将电子标签粘贴在被识别物体的表面上。在巴西全国ITS项目中用于车辆识别的电子标签就是这种形式的纸电子标签，这种电子标签贴在汽车的挡风玻璃上。

② 塑料电子标签。塑料电子标签是采用特定的工艺将芯片和天线用特定的塑料基材封装成不同的电子标签形式，如博采筹码、钥匙牌、手表形标签、狗牌、信用卡等形式。如图4-11、图4-18、图4-20所示。

常用的塑料基材包括PVC和PSP基材。塑料电子标签结构包括面层、芯片层（Inlay层）与底层。

③ 玻璃电子标签。应用于动物识别与跟踪，将芯片、天线采用一种特殊的固定物质植入一定大小的玻璃容器中，封装成玻璃电子标签。玻璃电子标签用注射器或其他方式植入动物体内。

2）不同封装形状的电子标签：根据电子标签不同的应用场合，可以将电子标签封装成不同的形状，具有不同的应用特性。下面是射频电子标签常见的集中封装形式。

① 信用卡与半信用卡电子标签：信用卡电子标签是射频电子标签常见的形式，其大小等同于信用卡，厚度一般不超过3mm，如图4-10、图4-17所示。

② 线性电子标签：物流线性电子标签如图4-18所示；车辆用线性电子标签：为了加强车辆在高速行驶中的识别能力，提高识别距离和准确度，将电子标签封装成特殊的车用电子标签，用铆钉等装置固定在卡车的车架上，如图4-18所示。这种电子标签也适合用在集装箱等大型货物的识别上。

③ 圆形电子标签：圆形电子标签，如图4-11、4-20所示。

④ 自粘电子标签：具有自粘能力的电子标签可以方便地附着在需要识别的物体上。可以做成具有一次性粘贴或者可多次粘贴等不同应用需求的电子标签。

⑤ 钥匙和钥匙扣：将电子标签封装成钥匙的形状。

⑥ 手表电子标签：具有携带方便、美观实用等特点，可用于门禁、娱乐等系统中，如图4-21所示。

⑦ 其他电子标签：其他电子标签如图4-13所示。

（2）电子标签的封装加工　电子标签主要包括电子数据载体和根据功能造型的壳体，电子标签的制作主要包括芯片技术、模块和天线封装与电子标签加工三个方面。目前国内已经形成了比较成熟的IC卡模块封装。国内部分企业已在电子标签的封装形式上进行了新的尝试，促进了电子标签成本的进一步降低。

1）模块制造：微型芯片的生产是根据通用的半导体芯片制造方法进行的。芯片测试结束后，利用金刚石刀将晶片划开，这样就得到了单个的电子标签芯片。为了防止在划片过程中各个芯片的散落，在划开之前首先在晶片的背面贴上一层塑料薄膜。然后，可以将各个芯片从塑料薄膜上取下，并固定在一个模块内。通过压焊与应答器线圈模块连接起来。然后在芯片周围喷上浇铸物，从而减少硅片芯片碎裂的可能性。但是对于非常小的芯片，例如用于只读应答器的芯片（芯片面积1~2mm^2），出于体积和成本的考虑，一般是将线圈压焊在芯片上，而不是把它放置在模块内。

2）电子标签半成品：接下来是使用自动绕线机制造应答器线圈。在所用的铜线上除了涂覆常用的绝缘漆之外，还将涂上一层附加的低熔点烤漆。在绕制过程中，绕制工具会被加热到烤漆熔点的温度。这样，在绕制过程中烤漆就会熔化，并且当从绕制工具上取下线圈后它又会迅速凝结，从而使应答器线圈上的线黏合在一起。利用这种方式可以确保在以后的安装工序中应答器线圈具有足够的机械稳定度。

应答器线圈一旦绕制完成，就利用一部电焊机将线圈的连接处与应答器模块的连接面焊接到一起。根据以后的成品电子标签的制作形状来确定电子标签线圈的形状与大小。

对于未固定到一个模块中的芯片，也可以使用合适的方法将铜线直接压焊到芯片上。但前提条件是应答器线圈的导线要尽可能细。

将电子标签线圈的触点接通之后，电子标签就具有了其应有的电功能。这道工序之后还要进行非接触的功能测试，要将以前工序中受到损伤的电子标签分离出来。此时尚未加装外壳的电子标签成为电子标签半成品，经过后续加工以选配各种不同形状的外壳。

3）整合成品：在电子标签的最后一道工序中，将电子标签半成品安装到外壳中，或者装入玻璃桶内。这道工序可以通过喷注（如注入ABS）、浇注、黏合等方法完成。

4. 电子标签的天线

作为射频电子标签的天线必须满足以下的性能要求：

- 足够的小以至于能够嵌入制造到本来就很小的电子标签上；
- 有全向或半球覆盖的方向性；
- 提供最大可能的信号给电子标签的芯片，并给电子标签供应能量；
- 无论电子标签处于什么方向，天线的极化都能与阅读器的询问信号相匹配；
- 具有鲁棒性；
- 作为耗损件的一部分，天线的价格必须非常便宜。

因此，在选择电子标签的天线时必须考虑以下因素：

- 天线的类型；

- 天线的阻抗；
- 在应用到电子标签上时的 RF 性能；
- 在有其他的物品围绕贴电子标签物品时的 RF 性能。

在实际应用系统中，电子标签的使用有两种基本形式，一种是电子标签移动，通过固定式阅读器来进行识别；另一种是电子标签不动，通过手持机等移动的阅读器来进行识别。

在超高频电子标签中，可以选择表 4-2 所列的天线形式。小天线的增益是有限的，增益的大小取决于辐射模式的类型，全向天线峰值增益从 0 ~ 2dBi；方向性天线的增益可以达到 6dBi。增益的大小影响着天线的作用距离。表中前三类的天线是线极化的，但是微带面天线可以是圆极化的，对数螺旋天线只能是圆极化的。由于电子标签的方向性是不可控的，所以阅读器天线必须是圆极化的。

考虑到天线的阻抗问题、辐射模式、局部结构、作用距离等因素的影响，为了以最大功率传输，电子标签天线的阻抗必须与电子标签芯片的输入阻抗共轭匹配。考虑到这个要求，在电子标签中不应该使用全向天线，应该使用方向性天线，它具有更少的辐射模式和更少的返回损耗干扰。

表 4-2　可选的几种标签天线

天线	模式类型	自由空间带宽(%)	尺寸/波长(λ)	阻抗/Ω
双偶极子	全向	10 ~ 15	0.5	50 ~ 80
折叠偶极子	全向	15 ~ 20	0.5 × 0.05	100 ~ 300
印刷偶极子	方向性	10 ~ 15	0.5 × 0.5 × 0.1	50 ~ 100
微带面	方向性	2 ~ 3	0.5 × 0.5	30 ~ 100
对数螺旋	方向性	100	0.3(高) × 0.25(底直径)	50 ~ 100

针对不同应用的电子标签，需要采取不同形式的电子标签天线，因而也会具有不同的性能。实际电子标签采用的天线形式有如图 4-22、图 4-23 所示等多种形式。

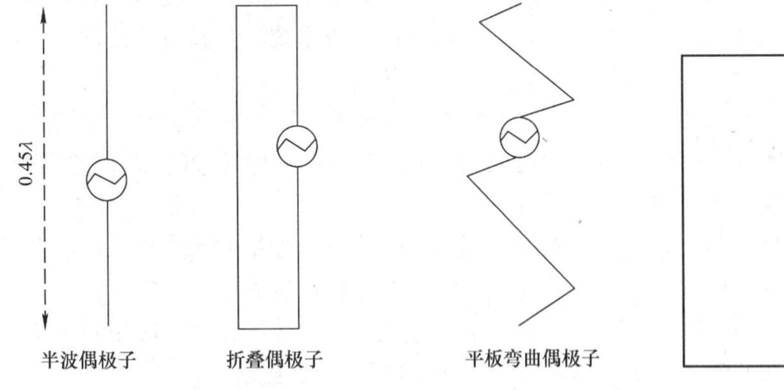

图 4-22　偶极子天线的变种

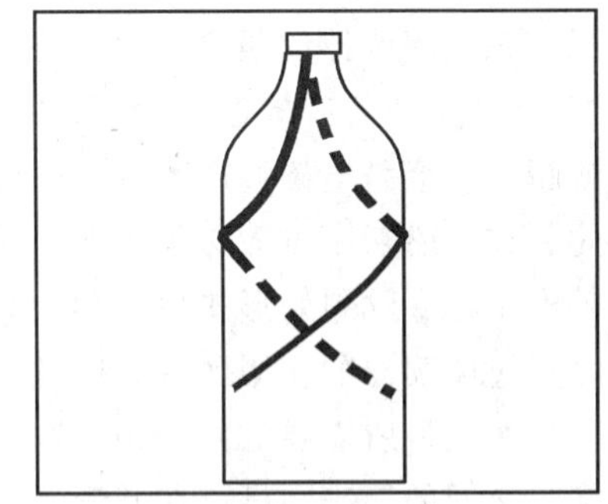
图 4-23　贴上对数螺旋天线的瓶子

4.2　应用 RFID 的事项

4.2.1　RFID 的基本技术参数

可以用来衡量无线射频识别系统的技术参数比较多，比如系统使用的频率、协议标准、识别距离、识别速度、数据传输速率、存储容量、防碰撞性能以及电子标签的封装标准等。这些技术参数相互影响和制约。

其中，阅读器的技术参数有：阅读器的工作频率、阅读器的输出功率、阅读器的数据传输速度、阅读器的输出端口形式和阅读器是否可调等。电子标签的技术参数有：电子标签的能量要求、容量要求、工作频率、数据传输速度、读写速度、封装形式、数据的安全性等。

1. 工作频率

工作频率是RFID系统最基本的技术参数之一。工作频率的选择在很大程度上决定了RFID系统的应用范围、技术可行性以及系统的成本高低。从本质上说，RFID系统是无线电传播系统，必须占据一定的无线通信信道。在无线通信信道中，射频信号只能以电磁耦合或者电磁波传播的形式表现出来。因此，RFID系统的工作性能必然会受到电磁波空间传输特性的影响。

从电磁波的物理特性、识读距离、穿透能力等特性上来看，不同射频频率的电磁波存在较大的差异，特别是在低频和高频两个频段上。低频电磁波具有很强的穿透能力，能够穿透水、金属、动物等导体材料，但是传播距离比较近。另外，由于频率比较低，可以利用的频带窄，数据传输速率较低，信噪比较低，容易受到干扰。

相比低频电磁波而言，要得到同样的传输效果，高频系统的发射功率较小，设备比较简单，成本也比较低。高频电磁波的数据传输速率较高，没有低频的信噪比限制。但是，高频电磁波的穿透能力较差，很容易被水等导体媒质所吸收，因此，高频电磁波对障碍物的敏感性较强。

2. 作用距离

RFID系统的作用距离指的是系统的有效识别距离。影响读写器识别电子标签有效距离的因素很多，主要包括阅读器的发射功率、系统的工作频率和电子标签的封装形式等因素。

其他条件相同时，微波系统的识别距离最远，其次是中高频系统，低频系统的识别距离最近。只要阅读器的频率发生变化，系统的工作频率就会随之改变。

RFID系统的有效识别距离和阅读器的射频发射功率成正比。发射功率越大，识别距离也就越远。但是电磁波产生的辐射超过一定的范围时，就会对环境和人体产生有害的影响。因此，在电磁功率方面必须遵循一定的功率标准。

电子标签的封装形式也是影响系统识别距离的因素之一。电子标签的天线越大，即电子标签穿过阅读器的作用区域内所获取的磁通量越大，存储的能量也越大。

应用项目所需要的作用距离取决于多种因素：电子标签的定位精度；实际应用中多个电子标签之间的最小距离；在阅读器的工作区域内，电子标签的移动速度。

通常在RFID应用中，选择恰当的天线，即可适应长距离读写的需要。例如，Fast Track传送带式天线就是设计安装在滚轴之间的传送带上，RFID载体则安装在托盘或产品的底部，以确保载体直接从天线上通过。

3. 数据传输速率

对于大多数数据采集系统来说，速度是非常重要的因素。由于当今不断缩短产品生产周期，要求读取和更新RFID载体的时间越来越短。

（1）只读速率　RFID只读系统的数据传输速率取决于代码的长度、载体数据发送速率、读写距离、载体与天线间载波频率，以及数据传输的调制技术等因素。传输速率随实际应用中产品种类的不同而不同。

(2) 无源读写速率　无源读写RFID系统的数据传输速率决定因素与只读系统一样，不过除了要考虑从载体上读数据外，还要考虑往载体上写数据。传输速率随实际应用中产品种类的不同而有所变化。

(3) 有源读写速率　有源读写RFID系统的数据传输速率决定因素与无源系统一样，不同的是无源系统需要激活载体上的电容充电来通信。很重要的一点是，一个典型的低频读写系统的工作速率可能仅为100B/s或200B/s。这样，由于在一个站点上可能会有数百字节数据需要传送，数据的传输时间就会需要数秒钟，这可能会比整个机械操作的时间还要长。EMS公司已经通过采用数项独到且专有的技术，设计出一种低频系统，其速率高于大多数微波系统。

(4) 安全要求　安全要求，一般指的是加密和身份认证。对一个计划中的RFID系统应该就其安全要求做出非常准确的评估，以便从一开始就排除在应用阶段可能会出现的各种危险“攻击”。为此，要分析系统中存在的各种安全漏洞，攻击出现的可能性等。

(5) 存储容量　数据载体存储量的大小不同，系统的价格也不同。数据载体的价格主要是由电子标签的存储容量确定的。

对于价格敏感、现场需求少的应用，应该选用固定编码的只读数据载体。如果要向电子标签内写入信息，则需要采用EEPROM或RAM存储技术的电子标签，系统成本会有所增加。

基于存储器的系统有一个基本的规律，那就是存储容量总是不够用。毋庸置疑，扩大系统存储容量自然会扩大应用领域。只读载体的存储容量为20位，有源读写载体的存储容量从64B到32KB不等，也就是说在可读写载体中可以存储数页文本，这足以装入载货清单和测试数据，并允许系统扩展。无源读写载体的存储空间从48B到736B不等，它有许多有源读写系统所不具有的特性。

(6) RFID系统的连通性　作为自动化系统的发展分支，RFID技术必须能够集成现存的和发展中的自动化技术，RFID系统应该可以直接与个人计算机、可编程序逻辑控制器或工业网络接口模块（现场总线）相连，从而降低安装成本。连通性使RFID技术能够提供灵活的功能，易于集成到广泛的工业应用中去。

(7) 多电子标签同时识读性　由于系统可能需要同时对多个电子标签进行识别，因此，对阅读器提供的多电子标签识读性也需要考虑。这与阅读器的识读性能，电子标签的移动速度等都有关系。

(8) 电子标签的封装形式　针对不同的工作环境，电子标签的大小、形式决定了电子标签的安装与性能的表现，电子标签的封装形式也是需要考虑的参数之一。电子标签的封装形式不仅影响到系统的工作性能，而且影响到系统的安全性能和美观。

对RFID系统性能指标的评估十分复杂，影响到RFID系统整体性能的因素很多，包括了产品因素、市场因素以及环境因素等。

4.2.2 RFID系统的选择标准与性能评估

虽然，对于RFID系统的应用来讲，从试点走向规模还需要相当长一段时间，但是，就如同任何一种新的技术一样，RFID 具有很多种产品形式。对于具体的用户来说，要彻底了解市场中产品的详细情况，几乎是根本不可能的事情。

因此，如何选择一个适合自己的、最佳的系统非常重要。它既要满足自己的具体情况的需要，又要尽量节约成本。

对于一个 RFID 系统的选择与评价，可以从以下几个方面来考虑。

1. 工作频率

使用从 100kHz ~ 30MHz 频率工作的无线射频识别系统利用电感式耦合进行工作。相反，工作在 915MHz、2. 45GHz 或 5. 8GHz 频率范围内的微波系统使用电磁场进行耦合。

对于水或绝缘体材料，在 100kHz 时的特定吸收率（衰减）比在 1GHz 时低 100000 倍，因此实际上不会出现吸收或衰减。采用较低频率的短波系统主要是因为对物体有更好的穿透性。因此，对于动物识别、门禁管制等应用案例，如果对距离没有太高的要求，则可以采用低频产品，但是如果有识别距离的要求，那么双频产品可能是最佳的选择。与电感式系统相比，采用反向散射调制系统其作用范围有明显扩大，其典型值为 2 ~ 15m。

不同频率的无线射频识别系统具有不同的特点，有着不同的技术指标和应用领域。其中，低频距离附近 RFID 系统主要集中在 125kHz、13. 56MHz 系统；高频远距离 RFID 系统主要集中在 UHF 频段（902 ~ 928MHz）915MHz、2. 45GHz、5. 8GHz。UHF 频段的远距离 RFID 系统在北美得到了很好的发展；欧洲的应用则以有源 2. 45GHz 系统应用较多。5. 8GHz 系统在日本和欧洲均有较为成熟的有源 RFID 系统。不同频率 RFID 系统的技术参数比较见表 4-3。

表 4-3　典型 RFID 系统技术参数比较

频率	低频（LF）	高频（HF）	超高频（UHF）	微波（μWF）
载波频率	< 135kHz	13. 56MHz	860 ~ 930MHz	2. 45GHz
国家和地区	所有	大多数	大多数	大多数
数据传输速率	低（8kbit/s）	高（64kbit/s）	高（64kbit/s）	高（64kbit/s）
识别速度	低（ < 1m/s）	中（ < 5m/s）	高（ < 50m/s）	中（ < 10m/s）
电子标签结构	线圈	印刷线圈	双极天线	线圈
传播性能	可穿透导体	可穿透导体	线性传播	
防冲撞性能	有限	好	好	好
识别距离	< 60cm	10cm ~ 1. 0m	1 ~ 6m	25 ~ 50cm（被动式） 1 ~ 15m（主动式）

不同频率的 RFID 系统在不同领域的应用见表 4-4。

表 4-4　不同领域的应用选择不同频率的 RFID 系统

适用领域	具体应用	RFID 频段
（SCM） 供应链管理	物品、托盘、集装箱、仓库 纸卷 气罐、啤酒桶、行李箱、灭火器 纺织与成衣（商标保护、跟踪与防盗） 医疗（试管、仪器）、汽车零件等	UHF，μWF DF UHF UHF，μWF UHF，μWF

（续）

适用领域	具体应用	RFID 频段
交通与物流管理	存货与铁路	UHF
	运输车辆、拖车	UHF
	车库管理	UHF
	轮胎	UHF，μWF
	航空行李跟踪	UHF，μWF
	电子交通识别、数字影碟和许可	UHF
生物学应用	家禽识别与跟踪	DF
	容易腐烂的食品、水果和蔬菜	UHF，DF
工业与采矿	传送带撕裂监测与管理	UHF
	矿山应用	DF
	人员与设备跟踪	DF
	地下管网标识（电缆、给排水等）	DF
人员、动物与资产管理跟踪	门禁、设施管理、电子呼救	DF
	财产安全与防盗	DF
	出租物品管理	DF
	产品鉴定与知识产权管理	DF，UHF，μWF
	智能卡、信用卡识别	DF，UHF
档案、包裹与行李跟踪	邮递与速递服务	DF，μWF
	存贷管理	DF
	图书馆系统	DF
休闲与体育	运动计时与图像	DF
	运动计时（摩托车、越野车拉力赛）	UHF
	遥控车、玩具、手推车	UHF

2. 作用距离

应用项目所需要的作用距离取决于多种因素，如下所示：

- 电子标签的定位精度；
- 实际应用中多个电子标签之间的最小距离；
- 在阅读器工作区域内的电子标签速度。

例如，对于非接触式付款应用项目，如公交系统中的车票，由于电子标签是用手来靠近阅读器的，因此定位速度很慢。多个电子标签间的最小距离在这里就是两个乘客在进入车厢时的距离。对于这样的系统，最佳作用距离为 5～10cm。更大的作用距离可能会引发问题，因为阅读器可能会同时读取多个乘客的车票，而这时就无法正确地确定车票与乘客的对应关系。

在汽车工业的装配线上经常要同时制造不同标准的各种汽车。因此汽车上的电子标签和阅读器之间距离的变化较大，所采用的无线射频识别系统的写入，读取距离就必须能满足所需的最大距离。电子标签之间的距离要设计恰当，使得仅有一个电子标签位于阅读器的作用范围内。与作用面广、无定向的电感耦合系统相比，有定向辐射的微波系统具有明显的优势。

电子标签相对于阅读器的速度与最大写入/读取距离一起决定了电子标签在阅读器作用范围内的停留时间。在对汽车进行识别时，无线射频识别所需的作用距离是这样确定的，即在汽车最大速度的情况下，电子标签在阅读器作用范围内的停留时间要能满足所需数据的传送需要。

3. 安全要求

对一个计划中的无线射频识别应用所提出的安全要求，即加密和身份认证，应该做出非常精确的评估，以便从一开始就排除掉在应用阶段可能会出现的各种危险“攻击”。为此，要进行分析，此系统的潜在入侵者要达到什么目的，多数都是要通过非法手段来获得金钱或物质上的利益。为了能够评估这些可能性，这里将应用项目分为以下两类：

1）工业或封闭式应用项目。

2）与投资或资产相关的公共应用项目。

4. 存储容量

数据载体芯片大小的不同也带来了价格上的差异，其价格主要是由其存储容量确定的。

对于价格敏感、现场信息需求少的应用，应选用固定编码的只读数据载体。但这样只能在数据载体中定义对象的身份，其他的数据需存储在一台主计算机的中央数据库内。如果要向电子标签内写入有关数据，则需要采用 EEPROM 或 RAM 存储技术的电子标签，其成本会有所增加。

5. 多电子标签同时识读性

考虑到系统需要用到多电子标签同时识读的需求，因此，对于阅读器提供的多电子标签同时识读性能的考察也非常重要。目前最好的系统同时可以识别 300 个电子标签。

6. 电子标签的封装形式

针对不同的工作环境与作业工况，电子标签的大小、形式决定了其安装与性能的表现，因此电子标签的封装形式也是需要考虑的参数之一。电子标签的封装形式不仅影响到系统的工作性能，而且影响到系统的安装性能与美观性。

对 RFID 自动识别系统性能指标的评估十分复杂。影响到 RFID 整体性能的因素非常多，包括产品因素、市场因素以及环境因素。对以上列举的因素加以分类、综合和补充，这些因素可以归纳为芯片的技术参数。

如激活所需能量、多电子标签同时阅读性能、速度、协议等（u_1），阅读器输出功率（u_2），系统频率及其可调性（u_3），所需要遵守的输出功率标准和极限（u_4），芯片的尺寸、封装形式（u_5），芯片和电子标签成本（u_6），阅读器成本（u_7），应用系统成本与技术支援成本（u_8），市场需求（u_9），应用范围（u_{10}），阅读器工作环境适应性（u_{11}），电子标签工作环境适应性（u_{12}），外部电磁场对阅读器电子标签系统性能的影响（u_{13}）等。其中 $u_1 \sim u_{13}$ 分别表示各种因素的影响权重，取值小于 1。

以上各项因素对于 RFID 系统的影响程度各不相同，如果 $k_1 \sim k_{13}$ 表示各种因素的影响系数，则整个 RFID 系统的性能可以表示为

$$
\begin{aligned}
TRP &= f(u_1 k_1 \cdots u_i k_i \cdots u_{13} k_{13}) \\
&= \sum_{i=1}^{13} u_i k_i
\end{aligned}
$$

以上的整体系统性能函数只是给出了一个定性的说明公式，在实际应用中，很难确定各方面的因素对系统性能的影响程度。

4.2.3　RFID 应用系统发展趋势

随着 RFID 应用越来越普及，RFID 应用系统的兼容性会越来越受到重视。可以预见，

在 RFID 系统的应用上，会存在以下的技术趋势。

1. 系统向高频化发展

由于超高频 RFID 系统具有低频系统无可比拟的特性，例如，识别距离远、无法伪造、可重复读写、体积小巧等，因此，随着制造成本的降低，超高频系统的应用会越来越广泛。此外，由于双频系统兼有低频和高频的共同优点，为动物识别和人员管理以及在导体干扰环境中的应用提供了最好的选择，因此，双频系统也会得到越来越广泛的应用。

2. 系统的网络化

大的应用场合需要将不同系统（或者多个阅读器）所采集的数据进行统一处理，然后提供给使用者进行决策，需要进行 RFID 系统的网络化处理，并实现系统的远程控制与管理。只有借助网络化的数据系统，才能做到现代企业数据采集实时化、决策实时化的要求。

3. 系统对不同厂家的设备提出了兼容性要求

系统购置的先后顺序以及产品厂家的不同，造成了多个不同系统并存的局面。这就要求系统能够兼容处理不同厂家的系统与电子标签，也就是标准化的问题。在标准化还不能完全实现的阶段，不妨借助于中间件等一类设备进行兼容性管理，以达到统一管理、降低投资的目的。

4. RFID 大量数据处理需求

未来 RFID 设备会产生大量的资料，但目前大多数公司使用的信息系统的数据处理功能有限，不足以处理数十亿种物品返回的实时数据。甲骨文公司 2010 年 9 月 6 日表示，公司计划在未来的几个月内对其“E-Business Suite（电子商务组件）”应用进行重大升级，升级后的该应用将具备更多新功能。据甲骨文公司透露，升级后的 E-Business Suite 应用的最大功能是在“仓库治理（Warehouse Management）”应用上支持 RFID 技术。业内分析家表示，采用 RFID 技术以后，甲骨文公司应用在产品目录控制和供给链透明度方面的“仓库治理”将得到很大程度的改善。

5. RFID 技术的发展趋势

RFID 技术已拥有较长的应用历史。实际上，RFID 技术真正的应用潜力，完全可以借助于各行各业的人们去发挥自己的想象力。RFID 技术在今天已经被称为条形码技术的取代者，但是还有尚待拓展的应用空间并需要克服一系列的安全障碍。尽管如此，随着成本的降低、印制技术的革新，数字信息技术在各行业的广泛深入，为 RFID 技术提供了更广阔的发展前景。将来 RFID 一旦在零售、医疗等行业甚至在政府部门等应用领域普及开来，各厂商的产品之间的标准化问题也会得到相应的解决。另外，随着 RFID 技术在安全性和成本方面的全面进展，其潜在的商用价值将被逐渐发挥出来。

4.3 本章小结

本章主要介绍了射频电子标签及其使用的事项。RFID 技术已经逐步发展成为一个独立的跨学科的专业领域，它将大量来自不同专业领域的技术综合到一起，如高频技术、电磁兼容性、半导体技术、数据保护和密码学、电信、制造技术等。RFID 技术所能应用和发挥效应的主要方面包括节省人工成本，提高作业精确性，加快处理速度，有效跟踪物流动态等，目前 RFID 技术已被广泛应用于工业自动化、商业自动化、交通运输控制理论等众多领域。

2008年，电子标签、阅读器和相关软件与服务的销售额已增至30亿美元，RFID技术市场在未来五年内将有数万亿美元的市场空间。随着社会信息化程度的提高，科学技术的进步，尤其是在众多商家的大力推动下，RFID技术的应用将会渗透到社会生活的方方面面，它将具有广阔的发展前景。

习题

4-1 条形码的工作原理是什么？

4-2 IC卡与磁卡的特点各有哪些？其不同点体现在什么地方？

4-3 射频电子标签的发展和种类有哪些？

4-4 双频电子标签与双频系统指的是什么？

4-5 无线射频识别技术的基本技术参数有哪些？其具体要求是什么？

4-6 RFID系统的选择有哪些标准？

4-7 给出几个实际生活中可以应用射频电子标签的应用领域。

第5章　无线传感器网络简介

无线传感器网络技术是继个人电脑、互联网和无线通信技术后的第四次产业革命。该技术拥有巨大的发展潜力，其成果的应用将会对人类未来的生活产生重要的影响。

无线传感器网络技术的应用前景十分广阔，可以广泛应用于军事、环境监测、智能家居、空间探测、交通安全管理、矿山安全监测、大型仓储系统管理等领域。随着无线传感器网络的深入研究和广泛应用，该技术将逐渐深入到人类生活的各个领域。本章旨在介绍无线传感器网络及其应用。

5.1　无线传感器网络概述

5.1.1　无线传感器网络的概念

随着无线通信、集成电路、传感器以及微机电系统（MEMS）等技术的飞速发展和日益成熟，低成本、低功耗、多功能微型传感器的发展，使得能够无线传输并具备传感器性能的微型传感器节点进行组网工作，完美的实现短距离的通信。这些传感器在微小体积内通常集成了信息采集、数据处理和无线通信等多种功能。

无线传感器网络（Wireless Sensor Networks，WSN）是由部署在监测区域内大量的廉价微型传感器节点通过无线电通信形成的一个多跳的自组织网络系统，其目的是协作感知、采集和处理网络覆盖区域里被监测对象的信息，并发送给远程监测中心。由于微型传感器的体积小、重量轻，有的甚至可以像灰尘一样在空气中浮动，因此，人们又称无线传感器网络为“智能尘埃（Smart Dust）”，将它散布于四周以实时感知物理世界的变化。

无线传感器网络的出现引起了全世界范围的广泛关注。20世纪70年代，最早开始无线传感器网络技术研究的是美国军方，此后美国国家自然基金委员会设立了大量与其相关的项目，英特尔、波音、摩托罗拉以及西门子等在内的许多公司也都较早加入了无线传感器网络的研究。2006年我国发表了《国家中长期科学与技术发展规划纲要》，为信息领域的发展确定了三个前沿方向，其中两个都与无线传感器网络有关，分别是智能感知技术和自组织网络技术。由此可以看出我国对此技术的重视程度。随着无线传感器网络理论与技术的不断成熟，其应用已经由国防军事领域扩展到环境监测、交通管理、医疗健康、工商服务、反恐抗灾等诸多领域，使人们在任何时间、任何地点和任何环境条件下都能够获取大量详实可靠的信息，最终成为一种“无处不在”的传感技术。

无线传感器网络是一种无中心节点的全分布系统。通过随机投放的方式，众多传感器节点被密集部署于监控区域。这些传感器节点集成有传感器、数据处理单元和通信模块，它们通过无线信道相连，自组织地构成网络系统。传感器节点借助于其内置的形式多样的传感器，测量所在周边环境中的热、红外、声呐、雷达和地震波信号，探测包括温度、湿度、噪声、光强度、压力、土壤成分、移动物体的大小、速度和方向等众多人们感兴趣的物理现象。传感器节点间具有良好的协作能力，通过局部的数据交换来完成全局任务。由于传感器网络的节能要求，多跳、对等的通信方式较之传统的单跳、主从通信方式更适合于无线传感器网络，同时还可有效避免在长距离无线信号传播过程中所遇到的信号衰落和干扰等各种问题。通过网关，传感器网络还可以连接到现有的网络基础设施上（如 Internet、移动通信网络等），从而将采集到的信息传给远程的终端用户使用。

无线传感器网络涉及传感器技术、网络通信技术、无线传输技术、嵌入式技术、分布式信息处理技术、微电子制造技术、软件编程技术等，是多学科高度交叉、新兴、前沿的一个热点研究领域。它是继 Internet 之后，将对 21 世纪人类生活方式产生重大影响的 IT 技术之一。美国的《商业周刊》杂志和《技术评论》杂志近年来评出的对人类未来生活产生深远影响的十大新兴技术中，传感器网络技术名列前茅。如果说 Internet 构成了逻辑上的信息世界，改变了人与人之间的沟通方式，那么，无线传感器网络就是将逻辑上的信息世界与客观上的物理世界融合在一起，改变人与自然界的交互方式。未来的人们将通过遍布四周的传感器网络直接感知客观世界，从而极大地扩展网络的功能和人类认识世界的能力。

5.1.2 无线传感器网络的体系结构

无线传感器网络的系统架构如图 5-1 所示，通常包括传感器节点（Sensor Node）、汇聚节点（Sink Node）和管理节点（Manager Node）。

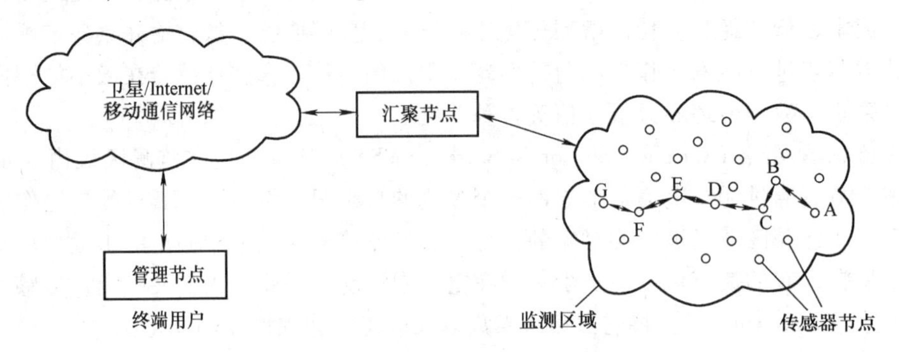

图 5-1 无线传感器网络的系统架构

图 5-1 中，大量传感器节点随机密布于整个被观测区域中，通过自组织的方式构成网络。传感器节点在对所探测到的信息进行初步处理之后，以多跳中继的方式将其传送给汇聚节点，然后经卫星、互联网或是移动通信网络等途径到达最终用户所在的管理节点。终端用户也可以通过管理节点对无线传感器网络进行管理和配置、发布监测任务或是收集回传数据。

传感器节点通常是一个嵌入式系统，由于受到体积、价格和电源供给等因素的限制，它的处理能力、存储能力相对较弱，通信距离也很有限，通常只与自身通信范围内的邻居节点交换数据。要访问通信范围以外的节点，必须使用多跳路由。为了保证采集到的数据信息能够通过多跳送到汇聚节点，节点的分布要相当密集。从网络功能上看，每个传感器节点都具有信息采集和路由的双重功能，除了进行本地信息收集和数据处理外，还要存储、管理和融合其他节点转发过来的数据，同时与其他节点协作完成一些特定任务。

汇聚节点通常具有较强的处理能力、存储能力和通信能力，它既可以是一个具有足够能量供给、更多内存资源和计算能力的增强型传感器节点，也可以是一个带有无线通信接口的特殊网关设备。汇聚节点连接传感器网络与外部网络，通过协议转换实现管理节点与传感器网络之间的通信，把收集到的数据信息转发到外部网络上，同时发布管理节点提交的任务。

传感器节点由传感单元、处理单元、无线收发单元和电源单元等几部分组成，如图5-2所示。

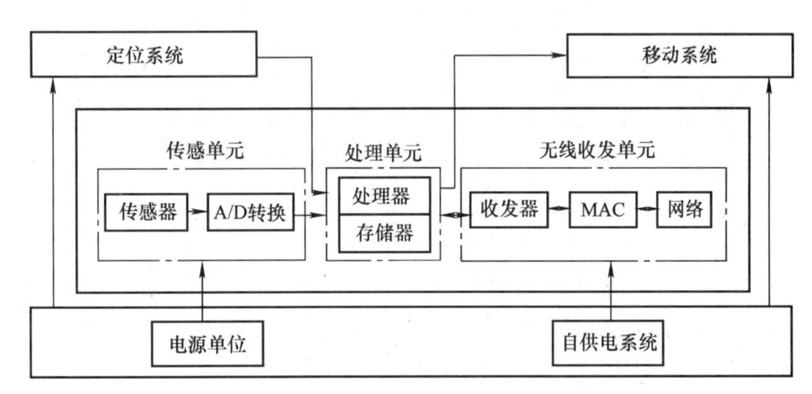

图5-2 无线传感器网络节点结构

传感单元由传感器和A/D转换模块组成，用于感知、获取监测区域内的信息，并将其转换为数字信号；处理单元由嵌入式系统构成，包括处理器、存储器等，负责控制和协调节点各部分的工作，存储和处理自身采集的数据以及其他节点发来的数据；无线收发单元由无线通信模块组成，负责与其他传感器节点进行通信，交换控制信息和收发采集数据；电源单元能够为传感器节点提供正常工作所必需的能源，通常采用微型电池。

此外，传感器节点还可以包括其他辅助单元，如移动系统、定位系统和自供电系统等。由于需要进行比较复杂的任务调度与管理，处理单元还需要包含一个功能较为完善的微型化嵌入式操作系统，如美国UC Berkeley大学开发的TinyOS。目前已有多种成型的传感器节点设计，如Berkeley的Motes，ICTCAS/PHKUST的BUDS，Intel的IMote等，它们在实现原理上是相似的，只是采用了不同的微处理器、不同的协议和通信方式。TinyOS参阅第12章的实验。

由于传感器节点采用电池供电，一旦电能耗尽，节点就失去了工作能力。为了最大限度地节约电能，在硬件设计方面，要尽量采用低功耗器件，在没有通信任务的时候，切断射频部分电源；在软件设计方面，各层通信协议都应该以节能为中心，必要时可以牺牲一些其他的网络性能指标，以获得更高的电源效率。

无线传感器网络的体系结构由分层的网络通信协议、网络管理平台以及应用支撑平台三个部分组成，如图5-3所示。

1. 分层的网络通信协议

类似于传统Internet网络中的TCP/IP协议体系，网络通信协议由物理层、数据链路层、网络层、传输层和应用层组成。

(1) 物理层 无线传感器网络的物理层负责信号的调制和数据的收发，所采用的传输介质主要有无线电、红外线、光波等。

(2) 数据链路层 无线传感器网络的数据链路层负责数据成帧、帧检测、媒体访问和

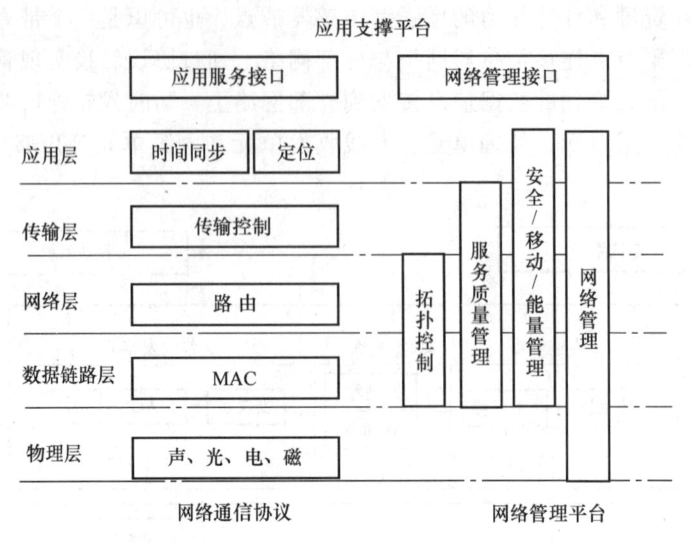

图5-3 无线传感器网络的体系结构

差错控制。其中，媒体访问协议保证可靠的点对点和点对多点通信；差错控制则保证源节点发出的信息可以完整无误地到达目标节点。

（3）网络层　无线传感器网络的网络层负责路由发现和维护。通常，大多数节点无法直接与网关通信，需要通过中间节点以多跳路由的方式将数据传送至汇聚节点。

（4）传输层　无线传感器网络的传输层负责数据流的传输控制，主要通过汇聚节点采集传感器网络内的数据，并使用卫星、移动通信网络、Internet 或者其他的链路与外部网络通信，是保证通信服务质量的重要部分。

2. 网络管理平台

网络管理平台主要是对传感器节点自身的管理以及用户对传感器网络的管理，它包括了拓扑控制、服务质量管理、能量管理、安全管理、移动管理、网络管理等。

（1）拓扑控制　为了节约能量，某些传感器节点会在某些时刻进入休眠状态，这导致网络的拓扑结构不断变化，因而需要通过拓扑控制技术管理各节点状态的转换，使网络保持畅通，数据能够有效传输。拓扑控制利用数据链路层、网络层完成拓扑生成，反过来又为它们提供基础信息支持，优化 MAC 协议和路由协议，降低能耗。

（2）服务质量管理　服务质量（QoS）管理在各协议层设计队列管理、优先级机制或者带宽预留等机制，并对特定应用的数据给予特别处理。它是网络与用户之间以及网络上互相通信的用户之间关于信息传输与共享的质量约定。为满足用户的要求，无线传感器网络必须能够为用户提供足够的资源，以用户可接受性能为指标工作。

（3）能量管理　在无线传感器网络中，电源能量是各个节点最宝贵的资源。为了使无线传感器网络的使用时间尽可能长，需要合理、有效地控制节点对能量的使用。每个协议层次中都要增加能量控制代码，并提供给操作系统进行能量分配决策。

（4）安全管理　由于节点随机部署、网络拓扑的动态性以及无线信道的不稳定性，传统的安全机制无法在无线传感器网络中适用，因此需要设计新型的无线传感器网络安全机制，这需要采用扩频通信、接入认证/鉴权、数字水印和数据加密等技术。

（5）移动管理　在某些无线传感器网络应用环境中节点可以移动，移动管理用来监测和控制节点的移动，维护到汇聚节点的路由，还可以使传感器节点跟踪它的邻居。

（6）网络管理　网络管理是对无线传感器网络上的设备及传输系统进行有效监视、控制、诊断和测试所采用的技术和方法。它要求协议各层嵌入各种信息接口，并定时收集协议运行状态和流量信息，协调控制网络中各个协议组件的运行。

3. 应用支撑平台

建立在分层网络通信协议和网络管理技术的基础之上，它包括一系列基于监测任务的应用层软件，通过应用服务接口和网络管理接口来为终端用户提供各种具体应用的支持。

（1）时间同步　无线传感器网络的通信协议和应用要求各节点间的时钟必须保持同步，这样多个传感器节点才能相互配合工作。此外，节点的休眠和唤醒也要求时钟同步。

（2）定位　节点定位是确定每个传感器节点的相对位置或绝对位置，节点定位在军事侦察、环境监测、紧急救援等应用中尤为重要。

（3）应用服务接口　无线传感器网络的应用是多种多样的，针对不同的应用环境，有各种应用层的协议，如任务安排和数据分发协议、节点查询和数据分发协议等。

（4）网络管理接口　主要是传感器管理协议，用来将数据传输到应用层。

5.1.3　无线传感器网络的特点

无线通信网络技术在过去的几十年间取得了飞速的发展。作为Internet在无线和移动领域的扩展和延伸，无线自组网络（Ad-hoc Network）由若干采用无线通信的节点动态地形成一个多跳的移动性对等网络，从而不依赖于任何基础设施。无线传感器网络与无线自组网络有很多相似之处，总的来说，它们都具有以下这些特点。

（1）分布式　网络中没有严格的控制中心，所有节点地位平等，节点之间通过分布式的算法来协调彼此的行为，是一个对等式网络。节点可以随时加入或离开网络，任何节点的故障不会影响整个网络的运行，具有很强的抗毁性。

（2）自组织　通常网络所处物理环境及网络自身有很多不可预测因素。比如：节点的位置不能预先精确设定；节点之间的相邻关系预先也不知道；部分节点由于能量耗尽或其他原因而死亡，新的节点加入到网络中；无线通信质量受环境影响不可预测；网络环境中的突发事件不可控。这样就要求节点具有自组织的能力，无需人工干预和任何其他预置的网络设施，可以在任何时刻、任何地方快速展开并自动组网，自动进行配置和管理，通过适当的网络协议和算法自动转发监测数据。

（3）拓扑变化　网络中节点具备移动能力；节点在工作和睡眠状态之间切换以及传感器节点随时可能由于各种原因发生故障而失效，或者有新的传感器节点补充进来以提高网络的质量；加之无线信道间的互相干扰、地形和天气等综合因素的影响，这些都会使网络的拓扑结构随时发生变化，而且变化的方式与速率难以预测。这就要求网络系统能够适应拓扑变化，具有动态可重构的性能。

（4）多跳路由　由于节点发射功率的限制，节点的覆盖范围有限，通常只能与它的邻居节点通信，如果要与其覆盖范围以外的节点进行通信，则需要通过中间节点的转发。此外，多跳路由是由普通网络节点协作完成的，没有专门的路由设备。这样每个节点既可以是信息的发起者，也可以是信息的转发者。

（5）安全性差　由于采用了无线信道、分布式控制等技术，网络更容易受到被动窃听、主动入侵等攻击。因此，网络的通信保密和安全性十分重要，信道加密、抗干扰、用户认证和其他安全措施都需要特别考虑，以防止监测数据被盗取和获取伪造的监测信息。

无线传感器网络与无线自组网络有着许多相似之处。在无线传感器网络的研究初期，人们一度认为成熟的 Internet 技术加上无线自组网络的机制对无线传感器网络的设计是足够充分的，但随后的深入研究表明，无线传感器网络有着与无线自组网络明显不同的技术要求和应用目标。无线自组网络以传输数据为目的，致力于在不依赖于任何基础设施的前提下为用户提供高质量的数据传输服务。而无线传感器网络以数据为中心，将能源的高效使用作为首要设计目标，专注于从外界获取有效信息。除此之外，无线传感器网络还具有以下一些区别于无线自组网络的独有特征。

（1）规模大、密度高　为获取尽可能精确、完整的信息，无线传感器网络通常密集部署在大片的监测区域中，其节点的数量和密度较无线自组网络成数量级的提高。它并非依靠单个设备能力的提升，而是通过大量冗余节点的协同工作来提高系统的工作质量。

（2）动态性强　无线传感器网络工作在一定的物理环境中。不断变化的外界环境（如无线通信链路时断时续，突发事件产生导致网络任务负载变化等）往往会严重影响系统的功能，这就要求传感器节点能够随着环境的变化而适时地调整自身的工作状态。此外，网络拓扑结构的变化也要求系统能够很好地适应自身动态多变的“内在环境”。

（3）应用相关　无线传感器网络通过感知客观世界的物理量来获取外界的信息。由于不同应用关心不同的物理量，因而对网络系统的要求也不同，其硬件平台、软件系统和通信协议也必然会有很大差异。这使得无线传感器网络不能像 Internet 那样有统一的通信协议平台，只有针对每一个具体的应用来开展设计工作，才能实现高效、可靠的系统目标，这也是无线传感器网络设计不同于传统网络的显著特征。

（4）以数据为中心　在无线传感器网络中，人们通常只关心某个区域内某个观测指标的数值，而不会去具体关心单个节点的观测数据。例如：人们可能希望知道“监测区域东北角上的温度是多少”，而不会关心“节点 8 所探测到的温度值是多少”。这就是无线传感器网络以数据为中心的特点，它不同于传统网络的寻址过程，能够快速、有效地组织起各个节点的信息并融合提取出有用信息直接传送给用户。这种以数据本身作为查询或传输线索的思想更接近于自然语言交流的习惯。用户使用传感器网络查询事件时，直接将所关心的事件通告给网络，而不是通告给某个确定编号的节点。网络在获得指定事件的信息后汇报给用户。

（5）可靠性　通过随机撒播传感器节点，无线传感器网络可以大规模部署于指定的恶劣环境或无人区域，由于传感器节点往往在无人值守的状态下工作，这使得网络的维护变得十分困难，甚至不太可能，因而要求传感器节点非常坚固、不易损坏，在环境因素变化不可预知的情况下能够很好地适应各种极端的环境。此外，为防止监测数据被盗取和获取伪造的监测信息，无线传感器网络的通信保密和安全也十分重要，这要求无线传感器网络的设计必须具有很好的鲁棒性和容错性。

（6）节点能力受限　传感器节点具有的处理能力、存储能力和通信能力等都十分有限，因而在实现各种网络协议和应用系统时，传感器节点的能力要受到以下一些限制：

1）电源能量受限。由于传感器节点的微型化，节点的电池能量有限，而且由于物理限制难以给节点更换电池，所以传感器节点的电池能量限制是整个无线传感器网络设计最关键的约束之一，它直接决定了网络的工作寿命。传感器节点消耗能量的模块包括传感器模块、处理器模块和无线通信模块，其中绝大部分的能量消耗在无线通信模块上，通常1比特信息传输100m距离所需的能量大约相当于执行3000条计算指令所消耗的能量。

2）计算和存储能力有限。廉价微型的传感器节点带来了处理器能力弱、存储器容量小的特点，使得其不能进行复杂的计算，而传统Internet上成熟的协议和算法对于无线传感器网络而言开销太大，难以使用，因此必须重新设计简单、有效的协议及算法。如何利用有限的计算和存储资源完成诸多协同任务成为对无线传感器网络设计的挑战。

3）通信能力有限。通常，无线通信的能耗E与通信距离d的关系为

$$E = kd^n$$

式中，$2 < n < 4$。参数n的取值与很多因素有关：由于传感器节点体积小，发送端和接收端都贴近地面，障碍物多，干扰大，n的取值要偏大；另外，天线质量对信号发射质量的影响也很大。综合考虑这些因素，通常取n为3，即通信能耗与通信距离的三次方成正比，随着通信距离的增加，能耗会急剧增加。为节能起见，无线传感器网络应采用多跳路由的通信传输机制，尽量减少单跳通信的距离。

由于无线信道自身的物理特性，通常使得它所能提供的网络带宽相对有线信道要小得多。此外，节点能量的变化、周围地势地貌以及自然环境的影响，使得网络的无线通信性能也会经常变化，甚至通信有可能时断时续。因此，如何设计可靠的通信机制以满足网络的通信需求是无线传感器网络所面临的一个重要挑战。

5.2　无线传感器网络研究进展

5.2.1　无线传感器网络的发展历程

信息化革命促进了传感器信息的获取从单一化逐渐向集成化、微型化和网络化的方向发展。伴随着网络化的潮流以及传感相关技术的飞速进步，无线传感器网络的发展跨越了三个阶段：无线数据网络、无线传感器网络、普适计算。

1. 无线数据网络

无线网络技术的发展起源于人们对无线数据传输的需求，它的不断进步直接推动了无线传感器网络概念的产生和发展。以下是几种典型的无线网络。

（1）ALOHA系统　1971年，美国夏威夷大学创建了ALOHA系统，它包含七台计算机，采用双向星形拓扑连接，横跨夏威夷的四座岛屿。该系统是第一个获得成功应用的无线网络，其最重要的一点是提出了随机占用信道的概念，即系统中众多用户共用一个信道，采用突发占用、碰撞重发的方法。当某一个用户有信息要传递时，就立即向信道上发送消息，同时检测信道的使用情况。如果出错，则认为和其他用户发送的数据发生了碰撞，于是在某一时延后重发这个数据分组。这里选取“某一时延”是为了防止发生碰撞的用户在检测到碰撞后都立即重发分组，而使各个用户错开重发时间，以避免连锁碰撞的恶性循环。ALOHA技术非常便于无线设备的实现，它有效地将计算机和通信结合起来，能够将计算机存储的大量信息传输到所需的地方。

（2）分组无线网　基于ALOHA系统的成功经验，美国国防部高级研究计划局（DAR-

PA）于1972年开始了以包交换无线电网（PRNET）为代表的一系列无线分组网络研发计划。PRNET是一种直序扩频系统，每个接入节点每隔7.5 s向邻节点发布信标来维护网络拓扑。另外，加拿大的业余无线电爱好者数字通信小组（ADCG）采用单一信道工作模式以及频移键控调制方法，在通信过程中使用了与ALOHA系统相似的载波监听多路访问（CSMA）的信道接入方式。分组无线网络的后续研究取得了不少成果，最主要的进步在于多路访问冲突避免（MACA）无线信道接入协议的开发。MACA将CSMA机制与苹果公司的Localtalk网络中使用的RTS/CTS通信握手机制相结合，很好地解决了“隐蔽终端”和“暴露终端”的问题。

（3）无线局域网 无线局域网（WLAN）通过无线信道来实现网络设备之间的通信，并实现通信的移动化、个性化和宽带，它具有接入灵活、移动便捷、方便组建、易于扩展等诸多优点。作为全球公认的局域网权威，IEEE 802工作组建立的标准在局域网领域内得到了广泛应用。IEEE于1997年发布了无线局域网领域第一个在国际上被认可的协议——802.11协议。1999年8月，802.11标准得到了进一步的完善和修订，包括用一个基于SNMP的MIB来取代原来基于OSI协议的MIB。另外还增加了两项内容，一项是802.11a，它扩充了标准的物理层，频带为5GHz，采用QFSK调制方式，传输速率为6～54Mbit/s。它采用正交频分复用（OFDM）的独特扩频技术，可提供25Mbit/s的无线ATM接口和10Mbit/s的以太网无线帧结构接口，并支持语音、数据、图像业务。这样的速率完全能满足室内、室外的各种应用场合。另一项是802.11b标准，在2.4GHz频带，采用直接序列扩频（DSSS）技术和补偿编码键控（CCK）调制方式。该标准可提供11Mbit/s的数据速率，还能够根据情况的变化，在11Mbit/s、5.5Mbit/s、2Mbit/s、1Mbit/s的不同速率之间自动切换。它从根本上改变了无线局域网设计和应用现状，扩大了无线局域网的应用领域。目前，大多数厂商生产的无线局域网产品都基于802.11b标准的改进版本802.11g。其最高传输速率为54Mbit/s，同样使用了2.4GHz的频率。

（4）无线个域网 HomeRF工作组于1998年为在家庭范围内实现语音和数据的无线通信制定了一个规范，即共享无线访问协议（SWAP）。该协议主要针对家庭无线局域网，其数据通信采用简化的IEEE 802.11协议标准。之后，HomeRF工作组又制定了HomeRF标准，它是IEEE 802.11与泛欧数字无绳电话标准（DECT）的结合，用于实现PC和用户电子设备之间的无线数字通信，可同步支持四条高质量语音信道并具有低功耗的优点。

由爱立信等公司发起成立的“蓝牙特别兴趣小组（BSIG）”提出了用于实现短距离无线语音和数据通信的蓝牙系统。蓝牙技术采用自动寻道技术和快速跳频技术保证传输的可靠性，具有全向传输能力。它工作于ISM频段，基带部分的数据速率为1Mbit/s，有效无线通信距离为10～100 m，采用时分双工传输方案实现全双工传输。在任意时间，只要蓝牙技术产品进入彼此有效范围之内，它们就会立即传输地址信息并自动组建成网。

HomeRF和蓝牙都工作在2.4GHz ISM频段，并且都采用跳频扩频（FHSS）技术，因此，HomeRF产品和蓝牙产品之间几乎没有相互干扰。蓝牙技术适用于松散型的网络，可以让设备为一个单独的数据建立一个连接，而HomeRF技术则不像蓝牙那样随意。组建HomeRF网络前，必须为各网络成员事先确定一个唯一的识别代码，因而比蓝牙技术更安全。

（5）无线自组网络 无线自组网络是一组由带有无线收发装置的移动终端所组成的一个多跳自组织的自治网络系统。蜂窝移动通信网络和无线局域网都属于现有网络基础设施范畴，它们需要类似基站或访问服务点这样的中心控制设备，而无线自组网络是一种无中心的分布式控制网络，每个用户终端兼备路由器和主机两种功能，这为便携终端实现自由快速的无线通信提供了可能。20 世纪 90 年代以来，以 Ad-Hoc 网络为代表的无线自组网络已经从无线通信领域中的一个小分支逐渐扩大到相对较为独立的领域。由于无线自组网络不依赖于任何已有的网络基础设施，终端节点动态且随意分布，因此，如何在终端节点移动的情况下保证高质量的数据通信是该领域研究的热点问题。

2. 无线传感器网络

无线传感器网络起源于美国军方的作战需求。1978 年，美国国防部高级研究计划局（DARPA）在卡耐基·梅隆大学成立了分布式传感器网络工作组。工作组根据军方对军用侦查系统的需求，研究传感器网络中的通信、计算问题。此后，DARPA 又联合 NSF 设立了多项有关无线传感器网络的研究项目。这些研究推动了以网络技术为核心的新军事革命，建立了网络中心战的思想体系，由此也拉开了无线传感器网络研究的序幕。20 世纪 90 年代中期以后，无线传感器网络引起了学术界、军界和工业界的极大关注，美国通过国防部和国家自然基金委员会等多种渠道投入巨资支持无线传感器网络技术的研究，其他发达国家也相继启动了许多关于无线传感器网络的研究计划。

（1）Sensor IT　DARPA 在 1998 年开展了名为 Sensor Information Technology（Sensor IT）的研究计划。该计划共有 29 个研究项目，分别在 25 个研究机构完成。Sensor IT 的研究目标主要是针对适应战场高度动态的环境，建立快速进行任务分配和查询的反应式网络系统，利用无线传感器网络的协作信息处理技术发挥战场网络化观测的优势。

（2）WINS　由 DARPA 资助，加州大学洛杉矶分校与罗克韦尔研究中心合作开展的 WINS（Wireless Integrated Network Sensors）开始于 1996 年。该研究计划的目标是结合 MEMS 技术、信号处理技术、嵌入式计算和无线通信技术，构造大规模、复杂的集成传感系统，实现物理世界与网络世界的连接。

（3）Smart Dust　在 DARPA/MTO MEMS 的资助下，U. C. Berkeley 大学于 1998 年开始了名为 Smart Dust 的研究计划，其目标是结合 MEMS 技术和集成电路技术，研制体积不超过 $1mm^3$，使用太阳能电池，具有光通信能力的自治传感器节点。由于体积小、重量轻，该节点可以附着在其他物体上，甚至可以在空气中浮动。

（4）Sea Web　Sea Web 是由美国海军研究办公室（ONR）支持，目标是研究基于水声通信的无线传感器网络的组网技术。该项目针对水声通信带宽窄、速率低、时延抖动大等特点，利用无线传感器网络获取的信息对水声信道时变、空变的特点进行建模。该项目在 1999 年到 2004 年间进行了多次实验，取得了大量的现场数据，验证了构造水声传感器网络系统的可行性。

（5）Hourglass　哈佛大学于 2004 年开展了名为 Hourglass 的研究项目，旨在构建一个健壮、可扩展的数据采集网络，即把不同的传感器网络连接起来，提供一个对广泛分布的传感数据进行采集、过滤、聚集和存储的框架，并致力于将这个框架推进成为一个可以部署多传感器网络应用的平台。其关键在于为异构的无线传感器网络提供网格 API，以统一地存取传感数据。

（6）Sensor Webs　2001 年以来，美国国家航空与航天局（NASA）的 JPL 实验室所开展的 Sensor Webs 计划，致力于通过近地低空轨道飞行的星载传感器提供全天候、同步、连续的全球影像，实现对地球突发事件的快速反应，并准备用在将来的火星探测项目上。目前，已经在佛罗里达宇航中心周围的环境监测项目中进行测试和进一步完善。

（7）IrisNet IrisNet是Intel公司与美国卡耐基·梅隆大学正在合作开发的技术，其主要设想是利用XML语言将分散于全球的传感器网络上的数据集中起来，并加以灵活利用，使其成为传感信息世界中的Google。在“搜索空停车场”的实例中，它在多个停车场里设置摄像头，并组成网络，根据所拍摄的录像建立停车空位信息数据库，为用户提供查询空车位的服务。

（8）NEST 网络嵌入式系统技术（NEST）战场应用实验作为DARPA主导的一个重要项目，致力于为火控和制导系统提供准确的目标定位信息。该项目成功地验证了无线传感器网络技术能够准确定位敌方狙击手。这些传感器节点能够跟踪子弹产生的冲击波，在节点范围内测定子弹发射时产生声震和枪震的时间，以判定子弹的发射源。三维空间的定位精度可达1.5m，定位延迟达2s，甚至能显示出敌方射手采用跪姿和站姿射击的差异。

3. 普适计算

在主机计算时代，人们只能通过数量有限的大型主机获取和处理有限的信息，这时的信息空间是由相对孤立的计算机的存储空间构成的，信息服务也相当有限。在桌面计算时代，互联网技术极大地促进了信息空间的拓展，但信息空间的信息仍然有限，通常只能通过有限的手段（即桌面计算设备）来获取和处理信息。这严重阻碍了人们获取信息的能力，因而需要一种与信息空间发展相适应的计算模式来满足人们的信息需求，普适计算应运而生。1991年，Mark Weiser提出了“普适计算（Pervasive Computing）”的思想，即把计算机嵌入到环境或日常工具中去，让计算机本身从人们的视线中消失，使人们注意的中心回归到要完成的任务本身，并可以随时随地和透明地获得数字化的服务。它有如下特点：

（1）普适性 数量众多的计算设备被布置和嵌入到环境中，通过这些设备，用户可以随时随地得到计算服务。

（2）透明性 在普适计算环境下，计算过程对于用户是透明的，服务的访问方式是十分自然的甚至是用户本身注意不到的，这使用户很大程度将注意力放在要完成的任务上。

（3）动态性 在普适计算环境中，用户通常处于移动状态，导致在特定的空间内用户集合将不断变化；另外，移动设备也会动态地进入或退出一个计算环境，导致计算系统的结构也在发生动态变化。

（4）自适应性 计算系统可以感知和推断用户需求，自发地提供用户需要的信息服务。

（5）永恒性 计算系统不会关机或者重新启动，计算模块可以根据需求、系统错误或系统升级等情况加入或离开计算系统。

随着无线传感器网络的兴起与迅速发展，普适计算的技术理念在无线传感器网络平台上得到了很好的实践和延伸。作为实现普适计算的一个重要途径，无线传感器网络能够很好地实现环境信息的感知，实现多通道交互方式；同时通过现有的网络基础（比如公共数据网、小型的局域网等传输媒介）来实现服务数据的传输，最后终端用户通过普适设备来随时随地获取所需要的各种服务信息。借助于大量分布于人们四周的微型传感器构成的网络，可以实时地监测周围物理环境的变化，将一些影响人们日常生活的物理现象信息化，从而将逻辑上的信息世界与真实的物理世界融合在一起，让人们可以自由地穿行于物理世界和信息空间，“就如同人们在森林中散步般清新自然”。

在无线传感器网络这个新兴、充满着智能的普适计算环境中，任意的时间，任意的地点，与外界信息的交流将变得更加方便，而且无线传感器网络利用天然的传输媒介，把普适计算的“透明”这个显著特点表现得淋漓尽致。因此用无线传感器网络来实现普适计算是可行的，而且也是普适计算发展的趋势。这一切都将深刻地改变着人类与自然的交互方式。

成功的研究项目如加州大学洛杉矶分校电子工程系的WINS，加州大学伯克利分校的WEBS，科罗拉多大学的MANTIS，南加州大学信息科学院的SCADDS，俄亥俄州大学的ExScal，麻省理工学院的NMS和μAMPS，哈佛大学的CodeBlue以及普渡大学的ESP项目等。另外，很多知名的机构和实验室如IBM、微软、英特尔、斯托尼布鲁克分校WINGS实验室、南加州大学RESL实验室、耶鲁大学的ENALAB实验室、加州大学洛杉矶分校CENS实验室等也在从事无线传感器网络的研究。

同时，可用于传感器节点的硬件平台和面向无线传感器网络操作系统的开发方面也取得了很大进展，传感器节点越来越走向智能化和集成化，如加利福尼亚大学洛杉矶分校的Medusa MK-2传感器节点、加州大学伯克利分校的MICA系列传感器、PicoRadio传感器节点均已商用，而加州大学伯克利分校的TinyOS操作系统是目前进行软件开发最常用操作系统，参阅第12章的实验内容。

继欧美等国家之后，日本、韩国、澳大利亚以及中国等国家和地区也积极开展了无线传感器网络的研究。在国内，中国科学院于1999年首次将无线传感器网络用于“重点地区灾害实时监测、预警和决策支持示范系统”项目中。其后，传感器网络的研发被确定为我国信息产业科技发展“十一五”规划中需要重点突破的核心技术。以中科院上海微系统所开始开发微传感器系统平台为代表，中科院软件所、电子所、自动化所等研究所，以及各大高校如清华大学、哈尔滨工业大学、电子科技大学、西北工业大学、国防科技大学等院校都较早地进行了无线传感器网络的研究。为了扩大研究领域，将无线传感器网络从基础研究发展到应用研究，中科院和武汉大学先后与香港科技大学和香港城市大学建立了联合实验室，共同开展研究工作。2005年，电子科技大学联合几家科研机构在自主搭建的平台上构建无线传感器网络，完成了硬件平台和操作系统的设计和实现。很多学者针对无线传感器的节点定位、时间同步、能量路由等问题做了研究并提出了新的算法，推进了无线传感器理论研究。

2006年，无线传感器网络被国务院“国家中长期科学和技术发展规划纲要”列为信息产业优先发展课题之一，国家自然科学基金委、国防科工委和国家发改委从2003年起，对无线传感器网络相关课题投入了越来越多的支持。2006年至今，很多中小型通信和电子企业均已开始了无线传感器网络监控系统的研究。无线传感器网络为国民经济带来了巨大的经济效益，并影响了人们的生活方式，已成为当今研究的一个热点问题。

5.2.2　无线传感器网络的研究进展

随着人类探知领域和空间的拓展，人们需要获取信息的种类在增多，需要信息传递的速度在增快，需要信息处理的能力在增强。信息领域始终成为引领潮流的研究领域。

信息领域包括信息采集、信息传输和信息处理三大子领域。信息采集即传感，是人类感官的延伸，为人们认识和控制相应的对象提供条件和依据；信息传输是人类神经网络的延伸，将所采集的信息传输到信息中枢以便处理；信息处理是人类大脑的延伸，对输送到的信息进行加工，以用于认识和控制。此三大子领域的技术发展相互依存、相互推动并交替上升。每次信息领域的重大突破都会导致人类社会发生深刻的变革。

专家预言，随着传感、传输与处理三大子领域技术结合的产生，人类将被逐渐引领步入“网络即传感器”的传感时代，人们可以通过无线传感器网络直接感知真实世界甚至虚拟世界的一切，从而极大地扩展了网络的功能，增强了人类认识世界的能力。这些必将极大地推动相关学科的发展，并带来社会的深刻变革。无线传感器网络是全球未来的三大高科技产业之一，它将掀起新的产业浪潮。而在引领 IT 行业走出持续低迷的现状方面，无线传感器网络则更是被人们寄予厚望。可以看到，在“中国未来 20 年技术预见研究”中总共 157 个技术课题，其中有 7 项是直接论述无线传感器网络的。

在现代社会中，传感器已经成为连接自然世界与电子世界的主要媒介。与此同时，随着通信技术的发展，人们不再满足于单个传感器独立地对环境进行感知，而是希望通过传感器之间的相互协作与通信完成更为广泛与精细的监测任务，并且把监测的数据以及部分处理的结果通过网络传送给相应的用户，以便用户完成更为复杂的计算、分析以及处理。

无线传感器网络是由大量密集部署在监控区域的自治节点构成的一种网络应用系统。由于节点规模大，部署时经常采用随机投放的方式。在任意时刻，节点间通过无线通信，自组织网络拓扑结构。节点间具有很强的协同能力，从系统整体行为的角度来看，网络系统是“智能”的；从应用系统的角度看，系统无人值守、容错、可伸缩、适应环境并且生命周期长。无线传感器网络具有的特点是：个体（单个传感器节点）体积小、低功耗及低成本；通信网络自组织（Ad-hoc）、无主（Distributed）、多跳（Multi-hop）及对等（Peer to Peer）。

无线传感器网络是当前国际上备受关注的、由多学科高度交叉形成的新兴前沿研究热点领域。无线传感器网络综合了传感器技术、嵌入式计算技术、现代网络及无线通信技术及分布式信息处理技术等，能够通过各类集成化的微型传感器协作地实时监测、感知和采集各种环境或监测对象的信息，通过嵌入式系统对信息进行处理，并通过随机自组织无线通信网络以多跳中继方式将所感知信息传送到用户终端，从而真正实现“无处不在的计算”理念。无线传感器网络具有十分广阔的应用前景，已经引起了世界许多国家军界、学术界和工业界的高度重视，被认为是将对 21 世纪产生巨大影响力的技术之一。

无线传感器网络系统可以被广泛地应用于国防军事、国家安全、航空航天、环境监测、交通管理、医疗救护、制造业、反恐抗灾等领域，特别是在未来军事领域中，由于无线传感器网络可以快速部署在敌对地区并收集相关情报，同时又无须人为干预，所以可以极大地减小人员的损失，是现代化电子信息战的重要体现。因此，无线传感器网络在未来具有广泛的应用前景，它将掀起新的产业浪潮。

由于无线传感器网络的巨大应用价值，它已经引起世界许多国家的军事部门、工业界和学术界的极大关注。从 2003 年开始，美国科学基金委员会就开始资助传感器和无线传感器网络项目，涉及能感知有毒化学物、爆炸物和生物攻击的传感器，在分布式环境下的无线传感器网络系统，传感器和工业系统的集成，以及在决策过程中如何有效利用感知数据的问题。这些研究和应用紧密联系，政府每年拨款 3400 万美元支持大小不同的研究项目。在 2005 年对网络技术和系统的研究计划中，主要研究下一代高可靠性的、安全的、可扩展的网络，可编程的无线网络及传感器系统的网络特性，包括研究体系结构、工具、算法以及应用系统。该项资助金额达到 4000 万美元。

2003 年，美国能源部和许多大学和研究中心合作，资助 520 万美元研究利用无线和感知方法提高工业部门效率；资助300万美元研究分布式无线多传感器技术；与Eaton公司等合作，资助300万美元研究了Eaton无线传感器网络的能量管理解决技术；资助290万美元研究如何利用低成本的一氧化碳传感器和火炉控制系统提高锅炉效率等；最近与美国Sandia国家实验室合作，共同研究能够尽早发现以地铁、车站等场所为目标的生化武器袭击，并及时采取防范对策的系统。

美国国防部和各军事部门都对无线传感器网络给予了高度重视。在C4ISR的基础上提出了C4KISR计划，强调战场情报的感知能力、信息的综合能力和信息的利用能力。把无线传感器网络作为一个重要研究领域，设立了一系列的军事无线传感器网络研究项目。美国隶属于总统办公厅的国家信息技术研究与发展综合办公室主任大卫·纳尔逊说，无线传感器网络技术，预示着为战场上带来新的电子眼和电子耳，“能够在未来几十年内变革战场环境”。先进的传感器技术使传感器设备的创造成为必需，使它能够检测一些像运动这样的物理现象，处理收集到的数据，向网络中心无线传输这些数据。例如，美国海军最近开展的联合作战能力计划（Cooperative Engagement Capability，CEC）是一项革命性的技术，海军为此投资近20亿美元。CEC将来自一个战斗群内的舰船和飞机的传感器数据合并成一个单独的、实时的、火控级的综合航迹，通过向组成火力网一部分的舰船分发传感器数据，CEC扩大了有效范围，使舰船能够在雷达作用距离之外与敌方交战。

欧盟的EYES（自组织和协作有效能量的传感网络）是为期三年的一项计划，从2002年开始实施。研究的范围包括分布式信息处理、无线通信和移动计算。该项目集中研究体系结构，协议和软件，使节点“聪明”，自组织及相互协作。他们提出应具备的两层结构，底层处理传感器和传感网络，上层则根据底层提供的信息，为应用提供服务。在通信网络方面开发的新技术包括内部传感器结构，分布式无线接入，路由协议，可靠的端到端传输，节点时间同步和定位；在服务层，支持移动传感器应用，包括信息收集、查找、发现和安全等。

2004年3月，日本总务省成立“泛在传感网络（Ubiquitous Sensor Network，USN）”调查研究会，研究会成员共31名，除家电厂商、通信运营商和大学之外，还包括SKYLEY-NETWORKS、世康、欧姆龙等大型公司。

国外的一些著名大学，如加州大学洛杉矶分校、康奈尔大学、麻省理工学院和加州大学伯克利分校等也先后开展了传感器网络方面的研究工作。其中以下几项研究值得关注。

加州大学洛杉矶分校（UCLA）在生态监控方面研究了小气候传感器和视频传感器网络技术，包括通过有限的传感器节点和简单且易于测试的通信软件进行长时间数据收集的应用系统，研究在鸟巢中的微气候的影响，还研究了自动分类实时的远端鸟巢内图像数据的收集和土壤中嵌入网络感知技术等。另外还有移动感知平台的生态应用系统，无线传感器中的自适应通信，农业和生态应用中的视频成像节点的部署等。在地震监控和响应结构方面，研究了数据通信控制器和网络时间同步，实时地震监控和深埋地下的传感器的可靠部署，宽带地震网络，连续实验和结构模型，结构检测的无线地震监控网络。在污染传输监控方面，研究了实验室污染源估计，包括开发提取污染源区域特征的软硬件系统，实验室岩石影响评估，传输媒质中沙漠土壤物理模型和相关数据获取系统，在理想化土壤系统中包括水渗透和土壤潮湿分布的初步实现，传感器错误控制，定位传感网络错误的算法并在信息传输中最小化这些错误。

加州大学伯克利分校（UC Berkeley）实施了WINS项目，项目包括NEST（网络嵌入系统技术研究），为网络嵌入系统开发了一系列的软硬件实验平台，包括在小型传感器上运行的 TinyOS 操作系统、TOSSIM 模拟器、数据查询系统 TinyDB，以及在 TinyOS 上运行的编译器 NesC、用于传感网络的定位系统 Calamari、链路层加密算法 TinySEC 等。该项目还包括 Sensor Webs、Smart Dust、Pico. Radio 等部分。

麻省理工学院（MIT）研究了传感网络和数据流管理系统集成框架和集成两者技术的查询优化技术等，并且获得了 NSF 的资助；在 DARPA 的支持下，研究了用于无线传感器网络的中间件技术，比如定位、追踪和联网等，大型传感网络可扩展算法，软件应用的灵活性，利用无线和超声波提供定位服务的方法等。还研究了无线传感器网络节约能量的拥塞控制等，该研究获得美国 2005 年的 NSF 支持。研究传感网和移动装置网的分布算法，该研究获得了 NSF、DARPA、空军太空实验室的支持，研究了基于知识的信号处理技术等方面内容。

无线传感器网络节点研制及其关键技术的研究，将极大地推动无线传感网络和节点的国产化研究，为中国提供具有自主知识产权的高科技产品。我国将在此基础上，继续研制其系列产品或衍生产品，它们在军事国防、工农业、城市管理、生物医疗、环境监测、抢险救灾、防恐反恐、危险区域远程控制等许多领域有着巨大的实用价值，具有广阔的市场发展空间。

5.2.3 无线传感器网络面临的挑战和未来发展方向

根据无线传感器网络的体系结构，总结出其每层中面临的主要技术挑战如下。

1. 物理层的主要技术挑战

无线传感器网络的低能耗、低成本、微型化等特点，以及具体应用的特殊需求给物理层的设计带来巨大的挑战。主要包括：

1）调制机制。低能耗、低成本的特点要求调制机制尽量设计简单，能量消耗低。另一方面，无线通信本身的不可靠性、无线传感器网络与现有无线通信系统和无线设备之间的无线电干扰，以及具体应用的特殊要求使得调制机制必须具有较强的抗干扰能力。

2）便于与上层协议结合的跨层优化设计。物理层处于最底层，是整个开放系统的基础。它的设计对以上各层的跨层优化设计具有重要影响，而跨层优化设计是无线传感器网络协议研究的主要内容。

3）硬件设计。在整个协议栈中，物理层与硬件的关联最为密切。微型、低功耗、低成本的传感、处理和通信单元的设计是非常必要的。

2. 数据链路层的主要技术挑战

尽管无线传感器网络的数据链路协议研究取得了很大进展，但还有一些根本性的问题尚未完全解决。总的来说，无线传感器网络的 MAC 协议还面临以下技术挑战。

1）复杂度和性能的折中。现有的 MAC 协议为了追求能耗的最小化，往往以提高节点复杂度为代价。例如，基于低功耗前导载波的协议以增加额外的接收信号检测电路为代价。这在实际的计算和存储能力较低的传感器节点上往往难以实现，因此要根据实际应用需求，研究如何在复杂度和性能之间实现最优折中。

2）各种性能指标间的折中。在 MAC 协议设计中，传感器网络的各种性能指标之间经常会发生冲突。例如，为了降低功耗，希望节点尽可能长时间处于休眠状态，但这势必会增大消息延迟；为了降低成本，希望使用低稳定度、低成本的时间基准，但这对基于时分复用类的MAC协议来说则非常不利。总之，现有的无线传感器网络MAC协议往往顾此失彼，仅是考虑了某些性能指标的优化，而忽略了其他方面的指标。

3）跨层优化。无线传感器网络与传统分层网络的最大区别是各层间能够紧密协作与信息共享。因此，无线传感器网络的MAC协议设计不应死守传统分层设计的观念，而应该通过跨层设计来优化网络性能。例如，MAC协议中可以根据应用层传递的消息的重要性或紧迫程度，为不同节点动态分配不同的信道访问能力。

3. 网络层的主要技术挑战

路由协议不仅要考虑节能，更要从整个网络系统的角度，根据具体的应用背景，考虑网络能量的均衡使用，最终延长整个网络的寿命。研究人员采用多种策略来设计无线传感器网络的路由，提出了各种各样的路由协议。好的协议具有以下特点：

1）针对能量高度受限的特点，高效利用能量几乎是设计的第一策略。

2）针对报头开销大、通信耗能、节点有合作关系、数据有相关性和节点能量有限等特点。

3）采用数据聚合、过滤等技术。

4）针对流量特征、通信耗能等特点，采用通信量负载平衡技术。

5）针对节点少移动的特点，不维护其移动性。

6）针对网络相对封闭、不提供计算等特点，只在汇聚节点考虑与其他网络互联。

7）针对网络节点不编址的特点，采用基于数据或基于位置的通信机制。

8）针对节点易失效的特点，采用多路径机制。

尽管无线传感器网络的路由协议研究取得了很大进展，但还有一些根本性的问题尚未完全解决。总的说来，无线传感器网络的路由协议还面临以下技术挑战：

1）减小通信量。由于无线传感器网络中的数据通信最为耗能，因此应在协议中尽量减少数据通信量。例如，可在数据查询或者数据上报中采用某种过滤机制，抑制节点上传不必要的数据；采用数据融合机制，在数据传输到汇聚节点前就完成可能的数据计算。

2）构建能量有效的全局最优路由策略。由于能量的约束，无线传感器网络无法采用传统的全局中心控制式路由算法精确计算优化路由，而是依据本地拓扑信息实现路由的局部优化。如何将路由的局部优化拓展到实现全局最优是路由算法设计的一个重要挑战。

3）保持通信量负载平衡。通过更加灵活地使用路由策略让各个节点分担数据传输，平衡节点的剩余能量，延长整个网络的生存时间。例如，可在层次路由中采用动态路由；在路由选择中采用随机路由而非稳定路由；在路径选择中考虑节点的剩余能量。

4）应具有容错性。由于无线传感器网络节点容易发生故障，因此应尽量利用节点易获得的网络信息计算路由，以确保在路由出现故障时能够尽快恢复，并可采用多路径传输来提高数据传输的可靠性。

5）应具有安全机制。由于无线传感器网络的固有特性，其路由协议极易受到安全威胁，尤其是在军事应用中。目前的路由协议很少考虑安全问题，因此在一些应用中必须考虑设计具有安全机制的路由协议。

4. 传输层的主要技术挑战

目前，无线传感器网络传输层技术虽然取得了一些进展，但仍然存在以下问题有待进一步研究。

1）需要设计具有较短时延的传输协议。现有的无线传感器网络传输协议都需要较长的延时才能保证可靠的传输，尤其当存在多个并发传输任务时，因此这些协议不适用于对时延有较高要求的实时应用。

2）需要考虑如何保证传输的安全性。在受到恶意攻击的情况下，可靠的传输层技术应该能够安全可靠地传输数据。在进一步研究时，可以考虑如何将数据加密技术结合到无线传感器网络传输层技术的设计中。

3）需要优化现有的传输协议，提高可扩展性和容错性，降低能量消耗并缩短响应时间。例如，可通过调整执行任务的传感器数量或位置，更好地控制无线传感器网络的可靠性和能耗。

无线传感器网络不同于传统数据网络的特点对无线传感器网络的设计与实现提出了新的挑战，主要体现在以下五个方面。

1）低能耗。传感器节点通常由电池供电，电池的容量一般不会很大。由于长期工作在无人值守的环境中，通常无法给传感器节点充电或者更换电池，一旦电池用完，节点就失去了作用。这要求在无线传感器网络运行的过程中，每个节点都要最小化自身的能量消耗，获得最长的工作时间；因而无线传感器网络中的各项技术和协议的使用一般都以节能为前提。

2）实时性。无线传感器网络应用大多有实时性的要求。例如，目标在进入监测区域之后，网络系统需要在一个很短的时间内对这一事件做出响应。其反应时间越短，系统的性能就越好。又如，车载监控系统需要每10ms读一次加速度仪的测量值，否则无法正确估计速度，导致交通事故。这些应用都对无线传感器网络的实时性设计提出了很大的挑战。

3）低成本。组成无线传感器网络的节点数量众多，单个节点的价格会极大程度地影响系统的成本。为了达到降低单个节点成本的目的，需要设计对计算、通信和存储能力均要求较低的简单网络系统和通信协议。此外，还可以通过减少系统管理与维护的开销来降低系统的成本，这需要无线传感器网络系统具有自配置和自修复的能力。

4）安全、抗干扰。无线传感器网络系统具有严格的资源限制，需要设计低开销的通信协议，同时也会带来严重的安全问题。如何使用较少的能量完成数据加密、身份认证、入侵检测以及在破坏或受干扰的情况下可靠地完成任务，也是无线传感器网络研究与设计面临的一个重要挑战。

5）协作。单个的传感器节点往往不能完成对目标的测量、跟踪和识别，而需要多个传感器节点采用一定的算法通过交换信息，对所获得的数据进行加工、汇总和过滤，并以事件的形式得到最终结果。数据的传递协作涉及网络协议的设计和能量的消耗，也是目前研究热点之一。

由以上这些挑战，根据无线传感器网络的研究现状，无线传感器网络技术的发展趋势主要有四个方面。

1）灵活、自适应的网络协议体系。无线传感器网络广泛地应用于军事、环境、医疗、家庭、工业等领域。其网络协议、算法的设计和实现与具体的应用场景有着紧密的关联。在环境监测中需要使用静止、低速的无线传感器网络；军事应用中需要使用移动的、实时性强的无线传感器网络；智能交通里还需要将RFID技术和无线传感器网络技术融合起来使用。这些面向不同应用背景的无线传感器网络所使用的路由机制、数据传输模式、实时性要求以及组网机制等都有着很大的差异，因而网络性能各有不同。目前无线传感器网络研究中所提出的各种网络协议都是基于某种特定的应用而提出的，这给无线传感器网络的通用化设计和使用带来了巨大的困难。如何设计功能可裁减、自主灵活、可重构和适应于不同应用需求的无线传感器网络体系结构，将是未来无线传感器网络发展的一个重要方向。

2）跨层设计。无线传感器网络有着分层的体系结构，因此在设计时也大都是分层进行的。各层的设计相互独立且具有一定局限性，因而各层的优化设计并不能保证整个网络的设计最优。针对此问题，一些研究者提出了跨层设计的概念。跨层设计的目标就是实现逻辑上并不相邻的协议层之间的设计互动与性能平衡。对无线传感器网络，能量管理机制、低功耗设计等在各层设计中都有所体现，但要使整个网络的节能效果达到最优，还应采用跨层设计的思想。

将 MAC 与路由相结合进行跨层设计可以有效节省能量，延长网络的寿命。同样，传感器网络的能量管理和低功耗设计也必须结合实际跨层进行。此外，在时间同步和节点定位方面，采用跨层优化设计的方式，能够使节点直接获取物理层的信息，有效避免本地处理带来的误差，获得较为准确的相关信息。

3）ZigBee 标准规范。ZigBee 是一种新兴无线网络通信规范，主要用于近距离无线连接。ZigBee 的基础是 IEEE 无线个域网工作组所制定的 IEEE 802.15.4 技术标准。802.15.4 标准旨在为低能耗的简单设备提供有效覆盖范围在 10m 左右的低速连接，可广泛用于交互玩具、库存跟踪监测等消费与商业应用领域。ZigBee 当然不仅只是 802.15.4 的名字。IEEE 802.15.4 仅处理低级 MAC 层和物理层协议，ZigBee 联盟对其网络层协议和 API 进行了标准化，还开发了安全层，以保证这种便携设备不会意外泄漏其标识，而且这种利用网络的远距离传输不会被其他节点获得。此外，ZigBee 还具有低传输速率、低功耗、协议简单、时延短、安全可靠、网络容量大、优良的网络拓扑能力等优点。ZigBee 的这些优点极好地支持了无线传感器网络：它能够在众多微小的传感器节点之间相互协调实现通信，这些节点只需要很低的功耗，以多跳接力的方式在节点间传送数据，因而通信效率非常高。目前，ZigBee 联盟正在进行协议标准的整合工作，该标准的成功制定对于无线传感器网络的推广使用将有着深远、重要的意义。

4）与现有网络的融合。无线传感器网络和现有网络的融合将带来新的应用。例如，无线传感器网络与互联网、移动通信网的融合，一方面使无线传感器网络得以借助这两种传统网络传递信息，另一方面这两种网络可以利用传感信息实现应用的创新。此外，将无线传感器网络作为传感与信息采集的基础设施融合进网格体系，构建一种全新的基于无线传感器网络的网格体系——无线传感器网格。传感器网络专注于探测和收集环境信息；复杂的数据处理和存储等服务则交给网格来完成，将能够为大型的军事应用，科研、工业生产和商业交易等应用领域提供一个集数据感知、密集处理和海量存储于一体的强大的操作平台。

5.2.4 无线传感器网络的应用前景

无线传感器网络的应用领域非常广阔，它能应用于军事、精准农业、环境监测和预报、健康护理、智能家居、建筑物状态监控、复杂机械监控、城市智能交通、空间探索、大型车间和仓库管理，以及机场、大型工业园区的安全监测等领域。随着传感器网络的深入研究和广泛应用，传感器网络将会逐渐深入人类生活的各个领域。

1. 在军事领域的应用

无线传感器网络由密集型、低成本、随机分布的节点组成，具有可快速部署、自组织、隐蔽性强和高容错性的特点，某个节点因受外界环境影响失效不会导致整个系统瘫痪，因此适合工作在恶劣的战场环境中，可完成对敌军地形和兵力布防及装备的侦察、实时监视战场、定位攻击目标、战场评估、监测和搜索核攻击和生物化学攻击等功能。

在战场中，无线传感器网络通过飞机播撒、特种炮弹发射等方法布置于军事要地，传感器节点收集该区域内武器装备、物资供给、地形地貌、敌军布防等有价值的信息，通过卫星直接发送至作战指挥部或通过汇聚节点将数据发送至指挥所，有利于指挥员迅速做出作战决策，也为火控和制导系统提供准确的目标定位信息，从而达到“知己知彼、百战不殆”。在战后，无线传感器网络可以部署在目标区域收集战场损害评估数据。

典型的军事方面应用是美国BAE公司开发的“狼群”地面无线传感器网络系统，该系统可以监听敌方雷达和通信，分析网络系统运动，还可以干扰敌方发射机或通过算法报渗透对方计算机，可以大大提高美军的电子作战能力。另外，还有美国科学应用国际公司采用磁力计传感器节点和声传感器节点构建的无线传感器网络电子周边防御系统，部署在恶劣环境下监视敌人，为美国军方提供情报信息。

2. 在环境监测和预报中的应用

无线传感器网络由于低成本和无需现场维护等优点为环境科学研究数据获取提供了方便，可以应用于自然灾害监控、研究环境变化对农作物的影响、土壤和空气成分、海洋环境监测、大面积地表监测、森林火灾监控等。

2002年，英特尔公司与加州大学伯克利分校以及大西洋学院联合在大鸭岛上部署了无线传感器网络，用来监测海鸟生活习性。该网络由温度、湿度、光、大气压力、红外等传感器以及摄像头在内的近10种类型传感器节点组成，通过自组织无线网络，将数据传输到100m外的基站内，再经由卫星将数据传输到加州的服务器并进行分析研究。

除此之外，在美国的ALERT研究计划中，通过温度、湿度、光、风、降雨量等传感器节点组成无线传感器网络，用来监测降雨量、河水水位和土壤水分，并依此预测爆发山洪的可能性。类似地，可以利用无线传感器网络监测森林环境信息，预测森林火险；另外，也可以应用于精细农业中，监测葡萄园内气候变化，监测土壤和病虫害等。

3. 在医疗健康方面的应用

无线传感器网络是自组织的网络，可以完成对周围区域的感知，它在远程医疗、人体健康状况监测等医疗领域有着广泛的应用前景。医生可以利用安装在病人身上的传感器节点远程了解到病人的身体指标变化、生理数据等情况，以此判断病人的病情并进行处理。英特尔公司利用运动、压力、红外等传感器节点组成无线传感器网络，实现了对独居老人的远程监测。无线传感器网络为未来的远程医疗提供了更加方便、快捷的技术实现手段。

4. 在智能交通方面的应用

智能交通系统（Intelligent Transportation Systems，ITS）是交通进入智能化时代的标识，是当今公路交通发展的趋势，它是一种信息化、智能化、社会化的新型现代交通系统，集合了先进的信息技术、无线通信技术、电子传感技术、电子控制技术及计算机处理技术，实现了交通的网络化、信息化和智能化，使人—车—环境信息实时交互，便于车辆运行更加安全快捷运行。20世纪80年代以来，世界上一些发达国家纷纷投入智能交通系统的研究与开发。美国交通部于1995年3月出版了“国家智能交通系统项目规划”，明确规定了智能交通系统的7大领域和29个用户服务功能。在我国“十五”期间，国家有关部门和城市在智能交通的很多方面也开展了工作。

智能交通的一个重要应用是交通监测，近年来，无线传感器网络由于其应用灵活、成本低、部署方便等特点在交通监测中体现出了很大的优势。国内外很多机构都在开展把无线传感器网络应用于该领域的研究，并取得了一些成果，具体内容可参阅第 11 章的应用内容。

微软公司建立了一个无线传感器网络的实验平台，传感器检测停车场内车库门口的物体大小、速度和磁性，然后对采集的视频图像和磁性读取器上获取的数据进行分析。其研究成果 SensorMap 是一个可实时观察交通系统的无线传感器网络监控系统，用户可在互联网上进行相关道路情况查询和分析当日的交通情况。

美国施乐公司利用无线传感器网络建立了一个模拟的战场车辆监测系统，该系统可以有效监测进入监控区域的敌方战车，并进行跟踪。随后，清华大学研究人员也基于无线传感器网络技术建立了一个类似的车辆跟踪系统。

2007 年 10 月，中科院上海微系统与信息技术研究所等单位完成了“无线传感器网络关键技术攻关及其在道路交通中的应用示范研究”项目开发，该项目研制了一系列道路状态信息检测无线传感器节点并部分投入了测试和使用。

5. 其他应用

在工业应用方面，将无线传感器网络部署于煤矿、核电厂、大楼、桥梁、地铁等现场和大型机械、汽车等设备上，可以监测工作现场及设备的温度、湿度、位移、气体、压力、加速度、振动、转速等信息，用以指导安全保障工作。

商业应用方面，无线传感器网络可用于物流和供应链管理，管理员可以通过系统实时监测到仓库存货状态；将传感器节点嵌入家具和家电中，组成无线传感器网络，为人类提供方便和人性化的智能家居环境。

在空间探索方面，可以借助航天器布撒传感器节点实现对星球表面大范围、长时期、近距离的监测和探索，美国国家航空和宇宙航行局喷气推进实验室研制的 Sensor Webs 就是为将来的火星探测、选定着陆场地等需求进行技术研制，该项目已在佛罗里达宇航中心的环境监测项目中进行测试和完善。

总之，无线传感器网络在智能交通、大型工程项目、防范灾害等很多方面有着良好的应用前景，该项技术会对人类生产、生活产生深远的影响，但是，目前大部分的研究工作还处于起步阶段，少数投入使用的商业产品距离实际需求还相差很远，开展对无线传感器网络的研究，对整个国家的社会和经济发展将有重大的战略意义。

5.3　本章小结

本章对无线传感器网络的基本结构及发展历史、现状、前景进行了介绍。无线传感器网络经历了节点技术、网络协议设计和智能群体研究等三个阶段，吸引了大量学者对其展开研究，并取得了包括有关节点平台和通信协议技术研究的一系列成果。目前已经广泛应用于军事、环境监测、医疗保健、家居、商业等领域，能够完成传统系统无法完成的任务。

习题

5-1　无线传感器网络主要特点有哪些？主要应用领域有哪些？

5-2　简述无线传感器网络发展趋势。

第6章 无线传感器网络协议规范与通信技术

随着互联网技术和通信技术的快速发展，人们对自身附近几米范围内的无线通信的需求也随之出现。伴随着短距离无线通信需求的诞生，出现了个人区域网络（Personal Area Network，PAN）和无线个人区域网络（Wireless Personal Area Network，WPAN）的概念。WPAN网络的主要用途就是把周围几米范围内的设备建立无线连接，使它们可以相互通信甚至接入LAN或者互联网。

本章将对无线传感器网络协议规范与通信技术系统地进行介绍。

6.1 IEEE 802.15.4标准

IEEE 802.15.4标准是低速无线个域网（Low Rate Wireless Personal Area Network，LR-WPAN）进行短距离无线通信的IEEE标准。美国电气和电子工程师协会（Institute of Electrical and Electronics Engineers，IEEE）于2002年开始研究制定该标准——IEEE 802.15.4。IEEE 802.15.4标准规定了在个域网（PAN）中设备之间的无线通信协议和接口。该标准把低能量消耗、低速率传输、低成本作为重点目标。

IEEE 802.15.4定义的低速无线个域网具有如下特点：

1）在不同的载波频率下实现了20kbit/s、40kbit/s和250kbit/s三种不同传输速率。

2）支持星形和点对点两种网络拓扑结构。

3）有16位和64位两种地址格式，其中64位地址是全球唯一的扩展地址。

4）支持冲突避免的载波多路侦听技术（CSMA/CA）。

5）支持确认（ACK）机制，保证传输可靠性。

6.2 IEEE 802.15.4网络结构

IEEE 802.15.4网络是指在一个个人操作空间（POS）内使用相同无线信道并通过IEEE 802.15.4标准相互通信的一组设备的集合。在这个网络中，根据设备所具有的通信能力，可以分为全功能设备（Full Function Device，FFD）和精简功能设备（Reduced Function Device，RFD）。FFD设备之间以及FFD设备与RFD设备之间都可以通信。RFD设备之间不能直接通信，只能与FFD设备通信，或者通过一个FFD设备向外发送数据。这个与RFD相关联的FFD设备称为该RFD的协调器（Coordinator）。RFD设备主要用于简单的控制，其传输的数据量少，对传输资源和通信资源占用有限，在费用有限的实现方案中可以使用RFD设备。

在IEEE 802.15.4网络中，有一个称为PAN网络协调器（PAN coordinator）的FFD设备，是LR-WPAN网络中的主控制器。PAN网络协调器除了直接参与应用外，还要完成成员身份管理、链路状态信息管理以及分组转发等任务。图6-1所示为IEEE 802.15.4网络的一个示例，给出了网络中各种设备的类型以及它们在网络中所处的地位。

无线通信信道的特性是动态变化的，节点位置或天线方向的变化、物体移动等周围环境的变化都有可能引起通信链路信号强度和质量的剧烈变化，因此无线通信的覆盖范围是不确定的。这就造成 IEEE 802.15.4 网络设备的数量以及它们之间关系的动态变化。

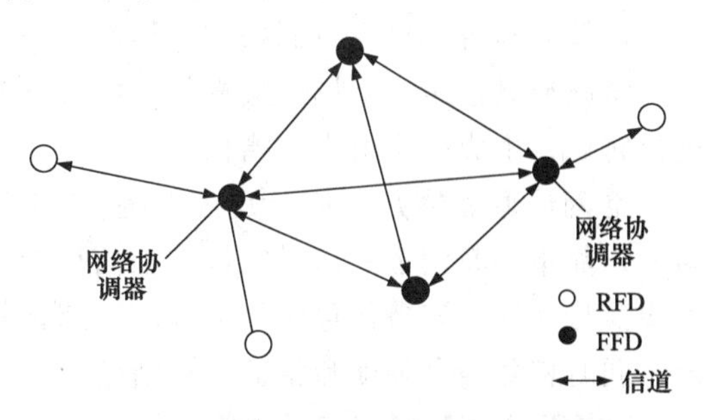

图 6-1　IEEE 802.15.4 网络组件及拓扑关系

IEEE 802.15.4 通信协议主要是描述和定义物理层和 MAC 层的标准。换言之，IEEE 802.15.4 通信协议是无线传感器网络通信协议中物理层与 MAC 层的一个具体实现。IEEE 802.15.4 规定了物理层和 MAC 层与固定、便携式及移动设备之间的低数据率无线连接的规范。根据无线传感器网络的特性，上述这些设备仅配有电池，而且电池电量和功耗要求都很小；一般在数十米的较小空间内运行。

IEEE 802.15.4 的物理层是实现无线传感器网络的通信架构的基础，IEEE 802.15.4 的 MAC 层用来处理所有对物理层的访问，并负责完成信标的同步、支持个域网络关联和去关联、提供 MAC 实体间的可靠连接、执行信道接入的 CSMA/CA 机制等任务。

IEEE 802.15.4 标准也采用了满足国际标准组织（ISO）开放系统互连（OSI）参考模型的分层结构，定义了单一的 MAC 层和多样的物理层，如图 6-2 所示。

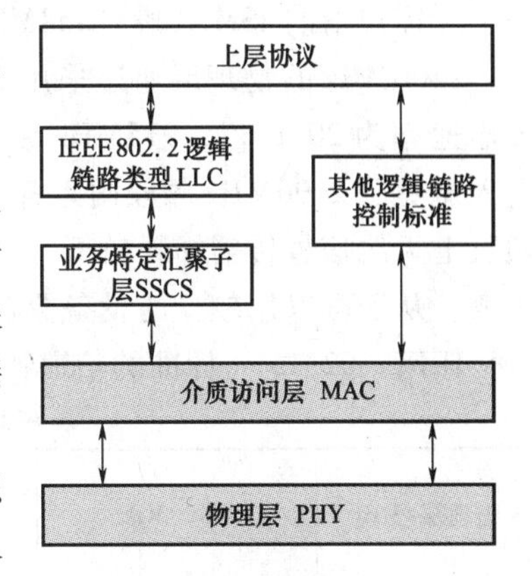

图 6-2　IEEE 802.15.4 标准体系层次图

6.2.1　物理层

物理层定义了无线信道和 MAC 子层之间的接口，提供物理层数据传输和物理层管理服务。物理层数据服务是从无线物理信道上收发数据，物理层管理服务包括信道能量监测（Energy Detect，ED），链接质量指示（Link Quality Indication，LQI）和空闲信道评估（Clear Channel Assessment，CCA）等，其模型如图 6-3 所示。其中，RF-SAP 是由驱动程序提供的接口，PD-SAP 是物理层提供的介质访问层（MAC）的数据服务接口，PLME-SAP 是物理层给 MAC 层提供管理服务的接口。IEEE 802.15.4 标准规定物理层主要有以下功能：

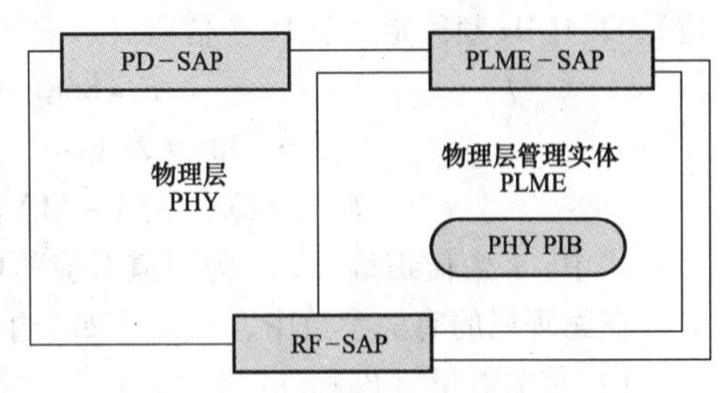

图 6-3　物理层模型

1）激活或休眠无线收发器。
2）对当前信道进行能量检测。
3）发送链路质量指示。
4）CSMA/CA 媒质访问控制方式的空闲信道评估。
5）信道频率的选择。
6）数据接收与发送。

信道能量检测为上层提供信道选择的依据，主要是测量目标信道中接收信号的功率强度。该检测本身不进行解码操作，检测结果为有效信号功率和噪声信号功率之和。

链路质量指示为上层服务提供接收数据时无线信号的强度和质量信息，它要对检测信号进行解码，生成一个信噪比指标。

空闲信道评估判断信道是否空闲。IEEE 802.15.4 标准定义了三种空闲信道评估模式：第一，简单判断信道的信号能量，当信号能量低于某一门限值就认为信道空闲；第二，判断无线信号特征，该特征包含两个方面，即扩频信号特征和载波频率；第三，前两种方法的综合，同时检测信号强度和特征，判断信道是否空闲。

1. IEEE 802.15.4 工作频段

IEEE 802.15.4 标准定义了三个工作频段来收发数据，这三个工作频率分别为 2400 ~ 2483.5MHz 频段、902 ~ 928MHz 频段、868 ~ 868.6MHz 频段。其中 2400MHz 频段是全球统一、无需申请的 ISM 频段；868MHz 是欧洲的 ISM 频段，915MHz 是美国的 ISM 频段。

2400MHz 的物理层通过采用高阶调制技术提供 250kbit/s 的传输速率，868MHz 频段的传输速率为 20kbit/s，915MHz 频段的传输速率为 40kbit/s。868MHz 频段和 915MHz 频段的引入避免了 2400MHz 频段附近各种无线通信设备的相互干扰。由于 868MHz 频段和 915MHz 频段上无线信号传播损耗较低，因此可以降低对接收机灵敏度的要求，获得较远的有效通信距离，从而可以用较少的设备覆盖被监测区域。

IEEE 802.15.4 标准的信道特性见表 6-1。

表 6-1 IEEE 802.15.4 标准的信道特性

物理层/MHz	频段/MHz	扩频参数		数据参数		
		码片速率/(kchip/s)	调制方式	比特率/(kbit/s)	符号速率/(ksymbol/s)	符号特征
868/915	868 ~ 868.6	300	BPSK	20	20	二进制
	902 ~ 928	600	BPSK	40	40	二进制
2400	2400 ~ 2483.5	2000	Q-QPSK	250	62.5	十六进制

IEEE 802.15.4 标准定义了 27 个物理信道，信道编号从 0 到 26，每个具体的信道对应一个中心频率，这 27 个物理信道覆盖了表 6-1 中的三个不同频段。不同频段对应的宽度不同，标准规定 868MHz 频段定义了 1 个信道（0 号信道）；915MHz 频段定义了 10 个信道（1 ~ 10 号信道）；2.4GHz 频段定义了 16 个信道（11 ~ 26 号信道）。这些信道的中心频率定义如下：

$$F = 868.3\text{MHz} \qquad k = 0$$

$$F = [906 + 2(k-1)]\text{MHz} \qquad k = 1, 2, \cdots, 10$$

$$F = [2405 + 5(k-11)]\text{MHz} \qquad k = 11, 12, \cdots, 26$$

式中，k 为信道编号，F 为信道对应的中心频率。

在物理层的有关参数中，有以下四个重要参数需要注意：

1）传输能量（Power）：约 1mW。

2）传输中心频率的兼容性即频率稳定度（标识了无线解码器工作频率的稳定程度）：约 ±40ppm（part per million，百万分比）。

3）接收器感度：-85dBm(2450MHz)，-92dBm(868/915mHz)，1% 分组差错率（$PSDU = 20\text{B}$）。

4）接收信号强度指示的测量（RSSI）。

2. 物理层载波调制及扩频

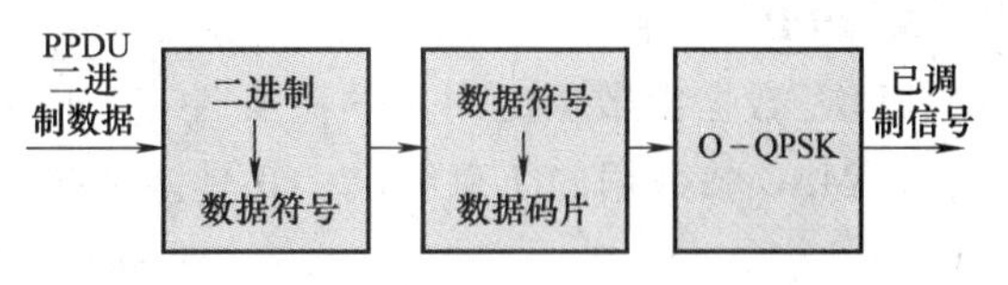

图6-4 2.4GHz频段物理层调制及扩频工作模块

物理层三个不同的频段上数据传输速率、信号处理过程和调制方式等指标都是不同的。图6-4所示为2.4GHz频段物理层调制及扩频工作模块。

2.4GHz频段物理层将协议数据单元（PHY Protocol Data Unit，PPDU）每字节的高四位和低四位分别映射组成数据符号（Symbol），不同数据符号又被映射成32位伪随机噪声数码片（Chip），具体内容见表6-2。数码片序列采用半正弦波的偏移四相移相键控技术（O-QPSK）调制。对偶数序列码片进行同相调制，而对奇数序列码片进行正交调制。

表6-2 Symbol-Chip映射表

数据符号(Symbol)(十进制)	数据符号(二进制)	数码片(Chip)
0	0000	1 1 0 1 1 0 0 1 1 1 0 0 0 0 1 1 0 1 0 1 0 0 1 0 0 0 1 0 1 1 1 0
1	0001	1 1 1 0 1 1 0 1 1 0 0 1 1 1 0 0 0 0 1 1 0 1 0 1 0 0 1 0 0 0 1 0
2	0010	0 0 1 0 1 1 1 0 1 1 0 1 1 0 0 1 1 1 0 0 0 0 1 1 0 1 0 1 0 0 1 0
3	0011	0 0 1 0 0 0 1 0 1 1 1 0 1 1 0 1 1 0 0 1 1 1 0 0 0 0 1 1 0 1 0 1
4	0100	0 1 0 1 0 0 1 0 0 0 1 0 1 1 1 0 1 1 0 1 1 0 0 1 1 1 0 0 0 0 1 1
5	0101	0 0 1 1 0 1 0 1 0 0 1 0 0 0 1 0 1 1 1 0 1 1 0 1 1 0 0 1 1 1 0 0
6	0110	1 1 0 0 0 0 1 1 0 1 0 1 0 0 1 0 0 0 1 0 1 1 1 0 1 1 0 1 1 0 0 1
7	0111	1 0 0 1 1 1 0 0 0 0 1 1 0 1 0 1 0 0 1 0 0 0 1 0 1 1 1 0 1 1 0 1
8	1000	1 0 0 0 1 1 0 0 1 0 0 1 0 1 1 0 0 0 0 0 0 1 1 1 0 1 1 1 0 1 1
9	1001	1 0 1 1 1 0 0 0 1 1 0 0 1 0 0 1 0 1 1 0 0 0 0 0 0 1 1 1 0 1 1 1
10	1010	0 1 1 1 1 0 1 1 1 0 0 0 1 1 0 0 1 0 0 1 0 1 1 0 0 0 0 0 0 1 1 1
11	1011	0 1 1 1 0 1 1 1 1 0 1 1 1 0 0 0 1 1 0 0 1 0 0 1 0 1 1 0 0 0 0 0
12	1100	0 0 0 0 0 1 1 1 0 1 1 1 1 0 1 1 1 0 0 0 1 1 0 0 1 0 0 1 0 1 1 0
13	1101	0 1 1 0 0 0 0 0 0 1 1 1 0 1 1 1 1 0 1 1 1 0 0 0 1 1 0 0 1 0 0 1
14	1110	1 0 0 1 0 1 1 0 0 0 0 0 0 1 1 1 0 1 1 1 1 0 1 1 1 0 0 0 1 1 0 0
15	1111	1 1 0 0 1 0 0 1 0 1 1 0 0 0 0 0 0 1 1 1 0 1 1 1 1 0 1 1 1 0 0 0

图6-5所示为868MHz、915MHz频段物理层调制和扩频工作模块。这两个频段上信号处理过程相同，只是数据速率不同。868/915频段物理层先将PPDU二进制数据进行差分编码，差分编码是将当前数据位与前一编码位以模为2异或而成。其表达式如式（6-1）、（6-2）所示。经编码的数据位又被映射成15位伪随机噪声数码片（Chip），见表6-3。数码片序列采用二相的移相键控技术（BPSK）调制。

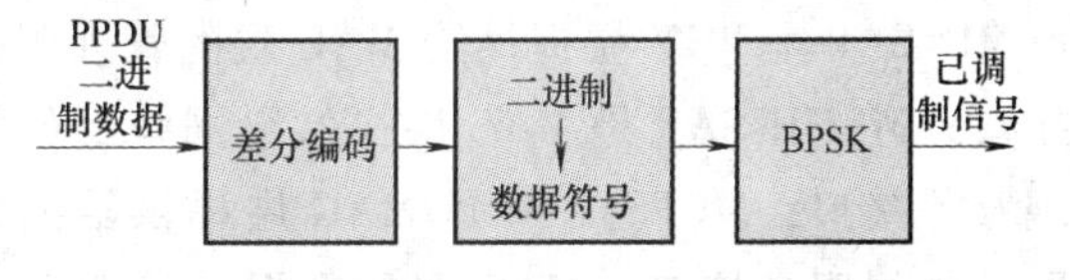

图6-5 868/915MHz物理层调制及扩频工作模块

发送：

$$E_n = R_n \oplus E_{n-1} \tag{6-1}$$

接收：

$$R_n = E_n \oplus E_{n-1} \tag{6-2}$$

式中，R_n为进行编码的原始数据；E_n为对应的编码位；E_{n-1}为前一编码位。

表6-3 数据符号-数码片映射表

输入值	数码片
0	1 1 1 1 0 1 0 1 1 0 0 1 0 0 0
1	0 0 0 0 1 0 1 0 0 1 1 0 1 1 1

3. PPDU 结构

PPDU 数据由数据流同步的头文件（SHR）、含有帧长度信息的物理层报头（PHR）和承载有 MAC 帧数据的净荷组成。其具体结构见表 6-4。

表 6-4　PPDU 结构

4字节	1字节	1字节		可变
前同步码（Preamble）	帧定界符（SFD）	帧长度（7bit）	保留（1bit）	物理层服务数据（PSDU）
同步头（SHR）		物理层报头（PHR）		物理层净荷（PHY payload）

PPDU 物理帧第一个字段是由 4 个字节组成的前导码，前导码由 32 个 0 组成，用于收发器进行码片或者符号的同步。物理帧起始分割符（Start of Frame Delimiter，SFD）占一个字节，其值固定为 0xA7，作为物理帧开始的标识。收发器接收完毕前，前导码仅实现了数据的位同步，通过搜索物理帧起始分割符标识字段 0xA7 才能同步到字节上。帧长度（Frame Length）由一个字节的低 7 位表示，其值就是物理帧负载的长度，物理帧负载的长度不超过 127 个字节，物理帧负载长度也叫物理服务数据单元（PHY Service Data Unit，PSDU），主要用来承载 MAC 帧。

6.2.2　MAC 层

MAC 层提供两种服务：MAC 层数据服务和 MAC 层管理服务。数据服务保障 MAC 协议数据单元在物理层数据服务中的正确收发，而管理服务从事 MAC 层的管理活动，并维护一个信息数据库。

IEEE 802.15.4 标准定义的 MAC 协议，提供数据传输服务（MCPS）和管理服务（MLME），其特征是：联合、分离、确认帧传递、通道访问机制、帧确认、保证时隙管理和信令管理，逻辑模型如图 6-6 所示。其中，PD-SAP 是 PHY 层提供给 MAC 层的数据服务接口；PLME-SAP 是 PHY 层提供给 MAC 层的管理服务接口；MLME-SAP 是 MAC 层提供给网络层的管理服务接口；MCPS-SAP 是 MAC 层提供给网络层的数据服务接口；MAC 层的数据传输服务主要是实现 MAC 数据帧的传输；MAC 层的管理服务主要有信道的访问、PAN 的开始和维护、节点加入和退出 PAN、设备间的同步实现、传输事务管理等。

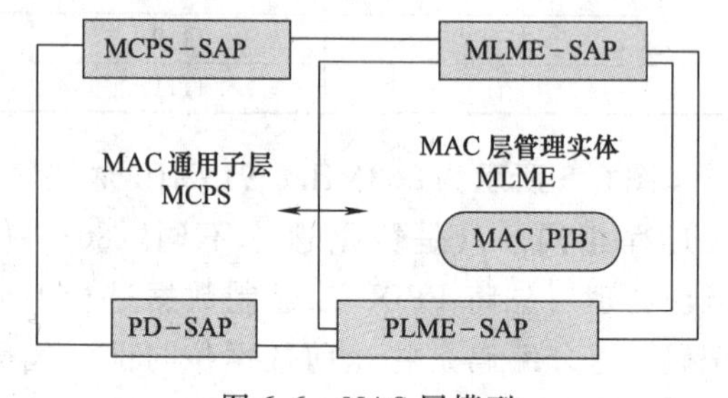

图 6-6　MAC 层模型

MAC 层主要具备以下七个功能：

1）网络协调器产生并发送信标帧。

2）网络中普通设备与信标同步。

3）支持 PAN 网络的关联（Association）和取消关联（Disassociation）操作。

4）为设备的安全提供支持。

5）信道接入方式采用 CSMA-CA 机制。

6）处理和维护时槽保障（Guaranteed Time Slot，GTS）机制。

7）在两个对等的 MAC 实体间提供一个可靠的通信链路。

关联操作是指一个设备在加入一个特定网络时，向协调器注册以及身份认证的过程。LR-WPAN 网络中的设备有可能从一个网络切换到另外一个网络，这时就需要进行关联操作和取消关联操作。

时槽保障机制和时分复用机制（Time Division Multiple Access，TDMA）相似，但它可以动态地为有收发请求的设备分配时槽。使用 GTS 需要设备之间的时间同步，IEEE 802.15.4 中的时间同步通过“超帧”（Super Frame）机制实现。

IEEE 802.15.4 网络可以分为有信标网络（Beacon-Enable Network）和无信标网络（Non Beacon-Enable Network）。无信标网络的协调器一直处在监听状态，在各设备要回传信息时先会彼此竞争，等通知协调器后，再传送信息给协调器。而有信标网络中，含有超帧的结构，其固定将包含信标及超帧分为 16 个时隙，超帧持续时间（Super Frame Duration）与信标间距（Beacon Interval）依照协调器使用信标级数（Beacon Order，BO）及超帧级数（Super Frame Order，SO）来控制，彼此关系是 $0\leqslant SO\leqslant BO\leqslant 14$，如此可限制超帧持续时间小于等于信标间距；协调器发送信标，除了用作同步外，也包含网络相关信息；超帧以有无使用保证时隙来区别，有保证时隙的超帧可分为两部分，一是竞争存取周期（Contention Access Period，CAP），二是无竞争周期（Contention Free Period，CFP），而无保证时隙的超帧则全都是 CAP。

1. 超帧结构

在 IEEE 802.15.4 通信协议 LR-WPAN 中，超帧结构属于选择使用部分，可以用其组织网络中设备进行通信。超帧格式是由网络中的协调器来定义，而超帧结构的大小边界是由网络中的信标所设定，一个超帧包括了 16 个相同大小的时隙。在网络中的任何设备要做通信时，会在竞争存取周期 CAP 采用 Slotted CS-MA-MA mechanism 去对频道做竞争。

超帧结构还包含了另一部分叫作无竞争周期（CFP），这部分称为保证时隙，采用预先请求的方式，让在 CFP 中配置到 GTS 的设备可以不用竞争就可以直接传送。图 6-7为无 GTS 的超帧结构。

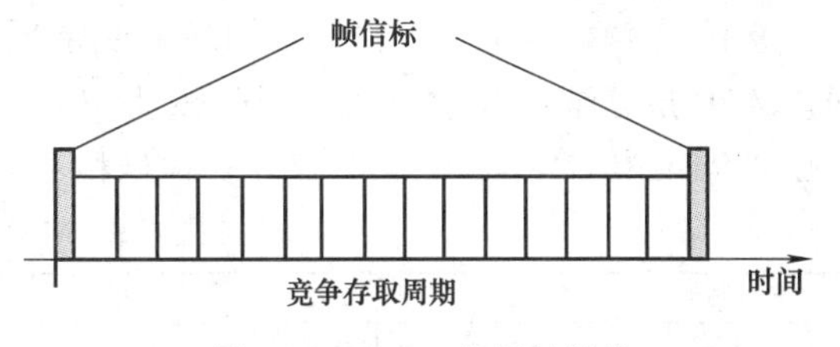

图 6-7　无 GTS 的超帧结构

2. 数据传送模式

在 IEEE 802.15.4 通信协议中数据传送有三种方式：一是设备传送数据到协调器，二是协调器发送数据给设备，三是对等设备间传送数据。星形拓扑网络中只存在前两种数据传送方式，因为数据只在协调器和设备间交换；而在对等网络结构中所有三种方式都存在。

（1）设备传送数据到协调器　在信标使能方式中，设备必须先取得信标来与协调器同步，之后使用开槽载波检测多址与碰撞避免（Slotted CSMA-MA）方式传送资料。

在非信标使能方式中，器件简单的利用无槽载波检测多址与碰撞避免（Unslotted CS-MA-MA）方式传送资料。图 6-8 左图所示为

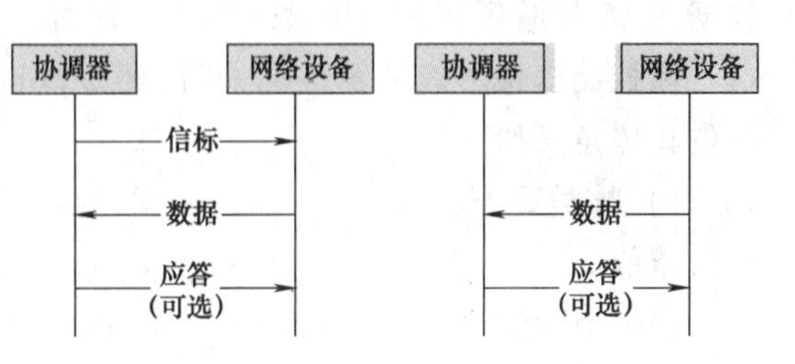

图 6-8　数据传送至协调器

信标使能方式中设备发送数据给协调器，图6-8右图所示为非信标使能方式中设备发送数据给协调器。

（2）协调器传送数据到设备　在信标使能方式中，协调器会利用信标中的字段来告知设备有数据即将传送。设备则周期性地监听信标，如果判定自身就是协调器传送数据的对象，则该器件利用开槽载波检测多址与碰撞避免方式将MAC命令请求控制信息传送给协调器。

在非信标使能方式中，设备利用无槽载波检测多址与碰撞避免方式将MAC命令请求控制信息传送给协调器，如果协调器有数据要传送，则利用Unslotted CSMA-MA方式将数据送出。图6-9左图所示为信标使能方式中协调器发送数据给设备，图6-9右图所示为非信标使能方式中协调器发送数据给设备。

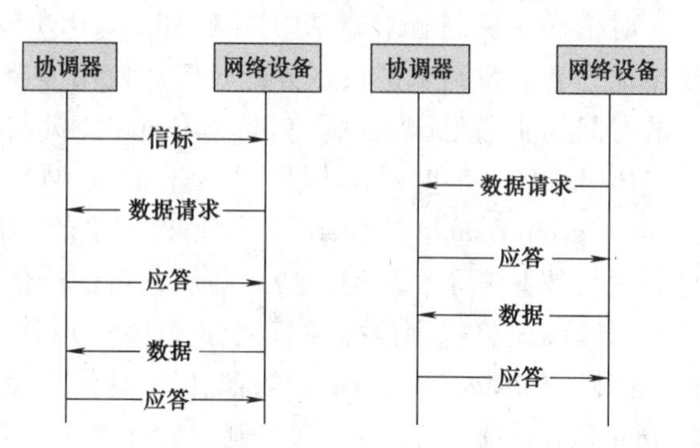

图6-9　协调器发送数据给设备

（3）设备间数据传送　在点对点的PAN中，任一设备均可以与在其无线辐射范围内的设备进行通信。为了保障通信的有效性，这些设备需要保持持续接收状态或者通过某些机制实现彼此同步。如果采用持续接收方式，设备间只是简单地使用CSMA-CA收发数据；如果采用同步方式，需要采取其他措施达到同步目的。超帧在某种程度上可以用来实现点到点通信的目的。

3. MAC层通用帧格式

MAC层帧结构的设计目标是用最低复杂度实现在多噪声无线信道环境下的可靠数据传送。MAC层帧结构主要包括MAC帧头（MAC HeadeR，MHR）、MAC负载和MAC帧尾（MAC FooteR，MFR）三部分，其具体结构见表6-5。

表6-5　MAC层帧格式

字节数:2	1	0/2	0/2/8	0/2	0/2/8	可变	2
帧控制信息	帧序列号	目的设备PAN标识符	目标地址	源PAN标识符	源地址	数据	帧校验
		地址域					
MAC帧头						MAC帧负载	MAC帧尾

帧头由帧控制信息（Frame Control）、帧序列号（Sequence Number）和地址域（Addressing Fields）组成。MAC帧负载长度可变，具体内容由帧类型决定。帧尾是帧头和负载数据的16位循环冗余码校验（CRC）序列。

帧控制信息结构见表6-6。其长度为16bit，定义了帧类型、地址域和其他控制标志。其各位具体意义如下：

1）帧类型子域长度为3bit，占据帧控制域结构0～2位。应用中设置成表6-6中的某一非保留值。

2）加密控制子域。值为0：当前帧不需要MAC子层加密；值为1：当前帧用存储在MAC PIB中的密钥加密。

表 6-6　MAC 帧控制域结构

位:0~2	3	4	5	6	7~9	10~11	12~13	14~15
帧类型	加密位	后续帧控制位	应答请求	同一 PAN 提示	保留	目的地址模式	保留	源地址模式

帧类型值(b2 b1 b0)	含义
000	信标帧
001	数据帧
010	应答帧
011	MAC 命令帧
100~111	保留

3）后续帧控制位。值为 1：表明传输当前帧的器件有后续的数据要发送，因此接收器应发送额外的数据请求以获得后续数据；值为 0：表明传输当前帧的器件没有后续的数据。

4）应答请求位。值为 1：接收器在确认收到的帧数据有效后应该发送应答帧；值为 0：接收器不需要发送应答帧。

5）同一 PAN 指示。值为 1：表明当前帧是在同一 PAN 范围内，只需要目的地址与源地址，而不需要源 PAN 标识符；值为 0：表明当前帧是不在同一 PAN 范围内，不仅需要目的地址与源地址，也需要源目标标识符和 PAN 标识符。

6）目的地址长度为 2bit，应设置为表 6-6 中某一值。如果此子域值为 0 且帧类型子域表明此帧不是应答帧或信标帧，则源地址模式子域应当为非零，从而指出此帧是直接送至源 PAN 标识符域所指定的 PAN 标识符所在的协调器。

7）源地址模式子域长度为 2bit，应设置为表 6-6 中某一值。如果此子域值为 0 且帧类型子域表明此帧不是应答帧或信标帧，则目的地址模式子域应当为非零，从而指出此帧是来自目的 PAN 标识符域所指定的 PAN 标识符所在的协调器。

8）序列号长度为 8bit，为帧指定唯一的序列标识号，仅当确认帧的序列号与上一次数据传输帧的序列号一致时，才能判断数据传输业务成功。

9）目的 PAN 标识符长度为 16bit，指出接收当前帧的器件唯一 PAN 标识符。如此值为 0xFFFF，代表广播 PAN 标识符，所有当前频道的器件均可作为有效 PAN 标识符接收。

10）目的地址域，根据帧控制子域中目的地址模式，以 16 位短地址或 64 位扩展地址指出接收帧的器件地址。0xFFFF 代表广播短地址，可以被当前频道上的所有器件接收。

11）源 PAN 标识符，长度为 16bit，指出发出当前频道上的所有器件接收。

12）净荷是 MAC 帧要承载的上层数据。

13）帧校验序列是 16 位循环冗余校验，通过帧的 MHR 及 MAC 净荷计算而得。FCS 序列使用 16 次标准多项式生成

$$G_{16} = x^{16} + x^{12} + x^5 + 1$$

具体算法流程为：

- 用多项式 $M(x) = b_0x^{k-1} + b_1x^{k-2} + \cdots + b_{k-2}x + b_{k-1}$ 表示预求校验和的序列 $b_0b_1\cdots b_{k-2}b_{k-1}$；
- 得到表达式 $x^{16}M(x)$；
- 用 $x^{16}M(x)$ 除以 G_{16}，获得余数多项式 $R(x) = r_0x^{15} + r_1x^{14} + \cdots + r_{14}x + r_{15}$；
- FCS 域由余数多项式的系数 $r_0r_1\cdots r_{14}r_{15}$ 组成。

4. MAC 层帧分类

IEEE 802.15.4 标准中共定义了四种类型的帧，分别为信标帧、数据帧、确认帧和命令帧。

（1）信标帧　信标帧的负载数据单元由超帧描述字段、GTS 分配字段、待转发数据目标地址字段和信标负载数据四部分组成。信标帧结构见表 6-7。

表 6-7　信标帧结构

字节:2	1	4/10	2	K	M	N	2
帧控制	序列号	地址域	超帧描述字段	GTS 分配字段	待转发数据目标地址	信标负载数据	帧校验
MAC 帧头			MAC 数据服务单元				MAC 帧尾

1）帧中超帧描述字段规定了这个超帧的持续时间，活跃部分持续时间以及竞争访问时段持续时间等信息。

2）GTS 分配字段将无竞争时段划分为若干个 GTS，并把每个 GTS 具体分配给某个设备。

3）待转发数据目标地址列出了与协调器保存的数据相对应的设备地址。一个设备如果发现自己的地址出现在待转发数据目标地址字段里，则意味着协调器存有属于它的数据，所以它就会向协调器发出请求传送数据的 MAC 命令帧。

4）信标帧负载数据为上层协议提供数据传输接口。通常情况下，这个字段可以忽略。

在信标不使能网络里，协调器在其他设备的请求下也会发送信标帧。此时，信标帧的功能是辅助协调器向设备传输数据，整个帧只有待转发数据目标地址字段有意义。

（2）数据帧　数据帧用来传输上层发送到 MAC 层的数据，它的负载字段包含了上层需要传送的数据。数据负载传送至 MAC 层时，被称为 MAC 层数据服务单元（MAC Service Data Unit, MSDU）。它的首尾被分别附加了 MHR 头信息和 MFR 尾信息后，就构成了 MAC 帧。MAC 帧的长度不会超过 127 字节。数据帧结构见表 6-8。

表 6-8　数据帧结构

字节:2	1	4~20	N	2
帧控制	序列号	地址域	数据帧负载	帧校验
MAC 帧头			MAC 数据服务单元	MAC 帧尾

MAC 帧传送至物理层后，就成为物理帧的负载 PSDU。PSDU 在物理层被“包装”，其首部增加了同步信息 SHR 和帧长度 PHR 字段。同步信息 SHR 包括用于同步的前导码和 SFD 字段，它们都是固定值。帧长度字段 PHR 标识了 MAC 帧的长度，为一个字节长而且只有其中的低 7 位才是有效位。

（3）确认帧　如果设备收到目的地址为其自身的数据帧或者 MAC 命令帧，并且帧的控制信息字段的确认请求位被置为 1，设备需要回应一个确认帧。确认帧的序列号应该与被确认帧的序列号相同并且负载长度应该为零。确认帧紧接着被确认帧发送，不需要使用 CSMA-CA 机制竞争信道，确认帧结构见表 6-9。

（4）命令帧　MAC 命令帧主要用于组建 PAN 网络，传输同步数据等。目前定义好的命令帧有九种类型，主要完成三方面的功能：把设备关联到 PAN 网络，与协调器交换数据，分频 GTS。命令帧在结构上和其他帧没有太多区别，只是帧控制字段的帧类型位有所不同。

命令帧的具体功能由帧的负载数据表示。负载数据是一个变长结构，所有命令帧负载的第一个字节是命令类型字节，后面的数据针对不同的命令类型有不同的含义。命令帧结构见表 6-10。

表 6-9　确认帧结构

字节:2	1	2
帧控制	序列号	帧校验
MAC 帧头		MAC 帧尾

表 6-10　命令帧结构

字节:2	1	4～20	1	N	2
帧控制	序列号	地址域	命令类型	数据帧负载	帧校验
MAC 帧头			MAC 数据服务单元		MAC 帧尾

6.2.3　IEEE 802.15.4 安全服务

IEEE 802.15.4 提供的安全服务是在应用层已经提供密钥的情况下的对称密钥服务。密钥的管理和分频都有上层协议负责。这种机制提供的安全服务基于这样一个假设：即密钥的产生、分配和存储都在安全的方式下进行。在 IEEE 802.15.4 中，以 MAC 帧为单位提供了四种帧安全服务，为了适用于各种不同的应用，设备可以在三种安全模式中进行选择。

1. 帧安全

MAC 层可以为输入输出的 MAC 帧提供安全服务。提供的安全服务主要包括四种：访问控制、数据加密、帧完整性检查和顺序更新。

访问控制提供的安全服务是确保一个设备只和它愿意通信的设备通信。在这种方式下，设备需要维护一个列表，记录它希望与之通信的设备。

数据加密服务使用对称密钥来保护数据，防止第三方直接读取数据帧信息。在 LR-WPAN 网络中，信标帧、命令帧和数据帧的负载均可使用加密服务。

帧完整性检查通过一个不可逆的单向算法对整个 MAC 帧进行运算，生成一个消息完整性代码（Message Integrity Code，MIC），并将其附加在数据包的后面发送。接收方式用同样的过程对 MAC 帧进行运算，对比运算结果和发送端给出的结果是否一致，以此判断数据帧是否被第三方修改。信标帧、数据帧和命令帧均可使用帧完整性检查保护。

顺序更新使用一个有序编号避免帧重发攻击。接收到一个数据帧后，新编号要与最后一个编号比较。如果新编号比最后一个编号新，则校验通过，编号更新为最新的；反之，校验失败。这项服务可以保证收到的数据是最新的，但不提供严格的与上一帧数据之间的时间间隔信息。

2. 安全模式

在 LR-WPAN 网络中设备可以根据自身需要选择不同的安全模式：无安全模式、访问控制列表模式和安全模式。

无安全模式是 MAC 子层默认的安全模式。处于这种模式下的设备不对接收到的帧进行任何安全检查。当某个设备接收到一个帧时，只检查帧的目的地址。如果目的地址是本设备地址或广播地址，这个帧就会被转发给上层，否则丢弃。在设备被设置为混杂模式（Promiscuous）的情况下，它会向上层转发所有接收到的帧。

访问控制列表（Access Control List，ACL）模式为通信提供了访问控制服务。高层可以通过设置MAC子层的ACL条目指示MAC子层根据源地址过滤接收到的帧。因此这种方式下，MAC子层没有提供加密保护，高层有必要采取其他机制来保证通信的安全。

安全模式对接收或发送的帧提供全部的四种安全服务：访问控制、数据加密、帧完整性检查和顺序更新。

6.3　ZigBee协议规范

“ZigBee”一词由“Zig”和“Bee”两部分组成，“Zig”取自英文单词“zigzag”词义是：“之字形的线条、道路”，“Bee”在英文中是蜜蜂，所以“ZigBee”的合成意义是沿着“之”字形路线起舞的蜜蜂。“ZigBee”较形象地描述了无线传感器网络中的传感器节点在传送数据时依循的路径形同蜜蜂起舞。实际上，“ZigBee”与蓝牙类似，是一种新兴的短距离无线通信技术。

ZigBee技术是一种面向自动化和无线控制的低速率、低功耗、低价格的无线网络方案。在ZigBee方案被提出一段时间后，IEEE 802.15.4工作组也开始了一种低速率无线通信标准的制定工作。最终ZigBee联盟和IEEE 802.15.4工作组决定合作共同制定一种通信协议标准，该协议标准被命名为“ZigBee”。

ZigBee的通信速率要求低于蓝牙，由电池供电设备提供无线通信功能，并希望在不更换电池并且不充电的情况下能正常工作几个月甚至几年。ZigBee支持网形网络拓扑结构，网络规模可以比蓝牙设备大得多。ZigBee无线设备工作在公共频段上（全球2.4GHz，美国915MHz，欧洲868MHz），传输距离为10～75m，具体数值取决于射频环境以及特定应用条件下的输出功耗。ZigBee的通信速率在2.4GHz时为250kbit/s，在915MHz时为40kbit/s，在868MHz时为20kbit/s。

IEEE 802.15.4主要制定协议中的物理层和MAC层；ZigBee联盟则制定协议中的网络层和应用层，主要负责实现组网、安全服务等功能以及一系列无线家庭、建筑等解决方案，负责提供兼容性认证，市场运作以及协议的发展延伸。这样就保证了消费者从不同供应商处买到的ZigBee设备可以一起工作。

IEEE 802.15.4关于物理层和MAC层的协议为不同的网络拓扑结构（如星形、网形以及树形等）提供了不同的模块。ZigBee协议的网络路由策略通过时隙机制可以保证较低的能量消耗和时延。ZigBee网络层的一个特点就是通信冗余，这样当mesh网络中的某个节点失效时，整个网络仍能够正常工作。物理层的主要特点在于，具备能量和质量监测功能，采用空闲频道评估以实现多个网络的并存。图6-10显示了ZigBee技术在无线通信技术应用中的定位。

ZigBee技术的优势表现在以下方面：

（1）省电　ZigBee网络节点设备工作周期较短、收发信息功率低，并且采用了休眠模式（当不传送数据时处于休眠状态，当需要接收数据时由ZigBee网络中称作“协调器”的设备负责唤醒它们），所以ZigBee技术特别省电，避免了频繁更换电池或充电，从而减轻了网络维护的负担。

（2）可靠　由于采用了碰撞避免机制并为需要固定带宽的通信业务预留了专用时隙，

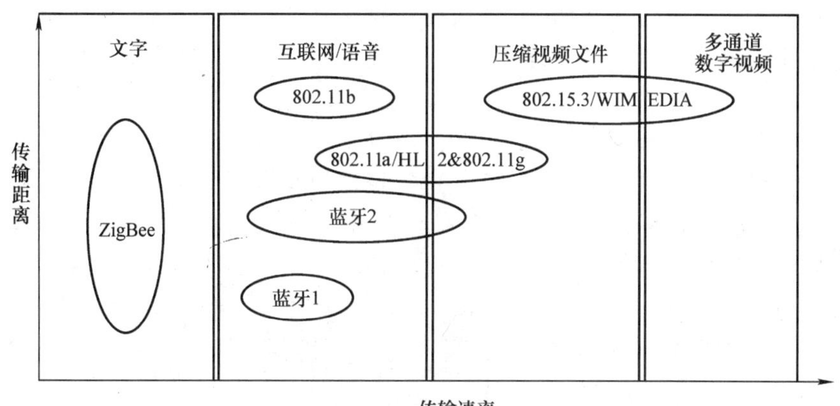

图6-10　ZigBee技术在无线通信技术应用中的定位

避免了发送数据时的竞争和冲突，而且MAC层采用了完全确认的数据传输机制，每个发送的数据包都必须等待接收方的确认信息，因此从根本上保证了数据传输的可靠性。

（3）廉价　由于ZigBee协议栈设计简练，因此它的研发和生产成本相对较低。普通网络节点硬件上只需8位微处理器（如80c51），最小4KB、最大32KB的ROM；软件实现上也较简单。随着产品产业化，ZigBee，通信模块价格预计能降到1.5~2.5美元。

（4）短时延　ZigBee技术与蓝牙技术的时延对比可知，ZigBee的各项时延指标都非常短。ZigBee节点休眠和工作状态转换只需15ms，入网约30ms，而蓝牙为3~10s。

（5）大网络容量　一个ZigBee网络最多可以容纳254个从设备和一个主设备，一个区域内最多可以同时存在100个ZigBee网络。

（6）安全　ZigBee技术提供了数据完整性检查和鉴权功能，加密算法采用AES-128，并且各应用可以灵活地确定其安全属性，使网络安全能够得到有效的保障。

6.3.1　ZigBee协议框架

ZigBee标准采用分层结构，每一层为上一层提供一系列特殊的服务。IEEE802.15.4标准定义了底层协议：物理层和MAC层。ZigBee标准在此基础上定义了网络层（Network Layer，NWK）和应用层（Application Layer，APL）架构。在应用层内提供了应用支持子层（Application Support Sublayer，APS）和ZigBee设备对象（ZigBee Device Object，ZDO）。完整的ZigBee协议栈如图6-11所示。

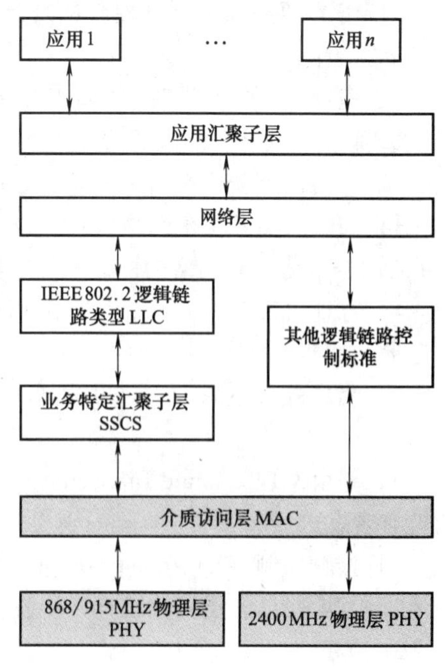

图6-11　ZigBee协议栈组成

1. 网络层

网络层负责拓扑结构的建立和维护网络连接，主要功能包括设备连接和断开网络时所采用的机制，以及在帧信息传递过程中所采用的安全机制。此外，还包括设备的路由发现与路由维护和转交。

并且，网络层完成对一跳（One-Hop）邻居设备的发现和相关节点信息的存储。一个ZigBee协调器创建一个新网络，为新加入的设备分配短地址等。并且，网络层还提供一些必要的函数，确保ZigBee的MAC层正常工作，并且为应用层提供合适的服务接口。

网络层要求能够很好地完成在IEEE 802.15.4标准中MAC子层所定义的功能，又要为应用层提供适当的服务接口。为了与应用层进行更好的通信，网络层中定义了两种服务实体来实现必要的功能。这两个服务实体分别为数据服务实体（NLDE）和管理服务实体（NLME）。NLDE通过网络层数据实体服务接入点（NLDE-SAP）提供数据传输服务，NLME通过网络层管理实体服务接入点（NLME-SAP）提供网络管理服务。NLME可以利用NLDE来激活它的管理工作，它还具有对网络层信息数据库（NIB）进行维护的功能。网络层的结构如图6-12所示，此图直观地给出了网络层所提供的实体和服务接口等。

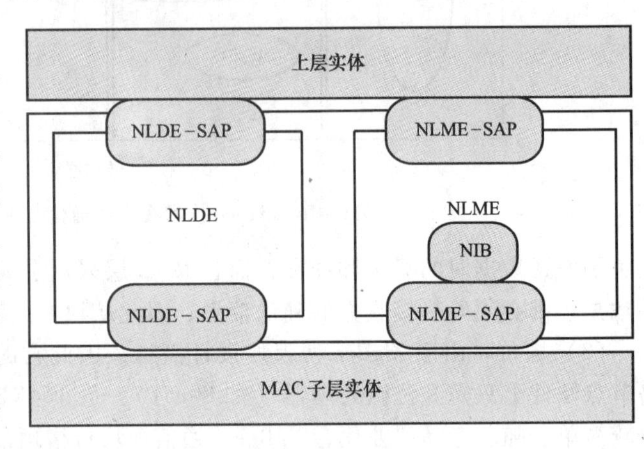

图6-12 网络层结构

NLDE提供的数据服务允许在处于同一应用网络中的两个或多个设备之间传输应用数据单元（APDU）。NLDE提供的服务包括产生网络协议数据单元（NPDU）和选择通信路由。选择通信路由，在通信中，NLDE要发送一个NPDU到一个合适的设备，这个设备可能是通信的终点也可能是通信链路中的一个点。

NLME需要提供一个管理服务以允许一个应用来与协议栈操作进行交互。NLME需要提供以下服务：

1）配置一个新的设备（Congfiguring a New Device）。具有充分配置所需操作栈的能力。配置选项包括ZigBee协调器的开始操作，加入一个现有的网络等。

2）开始一个新网络（Starting a Network）。具有建立一个新网络的能力。

3）加入和离开一个网络（Joining and Leaving a Network）。同由ZigBee协调器或者ZigBee路由器申请离开网络的能力一样，具有加入或离开一个网络的能力。

4）寻址（Addressing）。具有由ZigBee协调器或者ZigBee路由器来给新加入网络的设备分配地址的能力。

5）临近设备发现（Neighbor Discovery）。具有发现、记录并报告一跳范围内设备的能力。

6）路由发现（Route Discovery）。具有发现并记录路径的能力，并在这条路径上信息可能被有效发送。

7）接收控制（Reception Control）。具有控制接收器何时处于激活状态及其持续时间的能力，使得MAC子层同步或直接接收。

2. 应用层

在ZigBee协议中应用层是由应用支持子层、ZigBee设备配置层和用户程序来组成的。

应用层提供高级协议管理栈管理功能，用户应用程序由各制造商自己来规定，它使用应用层来管理协议栈。

（1）应用支持子层　应用支持子层（APS）的结构如图6-13所示。APS通过ZDO和制造商定义的应用对象所用到的一系列服务来为网络层和应用层提供接口。APS所提供的服务由数据服务实体（APSDE）和管理服务实体（APSME）来实现。APSDE通过数据服务实体访问点（APSDE-SAP）来提供数据传输服务。APSME通过管理服务实体访问点（APSME-SAP）来提供管理服务，它还负责对APS信息数据库（AIB）的维护工作。

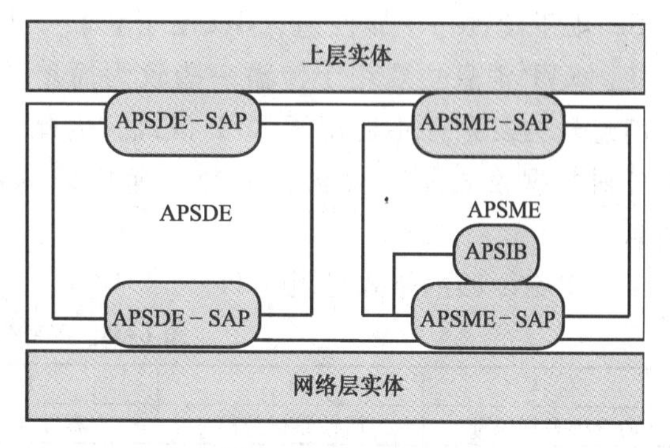

图6-13　APS结构

APSDE为网络层提供数据服务，也为在同一网络中的两个或多个ZDO和其他应用对象设备之间提供传输应用数据单元的数据服务。APSDE主要提供以下服务：

1）产生应用数据单元。APSDE通过在捕获的应用数据单元上加一个适当的协议来产生应用支持子层数据单元（APS PDU）。

2）绑定。当两个设备的服务和需要相匹配的情况下才可以使用绑定。一旦两个设备绑定后，APSDE具有把从一个绑定设备接收到的消息发送给另外一个设备的能力。

APSME提供的管理服务管理服务允许一个应用连接到ZigBee系统。它提供把基于服务和需求相匹配的两个设备作为一个整体来进行管理的绑定服务，并未绑定服务构建和保留绑定表。除了这些以外，APSME还提供以下服务：

1）AIB管理：APSME具有能从设备的AIP中获得属性或进行属性设置的能力。

2）安全管理：APSME通过利用密钥能够与其他设备建立可靠的关联。

APS主要提供ZigBee端点接口。应用程序将使用该层打开或关闭一个或多个端点并读取或发送数据，而且APS为键值对（Key Value Pair，KVP）和报文（Message，MSG）数据传输提供了原语。APS也有绑定表，绑定表提供了端点和网络中两个节点间的簇ID对之间的逻辑链路。当首次对主设备绑定时，绑定表为空，主应用必须调用正确的绑定API来创建新的绑定项。

APS还有一个“间接发送缓冲器”RAM，用来存储间接帧，直到目标接受者请求这些数据帧为止。根据ZigBee规范，在星形网络中，从设备总会将这些数据帧转发到主设备中。从设备可能不知道该数据帧的目标接收者，而且数据帧的实际接收者由绑定表项决定，这样，如果主设备一旦接收到数据帧，它就会查找绑定表以确定目标接收者。如果该数据有接收者，就会将该数据帧存储在间接发送缓冲器里，直到目标接收者明确请求该数据帧为止。根据请求的频率，主设备必须将数据帧保存在间接发送缓冲器里。在此需要注意的是：节点请求数据时间越长，数据包需要保存在间接发送缓冲器里的时间也越长，因而所需要的间接发送缓冲器空间也将越大。间接发送缓冲器包含一个设计时分配的固定大小的RAM堆，可通过动态分配间接发送缓冲器的RAM来添加新的数据帧，动态存储管理可充分利用间接发送缓冲空间。

（2）应用层消息类型　在ZigBee应用中，应用框架（AF）提供了两种标准服务类型。一种是键值对服务类型，一种是报文服务类型。KVP操作的命令有Set、Get、Event。其中Set用于设置一个属性值，Get用于获取一个属性值，Event用于通知一个属性已经发生改变。KVP消息主要用于传输一些较为简单的变量格式。由于ZigBee的很多应用领域中的消息较为复杂并不适用于KVP格式，因此ZigBee协议规范定义了MSG服务类型。MSG服务对数据格式不作要求，适合任何格式的数据传输。因此可以用于传送数据量大的消息。

KVP命令帧的格式见表6-11。

表6-11　KVP命令帧格式

位:4	4	16	0/8	可变
命令类型标识符	属性数据类型	属性标识符	错误代码	属性数据

MSG命令帧格式见表6-12。

表6-12　MSG命令帧格式

位:8	可变
事务长度	事务数据

3. ZigBee寻址及寻址方式

ZigBee网络协议的每一个节点都具有两个地址：64位的IEEE MAC地址及16位网络地址。每一个使用ZigBee协议通信的设备都有一个全球唯一的64位MAC地址，该地址由24位OUI与40位厂家分配地址组成，OUI可通过购买由IEEE分配得到，由于所有的OUI皆由IEEE指定，因此64位IEEE MAC地址具有唯一性。

当设备执行加入网络操作时，它们会使用自己的扩展地址进行通信。成功加入ZigBee网络后，网络会为设备分配一个16位网络地址。由此，设备便可使用该地址与网络中的其他设备进行通信。

ZigBee的寻址方式有两种。第一种为单播：当单播一个消息时，数据包的MAC报头应该含有目的节点的地址，只有知道了接收设备的地址，消息才能通过单播的方式进行发送；第二种为广播：要通过广播来发送消息，应将信息包MAC报头中的地址域值为0xFF。此时，所有使能终端都能够接收该消息。该寻址方式可以用于加入一个网络、查找路由及执行ZigBee协议的其他查找功能。ZigBee协议对广播信息包实现一种被动应答模式。即当一个设备产生或转发一个广播信息包时，它将侦听所有邻居的转发情况。如果所有的邻居没有在应答时限内复制数据包，设备将重复转发信息包，直到它侦听到该信息包已被所有邻居转发，或者广播传输时间被耗尽为止。

4. ZigBee设备配置层

ZigBee设备配置层提供标准的ZigBee配置服务，它定义和处理描述符请求。在ZigBee设备配置层中定义了成为ZigBee设备对象（ZigBee Device Object，ZDO）的特殊软件对象，它在其他服务中提供绑定服务。远程设备可以通过ZigBee设备对象接口请求任何标准的描述符信息。当接收到这些请求信息时，ZDO会调用配置对象以获取相应的描述符值。在目前的ZigBee协议栈版本中，还没有完全实现设备配置层。ZDO是特殊的应用对象，它在端点（End Point）0上实现。

6.3.2　ZigBee网络配置

ZigBee网络的拓扑主要有星形、网状和混合形，如图6-14所示。星形拓扑具有组网简单、成本低和电池寿命长的优点；但网络覆盖范围有限，可靠性不及网状拓扑结构，一旦中心节点发生故障，所有与之相连的网络节点的通信都将中断。网状拓扑具有可靠性高、覆盖范围大的优点；缺点是电池使用寿命短、管理复杂。树形拓扑综合了以上两种拓扑的特点，这种组网通常会使ZigBee网络更加灵活、高效、可靠。

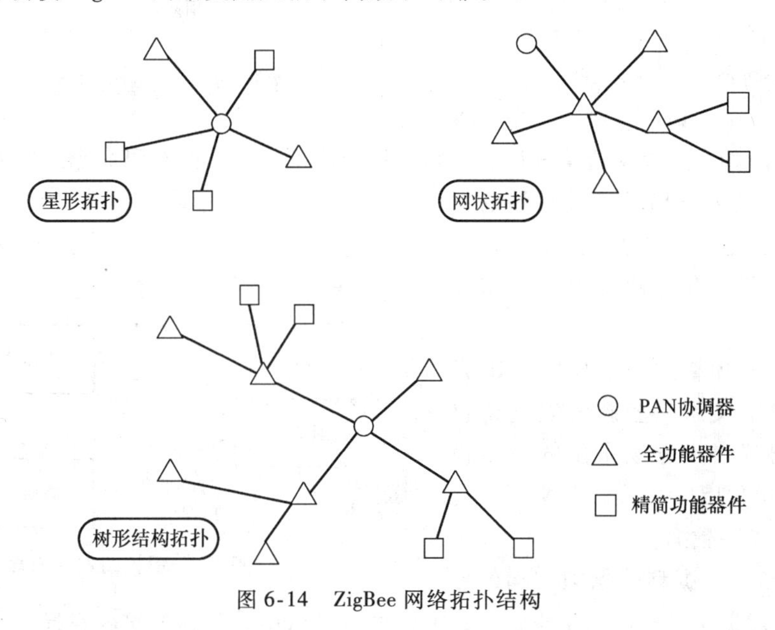

图6-14　ZigBee网络拓扑结构

6.4　无线传感器网络组网

6.4.1　基于IEEE 802.15.4标准的无线传感器网络

下面介绍一个基于IEEE 802.15.4标准的无线传感器网络实例。

1. 组网类型

本实例中，无线传感器网络采取星形拓扑结构，由一个与计算机相连的无线模块作为中心节点，可以跟任何一个普通节点通信。普通节点可以由一组传感器节点组成，如温度传感器、湿度传感器、烟雾传感器，它们对周围环境中的各个参数进行测量和采样，并将采集到的数据发往中心节点，由中心节点对发来的数据和命令进行分析处理，完成相应操作。普通节点只能接收从中心节点传来的数据，与中心节点进行数据交换。

2. 数据传输机制

在整个无线传感器网络中，采取的是主机轮询查问和突发事件报告的机制。主机每隔一定时间向每个传感器节点发送查询命令；节点收到查询命令后，向主机回发数据。如果发生紧急事件，节点可以主动向中心节点发送报告。中心节点通过对普通节点的阈值参数进行设置，还可以满足不同用户的需求。

网内的数据传输是根据无线模块的网络号、网内 IP 地址进行的。在初始设置的时候，先设定每个无线模块所属网络的网络号，再设定每个无线模块的 IP 地址，通过这种方法能够确定网络中无线模块地址的唯一性。若要加入一个新的节点，只需给它分配一个不同的 IP 地址，并在中心计算机上更改全网的节点数，记录新节点的 IP 地址。

(1) 传输流程

1) 命令帧的发送流程。命令帧的发送流程如图 6-15 所示。

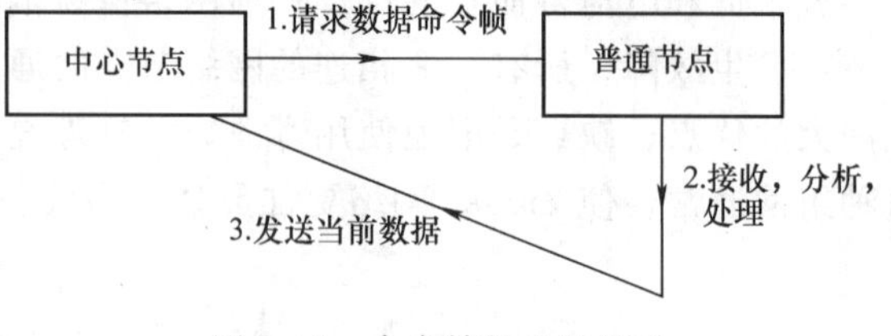

图 6-15 命令帧的发送流程

因为查询命令帧采取轮询发送机制，所以，丢失一两个查询命令帧对数据的采集影响不大；而如果采取出错重发机制，则容易造成不同节点的查寻命令之间的互相干扰。

2) 关键帧的发送流程。关键帧的发送流程如图 6-16 所示，包括阈值帧、关键重启命令帧等，关键帧采用出错重发机制。

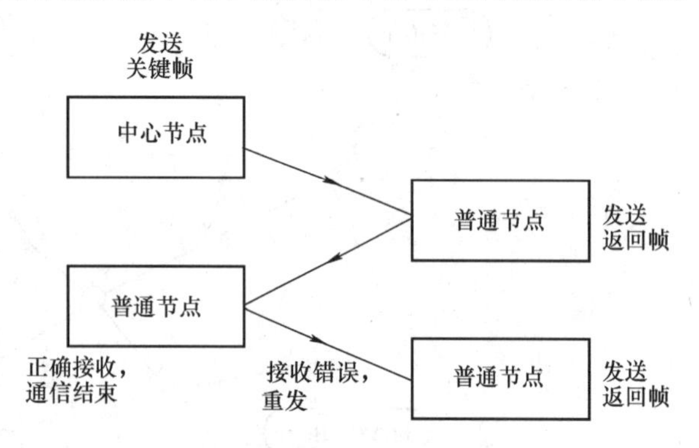

图 6-16 关键帧的发送流程

(2) 传输的帧格式及其作用 IEEE 802.15.4 标准定义了一套新的安全协议和数据传输协议。本方案采用的无线模块根据 IEEE 802.15.4 标准，定义了一套帧格式来传输各种数据。

1) 数据帧。数据型数据帧结构的作用是把指定的数据传送到网络中指定节点上的外部设备中，具体的接收目标也由这二种帧结构中的“目标地址”给定，其结构见表 6-13。

表 6-13 数据帧结构

数据类型 44h	目的地址	数据域长度	数据域	校验位

2) 返回帧。返回型数据帧结构的作用是无线模块将网络情况反馈给自身 UART0 上的外设，其结构见表 6-14。

表 6-14 返回型数据帧结构

数据类型 52h	目的地址	数据域长度	数据域	校验位

利用这两种帧格式定义了适用于传感器网络的数据帧，并针对这些数据帧采取不同的应对措施来保证数据传输的有效性。

传感器网络的数据帧格式是在无线模块数据帧的基础上进行修改的，主要包括传感数据帧、中心节点的阈值设定帧、查询命令帧及重启命令帧。其中，传感数据帧和阈值设定帧帧长都为 8 字节，包括：无线模块的数据类型 1 字节，目的地址 1 字节，“异或”校验段 1 字节以及数据长度 5 字节。5 字节的数据长度包括传感数据类型 1 字节，数据 3 字节，源地址 1 字节。其中，当传感数据类型位为 0xBB 时，代表将要传输的是 A/D 转换器当前采集到的数据，源地址是当前无线模块的 IP 地址；当数据类型位为 0xCC 时，表示当前数据是系统设置的阈值，源地址是中心节点的 IP 地址。重启命令帧和查询命令帧都为 5 字节，包括无线模块的数据类型1字节，目的地址1字节，数据长度1字节（只传递传感器网络的数据类型位），并用0xAA表示当前的数据是查询命令，用0xDD表示让看门狗重启的命令。

温度传感器节点给中心节点计算机的返回帧在无线模块的数据帧基础上加以修改，帧长为6字节，包括无线模块的数据类型1字节，目的地址1字节，数据长度2字节，源地址1字节，“异或”校验1字节。在数据类型中，用0x00表示当前接收到的数据是正确的，用0x01表示当前接收到的数据是错误的。中心节点若收到代表接收错误的返回帧，则重发数据，直到温度传感器节点正确接收为止。若计算机收到10个没有正确接收的返回帧，则从计算机发送命令让看门狗重启。

对于无线模块给外设的返回帧，当无线模块之间完成一次传输后，会将此次传输的结果反馈给与其相连接的外设。若成功传输，则类型为0x00；若两个无线模块之间通信失败，则类型为0xFF。当接收到通信失败的帧时，传感器节点重新发送当前的传感数据。若连续接收到10次发送失败的返回帧，则停发数据，等待下一次的查询命令。若传感器节点此时发送的是报警信号，则在连续重发10次后，开始采取延迟发送，即每次隔一定的时间后，向中心节点发送报警报告，直到其发出。如果在此期间收到中心节点的任何命令，则先将警报命令立即发出。因为IEEE 802.15.4标准已经在底层定义了CSMA/CD的冲突监测机制，所以在收到发送不成功的错误帧后，中心计算机将随机延迟一段时间（1~10个轮回）后再发送新一轮的命令帧，采取这种机制可避免重发的数据帧加剧网络拥塞。如此10次以后，表示网络暂时不可用，并且以后每隔10个轮回的时间发送一个命令帧，以测试网络。如果收到正确的返回帧，则表示网络恢复正常，重新开始新的轮回。

6.4.2 基于ZigBee协议规范的传感器网络

下面介绍一种基于ZigBee的无线传感器网络的实现方案。该系统是一种燃气表数据无线传输系统，其无线通信部分使用ZigBee规范。

1. 无线传感器的构建

利用ZigBee技术和IEEE 1451.2协议来构建的无线传感器，其基本结构如图6-17所示。

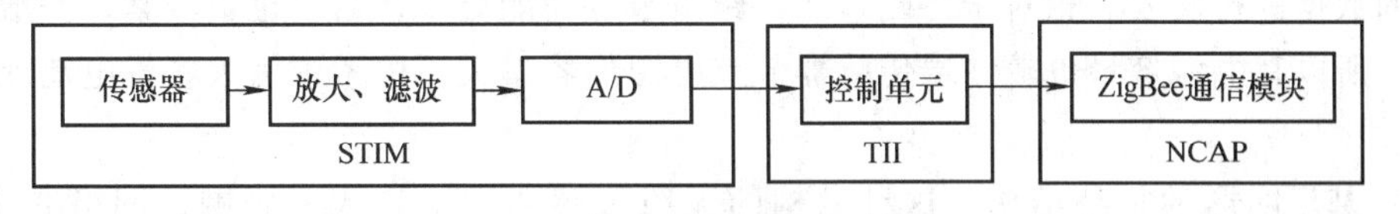

图6-17 无线传感器基本结构

STIM部分包括传感器、放大和滤波电路、A/D转换；TII部分主要由控制单元组成；NCAP负责通信。“燃气表数据无线传输系统”项目中实现了无线燃气表传感器的设计：STIM选用“CG—L—J2.5/4D型号”的燃气表；TII选用Atmel公司的80C51，8位CPU；NCAP选用赫立讯公司IP·Link 1000-B无线模块。在此方案中，燃气表的数据为已经处理好的数据。由于燃气表数据为一个月抄一次，所以在设计的过程中不用考虑数据的实时性问题。IP·Link 1000-B模块为赫立讯公司为ZigBee技术而开发的一款无线通信模块。其主要特点如下：支持多达40个网络节点的链接方式；300~1000MHz的无线收发器；高效率发射、高灵敏度接收；高达76.8kbit/s的无线数据速率；IEEE 802.15.4标准兼容产品；内置高性能微处理器；具有2个UART接口；10位、23KHz采样率ADC接口；微功耗待机模式。

这样为无线传感器网络中降低功率损耗提供了一种灵活的电源管理方案。

存储芯片选用有64KB的存储空间的Ateml公司24C512 EEPROM芯片。按一户需要8字节的信息量计算，可以存储8000多个用户的海量信息，对一个小区完全够用。

所有芯片选用3.3V的低压芯片，可以降低设备的能源消耗。

在无线传输中，数据结构的表示是一个关键的部分，它往往可以决定设备的主要使用性能。这里把它设计成表6-15的结构。

表6-15 数据结构

数据头	命令字	数据长度	数据	CRC校验

数据头：3字节固定为“AAAAAA”。

命令字：1字节具体的命令。01为发送数据，02为接收数据，03为进入休眠，04为唤醒休眠。

数据长度：1字节为后面“数据”长度的字节数。

数据：0~20字节为具体的有效数据。

CRC校检：2字节是从命令字到数据的所有数据进行校检。

在完整接收到以上格式的数据后，通过CRC校检来完成对数据是否正确进行判读，这在无线通信中是十分必要的。

2. 无线传感器网络的构建

IEEE802.15.4提供了三种有效的网络结构（星形、网形、树形）和三种器件工作模式（简化功能模式、全功能模式、协调器）。简化功能模式只能作为终端无线传感器节点；全功能模式既可以作为终端传感器节点，也可以作为路由节点；协调器只能作为路由节点。

这样无线传感器网络可以大致组成以下三种基本的拓扑结构。

（1）基于星形的拓扑结构。它具有天然的分布式处理能力，星形中的路由节点就是分布式处理中心，即它具有路由功能，也有一定的数据处理和融合能力，每个终端无线传感器节点都把数据传给其所在拓扑的路由节点，在路由节点完成数据简单、有效的融合，然后对处理后的数据进行转发。相对于终端节点，路由节点功能更多，通信也更频繁，一般其功耗也较高，所以其电源容量也较终端传感器节点电源的容量大，可考虑为大容量电池或太阳能电源。

（2）基于网形的拓扑结构。这种结构的无线传感器网络连成一张网，网络非常健壮，伸缩性好，在个别链路和传感器节点失效时，不会引起网络分立。可以同时通过多条路由通道传输数据，传输可靠性非常高。

（3）基于树形的拓扑结构。在这种结构下传感器节点被串联在一条或多条链上，链尾与终端传感器节点相连。这种方案在中间节点失效的情况下，会使其某些终端节点失去连接。

“燃气表数据无线传输系统”项目中采用的是星形拓扑结构，主要因为其结构简单，实现方便，不需要大量的协调器节点，且可降低成本。每个终端无线传感器节点为每家的燃气表（平时无线通信模块为掉电方式，通过路由节点来激活），手持式接收机为移动的路由节点。

整个网络的建立是随机的、临时的；当手持接收机在小区里移动时，通过发出激活命令来激活所有能激活的节点，临时建立一个星形的网络；其网络建立及数据流的传输过程如下：

1）路由节点发出激活命令。

2）终端无线传感器节点被激活。

3）在每个终端无线传感器节点分别延长某固定时间段的随机倍数后，节点通知路由节点自己被激活。

4）路由节点建立激活终端无线传感器节点表。

5）路由节点通过此表对激活节点进行点名通信，直到表中的节点数据全部下载完成。

6）重复1）~5），直到小区中所有终端节点数据下载完毕。

这样当一个移动接收机在小区里移动时，可以通过动态组网把小区里用户燃气信息下载到接收机中，再把接收机中的数据拿到处理中心去集中处理。通过以上步骤建立的通信，在小区实际无线抄表系统中得到了很好的应用。

6.4.3　基于ZigBee的无线传感器网络与RFID技术的融合

利用RFID电子标签可只存储一个唯一的身份识别号码，来标识某个特定的设备的性能，但由于RFID抗干扰性较差，而且有效距离一般小于10m，这对它的应用是个限制。如果将ZigBee的无线传感器网络WSN与RFID结合起来，利用前者高达100m以上的有效半径，形成无线传感身份识别WSID网络，其应用前景不可估量。ZigBee可以感知更复杂的信息并自觉分发这些信息。就目前情况而言，可读RFID电子标签对大部分公司来说仍然略显昂贵，以致公司不愿考虑推广使用它；不过在未来的几年里，其价格有望大幅降低，必然会大量应用。另外，尽管ZigBee产品的主要用途并不是用来代替可读RFID的，但利用更多的传感器和更少的网关，可以降低可读写RFID的成本，促进WSN与RFID结合应用。这样，在结合了RFID之后，大大拓展了基于ZigBee的无线传感器网络的功能，可以通过第7章7.6节的基于物联网的交通流仿真平台这一案例加深对两种技术融合的认识。

6.5　无线传感器网络的开发与应用

6.5.1　无线传感器网络仿真技术

传统的网络仿真利用数学建模和统计分析的方法模拟网络行为，从而获取特定的网络性能参数。数学建模包括网络建模（网络设备、通信链路等）和流量建模两个部分。模拟网络行为是指模拟网络数据流在实际网络中传输、交换和复用的过程。网络仿真获取的网络性能参数包括例络系统的全局性能统计量、个体节点和链路的可能性能统计量等，由此既可以获取某些业务层的统计数据，也可以得到协议内部某些参数的统计结果。

网络仿真技术有两个显著特点。首先，网络仿真能够为网络的规划设计提供可靠的依据。网络仿真技术能够根据网络特点迅速地建立起网络模型，并能够很方便地修改模型，进行仿真，这使得仿真非常适用于预测网络的性能。其次，网络仿真模型进行模拟，获取定量的网络性能预测数据，网络仿真可以为方案的验证和比较提供可靠的依据。

1. 无线传感器网络仿真需要解决的问题

数学分析、计算机仿真与物理测试是研究与分析传统无线或有线网络的三种主要技术手段。由于无线传感器网络新的特点与约束，无线传感器网络的算法非常复杂，使得数学分析的实现十分困难。另外，由于无线传感器网络超大规模的特点，目前真正的无线传感器网络系统少之又少，物理测试几乎无法实现。而计算机仿真解决了大规模物理系统构建的困难，节约了研究成本。所以，计算机仿真已经成为超大规模无线传感器网络系统研究与开发的主要手段。

无线传感器网络的特点使得无线传感器网络仿真需要解决以下问题：

1）可扩展性与仿真效率。无线传感器网络超大规模和拓扑结构动态变化的特点要求仿真系统在支持网络规模动态变化的同时，保持高仿真效率。

2）分布与异步特性。由于无线传感器网络是以数据为中心的全分布式网络系统，单个传感器节点一般只能拥有局部信息，并且不具备全局唯一标志，与传统无线节点有较明显的差别；同时，节点间通信的异步特性增加了仿真系统设计与实现的难度。

3）动态性。在实际应用环境中，由于无线传感器网络中的节点可能移动或者失效，网络拓扑会经常变化；在能量管理机制的作用下，节点的状态也会不断变化。因此，准确建立无线传感器网络系统的动态性模型，对于提高仿真实验结果的可信度至关重要。

4）综合仿真平台。作为一种测控网络，无线传感器网络系统集传感、通信和协同信息处理于一身。另外，由于节能是无线传感器网络的主要目标，无线传感器网络引入了与能耗相关的性能评价指标。所以，无线传感器网络需要一个完整、综合的仿真平台。

2. 无线传感器网络仿真的研究

目前，国内外对无线传感器网络仿真的研究主要集中在体系结构、系统建模和平台开发三个方面。

（1）仿真体系结构　无线传感器网络仿真平台可分为软件平台和硬件平台两部分。传统的仿真硬件平台，主要是指支撑软件平台运行的工作站或服务器等设备，但是随着混合仿真（Hybrid Simulation）技术在无线传感器网络仿真研究中的深入应用，一些仿真系统开始在平台中加入真实的传感器节点和网络应用，以求可以有效模拟更加复杂的实时系统，缩短开发周期并提高程序的实用性，这使得仿真系统的硬件平台功能更加丰富和强大，软硬件平台的结合也更加紧密。如无说明，下文提到的仿真平台指仿真的软件平台。

开发仿真平台，首先需要建立仿真体系结构。无线传感器网络系统的仿真体系结构，由真实的目标对象及其物理环境初步抽象所得，它反映了无线传感器网络系统内外各因素的本质联系。在设计体系结构的过程中，可以根据需要忽略次要因素，或者舍去不可观测的变量，以提高无线传感网络仿真的效率。

下面介绍UCLA提出的一种典型的无线传感器网络系统的仿真体系结构——SensorSim。如图6-18所示，SensorSim主要由以下五个部

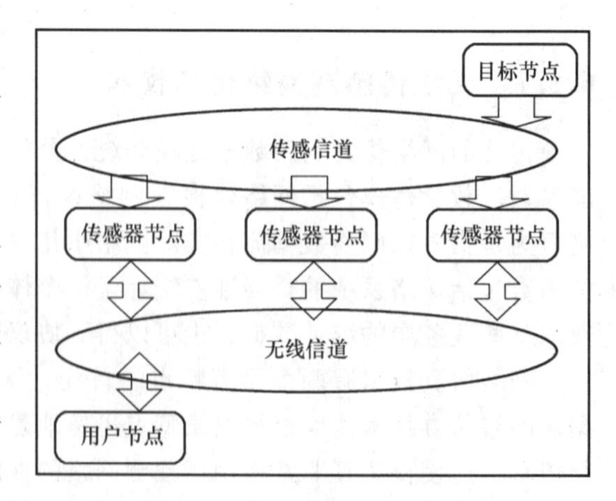

图6-18　SensorSim体系结构

分组成。

1）传感器节点。传感器节点负责监视周围一定范围内的环境，接收信号，并进行数据处理和通信。如图6-19所示，传感器节点由功能模块和能耗模块两个模块组成。

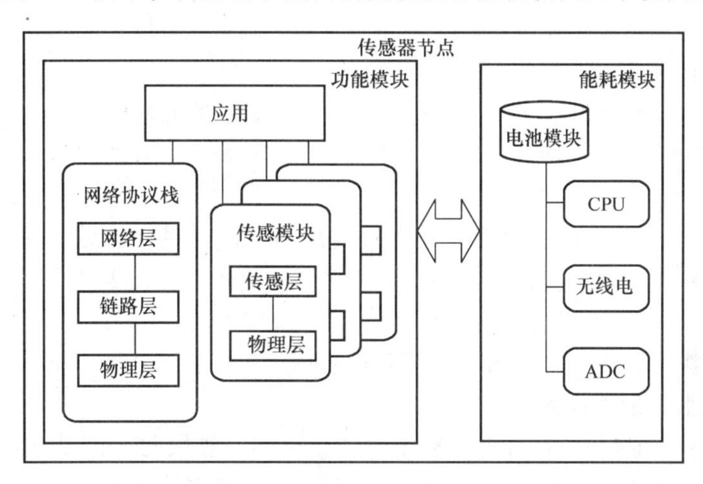

图6-19　传感器的节点模型体系结构

① 功能模块由以下三个部分组成：

应用：负责对传感器节点的信号采集功能、通信行为等进行初始化，并根据实验需要建立统计指标。

网络协议栈：负责模拟传感器节点中无线通信的各层协议。

传感模块：也称为传感协议栈，负责检测和处理来自传感信道的信号，将其送往上层应用。

② 能耗模块：模拟节点的能量产生和能量消耗的过程，主要根据电池、无线收发设备、数模转换器、信号采集设备等硬件的能量模型进行模拟。

2）目标节点。目标节点产生可以被传感器节点感知的信号，通过特定介质将信号传播出去。如图6-20所示，目标节点包括以下模块：

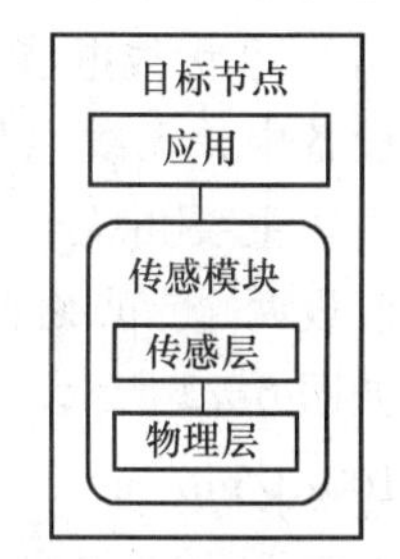

图6-20　目标节点模型的体系结构

应用：根据具体仿真应用，对目标节点的各种属性进行初始化。

传感模块：传感模块分为传感层和物理层，其主要功能是根据仿真的实际物理环境，生成标志目标特征的信号，通过物理层发送给传感器节点。

3）用户节点。用户节点是无线传感器网络的使用者和管理者，主要功能是发出查询及控制命令，并收集数据，通常不具备传感功能。如图6-21所示，用户节点模型包括以下模块：

应用：负责对用户节点的信息采集、通信行为等功能进行初始化，并根据实验需要建立统计指标。

网络协议栈：负责模拟用户节点中无线通信的各层防议。

4）传感信道。无线传感器网络直接与物理世界交互，信号由目标信号源传到传感器节点需要通过某种介质，如大地、空气、水等，这些介质的物理特性将会在很大程度上影响传感器节点感知物理世界的精度，因此对于无线传感器网络仿真系统，建立与传感相关的传播介质模型是必要的。

5）无线信道。传感器节点和用户节点之间、传感器节点与传感器节点之间的无线通信需要无线电、声、光等介质，因此仿真系统需要模拟这种通信介质的模型，即建立无线信道模型。

目前，研究人员还提出了一些其他的无线传感器网络仿真体系结构，如SENS、EmStar、SWAN等，但是大多是在SensorSim体系结构基础上的改进。

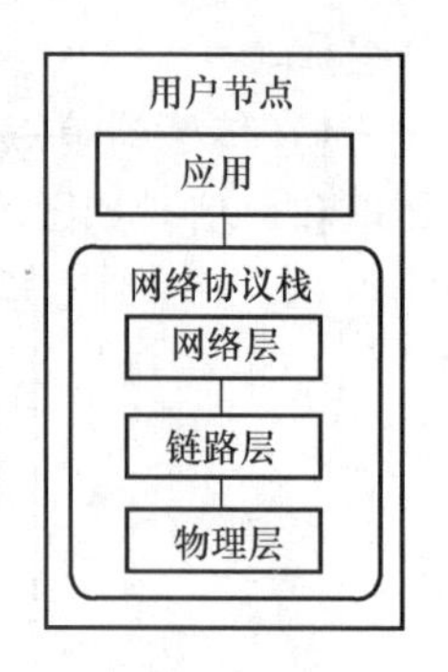

图6-21　用户节点模型的体系结构

（2）系统建模　系统模型的建立是仿真实现的基础。现有的无线传感器网络仿真模型主要包括节点能耗模型、网络流量模型、无线信道模型等。

1）能耗模型。目前人们对能耗模型的研究主要集中于对电池、无线电、中央处理器等硬件设备的能耗分析。

① 电池模型：无线传感器节点主要由电池供电。一般情况下，理想的电池容量是由电池中剩余的活性物质数量决定的，而在实际应用中，电池容量还受电池放电速度、放电曲线以及操作电压等因素的影响。电池模型主要处理三种事件：电池能耗变化、电池能量耗尽和电池能量达到阈值。电池能耗变化事件是指耗费能量的设备改变其耗能速率，电池模块需要重新计算节点的总体能耗和电池耗尽时间。电池能量耗尽事件指示电池能量被完全耗尽的时间，每当发生电池能耗变化事件，耗尽时间将被重新设置。电池能量达到阈值事件则表示电池能量级别达到了某一阈值的情况。

② 无线电能耗模型：在传感器节点的耗能设备中，无线电模块是主要耗能模块，无线电模块主要由无线电收发器和信号放大器组成。假设两个节点之间的距离为 d，其通信能耗模型如图6-22所示，通常取 $E_{\mathrm{elec}}=50\mathrm{nJ/bit}$，$\varepsilon_{\mathrm{amp}}=100\mathrm{nJ/bit}\cdot\mathrm{m}^2$。

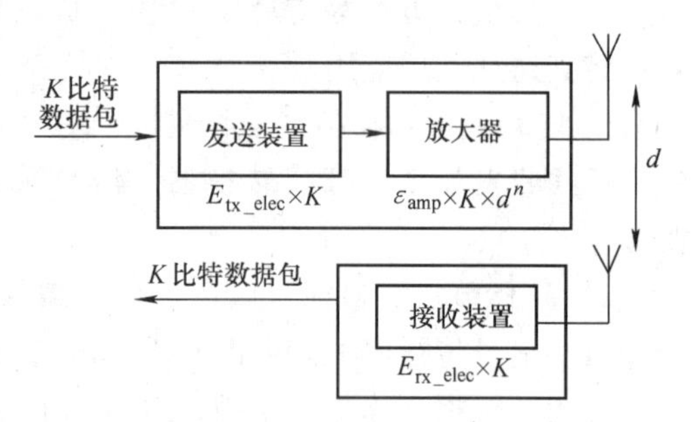

图6-22　无线通信能耗模型

③ 中央处理器能耗模型：中央处理器能耗模型表示CPU的能量消耗，模型建立通常是基于传感器节点完成动作或函数运算所占用的时钟周期。

除了上述模型，无线传感器网络的整体能耗还跟其他许多因素有关，如节点分布密度、网络覆盖面积、网络流量的产生和分布等，因此仿真平台设计仅仅建立硬件能耗模型是不够的。加州技术学院空气动力研究室的J. L. Gao集成各方面模型，提出一种新的能耗统计体系，利用新的能耗标准——比特·米/焦耳，对无线传感器网络的整体能耗进行分析，并取得了比较理想的结果。

2）网络流量模型。由于无线传感器网络是面向应用的测控系统，在不同的应用背景和物理环境下，网络流量模型是不同的。当被监测目标出现在传感器节点的感知范围内，如果附近传感器节点分布较密集，网络将会产生瞬时的流量爆发；而在某些野外环境的监测任务中，传感器节点定期采集数据，并且位置基本固定，这种情况会产生稳定的数据流量。同时，不同的网络协议和信息处理技术，也会影响网络整体流量。

在无线传感器网络的通信模型中，传感器节点应用模块采用的数据源可分为固定比特率（CBR）和可变比特率（VBR）两种，分别对应稳定流量和爆发流量。在网络流量的模型分析中，大都将网络中数据包的到达假设为泊松过程，在理论分析上，泊松过程具有对于网络传输的性能评价简单、有效等显著特点。但根据实践经验，泊松过程并不适合无线自组网、互联网和无线传感器网络等具有大范围相关、自相似特性的网络。

3）无线信道模型。传感器节点之间、用户节点与传感器节点之间需要通过无线信道进行通信。由于无线传感器网络大规模和高密度等特点引发的高噪声，使得其无线信道的模型更加复杂，所以无线信道的建模也是无线传感器网络仿真研究的主要内容之一。但目前针对无线传感器网络的无线信道模型还未见报道。

3. 仿真平台的开发

仿真平台开发是无线传感器网络仿真研究的又一主要内容。目前研究人员针对 WSN 开发的仿真平台有 TOSSIM、PROWLER、TOSSF、SensorSim、EmStar 以及 SENS 等，但这些仿真平台大多侧重无线传感器网络通信、传感或协同信息处理中的一个方面。

4. 无线传感器网络常用仿真软件

除了上文提到的无线传感器网络仿真专用仿真平台外，目前还有一些用于无线传感器网络仿真的通用网络仿真软件，如 OPNET、NS（Network Simulator）等，并已成为无线传感器网络仿真的主要平台。下面介绍几种无线传感器网络仿真的常用软件。

（1）TOSSIM　TOSSIM（TinyOS Simulator）是 TinyOS 自带的一个仿真工具，可以支持大规模网络仿真。由于 TOSSIM 仿真程序直接编译自实际运行于硬件环境的代码，所以还可以用来调试程序。仿真编译器能直接从 TinyOS 应用的组件表编译生成仿真程序。通过替换 TinyOS 下层部分硬件相关的组件，TOSSIM 把硬件中断转换成离散仿真事件，由仿真器事件队列抛出的中断来驱动上层应用，其他的 TinyOS 组件尤其是上层的应用组件都无需更改，因此用户无需为仿真另外编写代码。TOSSIM 具有以下几个方面的特点：

1）编译器支持。TOSSIM 改进了 nesC 编译器，通过使用不同的选项，用户可以把在硬件节点上运行的代码编译成仿真程序。编译器支持可同时提供可扩展性和仿真的真实性。

2）执行模型。TOSSIM 的核心是一个仿真事件队列。与 TinyOS 不同的是，硬件中断被模拟成仿真事件插入队列，仿真事件调用中断处理程序，中断处理程序又可以调用 TinyOS 的命令或触发 TinyOS 的事件，这些 TinyOS 的事件和命令处理程序又可以生成新任务，并将新的仿真事件插入队列，重复此过程直到仿真结束。

3）硬件模拟。TinyOS 把节点的硬件资源抽象为一个个组件。通过将硬件中断转换成离散仿真事件，替换硬件资源组件，TOSSIM 模仿了硬件资源组件的行为，为上层提供了与硬件相同的标准接口。硬件模拟为仿真物理环境提供了接入点，通过修改硬件模拟组件，可以为用户提供各种性能的硬件环境，满足不同用户的需求。

4）无线模型。TOSSIM 允许开发者选择具有不同精确性和复杂度的无线模型，该模型独立于仿真器之外，保证了仿真器的简单和高效。用户可以通过一个有向图指定不同节点对之间通信的误码率，表示在该链路上发送一比特数据时可能出错的概率。对同一个节点对来说，双向误码率是独立的，从而使模拟不对称链路成为可能。

5）仿真监控。用户可以自行开发应用软件来监控 TOSSIM 仿真的执行过程，二者通过

TCP/IP 通信。TOSSIM 为监控软件提供实时仿真数据，包括在 TinyOS 源代码中加入的 DEBUG 信息、各种数据包和传感器的采样值等，监控程序可以根据这些数据显示仿真执行情况。同时允许监控程序以命令调用的方式更改仿真程序的内部状态，达到控制仿真进程的功能。TinyViz（TinyOS Visualizer）就是 TinyOS 提供的一个仿真监控程序。

（2）OPNET　OPENT 是在 MIT 研究成果的基础上由 MIL3 公司开发的网络仿真软件产品。OPNET 网络仿真软件系列主要包括以下四个产品：

1）Planner：亦称 IT DecisionGuru，是一个独立的网络规划设计工具，不具有网络节点和协议建模功能，仅限于基于基本模型库的网络建模和模拟。

2）Modeler：MIL3 公司的拳头产品，是一个功能十分强大的网络仿真环境，支持网络中各层设备、链路和协议的精确建模，并提供丰富的外部开发接口，同时还内含 Planner 的全部功能。

3）Modeler/Radio：在 Modeler 的基础上增加对无线和移动网络仿真的支持，目前可支持移动通信、卫星通信和无线局域网等。

4）OXD：利用“co-simulation”技术，在网络环境模拟中验证硬件的设计。

OPNET 具有丰富的统计量收集和分析功能。它可以直接收集各个网络层次的常用性能统计参数，并有多种统计参数的采集和处理方法，还可以通过底层网络模型编程，收集特殊的网络参数。OPNET 还有丰富的图表显示和编辑功能、模拟错误提示和告警功能，能够方便地编制和输出仿真报告。

① 关键技术。OPNET 采用离散事件驱动的模拟机理，其中“事件”指网络状态的变化，也就是说，只有网络状态发生变化时，模拟机才工作，网络状态不发生变化的时间段不执行任何模拟计算，即被跳过，并且在一个仿真时间点上，可以发生多个事件。仿真中的各个模块之间通过事件中断方式传递事件信息。每当出现一个事件中断时，都会触发一个描述通信网络系统行为或者系统处理的进程模型。OPNET 通过离散事件驱动的仿真机制实现了在进程级描述通信的并发性和顺序性，再加上事件发生时刻的任意性，决定了可以仿真计算机和通信网络中的任何情况下的网络状态和行为。因此，与时间驱动相比，离散事件驱动的模拟机计算效率得到很大提高。

在 OPNET 中使用基于事件列表的调度机制，合理安排调度事件，以便执行合理的进程来仿真网络系统的行为。调度的完成通过仿真软件的仿真核和仿真工具模块以及模型模块来实现。每个 OPNET 仿真都维持一个单独的全局时间表，其中的每个项目和执行都受到全局仿真时钟的控制，仿真中以时间顺序调度事件列表中的事件，需要先执行的事件位于表的头部。当一个事件执行后将从事件列表中删除该事件。仿真核作为仿真的核心管理机构，采用高效的办法管理维护事件列表，并且按顺序通过中断将在队列头的事件交给指定模块，同时接收各个模块送来的中断，并把相应事件插入事件列表中。仿真控制权伴随中断不断地在仿真核与模块之间转移。

OPNET 采用基于包的通信机制。通过仿真包在仿真模型中的传递来模拟实际物理网络中数据包的流动和节点设备内部的处理过程。仿真包还可以用作模型中各个模块之间接口控制信息的描述方法。在建模时，可以根据需要生成、编辑各种格式的包。

② 仿真建模方法。计算机和通信网络模型一般分为三个层面：网络拓扑、节点内部结构和通信行为。OPNET 分别采用网络模型、节点模型、进程模型来实现这三个模型。

网络模型完成网络拓扑和配置模型的设计。网络模型是最高层次的模型，由网络节点和连接网络节点的通信链路组成，由该层模型可直接建立仿真网络的拓扑结构。网络模型可支持无限多重的子网模型。

节点模型完成网元节点结构和数据流模型的设计。节点模型由协议模块和连接协议模块的各种链接组成。每个协议模块对应一个或多个进程模型。

进程模型完成网元节点模型中每个模块的进程模型的设计。进程模型通过语言实现。Proto-C 是一种基于有限状态机（FSM）的 C 语言。进程状态机处在不同状态，就执行对应的 C 语言描述的通信行为。进程模型是对通信协议功能的模拟，以及与仿真有关的控制流行为的实现。

OPNET 是商业软件，图形化的人机界面非常友好，并且有着丰富的模型库。但是，由于 OPNET 采用基于包的通信机制，物理层的编码调制等方面的仿真实现不够灵活。另外，由于 OPNET 并不是专门为传感器网络仿真而设计，一方面需要对其模型库进行扩展，另一方面还要面对大规模系统仿真的挑战。

（3）NS　NS 是位于美国加州的 Lawrence Berkeley 国家实验室于 1989 年开始开发的软件。NS 是一种可扩展、以配置和可编程的事件驱动的仿真工具，它是由 REAL 仿真器发展而来。

作为事件驱动的网络仿真软件，NS 可以提供有线网络、无线网络中链路层及其上层精确到数据包的一系列行为的仿真。最值得一提的是，NS 中的许多协议代码都和真实网络中的应用代码十分接近，其真实性和可靠性高居世界仿真软件的前列。NS 底层的仿真引擎主要由 C + + 编写，同时利用麻省理工学院的面向对象工具命令语言（OTCL）作为仿真命令和配置的接口语言。网络仿真的过程由一段 OTCL 的脚本来描述，这段脚本通过调用引擎中各类属性、方法，定义网络的拓扑，配置源节点、目的节点，建立链接，产生所有事件的时间表，运行并跟踪仿真结果，还可以对结果进行相应的统计处理或制图。

1）NS 的层次结构。基于不同的分工，NS 软件平台主要采用两种开发语言。一方面，具体协议的模拟和实现，需要一种程序设计语言，用于高效率的信息处理和算法执行。为了实现这个任务，程序内部模块的运行速度是非常重要的，而仿真设置时间、寻找和修复程序漏洞的时间及重新编译和运行的时间就显得不是很重要了。另一方面，许多网络中的研究工作都围绕着网络组件和环境的具体参数的设置和改变而进行的，需要在短时间内快速开发和模拟网络场景，发现和修复程序中的漏洞。在这种任务中，仿真设置与修改时间就显得非常重要。

因此，为了满足以上两种不同任务的需要，NS 的设计实现使用了两种程序设计语言，C + + 和 OTCL。C + + 语言被用来实现网络协议，OTCL 语言被用来配置仿真中的各种参数，建立仿真的整体结构。因为 C + + 的特点是具有更快的运行速度，但较为复杂，每次修改代码均需要重新编译，比较适合处理烦琐但比较固定的工作，即上文描述的第一类问题；而 OTCL 虽然在运行速度上无法和 C + + 比拟，但 OTCL 是无强制类型的脚本程序编写语言，容易实现和修改，容易发现和修正程序漏洞，相对来说更加灵活，可以很好地解决上文描述的第二类问题。同时，在 NS 中 C + + 和 OTCL 之间可以通过 TCLCL 工具包自由地实现相互调用。NS 体系结构如图 6-23 所示。

2）NS的功能模块。从用户角度看，NS是一个仿真事件驱动的，具有网络组件对象库和网络配置模块库的OTCL脚本解释器。NS中编译类对象通过OTCL连接建立了与之对应的解释类对象，这样用户在OTCL空间能够方便地对C++对象的函数和变量进行修改与配置。

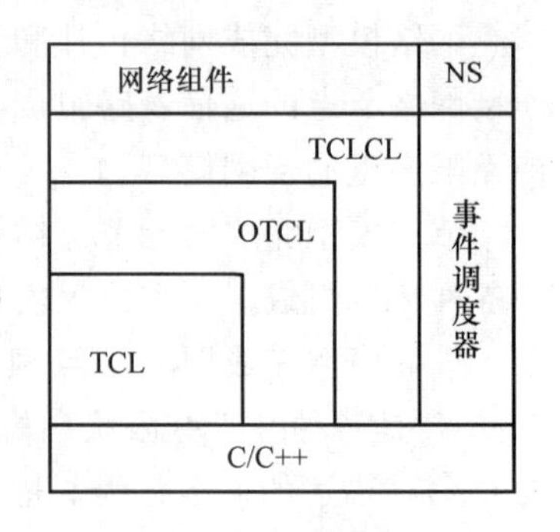

图6-23 NS体系结构

通常情况下，NS仿真器的工作从创建仿真器类（Simulator）的实例开始。仿真器类可以看成是对整个仿真器的封装，仿真器调用各种方法生成节点，进而构造拓扑图，对仿真的各个对象进行配置，定义事件，然后根据定义的事件，模拟整个网络活动的过程。在创建仿真器对象时，构造函数同时也创建了一个该仿真器的事件调度器（Event Scheduler）。仿真器封装了以下功能模块：

事件调度器：由于NS是基于事件驱动的，调度器也成为NS的调度中心，可以跟踪仿真时间，调度当前事件链中的仿真事件并交由产生该事件的对象处理。目前NS主要提供了四种具有不同数据结构的调度器，分别是链表、堆、日历表和实时调度器。

节点：是一个复合组件，在NS中可以表示端节点和路由器。每个节点具有唯一的地址，节点有单播节点和组播节点两种类型，通过节点内部的节点类型变量来区分。节点为每个连接到它的节点分配不同的端口，用于模拟实际网络中的端口；另外，节点包含路由表以及路由算法，由地址分类器根据目的地址转发数据包。

链路：由多个组件复合而成，用来连接网络节点。所有链路都以队列的形式管理数据包的到达、离开和丢弃，可以跟踪每个数据包到达、进入、离开队列以及被丢弃的时间；还可以用队列监视器（Queue Monitor）来监测队列长度和平均队长的变化情况。

代理：负责网络层数据包的产生和接收，也可以用在各个层次的协议实现中。代理类包含源及目的节点地址，数据包类型、大小、优先级等状态变量，并利用这些状态变量来给所产生数据包的各个字段赋值。每个代理链接到一个网络节点上，通常连接到端节点，由该节点给它分配端口号。

包：由头部和数据两部分组成。头部包括cmn header、ip header、tcp header、rtp header及trace header等，其中最常用的是通用头结构cmn header，该头结构中包含唯一标志符、包类型、包的大小以及时间戳等。头结构的格式是在仿真器创建时初始化的，各头部的偏移量被记录下来。在代理产生一个包时，所有的头部都被生成，用户能够根据偏移量来存取头部所包含的信息。

由于源代码开放，NS的使用较为灵活，用户完全可以依照实际的需求建立自己的仿真平台。然而，NS的复杂性一直以来都是NS广泛应用的最大障碍。这一仿真软件对用户的编程能力、实际网络协议的理解能力要求较高。而且，NS的图形化程度较低，使用时往往需要大量地修改底层程序代码，对统计数据的操作也比较困难。

（4）RADSIM RADSIM是一个离散事件驱动的仿真工具，主要是针对雷达传感器节点构成的网络而设计的。RADSIM的仿真对象包括移动目标、传感器节点和通信信道等。

RADSIM利用全局唯一的时钟对所有仿真对象进行调度。每当时钟“跳动”，RADSIM仿真内核都将依次给每个仿真对象发送一个时钟信息，收到信息的仿真对象将按照当前时间的调度安排执行各自的任务，并且直到所有仿真对象完成当前任务，时钟才会开始下一次

“跳动”。

RADSIM 仿真内核支持不同的时间粒度，默认情况下的时钟跳动间隔是真实时间的 10ms。RADSIM 还支持所谓“真实时间域”，用户可以根据需要设定每一次时钟跳动花费的最小真实时间。如果一次时钟跳动没有达到设置的最小真实时间，系统会在剩余时间进行休眠。

RADSIM 提供了图形化的用户接口，可以对仿真运行进行实时观测，甚至控制某些对象行为。用户接口显示了当前仿真时间、目标位置以及传感器节点的信息。每个传感器节点的“360°视野”都被分成若干扇面，以模拟传感器的感知范围。当前工作扇面通过颜色的变化来表示，黄色代表仅测量信号振幅，红色代表仅测量信号频率，蓝色代表振幅和频率都被测量，灰色代表雷达未工作。通过图形接口，用户可以启动或停止仿真、开始或停止目标的移动以及方便调试过程。

（5）Synopsys　Synopsys 是完整的 IC 设计解决方案，其中 Synopsys 的 CoCentricSystemStudio 提供了一个 IC 仿真器和仿真技术规范，可以在多个抽象级别对算法、体系结构、硬件和软件进行联合分析和验证。其模型库包含 2000 多个常用算法的模型，可用于无线通信、多媒体和计算机网络领域的 IC 仿真。

6.5.2　无线传感器网络软件开发

1. 无线传感器网络软件开发的特点与设计要求

无线传感器网络的软件系统用于控制底层硬件的工作行为，为各种算法、协议的设计提供一个可控的操作环境；同时便于用户有效管理网络，实现网络的自组织、协作、安全和能量优化等功能，从而降低无线传感器网络的使用复杂度。无线传感器网络软件运行的分层结构如图 6-24 所示。

图中，硬件抽象层在物理层之上，用来隔离具体硬件，为系统提供统一的硬件接口，诸如初始化指令、中断控制、数据收发等。系统内核负责进程调度，为数据平面和控制平面提供接口。数据平面协调数据收发、校验数据，并确定数据是否需要转发。控制平面实现网络的核心支撑技术和通信协议。具体应用代码要根据数据平面和控制平面提供的接口以及一些全局变量来编写。

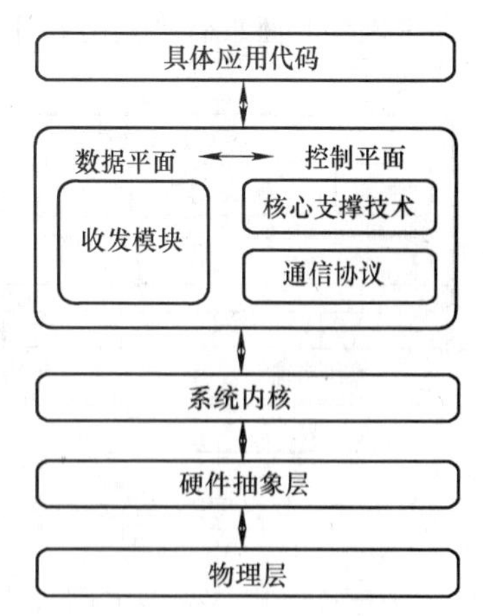

图 6-24　无线传感器网络软件运行的分层结构

无线传感器网络因其资源受限，并有动态性强、数据中心等特点，对其软件系统的开发设计提出了如下一些要求：

（1）软件的实时性　由于网络变化不可预知，软件系统应当能够及时调整节点的工作状态，自适应于动态多变的网络状况和外界环境，其设计层次不能过于复杂，且具有良好的事件驱动与响应机制。

（2）能量优化　由于传感器节点电池能量有限，设计软件系统时应尽可能考虑节能，这需要用比较精简的代码或指令来实现网络的协议和算法，并采用轻量级的交互机制。

（3）模块化　为使软件可重用，便于用户根据不同的应用需求快速进行开发，应当将软件系统的设计模块化，让每个模块完成一个抽象功能，并制定模块之间的接口标准。

（4）面向具体应用 软件系统应该面向具体的应用需求进行设计开发，使其运行性能满足应用系统的 QoS 要求。

（5）可管理 为维护和管理网络，软件系统应采用分布式的管理办法，通过软件更新和重配置机制来提高系统运行的效率。

2. 无线传感器网络软件开发的内容

无线传感器网络软件开发的本质是从软件工程的思想出发，在软件体系结构设计的基础上开发应用软件。通常，需要使用基于框架的组件来支持无线传感器网络的软件开发。框架中运用自适应的中间件系统，通过动态地交换和运行组件，支撑起高层的应用服务架构，从而加速和简化应用的开发。无线传感器网络软件设计的主要内容就是开发这些基于框架的组件，以支持下面三个层次的应用：

（1）传感器应用（Sensor Application） 提供传感器节点必要的本地基本功能，包括数据采集、本地存储、硬件访问，直接存取操作系统等。

（2）节点应用（Nnode Application） 包含针对专门应用的任务和用于建立和维护网络的中间件功能。其设计分成三个部分：操作系统、传感驱动、中间件管理。节点应用层次的框架组件如图 6-25 所示。

操作系统：操作系统由裁剪过的只针对特定应用的软件组成，它专门处理与节点硬件设备相关的任务，包括启动载入程序、硬件的初始化、时序安排、内存管理和过程管理等。

传感驱动：初始化传感器节点，驱动节点上的传感单元执行数据采集和测量工作。它封装了传感器应用，为中间件提供了良好的 API 接口。

中间件管理：该管理机制是一个上层软件，用来组织分布式节点间的协同工作。

（3）网络应用（Network Application） 描述整个网络应用的任务和所需要的服务，为用户提供操作界面来管理网络并评估运行效果。网络应用层次的框架组件结构如图 6-26 所示。

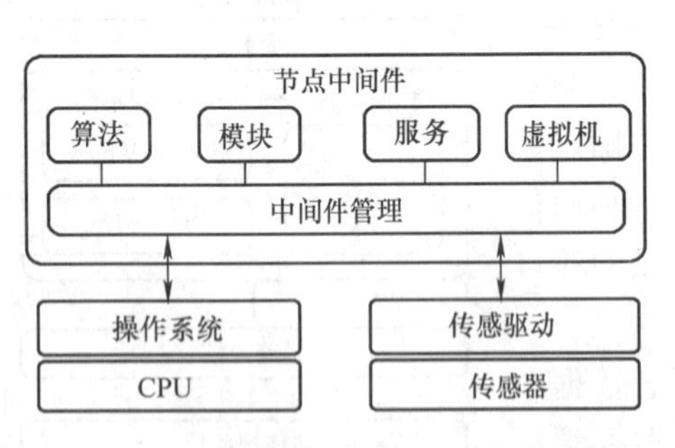

图 6-25 节点应用层次的框架组件结构

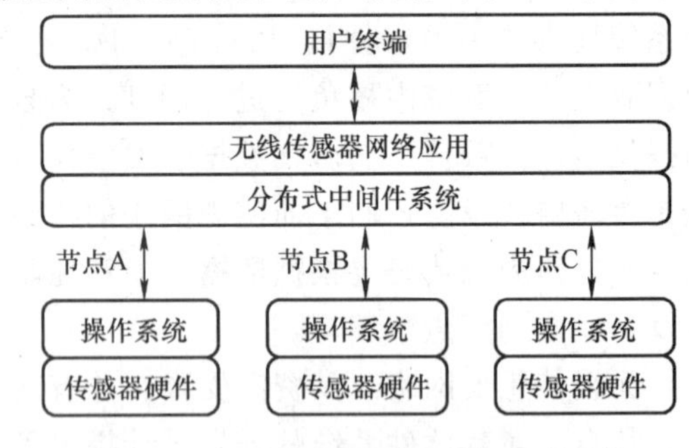

图 6-26 网络应用层次的框架组件结构

网络中的节点通过中间件的服务连接起来，协作地执行任务。中间件逻辑上是在网络层，但物理上仍存在于节点内，它在网络内协调服务间的相互操作，灵活便捷地支撑起无线传感器网络的应用开发。

为此，需要依据上述三个层次的应用，通过程序设计来开发实现框架中的各类组件，这也就构成了无线传感器网络软件设计的主要内容。

3. 无线传感器网络软件开发的主要技术挑战

尽管无线传感器网络的软件开发研究取得了很大进展，但还有一些问题尚未完全解决。

总的来说，还面临着以下挑战：

（1）安全问题　无线传感器网络因其分布式的部署方式很容易受到恶意侵入和拒绝服务之类的攻击，因此在软件开发中要考虑到安全的因素，需要将安全集成在软件设计的初级阶段，以实现机密性、完整性、及时性和可用性。

（2）可控的 QoS 操作　应用任务在网络中的执行需要一定的 QoS 保证，用户通常需要调整或设置这些 QoS 要求。如何将 QoS 要求通过软件的方式抽象出来，为用户提供可控的 QoS 操作接口，是无线传感器网络软件开发所面临的又一技术挑战。

（3）中间件系统　中间件封装了协议处理、内存管理、数据流管理等复杂的底层操作，用来协调网络内部服务、配置和管理整个网络。设计具有可扩展、通用性强和自适应特点的中间件系统也是无线传感器网络软件开发所面临的技术挑战。

6.5.3　无线传感器网络的硬件开发

1. 硬件系统的设计特点与要求

传感器节点是为无线传感器网络特别设计的微型计算机系统。无线传感器网络的特点，决定了传感器节点的硬件设计应该重点考虑三个方面的问题。

（1）低功耗　无线传感器网络对低功耗的需求一般都远远高于目前已有的蓝牙、WLAN 等网络。传感器节点的硬件设计直接决定了节点的能耗水平，还决定了各种软件通过优化（如网络各层通信协议的优化设计、功率管理策略的设计）可能达到的最低能耗水平。通过合理地设计硬件系统，可以有效降低节点能耗。

（2）低成本　在无线传感器网络的应用中，成本通常是一个需要考虑的重要因素。在传感器节点的开发阶段，成本主要体现在软件协议的开发上。一旦产品定型，在产品生产和使用过程中，主要的成本都集中在硬件开发和节点维护两个方面。因此，传感器节点的硬件设计应该根据具体应用的特点来合理选择器件，并使节点易于维护和管理，从而降低开发与维护成本。

（3）稳定性和安全性　传感器节点的稳定性和安全性需要结合软硬件设计来实现。稳定性设计要求节点的各个部件能够在给定的应用背景下（可能具有较强的干扰或不良的温、湿度条件）正常工作，避免由于外界干扰产生过多的错误数据。但是过于苛刻的硬件要求又会导致节点成本的提高，应在分析具体应用需求的条件下进行权衡。此外，关于节点的电磁兼容设计也十分重要。安全性设计主要包括代码安全和通信安全两个方面。在代码安全方面，某些应用场合可能希望保证节点的运行代码不被第三方了解。例如某些军事应用中，在节点被敌方俘获的情况下，节点的代码应该能够自我保护并锁死，避免被敌方所获取。很多微处理器和存储器芯片都具有代码保护的能力。在通信安全方面，有些芯片能够提供一定的硬件支持，如 CC2420 具有支持基于 AES-128 的数据加密和数据鉴权能力。

除上述几项要求之外，硬件设计中还应该考虑节点体积、可扩展性等方面的要求。

2. 硬件系统的设计内容

传感器节点的基本硬件功能模块组成如图 6-27 所示，主要由数据处理模块、换能器模块、无线通信模块、电源模块和其他外围模块组成。数据处理模块是节点的核心模块，用于完成数据处理、数据存储、执行通信协议和节点调度管理等工作；换能器模块包括各种传感器和执行器，用于感知数据和执行各种控制动作；无线通信模块用于完成无线通信任务；电源模块是所有电子系统的基础，电源模块的设计直接关系到节点的寿命；其他外围模块包括看门狗电路、电池电量检测模块等，也是传感器节点不可缺少的组成部分。

尽管无线传感器网络的硬件开发技术取得了很大进展，但还有一些问题尚未完全解决。总的来说，还面临着三个方面的挑战。

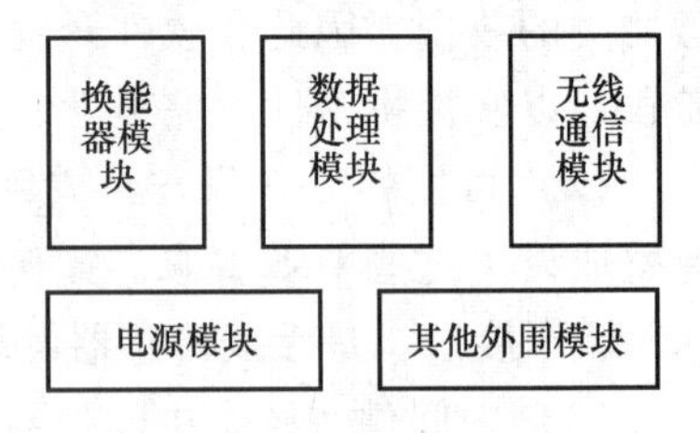

图 6-27 传感器节点的基本硬件功能模块

1）多种应用需求之间的矛盾和权衡。如上所述，低成本、低功耗、稳定性、安全性、小体积和可扩展性是对传感器节点设计提出的要求。然而由于工艺水平等方面的限制，在节点硬件设计中经常会遇到相互矛盾的情况，例如为了减小节点体积，必须使用集成度更高的器件，最佳的方案是使用SoC设计，但这可能会降低节点的可扩展性；另外，为了增加节点的稳定性，应该采用高稳定度的时间基准，但这会加大节点的成本。因此，针对具体应用，权衡多方面因素的影响进行合理设计，是节点硬件开发所面临的主要挑战。

2）高能量密度电池和能量收集技术。电池体积通常决定了传感器节点的体积。提高电池能量密度能够在不改变电池体积的前提下提高电池电量，从而延长电池寿命。目前已经研究了多种高能量密度的电池，但其成本往往过高，不适合传感器节点的低成本需求。

能量收集技术是一种有望在传感器节点中应用的低成本电源技术。通过吸收外界的光能、机械能、电磁能、热能、生物能等不同形式的能量，节点可以长时间工作而无需担心能量耗尽。目前，光能和机械能的能量收集技术已经得到应用。通过能量收集获得的能量往往具有功率低、分布不均衡等特点，要想实用化，还必须合理设计能量收集和功率调节电路。

3）硬件的可扩展性设计。传感器节点的设计往往要根据具体应用的需求进行优化，这就意味着很难实现节点设计的标准化，以至于限制无线传感器网络的发展。如果能够在不显著提高成本的前提下实现硬件的可扩展性，包括处理能力、存储能力、通信能力，就能将节点设计标准化，从而加速无线传感器网络产业的发展。

3. 传感器节点的开发

（1）数据处理模块设计　分布式信息采集和数据处理是无线传感器网络的重要特征之一。每个传感器节点都具有一定的智能性，能够对数据进行预处理，并能够根据感知到的不同情况做出不同处理。这种智能性主要依赖于数据处理模块实现。可见数据处理模块是传感器节点的核心模块之一。对于数据处理模块的设计，应主要考虑五个方面的问题。

1）节能设计。从能耗的角度来看，对于传感器节点，除其通信模块以外，微处理器、存储器等用于计算和存储数据的模块也是主要的耗能部件。它们都直接关系到节点的寿命，因此应该尽量使用低功耗的微处理器和存储器芯片。

在选择微处理器时切忌一味追求性能，选择的原则应该是“够用就好”。现在微处理器运行速度越来越快，但性能的提升往往带来功耗的增加。一个复杂的微处理器集成度高、功能强，但片内晶体管多，总漏电流大，即使进入休眠或空闲状态，漏电流也变得不可忽视；而低速的微处理器不仅功耗低，成本也低。另外，应优先选用具有休眠模式的微处理器，因为休眠模式下处理器功耗可以降低3～5个数量级。

选择合适的时钟方案也很重要。时钟的选择对于系统功耗相当敏感，系统总线频率应当尽量降低。处理器芯片内部的总电流消耗可分为两部分：运行电流和漏电流。理想的CMOS

开关电路，在保持输出状态不变时是不消耗功率的；但在微处理器运行时，开关电路不断由“1”变“0”、由“0”变“1”，消耗的功率由微处理器运行所引起，称之为“运行电流”。如图6-28所示的CMOS开关电路，在两只晶体管互相变换导通、截止状态时，由于其开关延迟时间不可能完全一致，在某一瞬间会出现两只管子同时导通的情况，此时电源到地之间会有一个瞬间较大的电流，这是微处理器运行电流的主要来源。由此可见，运行电流几乎与微处理器的时钟频率成正比，尽量降低系统时钟的运行频率能够有效地降低系统功耗。

现代微处理器普遍采用锁相环技术，使其时钟频率可由程序控制。锁相环允许用户在片外使用频率较低的晶振，可以减小板级噪声；而且，由于时钟频率由程序控制，系统时钟可在一个很宽的范围内调整，总线频率往往能升得很高。但是，使用锁相环也会带来额外的功耗。单就时钟方案来讲，使用外部晶振且不使用锁相环是功耗最低的一种方案选择。

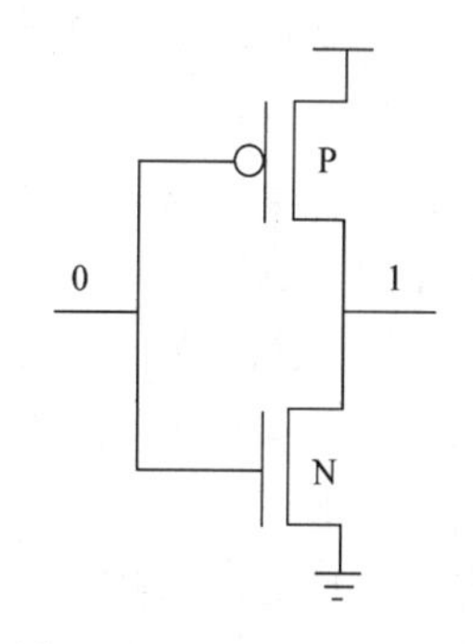

图6-28 CMOS开关电路

2）处理速度的选择。如前所述，过快的处理速度可能会增加系统的功耗；但是，如果处理器承担的处理任务较重，那么若能尽快完成任务，则可以尽快转入休眠状态，从而降低能耗。另外，由于需要支持网络协议栈的实时运行，所以处理模块的速度也不能太低。

3）低成本。低成本是无线传感器网络实用化的前提条件。在某些情况下，例如在温度传感器节点中，数据处理模块的成本可能占到总成本的90%以上。片上系统（SoC）需要的器件数量最少，系统设计最简单，成本最低，一般来说对于独立系统应用（如电灯开关等）它是最合适的选择。但是基于SoC的设计通常仅对某些特殊的市场需求而言是最优的，由于MCU内核速度和内部存储器容量等不能随应用需求调整，必须有足够大的市场需求量才能使产品设计的巨大投资得到回报。另外，在高速SoC设计中目前还很难集成大容量非易失性存储器。

4）小体积。由于节点的微型化，应尽量减小数据处理模块的体积。

5）安全性。很多微处理器和存储器芯片中提供内部代码安全保密机制，这在某些强调安全性的应用场合尤其必要。

目前处理器模块中使用较多的是Atmel公司的AVR系列单片机。它采用RISC结构，吸取了PIC及8051单片机的优点，具有丰富的内部资源和外部接口。在集成度方面，其内部集成了几乎所有关键部件；在指令执行方面，微控制单元采用Harvard结构，因此指令大多为单周期；在能源管理方面，AVR单片机提供了多种电源管理方式，尽量节省节点能量；在可扩展性方面，其提供了多个I/O口并且和通用单片机兼容；此外，AVR系列单片机提供的USART（通用同步异步收发器）控制器、SPI（串行外设接口）控制器等与无线收发模块相结合，能够实现大吞吐量，高速率的数据收发。

TI公司的MSP430超低功耗系列处理器，不仅功能完善、集成度高，而且根据存储容量的多少提供多种引脚兼容的系列处理器，使开发者可以根据应用对象灵活选择。

此外，作为32位嵌入式处理器的ARM单片机，也已经在无线传感器网络方面得到了应用。但由于受到成本方面的限制，目前应用还不是很广泛。

（2）换能器模块设计　换能器模块包含传感器和执行器两种部件，主要有各种类型的传感器，如麦克风、光传感器、温度传感器、湿度传感器、振动传感器和加速度传感器等。同时，作为一种监控网络，传感器节点中还可能包含各种执行器，如电子开关、声光报警设备、微型电动机等执行器。

大部分传感器的输出是模拟信号，但通常无线传感器网络传输的是数字化的数据，因此必须进行模/数转换器转换。类似地，许多执行器的输出也是模拟的，因此还必须进行数/模转换。在网络节点中配置模/数转换器和数/模转换器（ADC 和 DAC）能够降低系统的整体成本，尤其是在节点有多个传感器且可共享一个转换器的时候。作为一种降低产品成本的方法，传感器节点生产厂商可以选择不在节点中包含 ADC 或 DAC，而是使用数字换能器接口。

为了解决换能器模块与数据处理模块之间的数据接口问题，目前已制定了 IEEE l451.5 智能无线传感器接口标准。IEEE 1451 系列标准（如 1451.1—1999 标准和 1451.2—1997 标准）是由 IEEE 仪器和测量协会的传感器技术委员会发起的。1993 年，IEEE 和国家标准与技术协会（美国商务部的下属部门）共同举办了有关会议，探讨传感器兼容的问题，随后产生了 IEEE l451 标准。由于网络通信协议的数量增长太快，以至于无法生产出与众多协议兼容的传感器。解决的方法是开发智能传感器接口，将其用作所有传感器的通信协议，这便是 IEEE l451。在 IEEE 1451.2 中，建立了标准换能器电子数据表（Transducer Electronic Data Sheet，TEDS）。该标准实现了传感器和“网络适配器（NCAP）”（即传感器和网络间的协议处理器）之间接口的标准化，从而使智能传感器的应用更加方便。作为这个标准的一部分，TEDS 给传感器提供了向网络中其他各种设备（如测量系统、控制系统和网络上的任何设备）描述自身属性的一种方法。TEDS 含有几乎所有可能的与传感器有关的参数，包括制造商信息、校准和性能参数等，这就增强了传感器和执行器之间的互操作性，使得通信网络和传感器密不可分。传感器可以平等地与温度计、湿度计以及机器人执行器通信。由于传感器和 NCAP 的接口是标准化的，因而网络仅需为其使用的通信协议提供单一的 NCAP 设计即可，每个传感器可以复用该 NCAP。

（3）无线通信模块设计　无线通信模块由无线射频电路和天线组成，目前采用的传输媒体主要包括无线电、红外线和光波等，它是传感器节点中最主要的耗能模块，是传感器节点的设计重点。下面主要讨论无线通信模块所采用的传输媒体、选择的频段、调制方式及目前相关的协议标准。

1）无线电传输。无线电波易于产生，传播距离较远，容易穿透建筑物，在通信方面没有特殊的限制，比较适合在未知环境中的自主通信需求，是目前传感器网络的主流传输方式。

在频率选择方面，一般选用工业、科学和医疗（ISM）频段。选用 ISM 频段的主要原因在于 ISM 频段是无需注册的公用频段，具有大范围的可选频段，没有特定标准，可灵活使用。

在调制机制选择方面，传统的无线通信系统需要考虑的重要指标包括：频谱效率、误码率、环境适应性以及实现的难度和成本。在无线传感器网络中，由于节点能量受限，需要设计以节能和低成本为主要指标的调制机制。为最小化符号率和最大化数据传输率的指标，研究人员将 M-ary 调制机制应用于传感器网络；然而，简单的多相位 M-ary 信号会降低检测的敏感度，而为了恢复连接则需要增加发射功率，因此导致额外的能量浪费。为了避免该问题，准正交的差分编码位置调制方案采用四位二进制符号，每个符号被扩展为 32 位伪噪声码片序列，构成半正弦脉冲波形的交错正交相移键控（OQPSK）调制机制，仿真实验表明该方案的节能性较好。M-ary 调制机制通过单个符号发送多位数据的方法虽然减少了发射时间，降低了发射功耗，但是所采用的电路很复杂，无线收发器的功耗也比较大。如果以无线收发器的启动时间为主要条件，则 Binary 调制机制在启动时间较长的系统中更加节能有效，而 M-ary 调制机制适用于启动时间较短的系统。学者 Liu Ch 和 Asada H 给出了一种基于直序扩频一码分多址访问（DS-CDMA）的数据编码与调制方法，该方法通过使用最小能量编码算法来降低多路访问冲突，减少能量消耗。

另外，U. C. Berkeley 研发的 PicoRadio 项目采用了无线电唤醒装置。该装置支持睡眠模式，在满占空比情况下消耗的功率也小于 1μW。DARPA 资助的 WINS 项目研究如何采用 CMOS 电路技术实现硬件的低成本制作。AIT 研发的 uAMPS 项目在设计物理层时考虑了无线收发器启动能量方面的问题。启动能量指无线收发信机在休眠模式和工作模式之间转换时消耗的能量。研究表明，启动能量可能大于工作时消耗的能量。这是因为发送时间可能很短，而无线收发器的启动时间却可能相对较长，它受制于具体的物理层。

2）红外线传输。红外线作为无线传感器网络的可选传输方式，其最大的优点是这种传输不受无线电干扰，且红外线的使用不受国家无线电管理委员会的限制。然而，红外线对非透明物体的穿透性极差，只能进行视距传输，只在一些特殊的应用场合下使用。

3）光波传输。与无线电传输相比，光波传输不需要复杂的调制、解调机制，接收器的电路简单，单位数据传输功耗较小。在 Berkeley 大学的 SmartDust 项目中，研究人员开发了基于光波传输，具有传感、计算能力的自治系统，提出了两种光波传输机制，即使用三面直角反光镜（CCR）的被动传输方式和使用激光二极管、易控镜的主动传输方式。前者，传感器节点不需要安装光源，通过配置 CCR 来完成通信；后者，传感器节点使用激光二极管和主控激光通信系统发送数据。光波与红外线相似，通信双方不能被非透明物体阻挡，只能进行视距传输，应用场合受限。

4）传感器网络无线通信模块协议标准。在协议标准方面，目前传感器网络的无线通信模块设计有两个可用标准：IEEE802. 15. 4 和 IEEE802. 15. 3a。IEEE802. 153a 标准的提交者把超宽带（UWB）作为一个可行的高速率 WPAN 的物理层选择方案，传感器网络正是其潜在的应用对象之一。

（4）电源模块设计　电源模块是任何电子系统的必备基础模块。对传感器节点来说，电源模块直接关系到传感器节点的寿命、成本、体积和设计复杂度。如果能够采用大容量电源，那么网络各层通信协议的设计、网络功率管理等方面的指标都可以降低，从而降低设计难度。容量的扩大通常意味着体积和成本的增加，因此电源模块设计中必须首先合理选择电源种类。

市电是最便宜的电源，不需要更换电池，而且不必担心电源耗尽。但在具体应用中，市电的应用一方面因受到供电电缆的限制而削弱了无线节点的移动性和使用范围；另一方面，用于电源电压转换电路需要额外增加成本，不利于降低节点造价。但是对于一些市电使用方便的场合，比如电灯控制系统等，仍可以考虑使用市电供电。

电池供电是目前最常见的传感器节点供电方式。原电池（如 AAA 电池）以其成本低廉、能量密度高、标准化程度高、易于购买等特点而备受青睐。虽然使用可充电的蓄电池似乎比使用原电池好，但与原电池相比蓄电池也有很多缺点，如它的能量密度有限。蓄电池的重量能量密度和体积能量密度远低于原电池，这就意味着要想达到同样的容量要求，蓄电池的尺寸和重量都要大一些。此外与原电池相比，蓄电池自放电更严重，这就限制了它的存放时间和在低负载条件下的服务寿命。另外，考虑到无线传感器网络规模庞大，蓄电池的维护成本也不可忽略。尽管有这些缺点，蓄电池仍然有很多可取之处。蓄电池的内阻通常比原电池要低，这在要求峰值电流较高的应用中是很有好处的。

在某些情况下，传感器节点可以直接从外界的环境中获取足够的能量，包括通过光电效应、机械振动等不同方式获取能量。如果设计合理，采用能量收集技术的节点尺寸可以做得很小，因为它们不需要随身携带电池。最常见的能量收集技术包括太阳能、风能、热能、电磁能、机械能的收集等。比如，利用袖珍化的压电发生器收集机械能，利用光敏器件收集太阳能，利用微型热电发电机收集热能等。另外，Bond 等人还研究了采用微生物电池作为电源的方法，这种方法安全、环保，而且可以无限期利用。

节点所需的电压通常不止一种。这是因为：模拟电路与数字电路所要求的最优供电电压不同，非易失性存储器和压电换能器及其他的用户界面需要使用较高的电源电压。任何电压转换电路都会有固定开销（消耗在转换电路本身而不是在负载上），对于占空比非常低的传感器节点，这种开销占总功耗的比例可能是非常大的。

（5）外围模块设计　传感器节点的主要外围模块包括看门狗电路模块、I/O 电路模块、低电量检测电路模块等。

1）看门狗（Watch Dog）电路模块。看门狗是一种增强系统鲁棒性的重要措施，它能够有效地防止系统进入死循环或者程序跑飞。传感器节点工作环境复杂多变，可能由于干扰造成系统软件运行混乱。例如，在因干扰造成程序计数器计数值出错时，系统会访问非法区域而跑飞。看门狗的工作原理是：在系统运行以后启动看门狗的计数器，看门狗开始自动计数。到了指定的时间后，看门狗如果仍没有被置位，那么看门狗计数器就会溢出从而引起看门狗中断，造成系统复位，恢复正常程序流程。为了保证看门狗的正常动作，需要程序中在每个指定的时间段内都必须至少置位看门狗计数器一次（俗称“喂狗”）。对于传感器节点，可用软件设定看门狗功能允许或禁止，还可以设定看门狗的反应时间。

2）I/O 电路模块。休眠模式下微处理器的系统时钟将停止，然后由外部事件中断重新启动系统时钟，从而唤醒 CPU 继续工作。在休眠模式下，微处理器本身实际上已经不消耗什么电流，要想进一步减小系统功耗，就要尽量将传感器节点的各个 I/O 电路模块关掉。随着 I/O 电路模块的逐个关闭，节点的功耗越来越低，最后进入深度休眠模式。需要注意的是，在让节点进入深度休眠状态前，需要将重要系统参数保存在非易失性存储器中。

3）低电量检测电路模块。由于电池的寿命是有限的，为了避免节点工作中发生突然断电的情况，当电池电量将要耗尽时必须要有某种指示，以便及时更换电池或提醒邻居节点。此外，噪声的干扰和负载的波动会造成电源端电压的波动，在设计低电量检测电路时应该注意到这一点。

6.6 无线传感器网络应用实例——环境监测

1. 环境监测应用的场景描述

环境监测是环境保护的基础，其目的是为环境保护提供科学的依据。目前，无线传感器网络在环境监测中发挥着越来越重要的作用。由于环境测量的特殊性，要求传感器节点必须足够小，能够隐藏在环境中的某些角落里，避免遭到破坏。因此在实际应用中更多的是使用一些微型传感器节点，它们分布在被监测环境之中，实时测量环境的某些物理参数（比如温度、湿度、压力等），并利用无线通信方式将测量的数据传回监控中心，由监控中心根据这些参数做出相应的决策。由于单个传感器节点能力有限，难以完成环境测量的任务，通常是将大量的微型传感器节点互连组成无线传感器网络，以对感兴趣的环境进行智能化的不间断的高精度数据采集。与传统的环境监测手段相比，使用无线传感器网络进行环境监测有三个显著优势：

1）由于传感器节点的体积很小且整个网络只需要部署一次，因此无线传感器网络对被监测环境的人为影响要小得多。这尤其适用于那些对环境非常敏感的生物场所监测。

2）传感器节点数最大，分布密度高，每个节点可以采集到某个局部环境的详细信息，这些信息经汇总融合后传到基站，因此无线传感器网络具有数据采集量大、探测精度高的特点。

3）传感器节点本身具有一定的计算能力和存储能力，可以根据物理环境的变化进行较为复杂的监测。传感器节点还具有无线通信能力，能够实现节点间的协同监测。通过采用低功耗的无线通信模块和无线通信协议可以使无线传感器网络的生命期延续很长时间，从而保证了其实用性。此外，节点的计算能力和无线通信能力还使得无线传感器网络能够重新编程和重新部署，并对环境变化、无线传感器网络自身变化以及网络控制指令做出及时反应，因而能够适应复杂多变的环境监测应用。

本节给出的基于环境监测的无线传感器网络的体系构架，主要由低功耗的微小传感器节点通过自组织方式构成。这些节点具有功耗低、工作时间长、成本低的特点，可以实现危险区域内的低成本无人连续在线监测；同时，无线传感器网络节点布置密集，在每个监测点都有多个节点进行测量，可以通过数据融合提高数据精度，而单节点失效对测量效果并没有太大的影响，因而增强了网络的容错性。另外，除了能够对环境进行监测外，无线传感器网络还可以对指定区域进行查询。这些特点都是传统监测系统所不具备的。

2. 环境监测应用中无线传感器网络的体系架构

在实际的环境监测应用中，将传感器节点部署在被监测区内，由这些传感器节点自主形成一个多跳网络。由于节点分布密度较大，使得监测数据能够满足一定的精度要求。在某些复杂的环境监测应用中，无线传感器网络根据实际需要变换监测目标和监测内容，工作人员只需要通过网络发布命令以及修改监测的内容就能达到监测目的。

图 6-29 是一种典型的适用于环境监测的无线传感器网络系统结构。它是一个层次型网络结构，最底层为部署在实际监测环境中的传感器节点，向上层依次为网关、传输网络、基站，最终连接到 Internet。为获得准确的数据，传感器节点的分布密度往往很大，并且可能部署在若干个不相邻的监控区域内，由此形成多个无线传感器网络。体系结构中各要素的功能是：传感器节点将测量的数据传送到一个网关节点，网关节点负责将传感器节点传来的数据经由一个传输网络发送到基站上。需要说明的是，处于无线传感器网络边缘的节点必须通过其他节点向网关发送数据。由于传感器节点具有计算能力和通信能力，可以在无线传感器网络中对采集的数据进行一定的处理，如数据融合。这样可以大大减少数据通信量，减轻靠近网关的传感器节点的转发负担，这对节省节点的能量是很有好处的。由于节点的处理能力

有限，它所采集的数据在无线传感器网络内只进行了粗粒度的处理，用户需要作进一步的分析处理才能得到有用的数据。传输网络负责协同各个无线传感器网络网关节点，它是一个综合网关节点信息的局部网络。基站是一台和 Internet 相连的计算机，它将传感数据通过 Internet 发送到数据处理中心，同时它还具有一个本地数据库副本以缓存最新的传感数据。用户可以通过任意一台计算机接入到 Internet 的终端访问数据中心，或者向基站发出命令。典型的无线传感器网络系统结构如图 6-29 所示。

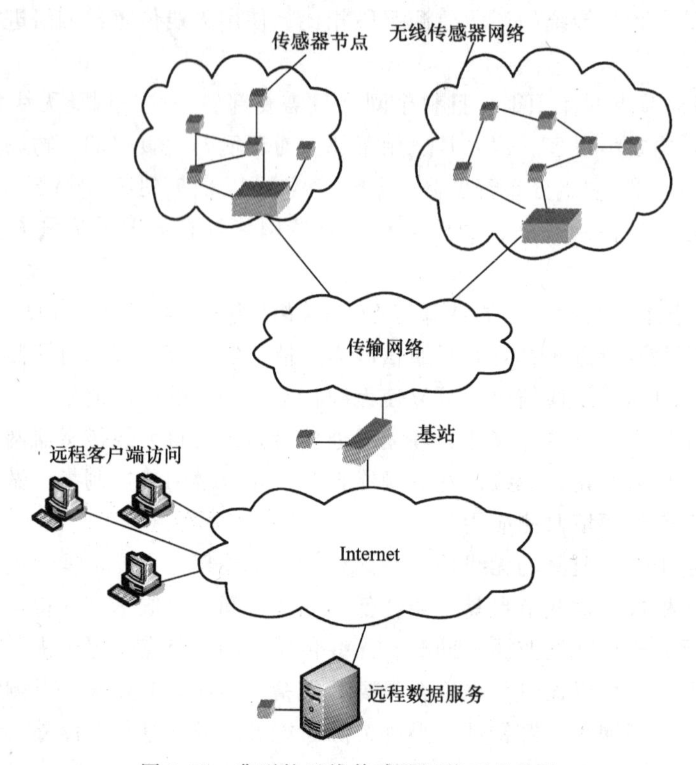

图 6-29　典型的无线传感器网络系统结构

图 6-29 中，每个传感区域都有一个网关负责搜集传感器节点发送来的数据，所有的网关都连接到上层传输网络。传输网络包括具有较强计算能力和存储能力，并具有不间断电源供应的多个无线通信节点，用于提供网关节点和基站之间的通信带宽和通信可靠性。无线传感器网络通过基站与 Internet 相连。基站负责搜集传输网络送来的所有数据，发送到 Internet，并将传感数据的日志保存到本地数据库中。基站到 Internet 的连接必须有足够的带宽并保证链路的可靠性，以避免监测数据丢失。如果环境监测应用在非常偏远的地区，基站需要以无线的方式连入 Internet，使用卫星链路是一种比较可靠的方法，这时可以将监控区域附近的卫星通信站作为无线传感器网络的基站。传感器节点搜集的数据最后都通过 Internet 传送到一个中心数据库存储。中心数据库提供远程数据服务，用户通过接入 Internet 的终端使用远程数据服务。

6.7　本章小结

本章就无线通信协议规范与通信技术进行系统介绍。详细介绍了 IEEE 802.15.4 协议结构和 ZigBee 网络架构，并就两种协议的组网方式进行了实例探讨和深入介绍。最后介绍了无线传感器网络的仿真方法和软硬件开发的基本内容，使读者能够对无线传感器网络最基本的两种协议有了具体而直观的认识。

习题

6-1　IEEE802.15.4 标准主要特点有哪些？其和 ZigBee 协议结构上有哪些不同？

6-2　无线传感器网络组网方式有哪几种？主要特点有哪些？

6-3　无线传感器网络软件开发面临的挑战有哪些？硬件设计分哪些部分及其发展趋势是什么？

第7章　无线传感器网络及其应用

物联网技术的迅猛发展对无线传感器网络技术的进步起到了很大的推动作用。ZigBee协议由于其省电、安全、可靠等优点在无线传感器网络技术中得到了广泛的应用。目前TI公司的基于ZigBee协议的无线传输模块在市场上占有很大份额。本章首先介绍CC2530芯片的结构和特点，并结合CC2530芯片开发了一套基于物联网的交通流仿真系统。

基于物联网的交通流仿真系统及智能家庭实景系统是对无线传感器网络技术的实际应用，可以在实验室实现多车自组网、循迹运行、超车、货物信息识别等功能。通过该系统实训可以使读者更好掌握无线传感器网络相关知识。

7.1　无线片上系统CC2530概述

CC2530是TI（德州仪器）公司推出的用于2.4GHz IEEE 802.15.4、ZigBee和RF4CE应用的一个真正的片上系统（SoC）解决方案。它能够以非常低的成本建立强大的网络节点。CC2530是在CC2430的基础上，根据CC2430在实际应用中存在的问题进行了改进。增大了缓存，存储容量最大支持256KB，不用再为存储容量小而删减代码。CC2530结合了先进的RF收发器的优良性能，其通信距离可达400m，不用像CC2430一样外加功放来扩展距离。另外，CC2530支持最新的2007ZigBee协议栈。

CC2530有四种不同的闪存版本：CC2530F32/64/128/256，分别具有32/64/128/256KB的闪存。CC2530具有不同的运行模式，使得它尤其适应超低功耗要求的系统，运行模式之间的转换时间短，则进一步确保了低能源消耗。CC2530F256结合了德州仪器在业界领先的单元ZigBee协议栈（Z-Stack™），提供了一个强大和完整的ZigBee解决方案。CC2530F64结合了德州仪器的黄金单元RemoTI，更好地提供了一个强大和完整的ZigBee RF4CE远程控制解决方案。表7-1给出了CC2530和CC2430的具体参数对比结果。

表7-1　CC2530与CC2430参数比较

项目	CC2430	CC2530
Features		
微控制器	增强型8051	增强型8051
Flash	32/64/128KB	32/64/128/256KB
时钟损失检测	无	有
T1信道数	3	5
封装	QLP48	QFN40
大小	7mm×7mm	6mm×6mm
引脚	48	40
运行温度范围	-40～+85℃	-40～125℃

（续）

项目	CC2430	CC2530
无线电特性		
敏感性(dBm)	-92	-97
最大发射功率(dBm)	0(1mw)	+4.5(2.82mw)
最小发射功率(dBm)	-3(0.50mw)	-8(0.16mw)
链路预算	92	101.5
最大发射功率时的误差向量幅度	11%	2%
低功耗		
工作电压	2.0~3.6V	2.0~3.6V
RX 工作电流	27mA	24mA
TX 工作电流(0dBm)	27mA	29mA
TX 工作电流(+4.5dBm)	无	34mA
CPU 工作电流(32MHz)	10.5mA	6.5mA
PM1 活动	4us	4us
PM2/3 活动	0.1ms	0.1ms
外部时钟输入启动时间	0.5ms	0.3ms

7.2 CC2530 芯片主要特点

CC2530 采用增强型 8051MCU，具有 32/64/128/256KB 内存，和 8KB SRAM 等高性能模块，内置了 ZigBee 协议栈。加上超低功耗，使得它可以用很低的费用构成 ZigBee 节点，具有很强的市场竞争力。CC2530 能够提高系统性能并满足以 ZigBee 为基础的 2.4GHz ISM 波段应用对低成本、低功耗的要求。它结合了一个高性能 2.4GHz DSSS 核心射频收发器和工业级的 8051 控制器。

CC2530 芯片结构图如图 7-1 所示，芯片上整合了 ZigBee 射频（RF）前端、内存和微控制器。它使用一个 8 位增强型 8051MCU，具有 32/64/128/256KB 可编程闪存和 8KB 的 SRAM，还包含了模拟数字转换器（ADC）、4 个定时器（Timer）、AES 加密解密内核、看门狗定时器（WatchDog Timer）、32kHz 晶振的休眠模式定时器、上电复位电路（Power on Reset）以及 21 个可编程 I/O 引脚。

CC2530 芯片采用 0.18μm CMOS 工艺生产，6mm×6mm 的 QFN40 封装模式。工作时电流损耗为 24mA。CC2530 由休眠模式转换到主动模式只需要 4μs（供电模式一），电流损耗只有 0.2mA。这种转换的快速性及低功耗特性特别适合某些要求电池寿命非常长的场合。

CC2530 芯片的主要特点如下。

（1）RF/布局

- 适应 2.4GHz IEEE 802.15.4 的 RF 收发器；
- 极高的接收灵敏度和抗干扰性能；
- 可编程的输出功率高达 4.5dBm；

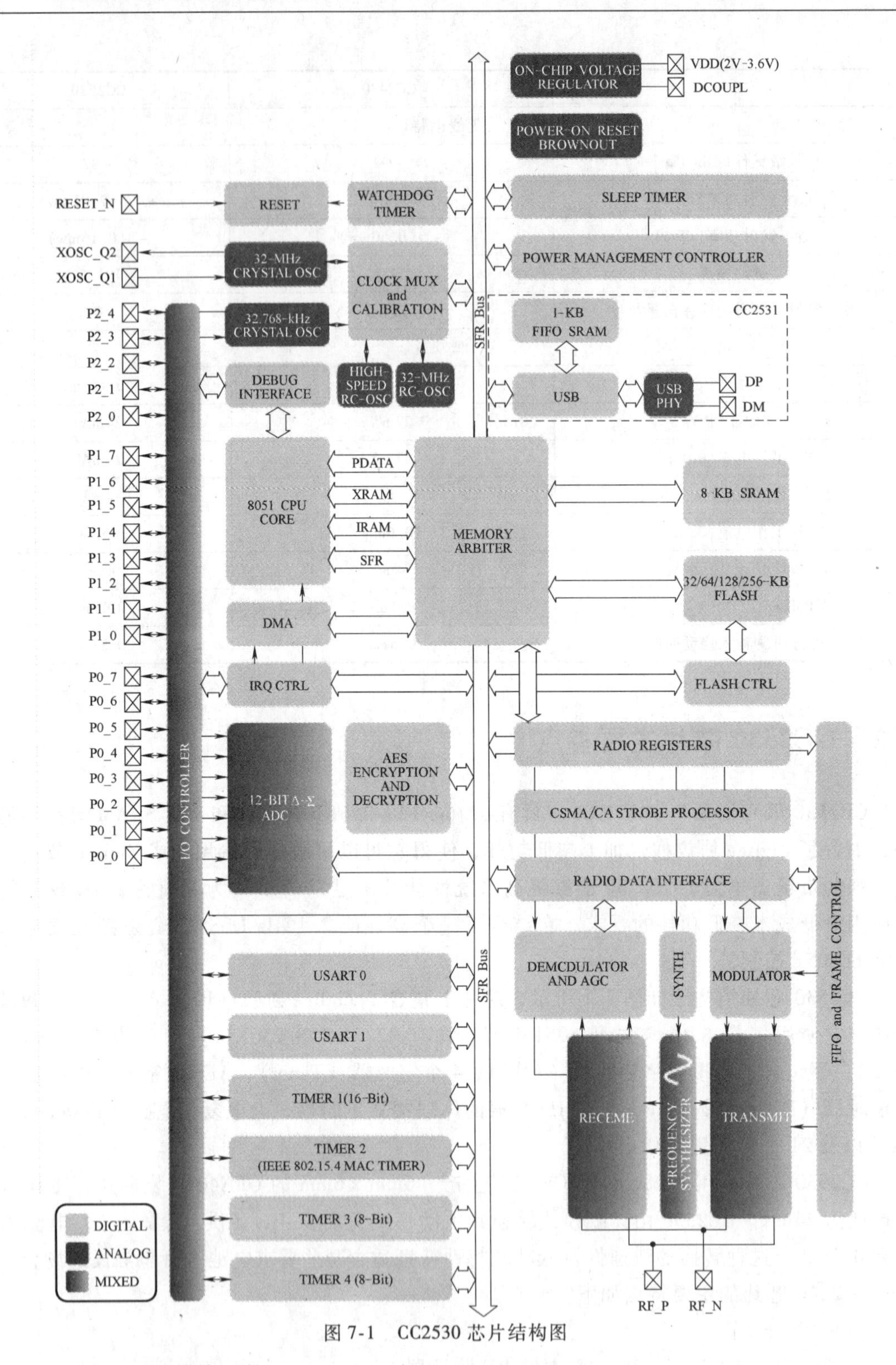

图 7-1 CC2530 芯片结构图

- 只需极少的外接元件；
- 只需一个晶振，即可满足网状网络系统需要；
- 6mm ×6mm 的 QFN40 封装；

- 适合系统配置符合世界范围的无线电频率法规：ETSI EN 300 328 和 EN 300440（欧洲），FCC CFR47 第 15 部分（美国）和 ARIB STD-T-66。

（2）低功耗

- 主动模式 RX（CPU 空闲）：24mA；
- 主动模式 TX 在 1dBm（CPU 空闲）：29mA；
- 供电模式 1（4μs 唤醒）：0.2mA；
- 供电模式 2（睡眠定时器运行）：1μA；
- 供电模式 3（外部中断）：0.4μA；
- 宽电源电压范围（2V ~ 3.6V）。

（3）微控制器

- 优良的性能和具有代码预取功能的低功耗 8051 微控制器内核；
- 32/64/128/256KB 的系统内可编程闪存；
- 8KB RAM，具备在各种供电方式下的数据保持能力；
- 支持硬件调试。

（4）外设

- 强大的 5 通道 DMA；
- IEEE 802.15.4 MAC 定时器，通用定时器（一个 16 位定时器，一个 8 位定时器）；
- IR 发生电路；
- 具有捕获功能的 32kHz 睡眠定时器；
- 硬件支持 CSMA/CA；
- 支持精确的数字化 RSSI/LQI；
- 电池监视器和温度传感器；
- 具有 8 路输入和可配置分辨率的 12 位 ADC；
- AES 安全协处理器；
- 2 个支持多种串行通信协议的强大 USART；
- 21 个通用 I/O 引脚（19 × 4mA，2 × 20mA）；
- 看门狗定时器。

7.3 CC2530 芯片功能结构

CC2530 芯片采用 6mm × 6mm 的 QFN40 封装模式，共有 40 个引脚，图 7-2 为其引脚示意图。其中，暴露的接地衬垫必须连接到一个坚固的接地面，保证芯片接地性能良好。CC2530 芯片的 40 个引脚可分为 I/O 端口线引脚、电源线引脚和控制线引脚三类。

CC2530 片上系统集成了 CC2520RF 收发器、增强型工业标准 8 位 8051MCU，另外还具备直接存储器访问（DMA）功能，可以用来减轻 8051CPU 内核传送数据操作的负担，从而实现在高效利用电源的条件下的高性能。只需要 CPU 极少的干预，DMA 控制器就可以将数据从诸如 ADC 或 RF 收发器的外设单元传送到存储器。

1. I/O 端口线引脚功能

CC2530 芯片有 21 个数字输入/输出引脚，可以配置为通用数字 I/O 或外设 I/O 信号线，配置为连接到 ADC、定时器或 USART 外设。这些 I/O 口的用途可以通过一系列寄存器配置，由用户软件加以实现。用作通用 I/O 时，引脚可以组成 3 个 8 位端口，即端口 0、端口 1 和端口 2，分别表示为 P0、P1 和 P2。其中，P0 和 P1 是完全的 8 位端口，而 P2 仅有 5 位可用。所有的端口均可以通过 SFR 寄存器 P0、P1 和 P2 位寻址和字节寻址。每个端口引脚都可以单独设置为通用 I/O 或外部设备 I/O。

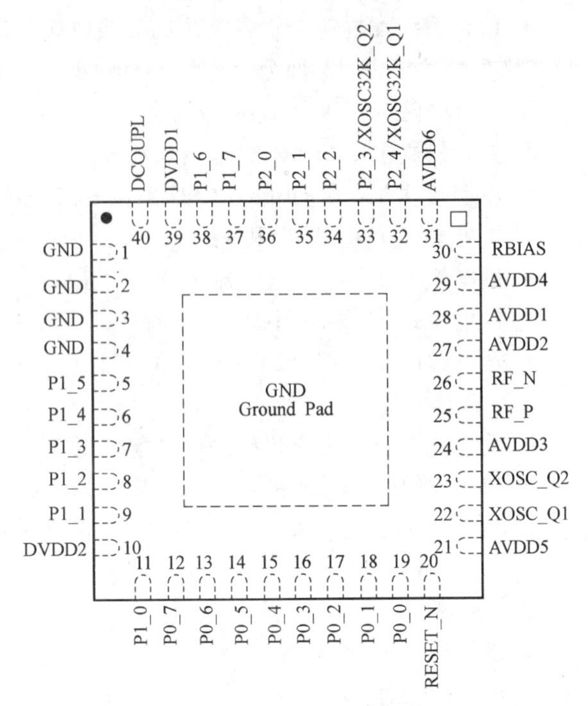

图 7-2 CC2530 引脚示意图

I/O 端口具备如下重要特性：

1）21 个数字 I/O 引脚可以配置为通用 I/O 或外部设备 I/O。

2）输入口具备上拉或下拉能力。

3）具有外部中断能力。21 个 I/O 引脚都可以用作外部中断源输入口。因此如果需要外部设备可以产生中断。外部中断功能也可以从睡眠模式唤醒设备。

4）除了两个高驱动输出口 P1.0（11 脚）和 P1.1（9 脚）各具备 20mA 的输出驱动能力之外，所有的输出均具备 4mA 的驱动能力。

2. 电源线引脚功能

1）AVDD1 28 脚：电源（模拟）2～3.6V 模拟电源连接。

2）AVDD2 27 脚：电源（模拟）2～3.6V 模拟电源连接。

3）AVDD3 24 脚：电源（模拟）2～3.6V 模拟电源连接。

4）AVDD4 29 脚：电源（模拟）2～3.6V 模拟电源连接。

5）AVDD5 21 脚：电源（模拟）2～3.6V 模拟电源连接。

6）AVDD6 31 脚：电源（模拟）2～3.6V 模拟电源连接。

7）DCOUPL 40 脚：电源（数字）1.8V 数字电源去耦。不使用外部电路供应。

8）DVDD1 39 脚：电源（数字）2～3.6V 数字电源连接。

9）DVDD2 10 脚：电源（数字）2～3.6V 数字电源连接。

10）GND 接地：接地衬垫必须连接到一个坚固的接地面。

11）GND 1、2、3、4 未使用的引脚连接到 GND。

3. 控制线引脚功能

1）RBIAS 30 脚：模拟 I/O 参考电流的外部精密偏置电阻。

2）RESET_ N 20 脚：数字输入复位，活动到低电平。

3）RF_ N 26 脚：RF I/O RX 期间负 RF 输入信号到 LNA。

4）RF_ P 25 脚：RF I/O RX 期间正 RF 输入信号到 LNA。

5）XOSC_ Q1 22 脚：模拟 I/O 32MHz 晶振引脚 1 或外部时钟输入。

6）XOSC_ Q2 23 脚：模拟 I/O 32MHz 晶振引脚 2。

7.4　8051CPU 介绍

针对协议栈、网络和应用软件对 MCU 处理能力的要求，CC2530 包含一个增强型工业标准的 8 位 8051 微控制器内核，时钟频率为 32MHz。由于更快的执行时间和通过使用除去被浪费掉的总线状态的方式，使得使用标准 8051 指令集的 CC2530 增强型 8051 内核，具有 8 倍于标准 8051 内核的性能。

CC2530 包含一个 DMA 控制器。8KB SRAM，其中的 4KB 是超低功耗 SRAM。32/64/128/256KB 的片内 Flash 块提供了在电路可编程非易失性存储器。

CC2530 集成了四个振荡器用于系统时钟和定时操作：一个 32MHz 晶体振荡器，一个 16MHz RC 振荡器，一个可选的 32.768kHz 晶体振荡器和一个可选的 32.768kHz RC 振荡器。

CC2530 也集成了可用于用户自定义应用的外设。一个 AES 协处理器被集成在芯片中，以支持 IEEE 802.15.4 MAC 安全所需要的（128 位关键字）AES 的运行，并且尽可能少的占用微控制器。

中断控制器为总共 18 个中断源提供服务，它们中的每个中断都被赋予四个中断优先级中的一个。调试接口采用两线串行接口，该接口被用于在电路调试和外部 Flash 编程。I/O 控制器的职责是对 21 个通用 I/O 端口进行灵活分配和可靠控制。

CC2530 增强型 8051 内核使用标准的 8051 指令集，具有 8 倍于标准 8051 内核的性能。这是因为：①每个时钟周期为一个机器周期，而标准 8051 中是 12 个时钟周期为一个机器周期；②具有除去被浪费掉的总线状态的方式。

大部分单指令的执行时间为一个系统时钟周期。除了速度的提高，CC2530 增强型 8051 内核还增加了两个部分：一个数据指针和扩展的 18 个中断源。

CC2530 的 8051 内核的目标代码兼容标准的 8051 微处理器。换句话说，CC2530 的 8051 目标代码与标准的 8051 完全兼容，可以使用标准 8051 的汇编器和编译器进行软件开发，所有 CC2530 的 8051 指令在目标码和功能上与同类的标准 8051 产品完全等价。由于 CC2530 的 8051 内核使用不同于标准的 8051 的指令时钟，在编程时与标准 8051 代码略有不同。

7.4.1　存储器

8051CPU 有以下四个不同的存储空间：

1）代码（CODE）：16 位只读存储空间，用于程序存储，如图 7-3 所示。

2）数据（DATA）：8 位可存取存储空间，可以直接或间接被单个的 CPU 指令访问。该空间的低 128 字节可以直接或间接访问，而高 128 字节只能间接访问。

3）外部数据（XDATA）：16 位可存取存储空间，通常需要 4～5 个 CPU 指令周期来访问（见图 7-4）。

4）特殊功能寄存器（SFR）：7 位可存取寄存器存储空间，可以被单个的 CPU 指令访问。

1. 存储器映射图

与标准的 8051 存储器映射图不同之处有以下两个方面。

1）为了使得DMA控制器能够访问全部物理存储空间，全部物理存储器都映射到XDATA存储空间。

2）代码存储器空间可以选择，因此全部物理存储器可以通过使用代码存储器空间统一映射到代码空间。

2. 存储器空间

（1）外部数据存储器空间　对于大于32KB闪存的芯片，最低的55KB闪存程序存储器被映射到地址0x0000～0xDEFF；而对于32KB闪存的芯片，32KB闪存被映射到地址0x0000～0x7FFF。所有的芯片，其8KB SRAM都映射到地址0xE000～0xFFFF，而特殊功能寄存器的地址范围是0xDF00～0xDFFF。这样就允许DMA控制器和CPU在一个统一的地址空间中对所有物理存储器进行存取操作。

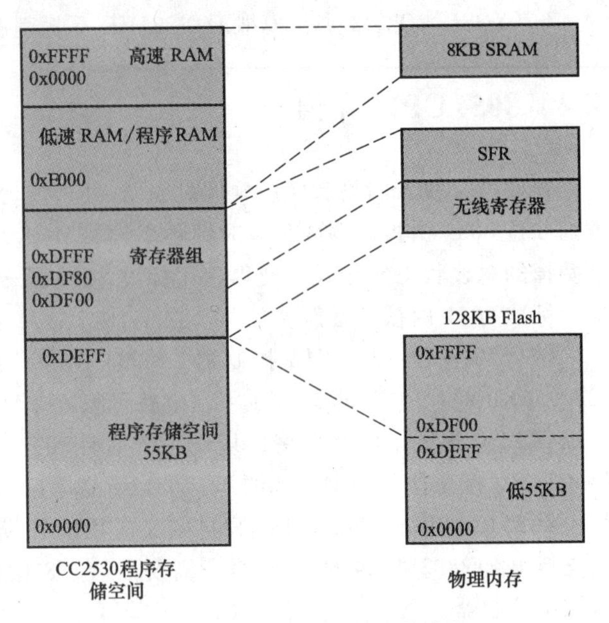

图7-3　程序存储空间及其映射

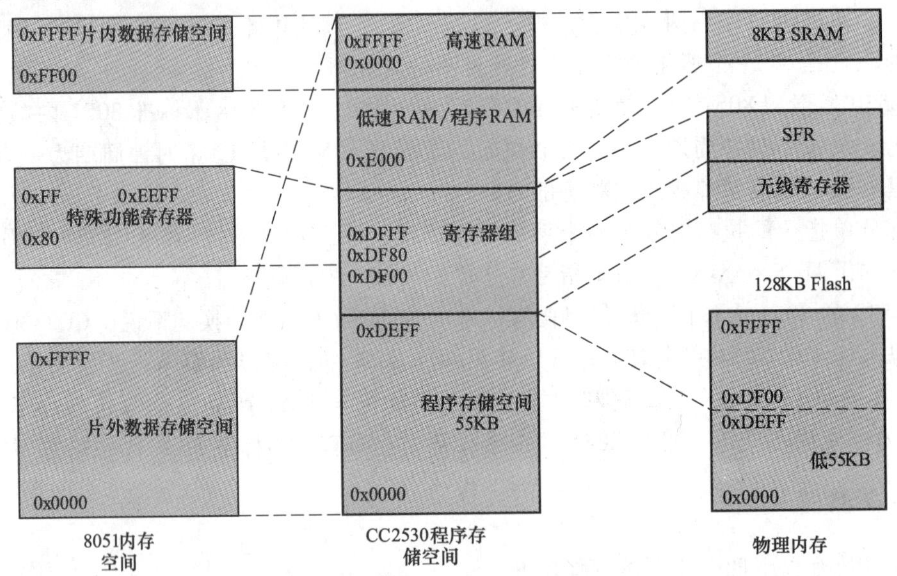

图7-4　片内数据存储空间及其映射

（2）代码存储器空间　对于物理存储器空间，代码存储器空间既可以使用统一映射，又可以使用非统一映射。代码存储器空间的统一映射类似外部存储器空间的统一映射。对于大于32KB的闪存存储器，在采用统一映射时，其最低端的55KB闪存被映射到代码存储器空间。这与外部存储器空间的映射类似。8KB SRAM包括在代码地址空间之内，从而允许程序的运行可以超出SRAM的范围。

为了在代码空间内使用统一存储器映射，特殊功能寄存器的指定位MEMCTR，MUNIF必须置1。闪存为128KB的芯片，对于代码存储器，就要使用分区的办法。由于物理存储器是128KB，大于32KB的代码存储器空间需要通过闪存区的选择位映射到四个32KB物理闪存区中的一个。闪存区的选择，由设置特殊功能寄存器的对应位（MEMCTR，FMAP）完成。注意，闪存区的选择仅当使用非统一映射代码存储器空间时才能够进行。当使用统一映射代码存储器空间映射时，代码存储器映射到位于0x0000～0xDEFF的55KB闪存空间。

（3）数据存储器空间　数据存储器的8位地址，映射到8KB SRAM的高端256字节。在这个范围中，也可以对地址范围0xFF00～0xFFFF的代码空间和外部数据空间进行存取。

（4）特殊功能寄存器空间　特殊功能寄存器可以对具有128个入口的硬件寄存器进行存取，也可以对地址范围0xDF80～0xDFFF的XDATA/DMA进行存取。

3. 数据指针

CC2530有两个数据指针（DPTR0和DPTR1），主要用于代码和外部数据的存取。例如：

MOVC A，@A + DPTR

MOV A，@DPTR

数据指针选择位是第0位。如表7-2所列，在数据指针中，通过设置寄存器DPS（0x92）就可以选择哪个指针在指令执行时有效。两个数据指针的宽度均为两个字节，存储于特殊功能寄存器中，详细描述见表7-3。

表7-2　选择数据指针

位	名称	复位	读/写	描　述
7:1	—	0x00	R0	不使用
0	DPS	0	R/W	数据指针选择，用来使选中的数据指针有效 0:DPTR0:DPTR1

表7-3　两个数据指针的高低位字节

位	名称	复位	读/写	描述
DPH0(0x83)-DPTR0的高位字节				
7:0	DPH0[7:0]	0	R/W	数据指针0，高位字节
DPH0(0x82)-DPTR0的低位字节				
7:0	DPH0[7:0]	0	R/W	数据指针0，低位字节
DPH0(0x85)-DPTR1的高位字节				
7:0	DPH0[7:0]	0	R/W	数据指针1，高位字节
DPH0(0x84)-DPTR1的低位字节				
7:0	DPH0[7:0]	0	R/W	数据指针1，低位字节

4. 外部数据存储器存取

CC2530提供一个附加的特殊功能寄存器MPAGE（0x93），详细描述见表7-4。该寄存器在执行指令“MOVX A，@Ri”和“MOVX @R，A”时使用。MPAGE给出高8位的地址，而寄存器Ri给出低8位的地址。

表7-4　MPAGE选择存储器页

位	名称	复位	读/写	描　述
7:1	MPAGE[7:0]	0x00	R/W	存储器页，执行MOVX指令时地址的高位字节

7.4.2　特殊功能寄存器

特殊功能寄存器（SFR）用于控制8051CPU核心和外部设备。一部分8051CPU核心寄存器与标准8051特殊功能寄存器的功能相同；另一部分寄存器不同于标准8051的特殊功能寄存器。它们用作外部设备单元接口，以及控制RF收发器。

特殊功能寄存器控制CC2530的8051内核以及外设的各种重要功能。大部分CC2530特殊功能寄存器与标准8051特殊功能寄存器功能相同，只有少部分与标准的8051不同。不同的特殊功能寄存器主要是用于控制外设以及射频发射。

表7-5给出了设有特殊功能寄存器的地址。大写字母为CC2530的特殊功能寄存器，小写字母为标准8051的特殊功能寄存器。

表7-5 特殊功能寄存器地址一览表

80	p0	sp	dp10	dph0	dp11	dph1	U0CSR	pcon	87
88	tcon	P0IFG	P1IFG	P2IFG	PICTL	P1IEN	—	P0INP	8F
90	p1	RFIM	dps	MPAGE	T2CMP	ST0	ST1	ST2	97
98	s0con	HSRC	ien2	slcon	T2PEROF0	T2PEROF1	T2PEROF2	—	9F
A0	p2	T2OF0	T2OF1	T2OF2	T2CAPLPL	T2CAPHPH	T2TLD	T2THD	A7
A8	ien0	ip0	—	FWT	FADDRL	FADDRH	FCTL	FWDATA	AF
B0	—	ENCDI	ENCDO	ENCCS	ADCCON1	ADCCON2	ADCCON3	RCCTL	B7
B8	ienl	ipl	ADCL	ADCH	RNDL	RNDH	SLEEP	—	BF
C0	ircon	U0BUF	U0BAUD	T2CNF	U0UCR	U0UCR	CLKCON	MEMCTR	C7
C8	12con	WDCTL	T3CNT	T3CTL	T3CCTL0	T3CC0	T3CCTL1	T3CC1	CF
D0	psw	DMAIRQ	DMALCFGL	DMALCFGH	DMA0CFGL	DMA0CGH	DMAARM	DMARFQ	D7
D8	TIMIF	RFD	T1CC0L	T1CC0H	T1CC1L	T1CC1H	T1CC2L	T1CC2H	DF
E0	acc	RFST	T1CNTL	T1CNTH	T1CTL	T1CCTL0	T1CCTL1	T1CCTL2	E7
E8	ircon2	RFIF	T1CNT	T4CTL	T4CCTL0	T4CC0	T4CCTL1	T4CC1	EF
F0	b	PERCFG	ADDCFG	P0SEL	P1SEL	P2EL	P1INP	P2INP	F7
F8	U1CSR	U1BUF	U1BAUD	U1UCR	U1GCR	P0DIR	P1DIR	P2DIR	FF

下面，分别介绍CC2530的8051内核内在寄存器。

1. R0～R7

CC2530提供了四组工作寄存器，每组包括八个功能寄存器。这四组寄存器分别映射到数据寄存空间的0x00～0x07，0x08～0x0F，0x10～0x17，0x18～0x1F。每个寄存器组包括八个8位寄存器R0～R7。可以通过程序状态字（PSW）来选择这些寄存器组。

2. 程序状态字

程序状态字见表7-6，显示CPU的运行状态，可以理解成一个可位寻址的功能寄存器。程序状态字包括进位标志、辅助进位标志、寄存器组选择、溢出标志、奇偶标志等。其余两位没有定义而留给用户定义。

表7-6 程序状态字

7	6	5	4	3	2	1	0
CY	AC	F0	RS		OV	F1	P

注：CY—进位标志；AC—辅助进位标志；F0—用户定义；RS—寄存器组选择；OV—溢出标志；F1—用户定义；P—奇偶标志。

3. ACC累加器

ACC是一个累加器，又称为A寄存器，主要用于数据累加和数据移动。

4. B寄存器

B寄存器主要功能是配合A寄存器进行乘法或除法运算。进行乘法运算时，乘数放在B

寄存器，而运算结果高8位放在B寄存器；进行除法运算时，除数放在B寄存器，而运算结果余数放在B寄存器。如不进行乘除法运算，B寄存器也可以当作一般寄存器使用。

5. 堆栈指针SP

在RAM中开辟出某个区域用于重要数据的存储。但这个区域中数据的存取方式却和RAM中其他区域有着不同的规则：它必须遵从“先进后出”，或者称为“后进先出”的原则，不能无顺序随意存取。这块存储区称为堆栈。在需要把这些数据从堆栈中取出时，必须先取出最后进堆栈的数据，而最先进入堆栈的数据却要到最后才能取出。取出数据的过程称为出栈。

为了对堆栈中的数据进行操作，还必须有一个堆栈指针SP，它是一个8位寄存器，其作用是指示出堆栈中允许进行存取操作的单元，即栈顶地址。堆栈指针SP在出栈操作时具有自动减1的功能，而在进行进栈操作时具有自动加1的功能，以保证SP永远指向栈顶。进栈使用PUSH命令。

SP的初始地址是0x07，在进栈一个数据后变为0x08，这是第二组寄存器R0的地址。为了更好地利用存储空间，SP可以初始化一块未使用的存储空间。

6. CPU寄存器和指令集

CC2530的CPU寄存器与标准的8051的CPU寄存器相同，包括寄存器R0～R7，程序状态字PSW、累加器ACC、B寄存器和堆栈指针SP等，CC2530的CPU指令集与标准的指令集相同。

7.5　CC2530芯片主要外部设备

7.5.1　I/O端口

CC2530包括3个8位输入输出端口，分别为P0，P1，P2。其中P0和P1端口有8个引脚，P2端口有5个引脚，总共有21个I/O引脚。这些引脚都可以用作通用的I/O端口。同时，通过独立编程还可以作为特殊功能的输入/输出，通过软件设置还可以改变引脚的输入输出硬件状态配置。因此，CC2530的21个I/O引脚具有以下功能：①数字输入输出引脚；②通用I/O或外设I/O；③弱上拉输入或者推拉输出；④外部中断源输入口。21个I/O引脚都可以用作于外部中断源输入口，因此如果需要，外部设备还可以产生中断。外部中断功能也可以唤醒睡眠模式。

值得注意的是：不同单片机的I/O端口配置寄存器和配置方法不完全相同，在使用某种单片机后，一定要查看它的使用手册。CC2530的I/O寄存器有：P0，P1，P2，PERCFG，P0SEL，P1SEL，P2SEL，P0DIR，P1DIR，P2DIR，P0INP，P0INP，P1INP，P2INP，P0IFG，P1IFG，P2IFG，PICTL，P1IEN。PERCFG为外设控制寄存器，PXSEL（X为0，1，2）为端口功能选择寄存器，PXDIR（X为0，1，2）为端口用法寄存器，PXINP（X为0，1，2）为端口模式寄存器，PXIFG（X为0，1，2）为端口中断状态标志寄存器，PICTL为端口中断控制，P1IEN端口1为中断使能寄存器。

CC2530有21个数字I/O引脚，可以配置为通用数字I/O，也可以作为外部I/O信号，配置为连接ADC、计数器或者USART等外部设备。这些I/O端口的用途多可以通过一系列寄存器配置，由用户软件加以实现。

I/O 具有以下重要特性：21 个数字 I/O 引脚；可以配置为通用数字 I/O，也可以作为外部设备 I/O；输入端口具备上拉或者下拉能力；具有外部中断能力。

1. 通用 I/O

当用作通用 I/O 时，引脚可以组成 3 个 8 位端口（0~2），定义为 P0，P1，P2。其中，P0，P1 为完全的 8 位端口，而 P2 仅有 5 位可以用。所有的端口均可以位寻址，或通过特殊功能寄存器由 P0，P1 和 P2 字节寻址。每个端口都可以单独设置为通用 I/O 或外部设备 I/O。除了两个高端输出口 P1_0 和 P1_1 之外，所有的端口用作输出均具备 4mA 的驱动能力；而 P1_0 和 P1_ 1 具备 20mA 的驱动能力。

寄存器 PXSEL（X 为 0，1，2）为端口功能选择寄存器，用来设置 I/O 端口为 8 位通用 I/O 或者是外部设备 I/O。任何一个 I/O 端口在使用之前，必须首先对寄存器 PXSEL 赋值。作为默认的状况，每当复位之后，所有的 I/O 引脚都设置为通用 8 位 I/O；而且，所有的通用 I/O 都设置为输入。在任何时候，要改变一个引脚端口的方向，使用寄存器 PXDIR 即可。只要设置 PXDIR 中的指定位为 1，其对应的引脚端口就被设置为输出。用作输入时，每个通用 I/O 端口的引脚都可以设置为上拉、下拉或三态模式。默认状态下，复位之后，所有的端口均设置为上拉输入。要将输入口的某一位取消上拉或下拉，就要将 PXINP 中的对应位置 1。

2. 通用 I/O 中断

通用 I/O 引脚设置为输入后，可以用于产生中断。中断可以设置在外部信号的上升或下降沿触发。每个 P0，P1 和 P2 口的各位都可以中断使能，整个端口中所有的位也可以中断使能。

P0，P1 和 P2 口对应的寄存器为 IEN1 和 IEN2。

1）IEN1 P0 IE：P0 中断使能。

2）IEN2 P1 IE：P1 中断使能。

3）IEN2 P2 IE：P2 中断使能。

除了所有的位中断使能之外，每个端口的各位都可以通过位于 I/O 端口的特殊功能寄存器实现中断使能。P1 中的每一位都可以单独使能，P0 中的低 4 位可以各自使能，P2_ 0~P2_ 4 可以共同使能。

用于中断的 I/O 口特殊功能寄存器，其中断功能如下：

1）P1 IEN：P1 中断使能。

2）PICTL：P0/P2 中断使能，P0~P2 中断触发沿设置。

3）P0IFG：P0 中断标志。

4）P1IFG：P1 中断标志。

5）P2IFG：P2 中断标志。

3. 通用 I/O DMA

当用作通用 I/O 引脚时，每个 P0 和 P2 口都关联一个 DMA 触发。对于 P0 中的任何一个引脚，当输入传送发生时，DMA 的触发为 IOC_0。同样，对于 P1 中的任何一个引脚，当输入传送发生时，DMA 的触发为 IOC_1。

4. 外部设备 I/O

数字 I/O 引脚可以配置为外部设备 I/O。通常选择数字 I/O 引脚上的外部设备 I/O 功能，需要将对应的寄存器位 PXSEL 置 1。注意，该外部设备具有两个可以选择的位置对应它们的 I/O 引脚。

SFR 寄存器位 PERCFG。U0CGF 选择计数器上 I/O 的位置，确定是位置 1 或者位置 2 的端口将设置为模拟模式。

5. 未使用的引脚

未使用的引脚应当定义电平，而不能悬空。一种方法是：该引脚不连接任何元器件，将其配置为具有上拉电阻的通用输入端口。这也是所有的引脚在复位期间的状态。这些引脚也可以配置为通用输出端口。为了避免额外的能耗，无论引脚配置为输入接口还是输出接口，都不可以直接与 VDD 或者 GND 连接。

6. I/O 寄存器

I/O 寄存器有 19 个，分别是：P0（端口 0）、P1（端口 1）、P2（端口 2）、PERCFG（外部设备控制寄存器）、ADCCFG（ADC 输入配置寄存器）、P0SEI（端口 0 功能选择寄存器）、P1SEI（端口 1 功能选择寄存器）、P2SEI（端口 2 功能选择寄存器）、P0DIR（端口 0 方向寄存器）、P1DIR（端口 1 方向寄存器）、P2DIR（端口 2 方向寄存器）、P0INP（端口 0 输入模式寄存器）、P1INP（端口 1 输入模式寄存器）、P2INP（端口 2 输入模式寄存器）、P0IFG（端口 0 中断状态标志寄存器）、P1IFG（端口 1 中断状态标志寄存器）、P2IFG（端口 2 中断状态标志寄存器）、P1CTL（端口 1 中断控制寄存器）、P1IEN（端口 1 中断屏蔽寄存器）。

7.5.2　DMA 控制器

CC2530 内置一个存储器直接存取（DMA）控制器。该控制器可以用来减轻 8051CPU 内核传送数据时的负担，以使 CC2530 能够高效利用电源。只需要 CPU 极少的干预，DMA 控制器就可以将数据从 ADC 或 RF 收发器传送到存储器。DMA 控制器控制所有的 DMA 传送，确保 DMA 请求和 CPU 存取之间按照优先等级协调、合理的运行。DMA 控制器含有若干可编程设置的 DMA 信道，用来实现存储器到存储器的数据传送。

DMA 控制器控制数据传送可以超过整个外部数据存储器空间。由于 SFR 寄存器映射到 DMA 存储器空间，使得 DMA 信道的操作能够减轻 CPU 的负担。例如，从存储器传送数据到 USART，按照规定的周期在 ADC 和存储器之间传送数据；通过从存储器中传送一组参数到 I/O 端口的输出寄存器，产生需要的 I/O 波形。使用 DMA 可以保持 CPU 在休眠状态（即低能耗模式下）与外部设备之间传送数据，这就降低了整个系统的能耗。DMA 控制器的主要性能如下：

1）5 个独立的 DMA 信道。

2）3 个可以配置的 DMA 信道优先级。

3）31 个可以配置的传送触发事件。

4）对源地址和目标地址独立控制。

5）3 种传送模式：单独传送、数据块传送和重复传送。

6）支持数据从可变长度域传送到固定长度域。

7）既可工作在字（Word Size）模式，又可以工作在字节（Byte Size）模式。

1. DMA 操作

DMA 控制器有 5 个信道，即 DMA 信道 0 ~ 4。每个 DMA 信道能够从 DMA 存储器空间传送数据到外部数据（XDATA）空间。DMA 操作流程如图 7-5 所示。

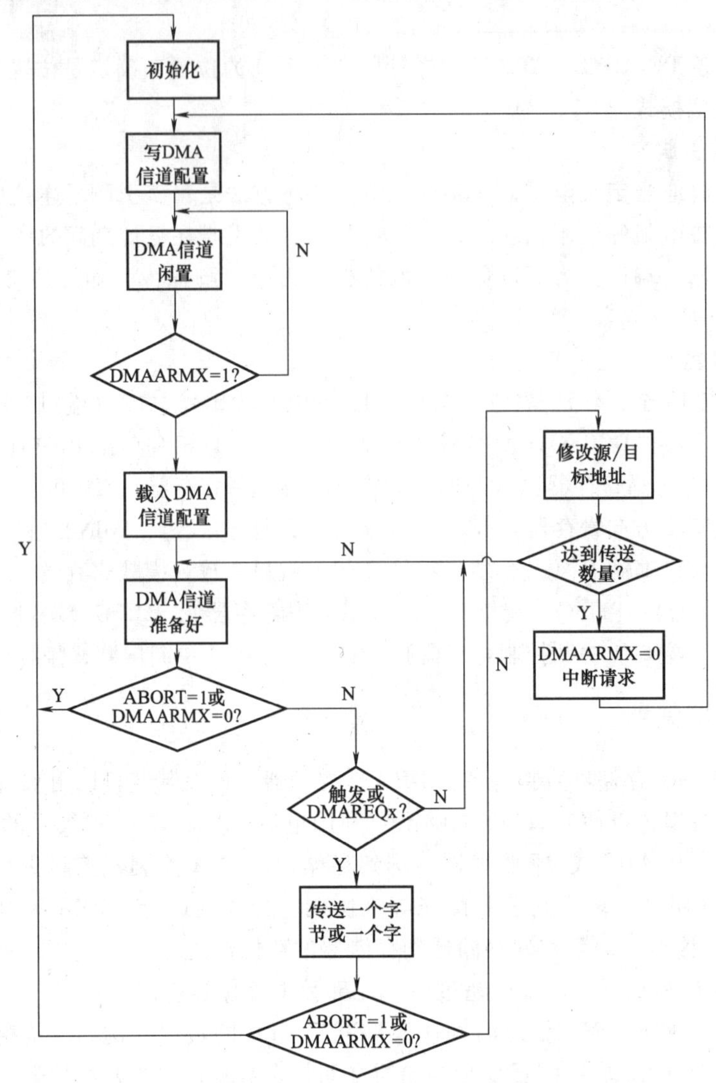

图 7-5 DMA 操作流程

当 DMA 信道配置完毕后，在允许任何传送初始化之前，必须进入工作状态。DMA 信道通过将 DMA 信道工作状态寄存器中指定位（即 DMAARM）置 1，就可以进入工作状态。

一旦 DMA 信道进入工作状态，当设定的 DMA 触发事件时，传送就开始了。可能的 DMA 触发事件有 31 个，例如 UARS、传送、计数器溢出等。为了通过 DMA 触发事件开始 DMA 传送，用户软件可以设置对应的 DMAREQ 位，使 DMA 传送开始。

2. MAC 定时/计数器

CC2530 包括 4 个定时器：一个通用的 16 位（Timer1）和两个通用的 8 位（Timer3、4）定时器，支持典型的定时/计数功能，例如测量时间间隔，对外部事件计数，产生周期性中断请求，输入捕捉、比较输出和 PWM 功能。一个 16 位 MAC 定时器（Timer2），可以为 IEEE 802.15.4 的 CSMA-CA 算法提供定时功能以及为 IEEE 802.15.4 的 MAC 层提供定时功能。

由于三个通用定时器与普通的8051定时器相差不大，下面重点讨论MAC定时器（Timer）。MAC定时器主要用于为IEEE 802.15.4的CSMA-CA算法提供定时/计数功能和IEEE 802.15.4的MAC层的普通定时功能。如果MAC定时器与睡眠定时器一起使用，当系统进入低功耗模式时，MAC定时器将提供定时功能。系统进入和退出低功耗模式之间，可以使用睡眠定时器设置周期。

以下是MAC定时器的主要特征：

1）16位定时/计数器提供的符码/帧周期为16ns/320μs。

2）可变周期可精确到31.25ns。

3）8位计时比较功能。

4）20位溢出计数功能。

5）20位溢出计数比较功能。

6）帧首定界符捕捉功能。

7）定时器启动/停止同步于外部32.768MHz时钟以及由睡眠定时器提供定时。

8）比较和溢出产生中断。

9）具有DMA功能。

当MAC定时器停止时，它将自动复位并进入空闲模式。当T2CNF.RUN设置为“1”时，MAC定时器将启动，它将进入定时器运行模式，此时MAC定时器要么立即工作要么同步于32.768MHz时钟。

可通过向T2CNF.RUN写入“0”来停止正在运行的MAC定时器。此时定时器将进入空闲模式，停止的定时器要么立即停止工作，要么同步于32.768MHz时钟。MAC定时器不仅只用于定时器，与普通的定时器一样，它也是一个16位的计数器。

MAC定时器使用的寄存器包括如下内容：

T2CNF——定时器2配置。

T2HD——定时器2计数高位。

T2LD——定时器2计数低位。

T2CMP——定时器2比较值。

T2OF2——定时器2溢出计数2。

T2OF1——定时器2溢出计数1。

T2OF0——定时器2溢出计数0。

T2CAPHPH——定时器2捕捉高位。

T2CAPLPL——定时器2捕捉低位。

T2PEROF2——定时器2溢出/比较计数2。

T2PEROF1——定时器2溢出/比较计数1。

T2PEROF0——定时器2溢出/比较计数0。

7.5.3 AES协处理器

CC2530数据加密是由支持高级加密标准（AES）的协处理器完成的。正是由于有了AES协处理器的加密/解密操作，极大地减轻了CC2530内置CPU的负担。

AES协处理器具有下列特性：

1）支持 IEEE 802.15.4 的全部安全机制。

2）具有 ECB（电子编码加密）、CBC（密码防护链）、CBF（密码反馈）、OFB（输出反馈加密）、CTR（计数模式加密）和 CBC-MAC（密码防护链消息验证代码）模式。

3）硬件支持 CCM（CTR + CBC-MAC）模式。

4）128 位密钥和初始化向量（IV）/当前时间（Nonce）。

5）DMA 传送触发能力。

1. AES 操作

加密一条消息的步骤为：①装入密码；②装入初始化向量（IV）；③为加密/解密而下载/上传数据。

AES 协处理器中，运行 128 位的数据块。数据块一旦装入 AES 协处理器，就开始加密。在处理下一个数据块之前，必须将加密好的数据块读出。每个数据块装入之前，必须将专用的开始命令送入协处理器。

2. 密钥和初始化向量

密钥或初始化向量（IV）/当前时间装入之前，应当发送装入密钥或 IV/当前时间的命令给协处理器。装入密钥或初始化向量，将取消任何协处理器正在运行的程序。密钥一旦装入，除非重新装入，否则一直有效。在每条消息之前，必须下载初始化向量。通过 CC2530 复位，可以清除密钥和初始化向量值。

3. 填充输入数据

AES 协处理器运行于 128 位数据块。最后一个数据块少于 128 位，因此必须在写入协处理器时，填充 0 到该数据块中。

4. CPU 接口

CPU 与协处理器之间，利用三个特殊功能寄存器进行通信：ENCCS（加密控制和状态寄存器）、ENCDI（加密输入寄存器）以及 ENCDO（加密输出寄存器）。

状态寄存器通过 CPU 直接读/写，而输入/输出寄存器则必须使用存储器直接存取（DMA）。有两个 DMA 信道必须使用，其中一个用于数据输入，另一个用于数据输出。在开始命令写入寄存器 ENCCS 之前，DMA 信道必须初始化。写入一条开始命令会产生一个 DMA 触发信号，传送开始。当每个数据块处理完毕时，产生一个中断。该中断用于发送一个新的开始命令到寄存器 ENCCS。

5. 操作模式

当使用 CFB、OFG 和 CTR 模式时，128 位数据块分为 4 个 32 位的数据块。每 32 位装入 AES 协处理器，加密后再读出，直到 128 位加密完毕。注意，数据是直接通过 CPU 装入和读出的。当使用 DMA 时，就由 AES 协处理器产生的 DMA 触发自动进行。实现加密和解密的操作类似。

CBC-MAC 模式与 CBC 模式不同。运行 CBC-MAC 模式时，除了最后一个数据块，每次以 128 位的数据块下载到协处理器。最后一个数据块装入之前，运行的模式必须改变为 CBC。当最后一个数据块下载完毕后，上传的数据块就是 MAC 值了。CCM 是 CBC-MAC 和 CTR 的结合模式。因此有部分 CCM 必须由软件完成。

（1）CBC-MAC 当运行 CBC-MAC 加密时，除了最后一个数据块改为运行于 CBC 模式之外，其余都是由协处理器按照 CBC-MAC 模式，每次下载一个数据块。当最后一个数据块下载完毕后，上传的数据块就是MAC消息（Message）了。CBC-MAC解密与加密类似。上传的MAC消息必须通过与MAC比较加以验证。

（2）CCM模式 CCM模式下的消息加密，应该按照下列顺序进行（密码已经装入）。

1）数据验证阶段

① 软件将0装入初始化向量（至IV）。

② 软件装入数据块B0。数据块B0是CCM模式中第一个验证的数据块，其结构见表7-7

表7-7 CCM模式中第一个验证的数据块结构图

字节	0	1	2	3	4	5	6	7	8	9	10	11	12	13	14	15
	标志	NONCE									L_M					

其中，NONCE（当前时间）值没有限制。L_M是以字节为单位的消息长度。对于IEEE 802.15.4，NONCE有13个字节，而L_M有2个字节。FLAG/B0为CCM模式的验证标志域。验证的内容和标志字节见表7-8。在本实例中，L设置为6，因此，L_1B为5。M和A_Data可以设置为任意值。

表7-8 验证的内容和标志字节

7	6	5	4	3	2	1	0
保留	A_Data	(M_2)/2			L_1		
0	×	×	×	×	1	0	1

③ 如果需要某些添加的验证数据（即A_Data=1），软件就会创建A_Data的长度域，成为L（a）。设l（a）为字符串长度。

如果l（a）=0，即A_Data=0，那么L（a）是一个空字符串。注意l（a）是用字节表示的。如果0<L（a）<2M-28，则L（a）是2个l（a）编码的8位字节。

添加的验证数据附加到A_Data长度域L（a）。附加的验证数据块用0来填充，直到最后一个附加的验证数据块填满。该字符串的长度没有限制。AUTH_DATA=L（a）+验证数据+(0填充)。

④ 最后一个消息数据块用0填满（当该消息的长度不是128的整数倍时）。

⑤ 软件将B0数据块、附加的验证数据块（如果有）和消息连接起来。输入消息=B0+AUTH_ DATA+消息+（消息的0填充）。

⑥ 一旦CBC-MAC输入消息验证结束，软件将脱离上传的缓冲器。该缓冲器的内容保持不变（M=16），或者保持缓冲器的高位M字节不变。与此同时，设置低位为0（M≠16），结果成为T。

2）消息加密

① 软件创建密钥数据块A0。数据块A0是用于CCM模式的第一个CTR值（在当前有CTR产生的例子中，L=6），其结构见表7-9。

表7-9 CCM模式消息加密结构

字节	0	1	2	3	4	5	6	7	8	9	10	11	12	13	14	15
	标志	NONCE											CTR			

除了0之外，所有的数值都可以用CTR值。

FLAG/A0为用于CCM模式的加密标志域。加密标志字节的内容见表7-10。

表7-10　加密标志字节的内容

7	6	5	4	3	2	1	0
保留		—			L_1		
0	0	0	0	0	1	0	1

② 软件通过选择IV/Nonce命令装载A0。只有在选择装入IV/Nonce命令时，设置模式为CFB或者OFB才能完成这个操作。

③ 软件在验证数据T中，调用CFB或OFB加密。上传缓冲内容保持不变（M=16），至少M的首字节不变，其余字节设置为0（M-16）。这时的结果为U，后面将会用到。

④ 软件立刻调用CTR模式，为刚填充完毕的消息块加密，不必重新装载IV/CTR。

⑤ 加密验证数据U附加到加密消息中，这样给出最后结果为：结果e=加密消息+U。

3）消息解密。采用CCM模式解密。在协处理器中，CTR的自动生成需要32位空间。因此最大的消息长度为128×2^{32}，即2^{36}个字节。其幂指数可以写入一个6位的字中，因而数值L设置为6，要解密一个CCM模式已处理好的消息，必须按照以下顺序进行（密码已经装入）：

① 消息分解阶段。软件通过分开M的最右面的8位组（命名为U，剩余的其他8位组，称为“字符串C”）来分解消息。

C用0来填充，直到能够充满一个整数数值的128位数据块。

U用0来填充，直到能够充满一个128位的数据块。

软件创建密钥数据块A0，所用的方法和CCM加密一样。

软件通过选择IV/Nonce命令装入A0，只有在选择装入IV/Nonce命令时，设置模式为CFB或OFB才能完成这个操作。

软件调用CFB或OFB加密验证数据U。上传的缓冲器的内容保持不变（M=16），至少这些内容的前M个字节保持不变。其余的内容设置为0（M≠16），结果成为T。

软件立刻调用CTR模式解密已经加密的消息数据块C，而不必重新装入IV/CTR。

② 基准验证标签生成阶段。这个阶段，与CCM加密的验证阶段相同。唯一不同的是，此时的结果名称是MACTag，而不是T。

③ 消息验证校核阶段。该阶段中，利用软件来比较T和MACTag。

4）在各个通信层次之间共享AES协处理器。AES协处理器是各个层次共享的通用源。AES协处理器每次只能用来处理一个实例。因此需要在软件中设置某些标签来安排这个通用源。

5）AES中断。当一个数据块的加密或解密完成时，就产生AES中断（ENC）。该中断的使能位是IENOENCIE，中断标志位是SOCONENCIF。

6）AES DMA触发。与AES协处理器有关的DMA触发有两个，分别是ENC_ DW和ENC_ UP。当输入数据需要下载到寄存器ENCDI时，ENC_ DW有效；当输出数据需要从寄存器ENCDO上传时，ENC_ UP有效。要使DMA信道传送数据到AES协处理器，寄存器ENCDI就需要设置为目的寄存器；而要使DMA信道从AES协处理器接收数据，寄存器

ENCDO 就需要设置为源寄存器。

7.6 案例应用——基于物联网的交通流仿真平台

7.6.1 系统总体介绍

本节将具体介绍 CHD1807 型基于物联网的交通流仿真系统。整个 CHD1807 交通流监控系统由速度、车距、循迹等传感器群、车车通信节点和 RFID 货物信息管理芯片以及监控终端上位机组成，系统结构框图如图 7-6 所示。在整个交通流仿真系统中，由多个货物装载小车在规定跑道范围内完成自组网，各小车搭载的循迹、速度等传感器能够实时准确地检测到各辆车的状态，并且能够相互通信交换数据。在自组网的基础上，各车可以将采集到的数据进行实时处理，然后通过单跳或者多跳的方式发送到 Coordinator 节点，经过该节点将数据传送给监控上位机，上位机对数据进行处理后决定是否抬起栏杆给相关小车放行。

在 CHD1807 交通流仿真系统中，集合了速度、循迹、车距检测传感器和 RFID 货物信息芯片的模拟货运小车是整个物联网模拟系统的基本单元，构成了整个无线传感器交通流监测系统的基础支撑平台，整个系统包括两大模块：

- RFID 货物信息管理系统：货物信息的管理。
- 物流定位系统：实现货运车辆定位及跟踪功能。

RFID 货物信息管理系统主要功能包括：管理员账户管理、货物信息管理和栏杆机控制三部分。该系统能够根据模拟小车实时传回的数据进行分析，并能够以图文形式显示相应指标。物流定位系统主要实现货运车辆的实时位置跟踪，以便随时掌握车辆信息进行实时控制。

另外，各模拟小车节点可以自组网，具有无线收发功能。传感器节点要求功耗低，具有开启、睡眠、休眠等多种工作方式，并且能够支持 ZigBee 协议。

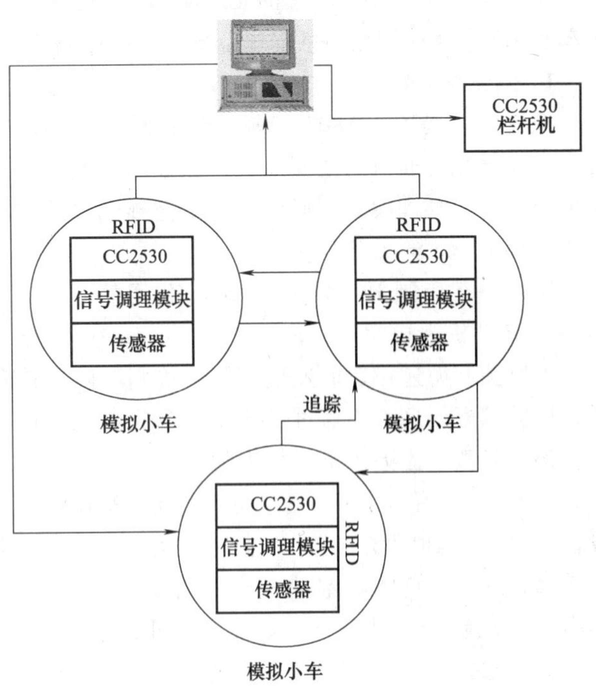

图 7-6 交通流仿真系统结构框图

7.6.2 交通流仿真系统布设

CHD1807 交通流监控系统布设主要用于模拟实际道路行驶环境。监控系统布设如图 7-7 所示，尺寸为长 5.5m，宽 3m，包含四个环形车道和一个服务区区域，每个车道宽 18cm；车道中央为一环形区域，宽 80cm，主要用于放置相关设备及用于备用车辆停车；环形跑道作为整个平台的基础，智能小车可以沿着跑道上的循迹引导线自动行驶。每条车道中心有一条黑色引导线，作为小车循迹引导线。

在最内侧跑道边布设有相应的路侧设备及相关传感器，用来实现车路协同及通信；在跑道上还布置有龙门显示屏，用以实现相关道路信息发布及紧急情况预警。这两部分设备属于CHD1807型基于物联网的交通流仿真平台的扩展部分，在基本的仿真系统中没有这两部分设备。

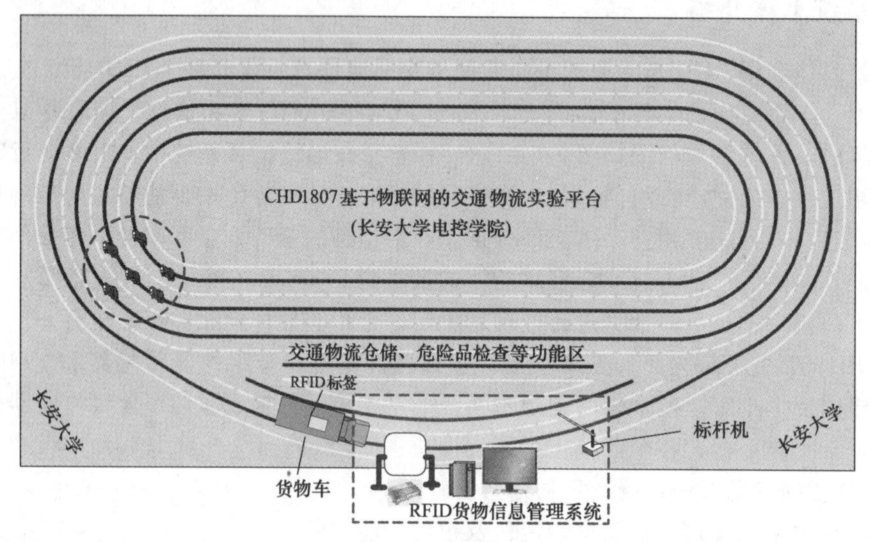

图7-7　CHD1807交通流监控系统布设

7.6.3　系统硬件研制

CHD1807型基于物联网的交通流仿真平台的硬件部分主要由两部分组成，分别是循迹小车和RFID货物管理信息管理系统。其中循迹小车是本系统的重要组成部分。

1. 循迹小车研制

循迹小车是CHD1807型基于物联网的交通流仿真平台中模拟交通流的主要工具。循迹小车共包括控制模块、电源管理模块、通信模块、循迹模块、避障模块、导航模块等六部分。

循迹小车控制部分采用ATMEL公司的8位ATmega16单片机为控制核心，图7-8为ATmega16单片机的引脚图。循迹小车的速度、姿态检测、障碍信息的检测等信号处理都是通过该控制部分完成的，可以说该部分是整个循迹小车的“大脑”。

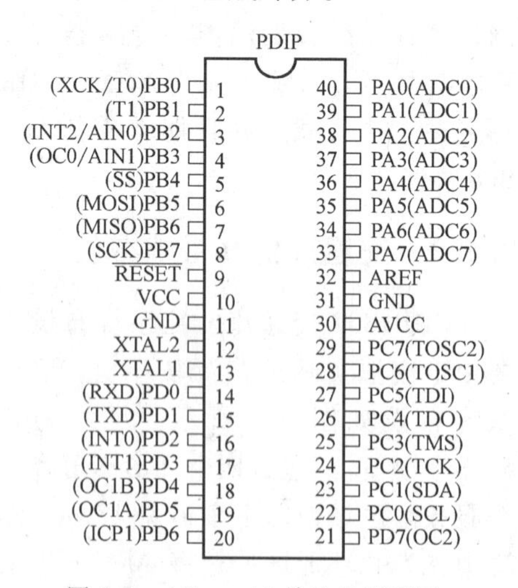

图7-8　ATmega16单片机引脚图

循迹小车采用7.4V可充电式锂电池为车载各部分设备供电，电池预留充电接口。锂电池电压绝对不能低于2.75V，否则会对锂电池造成永久性损害，所以在使用小车前请检查电池电压（使用万用表测量电池电压），及时为电池充电。电源管理模块主要功能为循迹小车其他部分提供电源，其电路如图7-9所示。

循迹小车上所加载的通信模块采用本章介绍的CC2530基于ZigBee协议的无线通信模

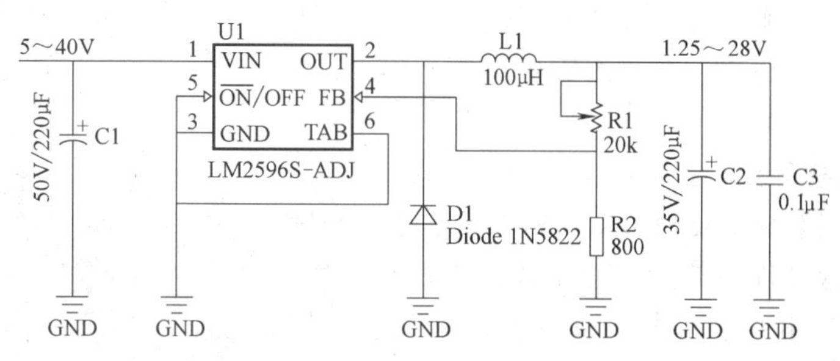

图 7-9　循迹小车电源管理模块电路图

块，这里就不再赘述。图 7-10 为本系统采用的实际 CC2530 通信模块。

循迹小车的循迹模块主要功能是控制小车按照规定轨道行进。图 7-11 给出了 CHD1807 系统循迹示意图，在该系统中地面背景为灰色，虚线框表示机器人底盘，Q 为事先随意规划的黑色路径引导线，L 和 R 为循迹小车行走的左、右电动机，A、B、C 为三个相同的巡线反馈模块，给系统提供反馈信号表明对应模块下方是否有黑色轨迹线。在机器人前进过程中，系统不断扫描 A、B、C 这三个巡线模块，得到引导线 Q 和 A、B、C 的相对位置，循迹小车的控制模块程序结合场地其他信息及预定行走路径，向左右电动机发出相应的姿态调整指令，分别改变左右电动机转速，使循迹小车能够按照规定的线路行进。

图 7-10　CC2530 通信模块

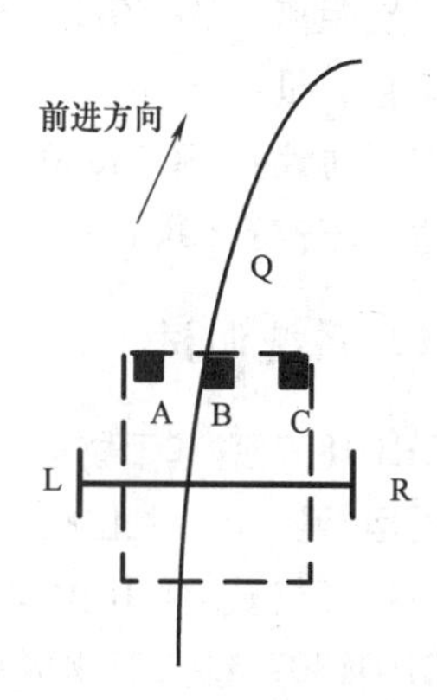

图 7-11　循迹小车前进示意图

循迹小车的避障模块主要有两个功能，一是保持前后车之间的距离，防止追尾；二是在车辆左右侧传感器的协助下完成超车动作，超车完成后回归车道。避障模块的传感器配置如图 7-12 所示。

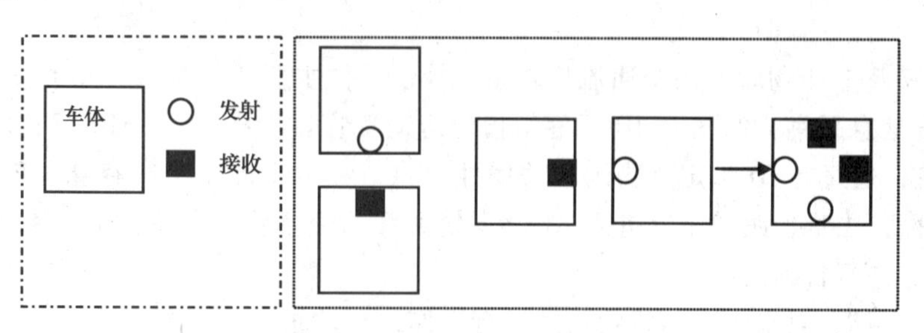

图 7-12　避障模块传感器配置

循迹小车的导航模块为北斗导航系统。视用户需求也可以采用GPS定位导航系统。

循迹小车的研制是整个系统的重中之重，CHD1807型基于物联网的交通流仿真系统研制的循迹小车如图7-13所示。

2. 货物信息管理系统硬件研制

图7-13　循迹小车

货物信息管理系统主要通过对RFID产品进行开发，定制一套专用的运输货物信息管理系统，实现对货物信息的日常管理。基本功能包括：货物信息采集、存储、查询、车辆放行控制、报警提示等功能。

该系统的主要硬件包括：RFID标签、RFID一体机、栏杆机控制器、栏杆机等。本系统采用的RFID一体机主要性能指标如下：

工作频段：902～928MHz；

读距离：5～6m（与RFID标签有关系）；

支持协议：ISO18000-6B，ISO18000-6C（EPC GEN2）。

RFID标签性能指标如下：

工作频率：90～2928MHz；

工作温度：－15℃～55℃；

识别距离：1～10m（与读写器及天线有关）；

储存容量：96bit；

支持协议：ISO18000-6C、ISO18000-6B；

适应车速：60km/h。

7.6.4　系统调试

CHD1807型基于物联网的交通流仿真系统搭建时，根据实际情况进行了四辆循迹小车的组网运行实验。上位机的控制系统软件采用VC＋＋编写，数据库采用SQL SERVER2005。系统中栏杆机及RFID读写装置的数据线都要连接到计算机串口。

CHD1807型基于物联网的交通流仿真系统开始仿真实验先打开四辆循迹小车，使得小车两个一组在特定轨道上运行，每个小车都载有RFID标签。四辆小车运行开始后首先完成自动组网并向系统控制计算机发回车辆状态信息，完成和控制中心的信息交互。当循迹小车载着RFID标签通过RFID一体机天线下方时，系统自动读取并判断RFID标签信息是否合法。如果合法，则自动控制栏杆机抬起，放行车辆。如果不是合法车辆则自动拦停车辆。

CHD1807型基于物联网的交通流仿真系统控制软件主要功能有以下几个方面：

1）货物信息采集：每张RFID标签与指定运输货物进行绑定，RFID标签内存储货物的唯一ID信息，通过此ID绑定货物的相关属性信息，在数据库中进行存储。RFID电子标签贴在货物表面，当货物跟随车辆进入RFID系统天线的磁场感应范围内时，系统软件对电子标签上的信息进行自动读取采集。

2）信息存储：对采集到的货物信息进行存储，自动录入到数据库中。

3）信息查询：对已经入库的货物进行查询。

4）车辆放行控制：系统对读取到的 RFID 标签信息进行判断，若运输货物信息合法，则控制栏杆机抬起，让车辆通过。若运输货物信息不合法，将给出报警提示软件界面。

5）其他功能：账户信息管理、系统参数设置、统计结果显示、列表显示等。

6）系统包含模块：登录模块、菜单模块、货物信息管理、RFID 参数配置等模块。

系统调试主要步骤如下：

（1）系统控制软件登录　系统控制软件登录界面如图 7-14 所示。

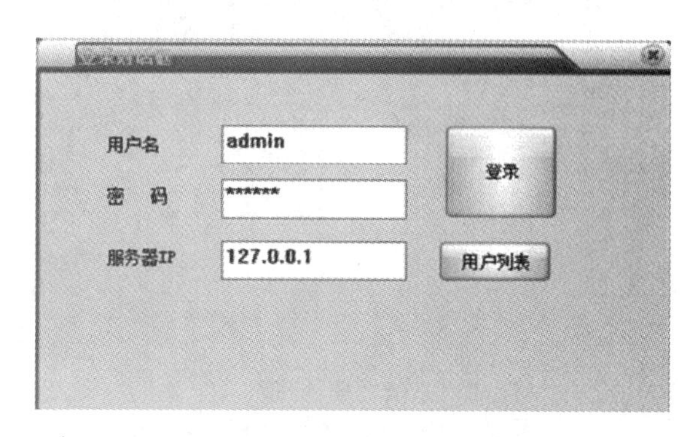

图 7-14　系统控制软件登录界面

系统超级用户名：admin；密码：888888；服务器 IP：127.0.0.1；或本机局域网 IP。本机局域网 IP 可通过命令行 ipconfig 指令查询，如图 7-15 所示。

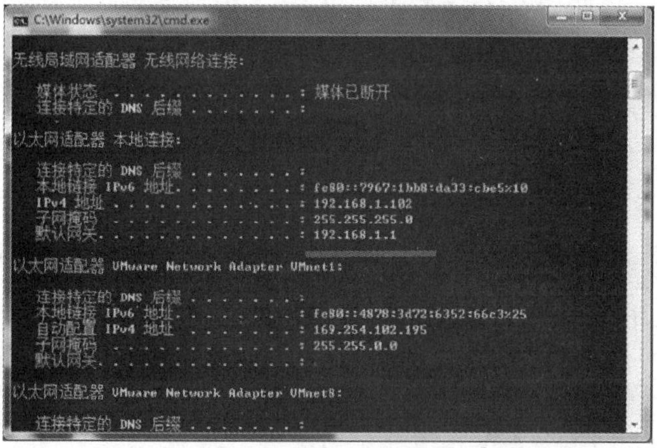

图 7-15　IP 地址查询

将查到的本机 IP 填入登录界面中的服务器 IP 一栏，单击登录即可登入控制系统。如果需要查询当前用户，可单击用户列表按钮，会弹出当前系统存在的账户列表，如图 7-16 所示，双击自己账户进行登录。

登录成功后会弹出登录成功窗口。如果在登录系统前没有连接好设备的串口线，会出现如图 7-17 所示的登录错误提示。使用时，将栏杆机和 RFID 读写器的串口线与计算机进行连接即可。

登录成功后系统主界面如图 7-18 所示。

（2）RFID 及栏杆机配置　由于 CHD1807 型基于物联网的交通流仿真系统的 RFID 读写装置及栏杆机控制都需要连接到计算机的 RS232 串口上进行工作，所以在进入控制系统后首先要对系统串口进行配置使得控制系统能够正常工作。

进入主界面后，首先单击“栏杆机控制”区域的按钮，如果设备连接正常，可以看到串口号列表出现两个可用串口，如图 7-19、图 7-20 所示。其中一个为 RFID 读写器串口、一个为栏杆机控制器串口。

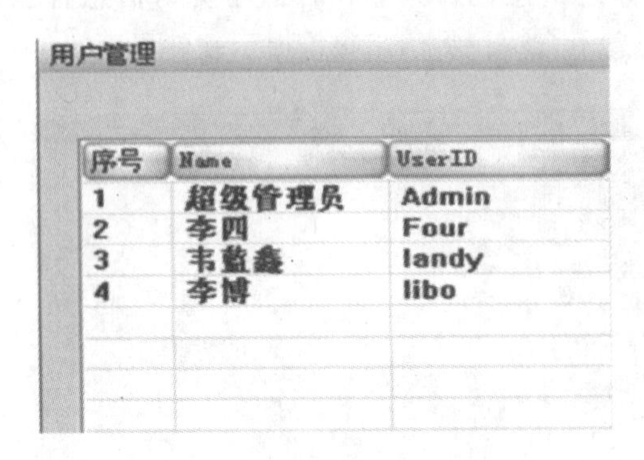

图 7-16 系统管理员列表

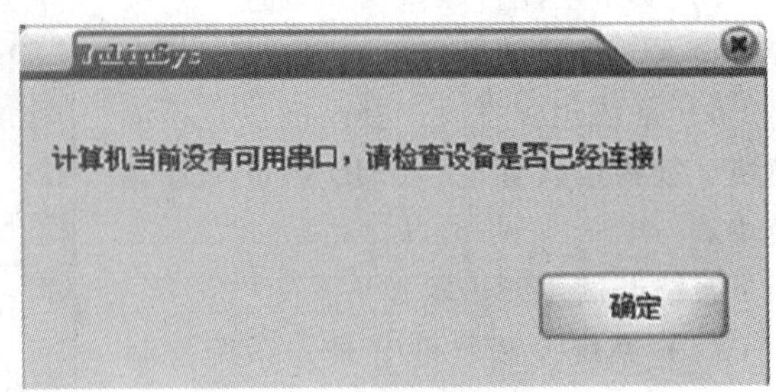

图 7-17 登录错误提示

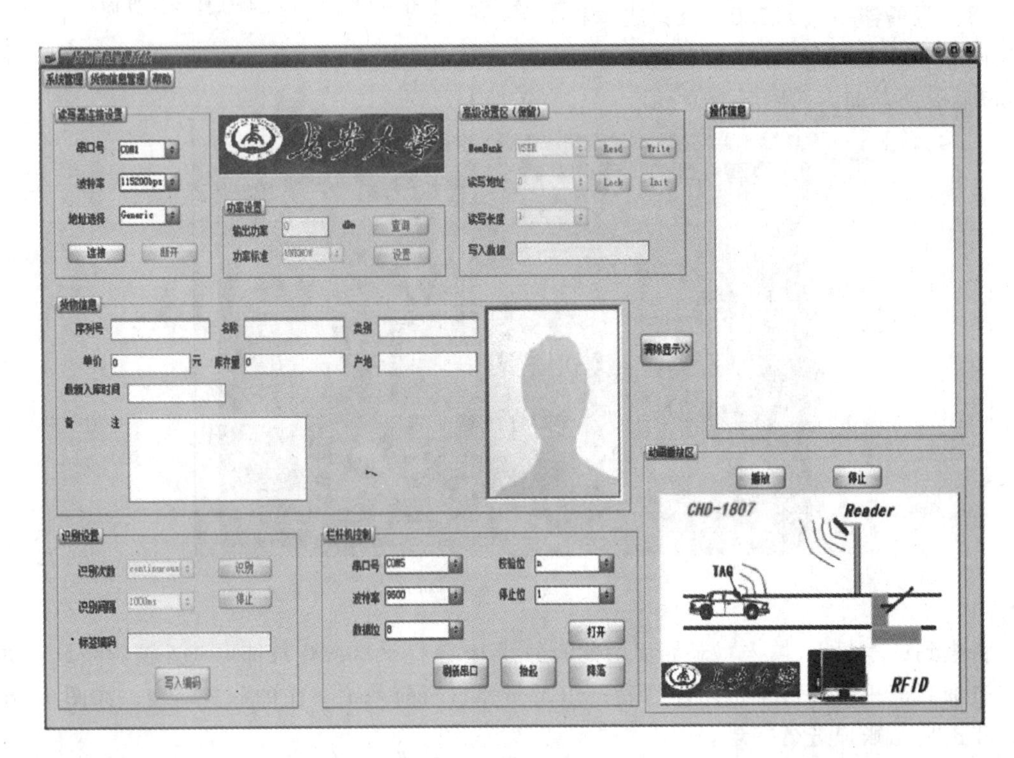

图 7-18 控制系统主界面

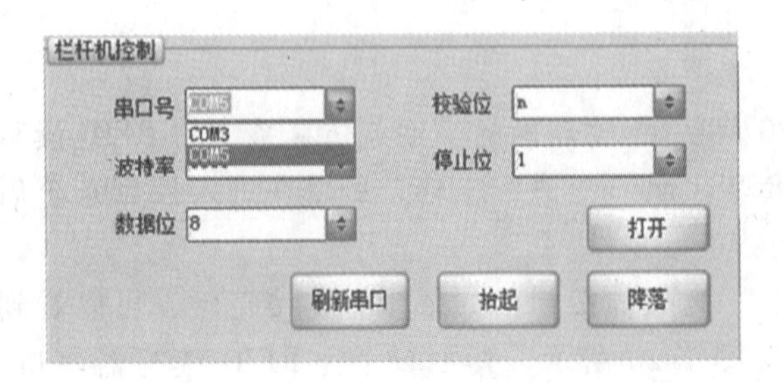

图 7-19 串口配置

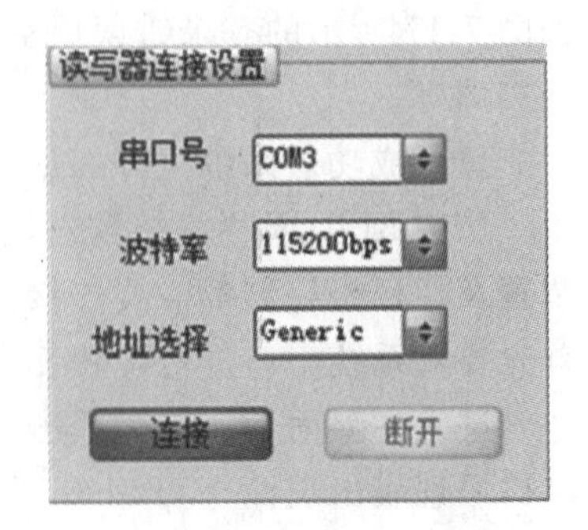

图 7-20 串口参数

对 RFID 所用设备的串口 COM3、波特率等参数进行设定后，单击如图 7-20 所示的连接按钮。如果连接成功则会出现图 7-21 所示的信息。

图 7-21　串口配置成功提示信息

如果不能正常进行读写器连接，原因可能有两个：

1）串口未选择正确。可通过改变正确的串口号重新连接。

2）软件系统未正常关闭。此时可先关闭 RFID 读写器，重启，重新连接，便可正常连接。

（3）货物信息管理　货物信息管理菜单项包含货物信息设置、货物信息查询、货物信息列表、货物通过记录等四项子菜单。

货物信息设置子菜单包含货物信息的增加、修改、删除、查询、更换图片、预览大图等功能。其界面如图 7-22 所示。

图 7-22　货物信息设置界面

图 7-22 中各按钮对应功能如下：

1）增加：增加货品信息。注意，序列号必须为 12 位长度的数字。在使用新标签时，需先增加标签中 12 位数字 ID 信息，如 100000000009，绑定指定的货物，并可添加图片等。

这样系统在读写信息时，才能在主界面自动更新显示该标签对应的货物信息，否则会提示货物不存在。

2）修改：修改货物信息。

3）查询：查询时要先输入要查询货物的序列号，否则会出现查询内容为空的提示。

4）删除：删除指定货物信息。

5）更换图片：更换货品对应的图片。

6）预览大图：显示大尺寸预览图片。

货物信息查询子菜单主要提供已有货物信息查询功能。查询按钮需要输入12位序列号来查询具体货物，而模糊查询只需要输入关键词查询货物就可以了。货物查询系统界面如图7-23所示。用户也可以在列表中选中某一行然后双击，这样也可以查看相关货物的具体信息，如图7-24所示。

查询结果

序号	TagID	Name	Type	Price	Count	FromPlace
1	100000000001	联想笔记本-V570	数码产品	5700	5	北京
2	100000000002	精通SQL Server 2000完全…	音像图书	44.3	356	中国人民出版社
3	100000000003	美特斯邦威休闲羽绒服	运动服装	299	60	台湾美特斯邦威服装有限…
4	100000000004	Adidas篮球鞋	运动服装	899	35	美国纽约
5	100000000005	HTC G20智能手机	数码产品	1999	20	中国台湾
6	100000000006	优质红富士苹果四袋	食品类	2.5	112	西安
7	100000000007	Iphone5 - 32G	数码产品	5999	11	美国

图7-23 货物信息查询列表

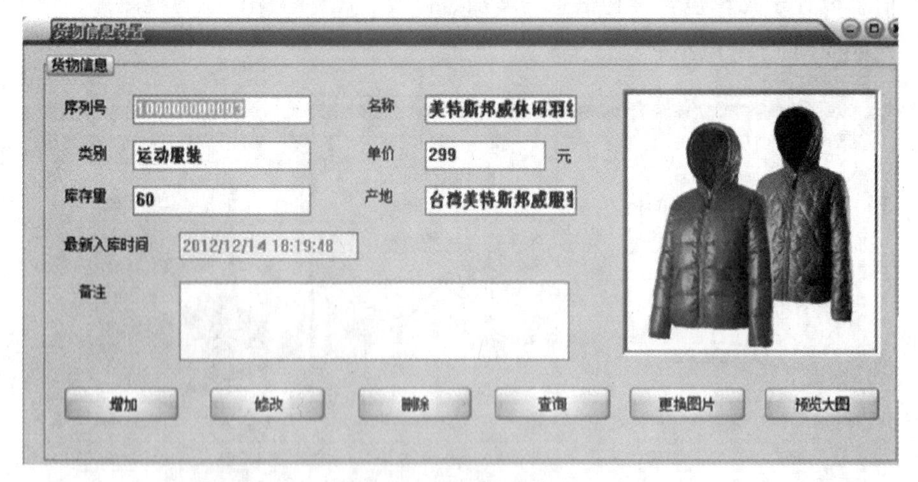

图7-24 相应货物信息

图7-25所示为货物通过记录子菜单，该菜单可以随时记录各种货物通过栏杆机的时间和次数。方便对货物运输进行控制。

（4）导航模块 导航系统分为导航终端和PC端两部分，终端通过GPS或者北斗定位模块获得目前所处的位置，然后通过四辆小车的组网传递至PC接收端，继而将定位信息接入GoogleEarth完成定位显示功能。

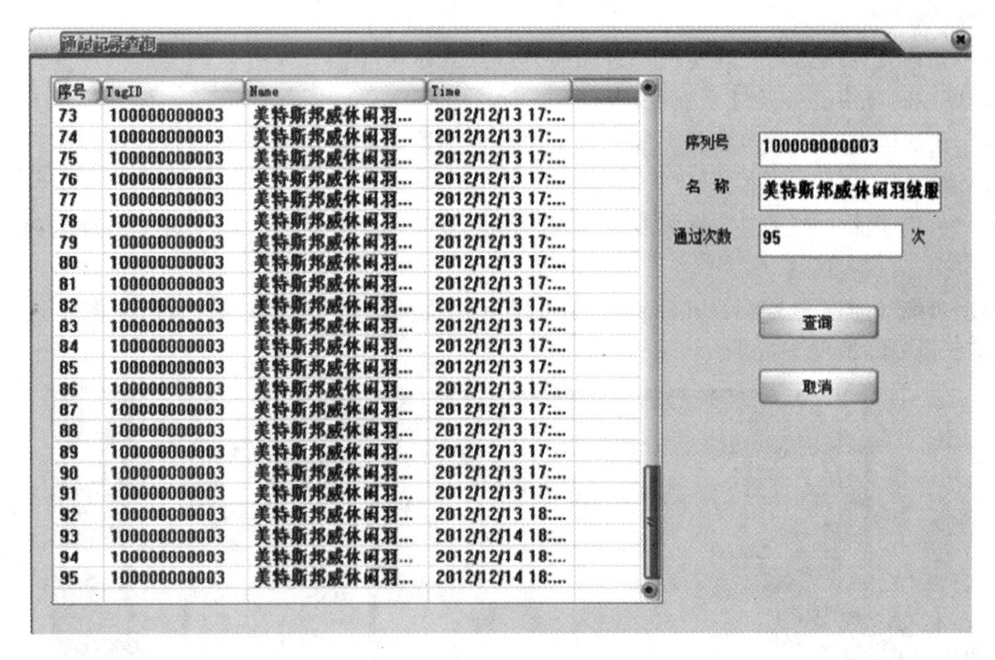

图 7-25　货物通过记录

CHD1807 型基于物联网的交通流仿真系统中的导航终端采用北斗系统收集循迹小车位置信息，该芯片直接安装在循迹小车上。收集到的信息经过 CC2530 传输至接收端控制 PC，PC 根据接收到的信息调用地图以显示循迹小车的实时位置。

7.7　物联网智能家庭实景系统

7.7.1　物联网智能家庭实景实训系统

智能家居是以住宅为平台，利用综合布线技术、网络通信技术、智能家居-系统设计方案安全防范技术、自动控制技术、音视频技术将家居生活有关的设施集成，构建高效的住宅设施与家庭日程事务的管理系统，提升家居安全性、便利性、舒适性、艺术性，并实现环保节能的居住环境。

通过在实验室搭建一个包括基于 2.4G 无线传感器网络的各类监测以及家庭电器自动控制在内的智能家庭实景，了解物联网技术在现实生活中的实际应用，了解各类传感器及家庭电器智能化的使用及改造方法，使学生掌握物联网技术在智能家庭、智能电器控制、智能楼宇等领域的工程改造方法以及技术开发方法。

7.7.2　家庭室内监控部分

智能家庭实景系统现场调试如图 7-26 所示。

1）室内防盗监测：在室内布置无线节点及人体红外传感器，对于非法入侵行为进行有效监测。

2）室内温湿度监测：在室内布置无线节点及温湿度传感器，实时显示室内温度、湿度数据及温湿度场。

3）室内光照度监测：在室内布置无线节点及光敏传感器，实时监测光照强度并可根据预设程序控制窗帘开关及灯光强度。

4）雨滴监测：在室内布置无线节点及雨滴传感器，实时监测降雨信息并可控制自动晾衣杆伸缩。

5）火灾监测：在室内布置无线节点及烟雾传感器，实时监测家庭中可能出现的火灾并报警。

6）可燃气体泄漏监测：在室内布置无线节点及可燃气体传感器，实时监测室内天然气、煤气泄漏等情况并报警。

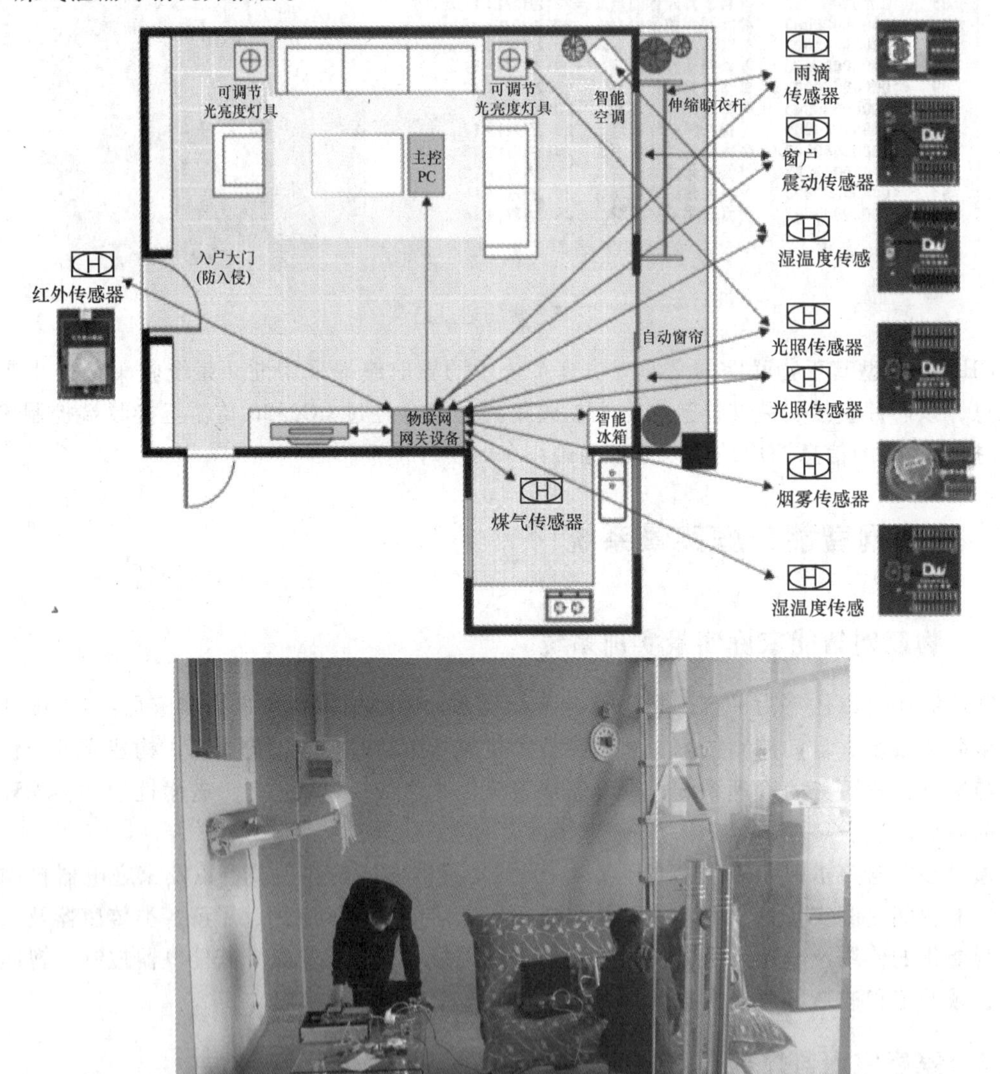

图7-26　智能家庭实景系统现场调试

7）物联网网关系统：使用ARM系统作为物联网网关系统，接收并处理所有无线传感器网络采集的数据并进行数据处理、下行控制以及与服务器的同步数据更新。

7.7.3　智能家庭控制软件

智能家庭控制软件如图7-27所示。

1）智能家庭监测及控制软件（ARM端）：运行在Android或者IOS平台，用来对智能家庭系统进行控制，实现数据监测以及数据处理。

2）智能家庭监测及控制软件（PC端）：运行在网关系统的WINCE平台上，带有WINCE版本的SQL数据库，用来对智能家庭系统进行控制、数据监测以及数据处理。

3）智能家庭监测及控制软件（手机端）：运行在手机系统上，可使用手机接收智能家庭系统中的报警短信，阅览家庭监测数据以及远程控制智能家庭中的电器运行。

4）智能家庭系统服务器端：运行在PC上，带有SQL数据库，可与网关系统进行数据同步，并可进行数据管理、数据查询、节点管理、日志查询等。

5）WebSever：用于支持各类移动设备远程阅览智能家庭系统监测数据，实时查询家庭中环境以及电器运行状态。

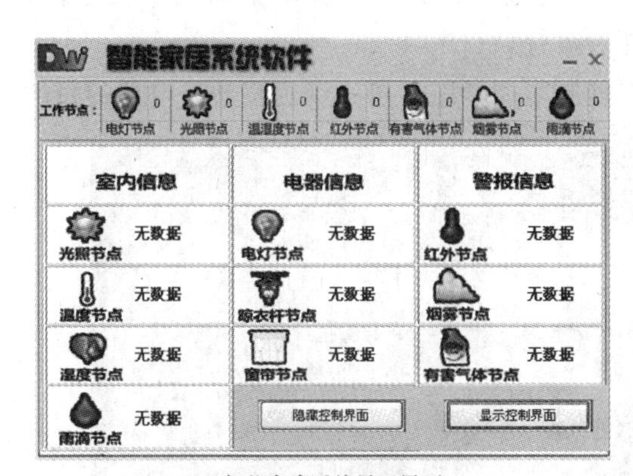

a) 智能家庭系统显示界面

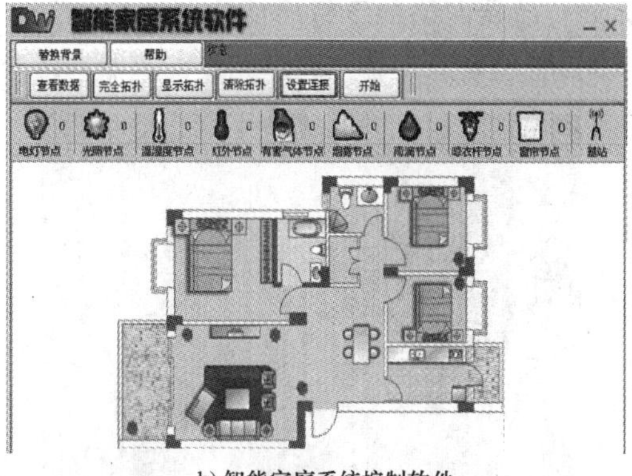

b) 智能家庭系统控制软件

DataManagement

查看数据 | 清理数据 | 节点管理 | 日志管理 | 服务器管理 | 控制设置 | 控制查询 | 运行状态

显示所有节点　节点名：　删除此节点

节点ID	节点名	节点描述	节点类型	短地址	父地址
3	3	noDescribe	TempHumi	-1	-1
5	5	noDescribe	Light	-1	-1
13	13	noDescribe	PoleDryer	-1	-1
12	12	noDescribe	Curtain	-1	-1
6	6	noDescribe	Infra	-1	-1
4	4	noDescribe	Light	-1	-1
15	15	noDescribe	Rain	-1	-1
7	7	noDescribe	Smoke	-1	-1
14	14	noDescribe	Lamp	-1	-1
2	2	noDescribe	Hcare	-1	-1

c) 智能家庭系统服务器端节点管理

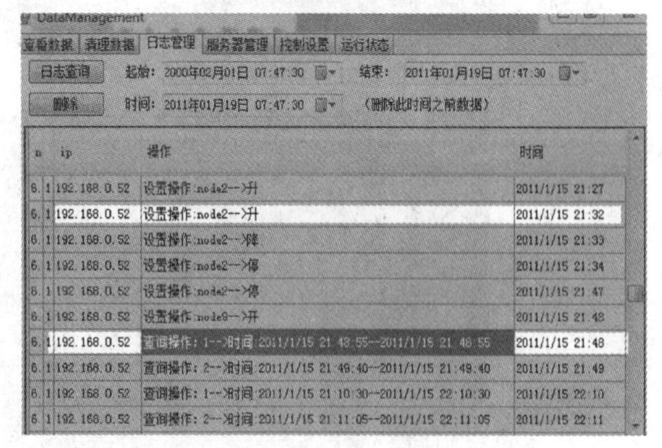

d) 智能家庭系统服务器端操作日志管理

图7-27　智能家庭控制软件

7.7.4　家庭内电器智能化控制

家庭内电器智能化控制如图7-28所示。

1）智能冰箱：在冰箱内设置带有无线节点控制的RFID模块，可在食品放入时读取食品上的射频电子标签，将食品的种类，保质期等信息保存至冰箱内部数据库中，并可实时上传至家庭控制中心供本地访问或远程读取。

2）监控屏幕：使用家用液晶电视作为家庭监控显示终端，液晶电视与物联网网关以及家庭电脑相连，可实时显示室内各种监测数据并控制家庭中的家电。

3）电动雨篷控制系统：通过雨滴传感器监测到降雨信息后，通过无线传感器网络的下行反馈控制，控制电动雨篷的伸展及收缩，保护晾晒的衣物。

4）智能灯光调节系统：通过光敏传感器采集室内光照强度信息后，根据预设程序通过无线传感器网络的下行反馈控制自动调节室内灯光系统的开关。

5）自动报警系统：在红外传感器监测到家庭中出现非法入侵、有害气体泄漏成火灾信息后，自动报警。

6）远程报警系统：在监测到家庭中出现非法入侵、有害气体泄漏或火灾信息后，通过物联网网关设备自动发送报警短信给户主。

7）自动窗帘：通过光敏传感器监测到的室内光亮度，设置不同亮度下的调节程序，通过无线传感器网络的下行反馈控制，控制窗帘自动闭合。

8）智能电源系统：通过无线传感器网络节点控制电源插座，可达到远程开关电器的目的。

a) 带有无线控制节点的强电控制模块

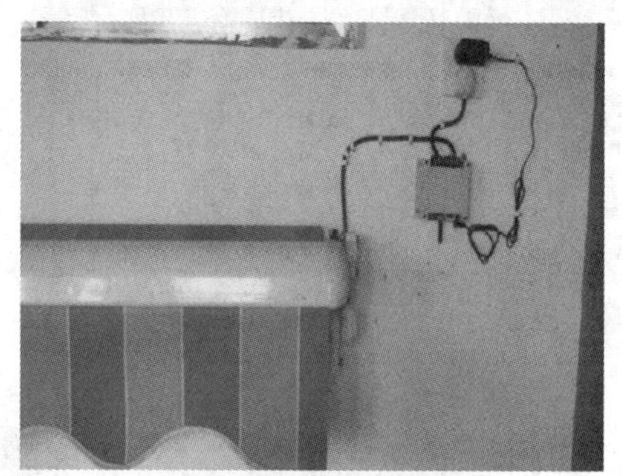

b) 带有无线节点控制的电动雨蓬

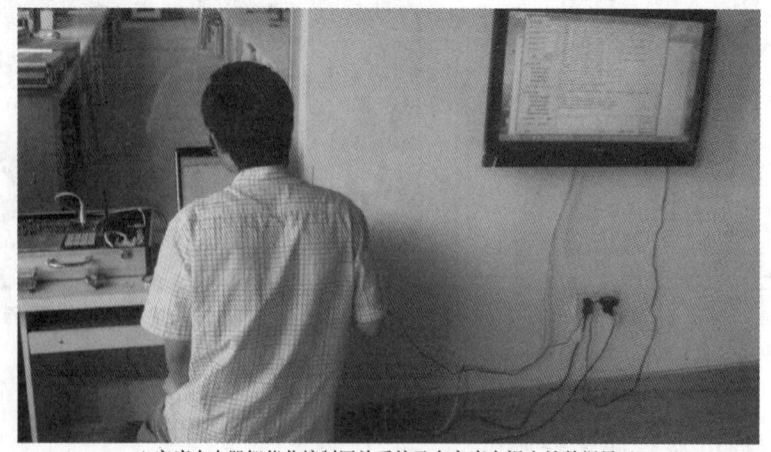

c) 家庭内电器智能化控制网关系统及在家庭电视上的数据显示

图7-28 家庭内电器智能化控制

9）智能通风系统：通过无线传感器网络节点控制通风系统，可远程开启或在监测到可燃气体泄漏时自动开启。

10）智能空调系统：通过无线传感器网络节点控制空调系统，可远程开启空调或根据监测到的室内温度自动调节空调系统温度。

7.8　本章小结

本章详细介绍了基于 ZigBee 协议的 CC2530 芯片的结构特点等相关内容和知识，使读者对无线传感器网络的具体应用有了更深一层的理解和认识。另外，本章还详细介绍了 CHD1807 型基于物联网的交通流仿真实验平台系统及物联网智能家庭实景系统。通过对本书作者研发的实验系统的了解，可以加深对物联网基础理论的理解，初步掌握物联网基础知识，为更深入的学习物联网知识打下基础。该系统是对无线传感器网络技术的具体应用，也是物联网技术在教学中的体现。通过该系统的学习，读者能够对 CC2530 芯片及无线传感器网络技术有更深入和透彻的理解。

习题

7-1　CC2530 芯片有哪些特点？

7-2　CC2530 芯片硬件结构分为哪几部分？主要外设有哪些？

第8章 蓝牙技术

8.1 蓝牙技术概述

8.1.1 蓝牙的基本概念和特点

蓝牙是一种短距离无线通信的技术规范，它最初的目标是取代现有的掌上电脑、移动电话等各种数字设备上的有线电缆连接。在制订蓝牙规范之初，就建立了统一全球的目标，向全球公开发布，工作频段为全球统一开放的2.4GHz工业、科学和医学（Industrial，Scientific and Medical，ISM）频段。从目前的应用来看，由于蓝牙体积小功耗低，其应用已不局限于计算机外设，几乎可以被集成到任何数字设备之中，特别是那些对数据传输速率要求不高的移动设备和便携设备。蓝牙技术的特点可以归纳为如下几点：

1）全球范围适用。蓝牙工作在2.4GHz的ISM频段，全球大多数国家ISM频段的范围是2.4～2.4835GHz，使用该频段无需向各国的无线电资源管理部门申请许可证。

2）同时传输语音和数据。蓝牙采用电路交换和分组交换技术，支持异步数据通道、三路语音信道以及异步数据与同步语音同时传输的信道。每个语音信道数据速率为64kbit/s，语音信号编码采用脉冲编码调制（Pulse Code Modulation，PCM）或连续可变斜率增量调制（Continuous Variable Slope Delta，CVSD）方法。当采用非对称信道传输数据时，单向最大传输速率为721kbit/s，反向为57.6kbit/s；当采用对称信道传输数据时，速率最高为342.6kbit/s。蓝牙有两种链路类型：异步无连接（Asynchronous Connectionless，ACL）链路和面向同步连接（Synchronous Connection-Oriented，SCO）链路。ACL链路支持对称或非对称、分组交换和多点连接，适用于传输数据；SCO链路支持对称、电路交换和点到点连接，适用于传输语音。

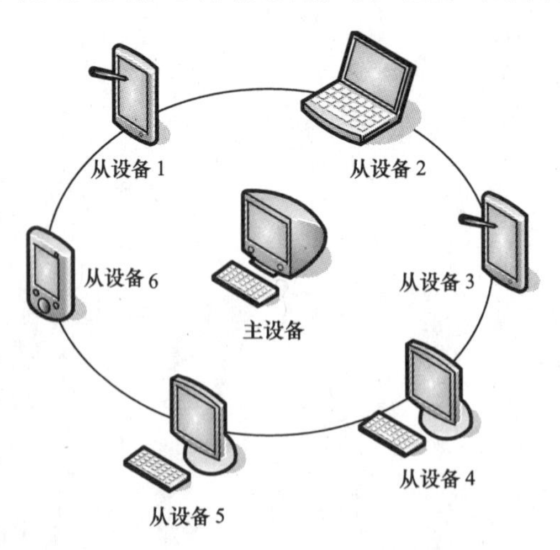

图8-1 蓝牙微微网的结构

3）可以建立临时性的对等连接（Ad-Hoc Connection）。根据蓝牙设备在网络中的角色，可分为主设备（Master）与从设备（Slave）。主设备是组网连接主动发起连接请求的蓝牙设备，而连接响应方则为从设备。几个蓝牙设备连接成一个微微网（Piconet）时，其中只有一个主设备，其他的均为从设备。微微网是蓝牙最基本的一种网络形式，最简单的微微网是一个主设备和一个从设备组成点对点的通信连接。蓝牙微微网的结构如同8-1所示。

多个微微网在时间和空间上相互重叠而构成的更加复杂的网络拓扑结构被称为散射网

(Scatternet)。散射网中的蓝牙设备既可以是某个微微网的从设备，也可以是另一个微微网的主设备，如图8-2所示。每个微微网的跳频（Frequency Hopping）序列各自独立，互不相关，统一微微网的所有设备调频序列同步。通过时分复用技术，一个蓝牙设备便可以同时与几个不同的微微网保持同步。具体来说，就是该设备按照一定的时间顺序参与通的微微网，即某一时刻参与某一个微微网，而下一个时刻参与另一个微微网。

4）具有很好的抗干扰能力。工作在ISM频段的无线电设备有很多种，如家用微波炉、无线局域网（Wireless Local Area Network，WLAN）和HomeRF等产品，为了很好地抵抗来自这些设备的干扰，蓝牙采取了跳频方式来扩展频谱（Spread Spectrum），将2.402～2.48GHz频段分成了79个频点，相邻频点间隔1MHz。蓝牙设备在某个频点发送数据之后，再跳到另一个频点发送，而频点的排列顺序则是伪随机的，每秒钟频率改变1600次，每个频率持续625μs。

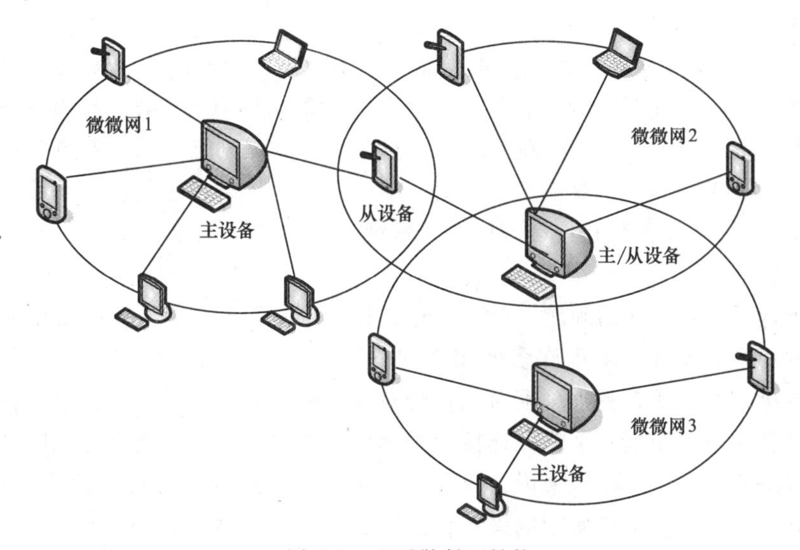

图8-2　蓝牙散射网结构

5）蓝牙模块体积很小，可以方便地继承到各种设备中。由于个人移动设备的体积较小，嵌入其内部的蓝牙模块体积就应更小。如爱立信公司的蓝牙模块ROK14001的外形尺寸仅为15.5mm×10.5mm×2.1mm。

6）低功耗。蓝牙设备在通信连接状态下有四种工作模式，即激活（Active）模式、呼吸（Sniff）模式、保持（Hold）模式和休眠（Park）模式。Active模式是正常的工作状态另外三种模式是为了节能所规定的低功耗模式。Sniff模式下的从设备周期性地被激活；Hold模式下的从设备停止监听来自主设备的数据分组，但保持其激活成员地址；Park模式下的主从设备间仍保持同步，但从设备不需要保留其激活成员地址。这三种节能模式中，Sniff模式的功耗最高，对主设备的响应最快，Park模式的功耗最低，对主设备的响应最慢。

7）开放的接口标准。SIG（Special Interest Gounp）为了推广蓝牙技术的应用，将蓝牙的技术标准全部公开，全世界方位内的任何单位和个人都可以进行蓝牙产品的开发，只要最终通过SIG的蓝牙产品兼容性测试，就可以推向市场。这样一来，SIG就可以通过提供技术服务和出售芯片等业务获利，同时大量的蓝牙应用程序也可以得到大规模推广。

8）成本低，集成蓝牙技术的产品成本增加很少。蓝牙产品刚刚面世的时候，价格昂贵，一副蓝牙耳机的售价就为4000元人民币左右。随着市场需求的扩大，各个供应商纷纷推出自己的蓝牙芯片和模块，蓝牙产品的价格也飞速下降。目前，蓝牙芯片的量产价格已经突破5美元，而且还有进一步下滑的趋势。对于购买蓝牙产品的用户来说，仅仅一次性增加较少的投入，却换来永久的便捷与效率，何乐而不为呢?

8.1.2 蓝牙技术的发展

截至2014年，蓝牙共有八个版本 V1.1/1.2/2.0/2.1/3.0/4.0/4.1/4.2。以通信距离来区分的话，可分为 Class A 和 Class B 两类。其中 Class A 使用在大功率/远距离的蓝牙产品上，但因成本高和耗电量大，它不适合作为个人通信产品之用，比如手机、蓝牙耳机等，而是多用于部分商业特殊用途上，通信距离大约在 80~100m。Class B 是目前最流行的制式，通信距离大约在 8~30m，视产品的设计而定，多用于个人通信产品上，耗电量和体积均较小，携带方便。

蓝牙 V1.1 为最早期版本，其规定的传输率约在 748~810kbit/s。因是早期设计，容易受到同频率之产品的干扰而影响通信质量。蓝牙 V1.2 同样只有 748~810kbit/s 的传输率，但在以前的基础上增加了抗干扰的跳频功能。蓝牙 V 2.0 是对蓝牙 V1.2 的改良提升版，传输率约在 1.8~2.1Mbit/s，有双工工作方式，即可以一面作语音通信，一面传输档案或高质量图片。由于蓝牙 V2.0 标准是蓝牙 V1.X 的延续，所以其配置流程复杂和设备功耗较大的问题依然存在。

为了改善蓝牙技术存在的问题，SIG 推出了 Bluetooth 2.1 + EDR 版本的蓝牙技术，该技术改善了装置的配对流程。由于许多使用者在进行硬件之间的蓝牙配对时，会遇到许多问题，不管是单次配对，或者是永久配对，在配对过程中的必要操作过于繁杂。在以往的连接过程中，需要利用个人识别码来确保连接的安全性，而改进过后的连接方式则会自动使用数字密码来进行配对与连接。举例来说，只要在手机选项中选择连接特定装置，在确定之后，手机会自动列出目前环境中可使用的设备，并且自动进行连接。此外，蓝牙 V2.1 还加入了减速呼吸（Sniff Subrating）功能，即通过设定在两个装置之间互相确认信号的发送间隔来达到节省功耗的目的。

2009年4月21日，蓝牙技术联盟正式颁布了新一代标准规范“Bluetooth Core Specification Version 3.0 High Speed”。蓝牙 V3.0 根据 IEEE 802.11 适配层协议应用了 Wi-Fi 技术，传输速度提高到大约 24Mbit/s。这样，蓝牙 3.0 设备将能通过 Wi-Fi 连接到其他设备进行数据传输。功耗方面，通过蓝牙 3.0 高速传送大量数据自然会消耗更多能量。

2010年7月7日蓝牙技术联盟正式采用蓝牙 V4.0 核心规范。它包括经典蓝牙、高速蓝牙和蓝牙低功耗协议。高速蓝牙基于 Wi-Fi，经典蓝牙则包括旧有蓝牙协议。表 8-1 给出了普通蓝牙和低功耗蓝牙之间的差异。蓝牙 V4.0 是 V3.0 的升级版本，其改进之处主要体现在三个方面：电池续航时间、节能和设备种类。蓝牙 V4.0 较 V3.0 更省电、成本更低、更低延迟（3ms 延迟）、更长的有效连接距离，同时加入了 AES-128 位加密机制。蓝牙技术联盟于 2013 年 12 月正式宣布采用蓝牙 V4.1 核心规范。这一规格是对蓝牙 V4.0 的一次软件更新，而非硬件更新。当蓝牙信号与 LTE 无线电信号之间如果同时传输数据，那么蓝牙 V4.1 可以自动协调两者的传输信息，理论上可以减少其他信号对蓝牙 V4.1 的干扰。蓝牙 V4.1 还提升了连接速度并且更加智能化，比如减少了设备之间重新连接的时间，这意味着用户如果走出了蓝牙 V4.1 的信号范围并且断开连接的时间不算很长，当用户再次回到信号范围内之后设备将自动连接，反应时间要比蓝牙 V4.0 更短；蓝牙 V4.1 还提高了传输效率。如果用户连接的设备非常多，比如连接了多部可穿戴设备，彼此之间的信息都能即时发送到接收设备上。除此之外，蓝牙 V4.1 也为开发人员增加了更多的灵活性，这个改变对普通用户没有很大影响，但是对于软件开发者来说是很重要的，因为为了应对逐渐兴起的可穿戴设备，蓝牙必须能够支持同时连接多部设备。2014 年 12 月 2 日蓝牙 V4.2 核心规范发布。它是一次硬件更新。该版本的蓝牙改善了数据传输速度和隐私保护程度：两部蓝牙设备之间的数据传输速度提高了 2.5 倍；在新的标准下蓝牙信号想要连接或者追踪用户设备必须经过用户许可，否则蓝牙信号将无法连接和追踪用户设备。一些旧有蓝牙硬件也能够获得蓝牙 4.2 的一些功能，如通过固件实现隐私保护更新。该版本的核心优势之一就是支持灵活的互联网连接选项（IPv6/6LoWPAN 或 Bluetooth Smart 网关），实现物联网。

表 8-1 经典蓝牙和低功耗蓝牙的性能对比

技术规范	经典的蓝牙	低功耗蓝牙
无线电频率	2.4GHz	2.4GHz
距离	10m	10m
空中数据速率	1～3Mbit/s	1Mbit/s
应用吞吐量	0.7～2.1Mbit/s	0.2Mbit/s
安全	64/128-bit 及用户自定义的应用层	128-bit 高级加密标准(AES)及用户自定义的应用层
鲁棒性	自动适应快速跳频,FEC	快速 ACK 自动适应快速跳频
发送数据的总时间	100m/s	<6m/s
认证机构	Bluetooth SIG	Bluetooth SIG
语音能力	有	没有
网络拓扑	分散网	Star-Bus
主要用途	手机,游戏机,耳机,立体声音频数据流,汽车和 PC 等	手机,游戏机,PC,表,体育和健身,医疗保健,汽车,家用电子,自动化等工业

8.2 蓝牙技术的体系结构

蓝牙体系结构本质上非常简单，它分成三个基本部分：控制器、主机和应用程序，如图 8-3 所示。控制器通常是一个物理设备，它能够发送和接收无线电信号，并懂得如何将这些信号翻译成携带信息的数据包；主机通常是一个软件栈，管理两台或多台设备间通信以及利用无线电同时提供几种不同的服务；应用程序则使用软件栈，进而使控制器来实现用户的功能。

在控制器内既有物理层和链路层，又有直接测试模式和主机控制器接口（HCI）的下半部分。在主机内包含三个协议：逻辑链路控制和适配协议（L2CAP）、属性协议（Attribute Protocol）和安全管理器协议（Security Manager Protocol），此外还包括通用属性规范（GATT）、通用访问规范（GAP）。

8.2.1　控制器

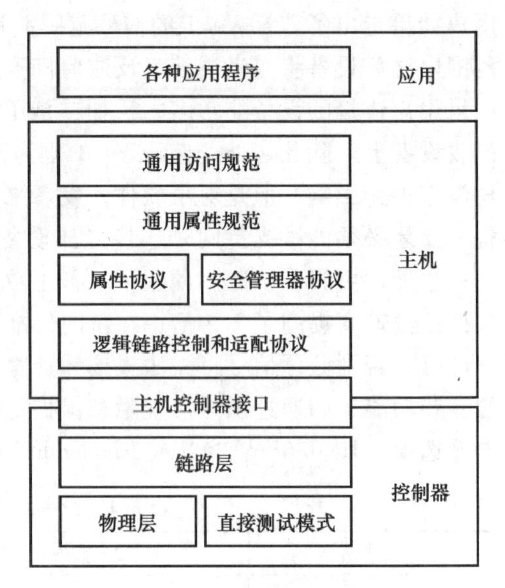

图 8-3　蓝牙体系结构

控制器被很多人视为区分蓝牙芯片和无线电的特征之一。然而，把控制器叫作无线电就有些简单化了。蓝牙控制器由同时包含了数字和模拟部分射频器件和负责收发数据报的硬件组成。控制器与外界通过天线相连，与主机通过主机控制接口（HCI）相连。

1. 物理层

物理层是采用2.4GHz无线电，完成艰巨的传输和接收工作的部分。对很多人而言，该层仿佛笼罩着一层神秘色彩。但本质上讲，物理层其实并没有什么特别，只不过是简单的传输和接收电磁辐射而已。无线电波通常可以在给定的某个频段内通过改变幅度、频率和相位携带信息。在低功耗蓝牙中，采用一种称为高斯频移键控（GFSK）的调制方式改变无线电的频率，传输0或1的信息。

频移键控部分是把0和1通过轻微升高或者降低信号频率进行编码。如果频率在改变的一瞬间突然从一端移向另一端，将会在更宽的频段上出现一个能量脉冲。因此用一个滤波器来阻止能量扩散到更高或更低的频率处。在GFSK的情况下，采用的滤波器的波形与高斯曲线一致。用于低功耗蓝牙的滤波器不像用于经典蓝牙的滤波器那样严格，这意味着低功耗无线电信号比经典蓝牙无线电信号要稍微分散一点。

适当扩展无线信号的好处在于无线电将遵循扩频的约束，而经典蓝牙无线电则受跳频的约束。传输时，扩频无线电要比调频无线电使用的频率更少。如果没有更宽松的滤波器波形，低功耗蓝牙将不能只在三个信道上广播，而不得不使用更多的信道，从而导致系统的能耗升高。

无线电信号的适度拓宽称为调制指数。调制指数表示围绕信号的中心频率的上下频率之间的宽度。传输无线电信号时，从中心频率出发超过185kHz的正向偏移代表值为1的比特；超过185kHz的负向偏移代表值为0的比特。

为使物理层能够工作，尤其是应对同一区域有大量无线电同时传输的情形，2.4GHz频段被划分为40个RF信道，各个信道宽度为2MHz。物理层每微秒传输1bit应用数据。例如要发送80bit的以UTF-8格式编码的字符串“low energy”将花费80μs，当然这里没有考虑数据报头的开销。

2. 直接测试模式

直接测试模式是一种测试物理层的新方法。绝大部分的无线标准并未提供对物理层执行标准测试的统一方法，这就导致不同的公司采用专门的办法来测试物理层。这样一来，整个产业的成本增加，对终端产品制造商来说，从一家芯片供应商快速换到另一家的门槛也很高。

直接测试模式允许测试者让控制器的物理层发送一系列测试数据包或接收一系列数据

包。测试者随后可以分析收到的数据包，或者根据接收的数据包数量判断物理层是否遵循RF规范。直接测试模式不仅能量化测试，还能用于执行线性测试和校准无线电。比如，通过快速命令物理层在指定的无线电频率发送信号，并测量实际收到的信号频率，可以调节无线电直至正常工作。由于这类校准通常需要为每个单元执行，因而拥有一台能够高效地完成测试的设备将为产品制造商节约大量成本。

3. 链路层

链路层是低功耗蓝牙体系里最复杂的部分，它负责广播、扫描、建立和维护链路，以及确保数据包按照正确的方式组织、正确的计算校验值以及加密序列等。为了实现上述功能，定义下列三个基本概念：信道、报文和过程。

链路层信道分为两种：广播信道和数据信道。为建立连接的设备使用广播信道发送数据。广播信道共有三个——再次说明，这一数字是在低功耗和鲁棒性之间折中的产物。设备里要更改信道进行广播，需通告自身为可连接或可发现的，并且执行扫描或发起连接。在连接建立后，设备利用数据信道来传输数据。数据信道共有37个，有一个自适应跳频引擎控制以实现鲁棒性。在数据信道中，允许一端向另一端发送数据、确认，并在需要时重传，此外还能为每个数据包进行加密和认证。

在任意信道上发送的数据（包括广播信号和数据信道）均为小数据包。数据包封装了发送者给接收者的少量数据，以及用来保障数据正确的校验和。无论在广播信道还是数据信道，基本的数据包格式均相同。每个数据包含有最少80bit的地址、包头和校验信息。图8-4显示了链路层数据包的大致结构。

8bit	32bit	8bit	8bit	0～296bit	24bit
前导	接入地址	包头	长度	数据	循环冗余校验(CRC)

图8-4　链路层数据包结构

8bit前导优化数据包的鲁棒性，这一长度足够接收者同步比特计时和设置自动增益控制；32bit接入码在广播信道数据包中是固定值，而在数据信道数据包中是完全随机的私有值；8bit报头字段描述数据包的内容；另一个8bit长度的字段描述载荷的长度，由于不允许发送有效载荷长度超过37字节的数据包，不是所有的比特都用来记录长度；紧接着是变长有效载荷字段，携带来自应用或主机设备的有用信息；最后是24bit的循环冗余校验（CRC）值，确保接收的报文没有错误比特。

可以发送的最短报文是空报文，时长为80μs；而满载时的最长报文时长为376μs。大部分广播报文只有128μs，而大部分数据报文时长为144μs。

4. 主机控制器接口

对于许多设备，主机控制器接口（HCI）的出现为主机提供了一个与控制器通信的标准接口。这种结构上的分割在经典蓝牙十分盛行。有60%以上的蓝牙控制器都使用HCI。它允许主机将命令和数据发送到控制器，并且允许控制器将事件和数据发送到主机。主机控制器接口实际上由两个独立的部分组成：逻辑接口和物理接口。

逻辑接口定义了命令和事件及其相关的行为。逻辑接口可以交给任何物理传输，或者通过位于控制器上的本地应用程序编程接口交付给控制器，后者可以包含嵌入式主机协议栈。

物理接口定义了命令、事件和数据如何通过不同的连接技术来传输。已定义的物理接口包括通用串口总线（USB）、安全数字输入输出（SDIO）和两个通用异步收发传输器（UART）的变种。对大部分控制器而言，它们只支持一个或两个接口。考虑到实现一个USB接口需要大量的硬件，而且不属于低功耗的接口，所以它通常不会出现在低功耗的单模控制器上。

因为主机控制器接口存在于控制器和主机之内，位于控制器中的部分通常称为主机控制器接口的下层部分；位于主机中的部分通常称为主机控制器接口的上层部分。

8.2.2 主机

主机是蓝牙世界的无名英雄。主机包含复用层、协议，它可以用来实现许多有用而且有趣的功能。主机构建于主机控制器接口的上层部分，其上为逻辑链路控制和适配协议（L2CAP），一个复用层。在它上面是系统的两个基本构建块：安全管理器（用于处理所有认证和安全连接等事物）以及属性协议（用于公开设备上的状态数据）。属性协议之上为通用属性规范，定义属性协议是如何实现可重用的服务的，而这些服务公开了设备的标准特性。最后，通用访问规范定义了设备如何以一种可交互方式找到对方并与之连接。

主机并未对其上层接口做明确规定。每个操作系统或环境都会有不同的方式公开主机的应用程序接口，不管是通过一个功能接口还是一个面向对象的接口。

1. 逻辑链路控制和适配协议

逻辑链路控制和适配协议（L2CAP）是低功耗蓝牙的复用层。该层定义了两个基本概念：L2CAP信道和L2CAP信令。L2CAP信道是一个双向数据通道，通向对端设备上的某一特定的协议或规范。每个通道都是独立的，可以有自己的流量控制和与其关联的配置信息。经典蓝牙使用了L2CAP的大部分功能，包括动态信道标识符、协议服务多路复用器、增强的重传、流模式等。相比而言，低功耗蓝牙只用到了最少的L2CAP功能。L2CAP报文结构如图8-5所示。

低功耗蓝牙中只使用固定信道：一个用于信令信道，一个用于安全管理器，还有一个用于属性协议。低功耗蓝牙只有一种帧格式，即B帧，包含两个字节的长度字段和两个字节的信道识别符字段。B帧的格式和传统的L2CAP在每个通道使用的基本帧格式一致，在协商使用一些更复杂的帧格式之前，传统L2CAP会一直使用该帧格式。关于复杂帧格式的一个例子是经典蓝牙包括了额外帧序列和校验值的帧。这些帧没有必要用在低功耗蓝牙中，因为链路层已有足够的校验强度，不必使用额外的校验值，而且简单的属性协议不会用多个信道乱序发送报文。通过保持协议的简单性和执行恰到好处的校验，只用一种帧格式也就足够了。

2B	2B	0~65535B
长度	信道ID	信息净荷

图8-5 L2CAP报文结构

2. 安全管理器协议

安全管理器定义了一个简单的配对和密钥分发协议。配对是一个获取对方设备信任的过程，通常采取认真的方式实现。配对之后，接着是链路加密和密钥分发过程。在密钥分发过程中从设备把秘密共享给主设备，当两台设备在未来的某个时候重连时，它们可以使用先前分发的共享秘密进行加密，从而迅速认证彼此的身份。安全管理器还提供了一个安全工具箱，负责生成数据的哈希值、确认值以及配对过程中使用的短期密钥。

3. 属性协议

属性协议定义了访问对端设备上数据的一组规则。数据存储在属性服务器的“属性”里，供属性客户端执行读写操作。客户端将请求发送至服务器，后者回复响应消息。客户端可以使用这些请求在服务器上找到所有的属性并且读写这些属性。属性协议定义了六种类型的信息：①从客户端发送至服务器的请求；②从服务器发送至客户端的回复请求的响应；③从客户端发送至服务器的无需响应的命令；④从服务器发送至客户端的无需确认的通知；⑤从服务器发送至客户端的指示；⑥从客户端发送至服务器的回复指示的确认。所以，客户端和服务器二者都可以发起通信，发送需要对方回复的消息或者无需回复的消息。

属性是被编址并打上标签的一小块数据。每个属性均包含一个用来标识该属性的唯一的句柄、一个用于标识存储数据的类型以及一个值。例如，一个类型是“温度”、值为20.5℃的属性可能放在句柄里为0x01CE的属性里。属性协议没有定义任何属性类型，但规定某些属性可以分组，并且可以通过属性协议发现分组的语义。

属性协议还定义了一些属性的权限：如果客户端验证了自身身份或得到了服务器的授权，客户端将获得读写属性值的权限或是只允许方位属性值的权限。客户端无法显示地获得属性的权限，只能隐式地通过发送请求并且接收错误的响应来尝试获得，该错误响应会说明不能完成请求的原因。

属性协议本身大多是无状态的。每一次事物处理（比如读取请求和读取响应等）并不会让服务器保持其状态，这时的协议本身只需要很少的内存即可工作。不过仍然有个例外：准备和执行写入请求会将一组数据首先存储在服务器上，然后在一次事物处理中顺序执行所有的操作。

4. 通用属性规范

通用属性规范位于属性协议之上，定义了属性的类型及其使用方法。通用属性规范引入了一些概念，包括“特性”“服务”、服务之间的“包含”关系、特性“描述符”等。它还定义了一些规程，用来发现服务、特性、服务之间的关系，以及用来读取和写入特性值。

服务是设备上若干原子行为的不可变封装。不可变意味着一旦服务发布就不能再改变。这一点是必要的，因为若要服务能够被反复使用，最好永远不去动它。一旦服务的行为发生变化，版本号等许多棘手的设置过程和相应配置将耗费大量的时间，这与低功耗蓝牙背后的“无连接模式”的基本概念完全背道而驰。

封装是指简洁地表达事物的功能。一项服务的所有相关信息都置于属性服务器的一组属性中，并通过其来表达。一旦知道了某个属性服务器上的服务范围，就知道了服务将封装哪些信息。原子意味着一个更大的系统中单个的不可逆转的单元或部件。原子服务十分重要，这是因为越小巧的服务越有可能在其他地方获得重用。

行为是指事物响应特定情况或刺激的方式。就服务而言，行为意味着当你读取或写入某属性时都发生了些什么，或是什么原因导致了向客户端发送属性通知。明确定义的行为对互操作性尤为重要。如果服务规定的行为含混不清，每个客户端在与服务器交互时有可能各行其是，服务器的行为表现将取决于哪个客户端正在连接。更糟糕的是，同样的服务在不同的设备上表现也可能大相径庭。一旦设备间出现这种局面，互操作性将被彻底破坏。因此，明确定义的、可测试的行为哪怕交互起来存在错误，仍能提升互操作性。

服务间的关系是实现设备公开的复杂行为的关键。服务本质上是原子的；复杂的行为不应该仅仅通过某一个服务来公开。举个例子，一台测量室温的设备可以公开温度服务。设备可能由电池供电，所以它会公开电池服务。然而，如果电池还有一个温度传感器，应该在该设备上公开另一个温度服务的实例。第二个温度服务必须和电池相互联系，以便客户端确定其关系。

为了适应复杂的行为和服务之间的关系，服务分为两种类型：首要服务和次要服务。服务的类型通常不取决于服务本身，而取决于设备如何使用该项服务。首要服务从用户角度公开设备的用途；次要服务被首要服务或另一个次要服务使用，使其能够提供完整的行为。在前面的例子中，第一个温度服务是首要服务，电池服务也是一个首要服务，而第二个温度服务则为次要服务，被电池服务所引用。

5. 通用访问规范

通用访问规范定义了设备如何发现、连接，以及为用户提供有用的信息。它还定义了设备之间如何建立长久的关系，称为绑定（Bonding）。要启用此功能，规范定义了设备如何实现可发现、可连接和可绑定。还介绍了设备如何使用规程以发现其他设备、连接到其他设备、读取它们的设备名称并和它们进行绑定。

通过使用可解析的私有地址，这当中还引入了隐私权的概念。隐私对于那些不断通告其存在以便其他设备能够发现并与之连接的设备而言是非常重要的。然而，希望保留隐私的设备必须采用不断变化的随机地址来广播。这样，其他设备一来不能确定他们侦听的是哪个设备，二来也无法通过跟踪其当前的随机地址判断哪个设备正在周围移动。但是，让收信人的设备能够判断对端是否就在附近并允许其连接，就要求私有地址必须是可解析的。因此，通用访问规范不仅定义了如何解析私有地址，而且定义了如何与私有设备进行连接。

8.2.3 应用层

控制器和主机之上是应用层。应用层规约（Specification）定义了三种类型：特性（Characteristic）、服务（Service）和规范（Profile）。这些规约均构建在通用属性规范上。通用属性规范为特性和服务定义了属性分组，应用为使用这些属性组定义了规约。

1. 特性

特性是采用已知格式、以通用唯一识别码（UUID）作为标记的一小块数据。由于特性要求能够重复使用，因而设计时没有涉及行为。只要是添加了行为的东西，它的重用性就会大打折扣。特性一个很有意思的地方在于它们被定义为计算机的可读格式，而非人类的可读文字。这赋予了计算机相应的能力：当遇到某一素未谋面的特性时，可以下载计算机的相关读取规则，用来向用户显示该特性。

2. 服务

服务是人类可读的一组特征及其相关的行为规范。服务定义了位于服务器上的相关特性的行为，而不是客户端的行为。对于许多服务而言，客户端的行为可以隐式地由服务的服务器的行为所决定。然而，还有些服务可能需要在客户端上定义的复杂行为，它们由规范而非服务定义。

一个服务可以包括其他服务。服务只能定义自身包含的服务，它不能改变包含的服务的特性或者行为。但是，包含服务时应描述多个被包含服务之间如何彼此互动。

服务有两种类型：首要服务和次要服务。一个服务本质上是首要服务还是次要服务取决于服务的定义，或者可以由规范文件和规范文件的实现来决定。首要服务表征了一个给定的设备主要做些什么。正是通过这些服务，用户才了解了该设备的作用。次要服务是那些协助主要服务或其他次要服务的服务。

服务本身并未规定设备之间如何连接，以及如何发现和使用服务。服务只描述在读写特性或通知和指示特性时究竟做了些什么。服务没有描述通用属性规范采用什么规程来寻找服务和服务的特性，也没有描述客户端如何使用特性。

3. 规范

规范是用例或应用的最终体现。规范是描述两个或多个设备的说明，每个设备提供一个或多个服务。规范描述了如何发现并连接设备，从而为每台设备确定所需的拓扑结构。规范还描述了客户端行为，用于发现服务和服务特性，以及使用该服务实现用例或应用所要求的功能。

规范和服务之间是一种多对多的映射关系。一个服务可以用于许多规范，以便在设备上实现需要的行为。此时，服务的行为与使用该服务的规范是相互独立的。在应用商店里，可以提交某个设备支持的所有服务的列表，从而找到使用这些服务的所有应用。这种灵活性有助于实现即插即用模型，比如通用串行总线。

8.3 无线片上系统 CC2540 概述

CC2540 是一款高性价比，低功耗的无线片上系统解决方案，适合蓝牙低耗能应用，它使低总体物料清单成本建立强健的网络节点成为可能。CC2540 包含一个出色的工业标准的 8051 内核的 RF 收发器，系统编程闪存记忆，8KB RAM 和其他功能强大的配套特征以及外设，其芯片结构示意图如图 8-6 所示。

CC2540 适用于低功耗系统，超低的睡眠模式，以及运行模式的超低功耗的转换进一步实现了超低功耗。CC2540 有两种不同的版本：CC2540F128/F256，分别拥有 128 和 256KB 闪存记忆。与 TI 的蓝牙低功耗协议栈相连接，CC2540F128/256 成为市场上最灵活、高性价比的单模式蓝牙低耗能解决方案。

CC2540 芯片引脚图如图 8-7 所示。CC2540 芯片采用 6mm × 6mm 的方形扁平无引脚 QFN40 封装模式。在低功率下，工作在接收状态时电流损耗为 17.9mA，而工作在发射状态时电流损耗为 18.2mA。与 CC2530 芯片相同，在工作模式 1 时，CC2540 芯片由休眠转换到主动模式只需要 4μs，电流损耗只有 270μA，这种低功耗的快速切换使得该芯片特别适用于某些仅靠有限电量的应用场合。

与 CC2530 芯片类似，CC2540 芯片的 40 个引脚也可分为 I/O 端口线引脚、电源线引脚和控制线引脚三类，其详细的引脚说明参见第 7 章中关于 CC2530 芯片的介绍。唯一不同的是，CC2540 芯片支持两个全速 USB 2.0，它的 1 脚 ~4 脚分别从 CC2530 的 GND 变成了 DGND_ USB、USB_ P、USB_ N 和 DVDD_ USB，其中 DGND_ USB 要与 GND 连接，USB_ P 和 USB_ N 是两个数据 I/O 口，而 DVDD_ USB 是 2 ~3.6V 的工作电压接口。

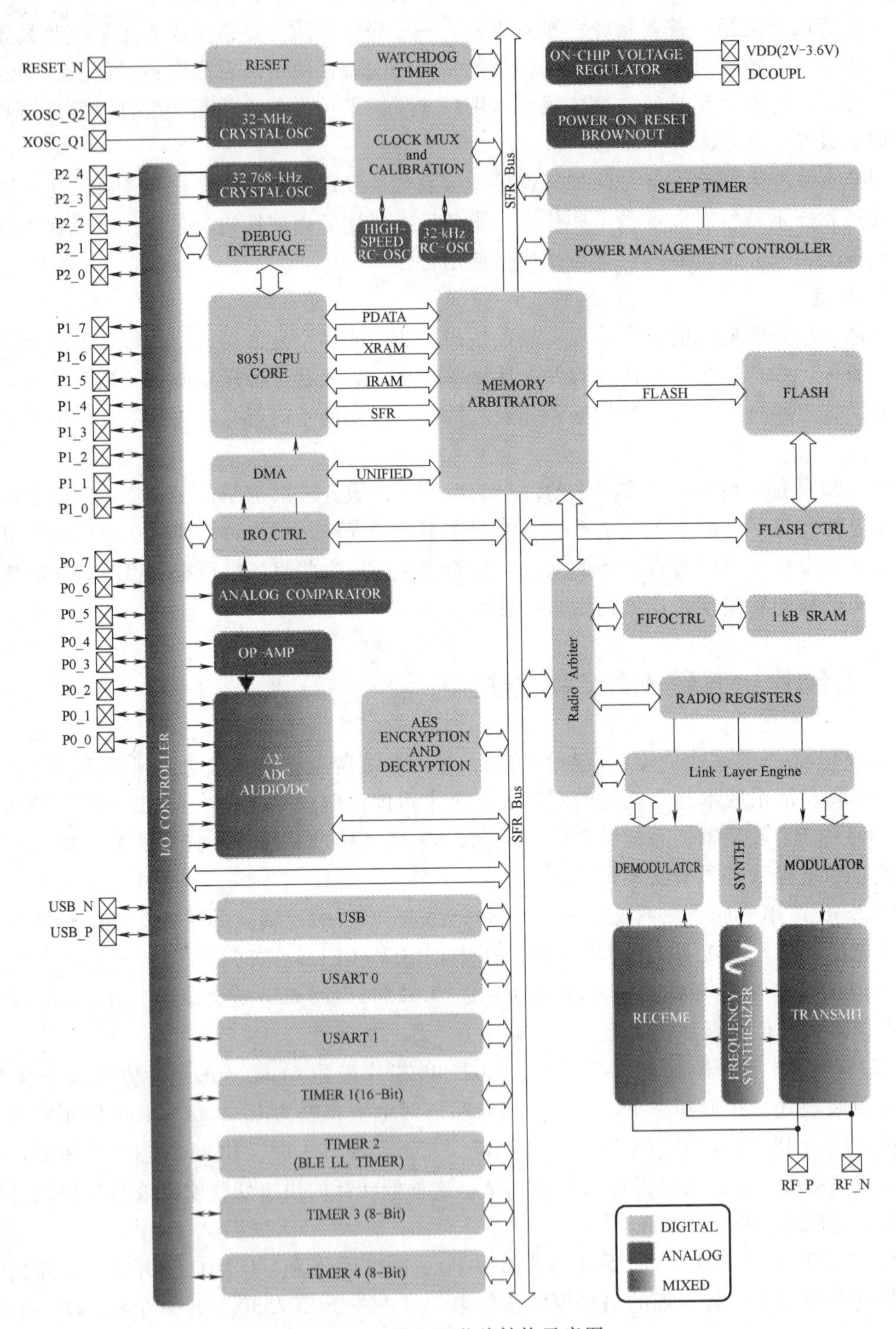

图 8-6 CC2540 芯片结构示意图

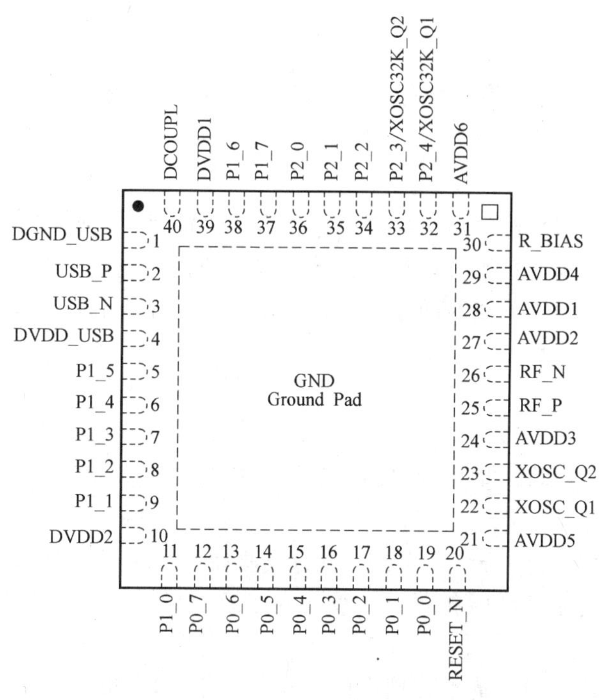

图 8-7 CC2540 引脚图

CC2540 芯片同样集成了一个具有代码预存取功能的高性能和低功率的 8051 微控制器内核，有关该微控制器的详细介绍请参见第 7 章中的内容，这里不再赘述。

8.4 本章小结

本章详细介绍了蓝牙技术的基本概念与特点，梳理了蓝牙技术的发展历程。重点介绍了蓝牙协议栈的体系结构，分别从控制器、主机和应用层三个方面进行了详细的阐述，使读者对蓝牙协议有了系统化的认识。此外，本章还进一步介绍了适合蓝牙低功耗的片上系统解决方案——TI CC2540 芯片。通过对该芯片的结构以及各个引脚功能的介绍，为读者以后进行有关蓝牙方面的开发奠定了基础。

习题

8-1 蓝牙体系结构包括哪几部分？各个部分又是如何定义的？

8-2 CC2540 芯片的硬件结构分哪几个部分？它与 CC2530 芯片有哪些差异？

第9章　云　计　算

云计算已经成为风靡全球的新兴概念，它代表了当前时代对数据的需求，反映了数据需求关系的变化，以及数据的重要性。谁拥有更为庞大的数据规模，谁就可以提供更广更深的信息服务，而软件和硬件影响相对减小。本章主要介绍云计算的相关技术。

9.1　云计算的概念

云计算的核心思想是将大量用网络连接的计算资源统一管理和调度，构成一个计算资源池向用户提供按需服务。

提供资源的网络被称为“云”。“云”中的资源在使用者看来是可以无限扩展的，并且可以随时获取，按需使用，随时扩展，按使用付费。这种特性使人们可以像水电一样使用IT基础设施。

云计算这个名词是借用了量子物理中的“电子云”（Electron Cloud），强调说明计算的弥漫性、无所不在的分布性和社会性特征。量子物理上的“电子云”是指在原子核周围运动的电子不是沿一个固定的轨道，而是以弥漫空间的、云的状态存在，描述电子的运动不是牛顿经典力学而是一个概率分布的密度函数，用薛定谔波动方程来描述，特定的时间内粒子位于某个位置的概率有多大，这跟经典力学的提法完全不同。

电子云具有概率性、弥漫性、同时性等特性，云计算来自电子云的概念，IBM有一个无所不在的计算叫“Ubiquitous”，MS（Bill）不久也跟着提出一个无所不在的计算“Pervade”，现在人们对无所不在的计算又有了新的认识，即“Omnipresent”。但是，云计算并不是纯粹的商业炒作，它确实会改变信息产业的格局。现在许多人已经用上了Google Doc和Google Apps，用上了许多远程软件应用，如Office字处理而不是用自己本地机器上安装这些应用软件。还有许多应用比如电子商务，例如要写一个交易程序，Google的企业方案就包含了现成的模板，一个销售人员根本没学习过NetBeans也能做出来。

现在有这样的说法，当今世界只有五台计算机，一台是Google的，一台是IBM的，一台是Yahoo的，一台是Amazon的，一台是Microsoft的，因为这五个公司率先在分布式处理的商业应用上捷足先登引领潮流。Sun公司很早就提出“网络就是计算机”是有先见之明的。

到底什么是云计算（Cloud Computing）呢？在阐释这个问题之前，先来看两个容易与云计算混淆的概念：集群计算（Cluster Computing）和网格计算（Grid Computing）。集群是指由一组彼此独立但又相互连接的计算机在一起工作所形成的单独整合的计算资源，集群系统是并行分布系统的一种实现方式。网格也是并行分布式系统的一种实现方式，与集群不同的是：网格系统支持地理分布的计算机之间共享资源、查找资源、整合资源，并根据网格中计算机的运转情况、容量大小、性能稳定性、运营价格以及用户所需服务的质量进行动态调配。

不可否认，云计算在概念上与网格计算有部分重合，但至少在以下三个方面云计算的理念已经远远超越了网格计算。首先，云计算中计算机资源的完全虚拟化，被虚拟化的资源包括数据库、操作系统、硬盘等软件和硬件，这不得不说是一个计算机世界的大整合；其次，云计算支持高扩展性，也就是说它的规模可以动态伸缩，满足应用和用户大规模增长的需要。用户可以根据需要简单快捷地升级云计算中占有的资源数量，并且通常这样的升级过程只需要几秒或者几分钟的时间；最后，云计算中的数据更加安全可靠。它使用了数据多副本容错、计算节点同构可互换等措施来保障服务的高可靠性，因此数据在云计算中通常会存在多个备份，这样即使在服务器崩溃的情况下云计算技术也能表现出惊人的恢复能力。

表9-1从不同的角度探讨了云计算的定义，下面将给出相对比较全面、系统的定义。云计算是由一系列可以动态升级和虚拟化的资源所组成的，这些资源被所有云计算的用户共享并且可以方便地通过网络访问，用户无需掌握云计算的技术，只需要按照个人或者团体的需要租赁云计算的资源。

表9-1　云计算的不同定义

作　者	定　义
M. Klems	用户可根据需要在短时间内升级云计算的配置，由于云计算的规模效应，用户被分配的服务器是随机指定的，可靠性也有了保障
P. Gaw	用户使用网络连接可升级的服务器
R. Cohen	云计算囊括了人们所熟知的各种名词，包括任务调度、负载平衡、商业模型和体系结构等概念
J. Kaplan	云计算为用户节约了硬件和软件的投资，使用户摆脱了缺乏专业技术的烦恼，为用户提供各种各样的网络服务，帮助用户获得各种各样的功能组合
K. Shevnkman	云计算致力于使计算机的计算能力和存储空间商业化，公司要想利用云计算的强大功能，就必须使虚拟的硬件环境易于配置，易于调度，支持动态升级和支持用户简单管理
P. McFedries	用户的数据和软件都将驻留在云计算中，而且用户不仅通过PC，还可以通过云计算的友好设备，包括智能手机，PDA等使用云计算资源

据此可以初步给出云计算的概念：云计算（Cloud Computing）是一种分布式计算技术，是通过计算机网络将庞大的计算处理程序自动分拆成无数个较小的子程序，再交由多部服务器所组成的庞大系统经搜寻、计算分析之后将计算处理结果回传给用户。通过该技术，网络计算服务提供者可以在数秒之内，完成处理数以千万计甚至亿计的信息，达到与“超级计算机”同样强大效能的网络计算服务。

9.2　云计算产生和发展基础

云计算的产生推动了整个IT产业的发展。以下几个重要的契机促使了云计算的产生和发展。

9.2.1　SaaS的诞生

在1999年，桌面应用还是唯一主流的时候，当时Oracle的高管Marc Benioff看准了Web应用将取代桌面应用这一大趋势，创建了Salesforce这家以销售在线CRM（Customer Relationship Management，客户关系管理）系统为主的互联网公司，并定义了 SaaS（Software as a Service，软件即服务）这个概念。SaaS 的意思是软件将会以在线服务的形式提供给用户，而且避免了安装和运行维护等烦琐的步骤。Salesforce 的在线 CRM 一经推出，不仅受到业界的好评和用户的支持，而且越来越多的软件选择了 SaaS 这种模式来发布。总的来说，由于 SaaS 的诞生和不断发展，人们开始相信云计算的产品不论在技术上还是在商业上都是可行的。

9.2.2　“IT 不再重要”的发表

2003 年，尼古拉斯·卡尔在《哈佛商业评论》上发表的一篇具有轰动性的文章“IT 不再重要”中，犀利地提出 IT 技术已经日用品化了。虽然这样能使大多数的企业从 IT 中获益，但是 IT 已经很难给企业带来一定的竞争优势。此文受到了包括当时英特尔董事长克瑞格·贝瑞特在内的整个 IT 界的反驳，并导致尼古拉斯·卡尔甚至自称为 IT 界的“全民公敌”。但是，今天看来，此文不仅促使了广大的 IT 从业者不断反思，而且推动了 IT 产业的变革，因为 IT 技术的日用品化并不是 IT 界的末日，而是下一次创新和发展的起点，推动了物联网的应用进程。

9.2.3　Google 的三大核心技术

Google 在 2003 年的 SOSP 大会上发表了有关 GFS（Google File System，Google 文件系统）分布式存储系统的论文，在 2004 年的 OSDI 大会上发表了有关 MapReduce 分布式处理技术的论文，在 2006 年的 OSDI 大会上发表了关于 BigTable 分布式数据库的论文。这三篇重量级论文的发表，不仅使大家了解 Google 搜索引擎背后强大的技术支撑，而且应用这三个技术的开源产品如雨后春笋般涌现，比如使用 MapReduce 的产品有 Hadoop，使用 GFS 的产品有 HDFS，而使用 BigTable 的产品则有 Hbase、Hypertable 和 Cassandra 等。这三篇论文和相关的开源技术极大地普及了云计算中非常核心的分布式技术。

9.3　云计算的发展历史

由于云计算是多种技术混合演进的结果，既成熟度较高，又有大公司推动，发展极为迅速。Amazon、Google、IBM、微软和 Yahoo 等大公司都是云计算的先行者。云计算领域的众多成功公司还包括 Salesforce、Facebook、Youtube、Myspace 等。实际上云计算并不是一个全新的名词，它的概念是历经数十载不断发展演化的结果，如图 9-1 所示。

云计算最初的概念来源于 20 世纪 60 年代，当时 JohnMcCarthy 认为“计算能力在未来将成为公共设施”。20 世纪 80 年代末，开始出现利用大量的系统来解决单一问题（通常是科学问题）的情况，网格计算由此诞生。在 1999 年出现的 SETI@ home 更是成功地将网格计算的思想付诸实施，构建了一个成功的案例。云计算与网格计算都是希望利用大量的计算机，构建出强大的计算能力。但是在此基础上云计算有着更为宏大的目标，那就是它希望能够利用这样的计算能力，在其上构建稳定而快速的存储以及其他服务。云计算有着比网格计算更明显的优势，因此网格计算就逐渐向云计算发展。

到了 20 世纪 90 年代，虚拟化的概念已经从虚拟服务器演进到了具有更高抽象含义的层

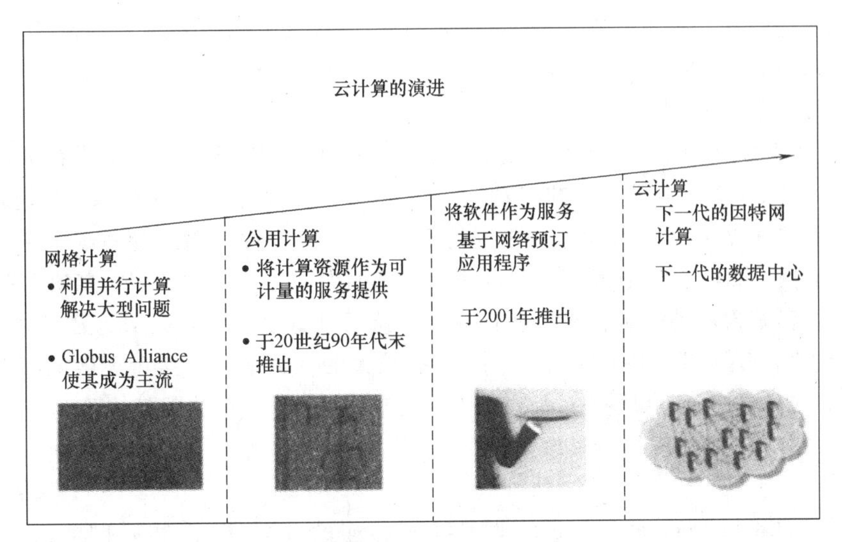

图 9-1 云计算的演进

次。首先是虚拟平台，之后又是虚拟应用程序。公用计算将集群作为虚拟平台，采用可量化的业务模型进行计算。

20 世纪末 21 世纪初，云计算的产品逐渐面市，在这个时期大多数的焦点都集中在将软件作为一种服务上。软件作为服务将虚拟化提升到了应用程序的层次，它所使用的业务模型不是按消耗的资源收费，而是根据向用户提供的应用程序的价值收费。

2007 年有关云计算的活动更加频繁，其中最广为人知的就是 10 月份 Google 和 IBM 联合宣布推广“云计算”的计划，包括卡耐基·梅隆大学、斯坦福大学、加州大学伯克利分校、华盛顿大学以及麻省理工学院在内的很多研究机构都开始大规模地着手于云计算的研究项目。同一时期，“云计算”这个术语开始流行，并且逐渐成为主流。在 2008 年中期它成为一个很热门的话题，并且云计算相关的事宜也不断被提上了日程表，同年国内的许多高校和科研机构也加入到了云计算研究的队伍当中。

云计算是一种全新的商业模式，其核心部分依然是数据中心（Data Center），它使用的硬件设备主要是成千上万的工业标准服务器。企业和个人用户只要通过高速互联网就可以得到计算能力，从而避免了大量的硬件投资。2008 年 8 月，Gartner 研究发现“许多公司逐渐采用另外一种商业模式，公司本身不再投资硬件和软件，硬件和软件的费用都流向提供硬件和软件服务的云计算的运营商”。这种模式直接导致“某些领域的 IT 产品剧烈增加，而其他领域的 IT 产品剧烈减少”。

9.4 云计算的发展环境

9.4.1 云计算与 3G

3G（3rd-Generation）是第三代移动通信技术的简称。3G 是指支持高速数据传输的蜂窝移动通信技术，是将无线通信与互联网相结合的新一代通信技术。目前国际电信联盟确定了三个 3G 标准制式：CDMA2000、WCDMA 和 TD-SCDMA。在我国，中国电信、中国联通和中国移动分别运营这三种不同制式的3G网络。3G的代表性特征是具有高速数据传输能力，能够提供2Mbit/s以上的带宽。因此，3G可以支持语音、图像、音乐、视频、网页、电话会议等多种移动多媒体业务。

3G与云计算是互相依存、互相促进的关系。一方面，3G将为云计算带来数以亿计的宽带移动用户。到2009年7月，全球移动用户已达44亿，普及率达65%。3G用户已超过5亿，并以惊人的速度增长。2009年是中国的3G元年，当年用户数就超过了1千万。这些用户的终端是手机、PDA、笔记本、上网本等，计算能力和存储空间有限，却有很强的联网能力，对云计算有着天然的需求，将实实在在地支持云计算取得商业成功。另一方面，云计算能够给3G用户提供更好的用户体验。云计算有强大的计算能力、接近无限的存储空间，并支撑各种各样的软件和信息服务，能够为3G用户提供前所未有的服务体验。

9.4.2 云计算与物联网

物联网（The Internet of Things）即“物物相连的互联网”。物联网通过大量分散的RFID、传感器、GPS、激光扫描器等小型设备，将感知的信息，通过互联网传输到指定的处理设施上进行智能化处理，完成识别、定位、跟踪、监控和管理等工作。笼统地看，物联网属于传感网的范畴。其实，传感器的应用历史悠久而且相当普及。那为什么还提物联网的概念呢？物联网是传感网的一个高级阶段，它通过大量信息感知节点采集信息，通过互联网传输和交换信息，通过强大的计算设施处理信息，然后再对实体世界发出反馈或控制信息。

物联网根据其实质用途可以归结为三种基本应用模式：对象的智能电子标签、环境监控和对象跟踪、对象的智能控制。物联网基于云计算平台和智能网络，可以依据传感器网络用获取的数据进行决策，改变对象的行为进行控制和反馈。

云计算服务物联网的驱动力有以下三个方面。

1）需求驱动：海量信息的处理，在目前技术下的高成本压力；云计算充分利用并合理使用资源，降低运营成本。

2）技术驱动：IT与CT（Communication Techonology，通信技术）技术融合，推动IT架构的升级；云计算的标准逐渐快速发展。

3）政策驱动：政府的低碳经济与节能减排的政策要求；政府高度关注物联网、云计算等基础设施自助发展战略。

物联网具有全面感知、可靠传递和智能处理三个特征，其中智能处理需要对海量的信息进行分析和处理，对物体实施智能化的控制，这就需要信息技术的支持。云计算的超大规模、虚拟化、多用户、高可靠性、高扩展性等特点正是物联网规模化、智能化发展所需的技术。

云计算架构在互联网之上，而物联网将主要依赖互联网来实现有效延伸，云计算模式可以支撑具有业务一致性的物联网集约运营。因此，很多研究提出了构建基于云计算的物联网运营平台，该平台主要包括云基础设施、云平台、云应用和云管理。依托公众通信网络，以数据中心为核心，通过多接入终端实现泛在接入，面向服务的端到端体系架构。基于云计算模式，实现资源共享与产业协作，提高效率，降低成本，提升服务。

有观点认为云计算是物联网“后端”的支撑关键。所谓物联网的“后端”，是指基于互联网计算的涌现智能及对物理世界的反馈和控制。“后端”是实现物联网智能化管理目标和价值追求的关键所在。云计算协同信息处理与计算平台对信息处理与决策。实时感应、高度并发、自主协同和涌现效应等特征对物联网“后端”提出了新的挑战，需要有针对性地研究物联网特定的应用集成问题、体系结构以及标准规范，特别是大量高并发时间驱动的应用自动关联和智能协作问题。在互联网计算领域，将软件的实现与运营维护相关部分和软件用法相关部分（服务）相剥离，并纳入到互联网级基设中，这是大势所趋。而互联网级基设也是云计算、网格计算的本质所在。

物联网与云计算是交互的关系。一方面，物联网的发展离不开云计算的支撑。从量上看，物联网将使用大量的传感器（如数以亿万计的 RFID、智能仪表和视频监控等），采集到的数据量惊人。这些数据需要通过无线传感网、宽带互联网向某些存储和处理设施汇聚，而使用云计算来承载这些任务具有非常显著的性价比优势；从质上看，使用云计算设施对这些数据进行处理、分析、挖掘，可以更加迅速、准确、智能地对物理世界进行管理和控制，使人类可以更加及时、精细地管理物质世界，从而达到“智慧”的状态，大幅提高资源利用率和社会生产力水平。可以看出，云计算凭借其强大的处理能力、存储能力和极高的性能价格比，很自然就会成为物联网的后台支撑平台；另一方面，物联网将成为云计算最大的用户，将为云计算取得更大商业成功奠定基石。

9.4.3 云计算与移动互联网

互联网和移动通信网是当今最具影响力的两个全球性网络，移动互联网恰恰融合了两者的发展优势。被称作破坏性创新的云计算，在宽带移动互联网上将成为一种必然的趋势。市场调研公司认为，云计算将成为移动世界中的一股爆破理论，并最终会成为移动应用的主导运行方式。掌握了云计算核心技术的企业无疑会在移动互联网时代可以获得更强的主动性。

移动互联网和云计算是相辅相成的。通过云计算技术，软硬件获得空前的集约化应用，人们完全可以通过手持一个终端就能实现传统 PC 能达到的功能。二者在软硬件设施成本上的极大节约为中小企业带来了福音，为人们带来舒适和便捷。云计算和移动互联网似乎天生就是绝配。手机拥有便携性和通信能力等众多天然优势，但计算能力、存储能力弱。虽然各厂商推出的手机正逐渐向智能化演化，但由于体积和便携性的限制，短时间内手机的处理能力难以和计算机相比。

从这点出发，云计算的特点更能在移动互联网上充分体现，将应用的计算与存储从终端转移到服务器的云端，从而弱化了对移动终端设备的处理需求。例如，在各种数据、业务快速推陈出新的过程中，手机很难满足这些新业务的要求，成为新业务的发展瓶颈。在云计算下，只要配备功能强大的浏览器，就能应用各种新业务。在后台，云计算的存储量和计算能力也解决了手机存储量有限和丢失信息的问题。同时，实现了手机移动与固定计算、笔记本电脑计算的协同。对于追求个性化的移动互联网市场来说，云计算十分关键。

移动互联网时代来临，对用户来讲，最好的体验是淡化有线和无线的概念。在这样的理念下，云计算有望突破各种终端，包括手机、计算机、电视和视听设备等在存储及运算能力上的限制，显示的内容、应用都能保持一致性和同步性。各大 IT 厂商都在利用云计算制定策略（如 IaaS、PaaS 和 SaaS），希望通过互联网的力量，以软件为基准，将无缝的服务提供给移动终端用户。

云计算正从互联网逐渐过渡到移动互联网。目前社交网站越来越火爆，国外的 Facebook

及国内的人人网、开心网等都是其典型的代表。社交网站运用云计算思维，实现了网站上各种信息的同步更新。沿着这个思路的移动云计算已经出现，如摩托罗拉推出的手机解决方案。

如今，随着一些典型的互联网云计算应用，互联网的“云”与“端”之间已经形成了平滑对接，而在移动互联网上，“云”与“端”之间还需要“管”来填补它们之间的鸿沟。浏览器或许将成为重要的“管”道角色。

云计算对于云和端两侧都具有传统模式不可比拟的优势。在云的一侧，为内部开发者和业务使用者提供更多的服务，提升基础设施的使用效率和资源部署的灵活性：在端的一侧，能够迅速部署应用和服务，按需调整业务使用量。从目前云计算的成功案例中可以看出，云计算极大地提高了互联网信息技术的性能，具有巨大的计算和成本优势。

9.4.4　云计算与三网融合

所谓的三网融合，是指广播电视网、电信网与互联网的融合，其中互联网是核心。据国务院三网融合领导小组专家组组长、中国工程院副院长邬贺铨估算，三网融合启动的相关产业市场规模达6880亿元人民币。其中电信宽带升级、广电双向网络改造、机顶盒产业发展以及基于音频视频内容的信息服务系统建设的有效投资额为2490亿元，可激发释放社会的信息服务与终端消费额近4390亿元。

三网融合被纳入“十二五”计划，并明确写入《国务院关于加快培育和发展战略性新兴产业的决定》。业内权威专家认为，三网融合的政策持续加码，将推动电信与广电业务相互融入、广电网络整合、网络运营商角色再定位等一系列革命性变化同步加速。仅中国电信一家运营商，其两年内用于宽带升级的投资就将达到近300亿元。

云计算使计算能力从分散终端向网络综合服务转变，使商业模式从网络设备基础设施向服务转变，从连接计算机资源向连接个人和设备转变。云计算的基础仍然是宽带，其服务手段和服务对象都需要宽带。社会的各种生活、娱乐和就业都对宽带发展提出了高要求，各国也加大对宽带建设的投入，各厂商也都在加强对宽带技术的研发。

业内专家认为，随着三网融合政策的出台以及下一代广电网络的发展，云计算不但会为现有广电和电信产业带来新商机，还会大大拓展相关产业链，使更多企业收益，为云计算提供切实的应用机会。三网融合和下一代广电网络项目是要为用户提供多样、便捷的服务。由于云计算可以大大降低数据储存、计算和分发成本，一些以前无法实现的应用，现在都有可能变为现实。云计算完成计算任务，加上物联网等终端应用和3G的数据信息传输，将三网整合形成一个系统的信息采样、接收和处理的整体。

三网融合和下一代广电网络的最终目标是构建全数据、全融合的国家骨干网络，借助云计算技术，下一代广电网络还会和传统行业相融合，实现诸如远程教育、网络医疗会诊、股票信息、交通查询、精确广告投放等更多应用。有了云计算技术，一些从事传统行业的企业也能搭上三网融合和下一代广电网的快车。例如，传统的GPS厂商只是生产商，而借助云计算技术，他们可以成为服务性企业，通过增值业务获取更多收入。中国电子学会计算机专业委员会专家刘鹏教授认为，云计算在三网融合及下一代广电网络中的应用，涉及数据存储、数据计算、数据再处理、软件开发、数据传输、网络协同等多个方面，因此需要大量不同类型的企业参与其中。

9.4.5 云计算压倒性的成本优势

云计算拥有划时代的优势，主要原因在于它的技术特征和规模效应所带来的压倒性的性能价格比。

全球企业的 IT 开销分为三部分：硬件开销、能耗和管理成本。根据 IDC 在 2007 年做过的一个调查和预测，从 1996 年到 2010 年，全球企业 IT 开销中的硬件开销是基本持平的。但能耗和管理的成本上升非常迅速，以至于到 2010 年管理成本占了 IT 开销的大部分，而能耗开销越来越接近硬件开销了，如图 9-2 所示。

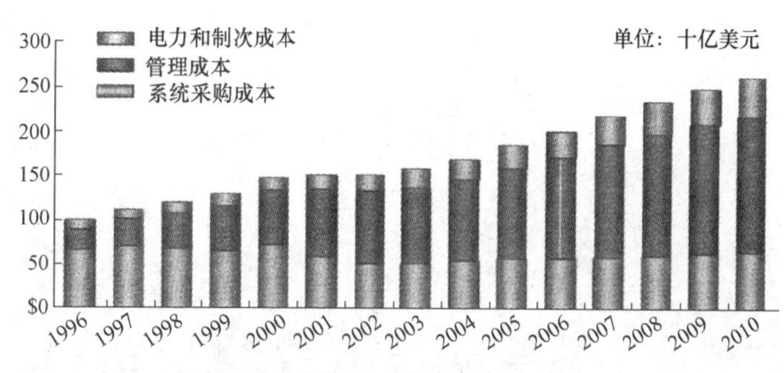

图 9-2 全球企业 IT 开销发展趋势

如果使用云计算的话，系统建设和管理成本有很大的区别，中型数据和特大型数据中心的成本比较见表 9-2。根据 James Hamilton 的数据，一个拥有 5 万个服务器的特大型数据中心与拥有 1000 个服务器中型数据中心相比，特大型数据中心的网络和存储成本只相当于中型数据中心的 1/5 到 1/7，而每个管理员能够管理的服务器数量则扩大到 7 倍之多。因而，对于规模通常达到几十万乃至上百万台计算机的 Amazon 和 Google 云计算而言，其网络、存储和管理成本较之中型数据中心至少可以降低 5 ~ 7 倍。

表 9-2 中型数据中心和特大型数据中心的成本比较

技术	中型数据中心成本	特大型数据中心成本	比率
网络	$ 95/MB · 秒 · 月	$ 13/Mb · 秒 · 月	7.1
存储	$ 2.20/GB · 月	$ 0.40/GB · 月	5.7
管理	每个管理员约管理 140 个服务器	每个管理员管理 1000 个服务册以上	7.1

电力和制冷成本也会有明显的差别。虽然我国的电价是全国统一的，但实际上不同地区的电力成本是不一样的。例如，美国爱达荷州的水电资源丰富，电价很便宜。而夏威夷州是岛屿，本地没有电力资源，电力价格就比较贵。二者最多相差 7 倍，见表 9-3。

表 9-3 美国不同地区电力价格的差异

每千瓦时的价格	地　点	可能的定价原因
3.6 美分	爱达荷州	水力发电，没有长途输送
10.0 美分	加州	加州不允许煤电，电力需在电网上长途输送
18.0 美分	夏威夷州	发电的能源需要海运到岛上

主要由于电价有如此显著的差异，Google 的数据中心一般选择在人烟稀少、气候寒冷、水电资源丰富的地区，这些地点的电价、散热成本、场地成本、人力成本等都远远低于人口稠密的大都市。剩下的挑战是要专门铺设光纤到这些数据中心。不过，由于密集型波分复用技术的应用，单根光纤的传输容量已超过 10Tbit/s，在地上开挖一条小沟埋设的光纤所能传输的信息容量几乎是无限的，远比将电力用高压输电线路引入城市要容易得多，而且没有衰减。拿 Google 的话来说，“传输光子比传输电子要容易得多”。这些数据中心采用了高度自动化的云计算软件管理，需要的人员很少，并且为了技术保密而拒绝外人进入参观，让人有一种神秘的感觉，故被人戏称为“信息时代的核电站”，如图 9-3 所示。

图 9-3 被称为“信息时代的核电站”的 Google 数据中心

再者，云计算与传统互联网数据中心（IDC）相比，资源的利用率也有很大不同。IDC 一般采用服务器托管和虚拟主机等方式对网站提供服务。每个租用 IDC 的网站所获得的网络带宽、处理能力和存储空间都是固定的。然而，绝大多数网站的访问流量都不是均衡的。例如，有的时间性很强，白天访问的人少，到了晚上七八点钟就会流量暴涨；有的季节性很强，平时访问人不多，但是到圣诞节前访问量就很大；有的一直默默无闻，但是由于某些突发事件（如迈克尔·杰克逊突然去世），使得访问量暴增而陷入瘫痪。网站拥有者为了应对这些突发流量，会按照峰值要求来配置服务器和网络资源，造成资源的平均利用率只有 10% ~15%，如图 9-4 所示。而云计算平台提供的是有弹性的服务，它根据每个租用者的需要在一个超大的资源池中动态分配和释放资源，而不需要为每个租用者预留峰值资源。而且

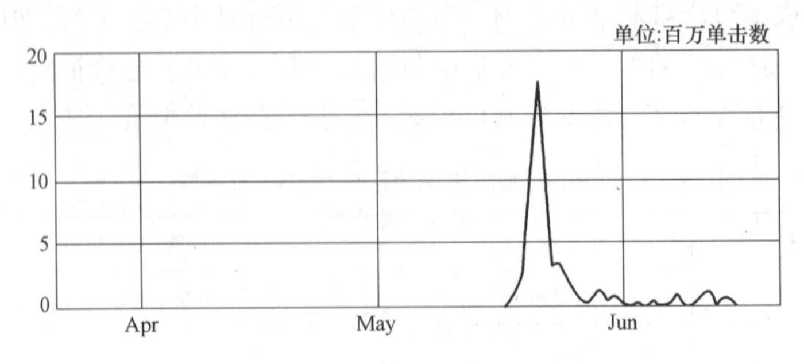

图 9-4 某典型网站的流量数据

云计算平台的规模极大，其租用者数量非常多，支撑的应用种类也是五花八门，比较容易平稳整体负载，因而云计算资源利用率可以达到80%左右，这又是传统模式的5~7倍。

综上所述，由于云计算有更低的硬件和网络成本，更低的管理成本和电力成本，以及更高的资源利用率，其能够将总成本减到原来的1/30以上，如图9-5所示。这个惊人的数字，是云计算成为划时代技术的根本原因。

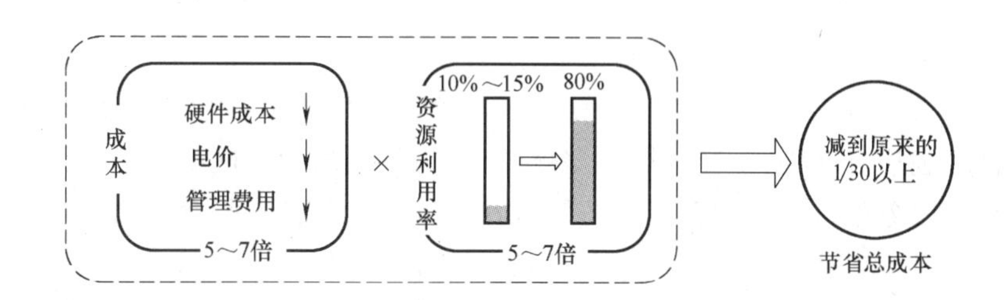

图9-5　云计算较之传统方式的性价比优势

从前面我们知道，云计算能够大幅节省成本，规模是极其重要的因素。如果企业要建设自己的私有云，规模不大，也无法享受到电价优惠，是否就没有成本优势了呢？答案是仍然会有数倍的优势。一方面硬件采购成本还是会节省好几倍，这是因为云计算技术的容错能力很强，使得人们可以使用低端硬件代替高端硬件。另一方面，对云计算设施的管理是高度自动化的，极少需要人工干预，可以大大减少管理人员的数量。中国移动研究院建立了1024个节点的“Big Cloud”云计算设施，并用它进行海量数据挖掘，大大节省了成本。

对用户而言，云计算的优势也是无与伦比的。他们不用开发软件，不用安装硬件，用低得多的使用成本，就可以快速部署应用系统，而且可以动态伸缩系统的规模，可以更容易地共享数据。租用公共云的企业不再需要自建数据中心，只需申请账号，按量付费，这一点对于中小企业和刚起步的创业公司尤为重要。目前，云计算的应用领域涵盖应用托管、存储备份、内容推送、电子商务、高性能计算、媒体服务、搜索引擎、Web托管等多个领域，代表性的云计算应用企业包括Abaca、BelnSync、AF83、Giveness、纽约时报、华盛顿邮报、GigaVox、SmugMug、Alexa、Digitaria等。纽约时报使用Amazon云计算服务在不到24个小时的时间里处理了1100万篇文章，累计花费仅240美元。如果用自己的服务器，需要数月时间和多得多的费用。

9.5　云服务

随着“云”的不断发展，它的优势日益明显。现在，越来越多的用户开始使用云平台上提供的服务，当然他们也关心云平台上的安全问题。与此同时，云平台实际上也在为软件开发者在其上开发网络应用程序提供帮助。

9.5.1　使用云平台的理由

在9.1节中了解到，云计算不仅仅是一种新的思想也是一种新的商业模式。于是很多工业分析家对云计算将会如何改变整个计算产业十分看好。计算工业转向按照需求给消费者和公司提供平台服务（PaaS）和软件服务（SaaS），不用考虑时间和地点就可以随时访问可用的云资源。而这也正好可以解决公司的IT部门经常面临的一个问题：在预算范围内为员工提供充足的运算能力和存储空间，可是普通配置无法满足峰值时运算及存储空间的需求，然而如果为此而为新用户增加设备，又会导致预算的飙升，成本的提高。同时对于大多数公司来说，增加设备不是经济的选择，因为有很多设备只有在峰值时才临时使用，峰值过后就被闲置。所以必须要想办法，在保持原有的服务器、网络设备以及软件投入的前提下实现性能的提升。

云平台（Cloud Platforms）很好地解决了上述的问题。小公司往往缺乏开发大型应用程序的资源，而在云平台上开发程序，公司就可以省下昂贵的硬件费用。同时小公司缺乏人力、财力、物力去进行软件开发和维护，也没有能力解决苛刻的网络安全问题。但是如果把软件开发和软件服务外包给其他公司，再把开发的软件上载到云平台，这样小公司就节约了投资在系统上的成本，从而可以省出更多的人力和资源来从事日常工作。

云平台上的应用程序及服务在云端由云服务提供商维护。这样集中的提供方式不仅可以使云平台上的软件比个人计算机上的同类软件价格更便宜、管理更方便，而且还可以消除为每台个人计算机软件升级的烦恼。云平台只需升级平台上的软件，非常简单快捷地便完成了繁重的软件升级任务。不仅如此，云平台上的软件还具有协作的功能，这是传统的桌面软件所不具备的。

总之，人们可以通过使用云平台及其服务获得很多帮助。在云平台上开发网络应用程序既可以减少开发费用，又能享受平台的强大功能。与此同时集中的资源供应方式和按需分配还降低了软件费用和管理费用。

9.5.2 云平台的服务类型

云平台服务可以分为不同的类型。本节介绍三种不同类型的云平台服务，如图9-6所示。

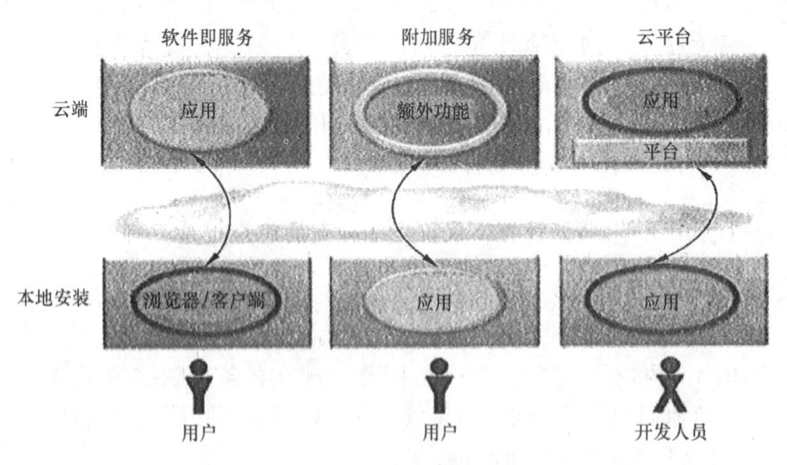

图9-6 云平台服务类型

（1）软件即服务 软件即服务（Software as a Service，SaaS）的应用完全运行在云中。软件即服务面向用户，提供稳定的在线应用软件。用户购买的是软件的使用权，而不是购买软件的所有权。用户只需使用网络接口便可访问应用软件。

对于一般的用户来说，他们通常使用如同浏览器一样的简单客户端。现在最流行的软件即服务的应用可能是 Salesforce. com，当然同时还有许多像它一样的其他应用。

供应商的服务器被虚拟分区以满足不同客户的应用需求。对客户来说，软件即服务的方式无需在服务器和软件上进行前期投入。对应用开发商来说，只需为大量客户维护唯一版本的应用程序。

（2）平台即服务　平台即服务（Platform as a Service）的含义是，一个云平台为应用的开发提供云端的服务，而不是建造自己的客户端基础设施。例如，一个新的软件即应用服务的开发者在云平台上进行研发，云平台直接的使用者是开发人员而不是普通用户，它为开发者提供了稳定的开发环境。

（3）附加服务　每一个安装在本地的应用程序本身就可以给用户提供有用的功能，而一个应用有时候可以通过访问云中特殊的应用服务来加强功能。因为这些服务只对特定的应用起作用，所以它们可以被看成一种附加服务（Attached Service）。例如 Apple 的 iTunes，客户端的桌面应用对播放音乐及其他一些基本功能非常有用，而一个附加服务则可以让用户在这一基础上购买音频和视频。微软的托管服务（Hosted Exchange）提供了一个企业级的例子，它通过增加一些其他以云为基础的功能（如垃圾信息过滤功能，档案功能等）来给本地所安装的交换服务提供附加服务。

任何新事物的出现都会带来诸多的争论，云计算也不例外，那么云计算的诞生到底会为人们的生活带来什么样的变化呢？利大还是弊大？

9.5.3 云平台服务的安全性

云计算在带给用户便捷的同时，它的安全问题也成为业界关注的焦点。Gartner 预计，2008 年内容安全服务占据了安全服务市场 20% 的份额，到 2013 年达到 60% 的份额。以云计算方式提供的安全应用服务，在未来几年将会大幅度增长。因此它的安全问题是一个不可回避的话题。以下来看看 Gartner 列出的云计算的七大风险。

（1）特权用户的接入　在公司以外的场所处理敏感信息可能会带来风险，因为这将绕过企业 IT 部门对这些信息进行的“物理、逻辑和人工的控制”。企业需要对处理这些信息的管理员进行充分了解，并要求服务提供商提供详尽的管理员信息。

（2）可审查性　用户对自己数据的完整性和安全性负有最终的责任。传统服务提供商需要通过外部审计和安全认证，但一些云计算提供商却拒绝接受这样的审查。

（3）数据位置　在使用云计算服务时，用户并不清楚自己的数据储存在哪里，用户甚至都不知道数据位于哪个国家。用户应当询问服务提供商数据是否存储在专门管辖的位置，以及他们是否遵循当地的隐私协议。

（4）数据隔离　在云计算的体系下，所有用户的数据都位于共享环境之中。加密能够起一定作用，但还是不够。用户应当了解云计算提供商是否将一些数据与另一些隔离开，以及加密服务是否是由专家设计并测试。如果加密系统出现问题，那么所有数据都将不能再使用。

（5）数据恢复　就算用户不知道数据存储的位置，云计算提供商也应当告诉用户在发生灾难时，用户数据和服务将会面临什么样的情况。任何没有经过备份的数据和应用程序在出现问题时，用户需要询问服务提供商是否有能力恢复数据，以及需要多长时间。

（6）调查支持　在云计算环境下，调查不恰当的或是非法的活动是难以实现的，因为来自多个用户的数据可能会存放在一起，并且有可能会在多台主机或数据中心之间转移。如果服务提供商没有这方面的措施，那么在有违法行为发生时，用户将难以调查。

(7) 长期生存性　在理想情况下，云计算提供商将不会破产或是被大公司收购。但是用户仍需要确认，在这类问题发生的情况下，自己的数据会不会受到影响，如何拿回自己的数据，以及拿回的数据是否能够被导入到替代的应用程序中。

9.5.4 云平台服务的供应商

云平台仍处在发展的初期阶段，许多公司及研究机构都在提供云平台服务。这些服务包括为应用软件开发商提供基础设施，为开发工具和预先开发的程序模块提供计算资源、存储资源等。

下面来看一下几个知名的云平台提供商。

1. Amazon

Amazon 不仅是网络销售的巨头，也是云平台的主要提供者之一。Amazon 为了支持庞大的销售网络花了大量时间和金钱配置了众多服务器，现在它在设法把这套硬件设备租赁给所有的开发商。

Amazon 允许开发商和公司租赁它私有的 Amazon Elastic Compute Cloud（EC2），它可以让使用者运行基于 Linux 的应用软件。使用者可以建立一个新的 Amazon Machine Image（AMI）包括应用软件、库、数据和相关的配置设定，或者从全球可用的 AMI 中选择。在使用者可以开始、停止和监控 AMI 的上载实例之前，需要首先上载自己建立的或是选择好的 AMI 给 Amazon Simple Storage Service（S3）。Amazon EC2 是按时收费的，而 Amazon S3 按流量收费（包括上传和下载）。

Amazon 为用户提供三种规模的虚拟服务器：

1）小规模的服务器：它相当于一个拥有 1.7GB 内存，160GB 存储，一个 32 位处理器的系统。

2）大规模的服务器：它相当于一个拥有 7.5GB 内存，850GB 存储，两个 64 位处理器的系统。

3）超大规模的服务器：它相当于一个拥有 15GB 内存，1.7TB 存储，四个 64 位处理器的系统。

客户可以根据所需应用的规模设置虚拟服务器的数量，还可以根据需要执行创建、使用或者结束服务实例等操作。用户只需选择虚拟服务器的大小和处理速度，然后由 Amazon 来完成服务器的配置。

EC2 是 Amazon 网络服务（AWS）的一部分，通过这个平台，用户可以直接访问 Amazon 的软件和硬件。利用 Amazon 建立起的计算能力，用户可以开发出可靠、经济、功能强大的网络应用程序。Amazon 提供云平台的基础设施和云平台的接口，用户提供平台的剩余部分并且为租用的服务器支付费用。

2. Google App Engine

Google 提供的云平台被称为 Google App Engine。开发者使用这个平台开发自己的网络程序。Google App Engine 允许用户运行用 Python 或 Java 程序语言编写的网络应用程序。Google App Engine 也支持数据存储、Google Account、URL fetch、图像处理和 E-mail 服务的应用程序接口（API）。Google App Engine 也提供基于网络的管理控制台给用户，以使用户可以轻松管理他所运行的网络程序。使用 Google 提供的开发工具和云平台可以轻松地创建、维护和升级应用程序。只需用 Google 提供的接口和 Python 编程语言开发程序并上传到云平台上，就可以向自己的用户提供服务了。现在，Google App Engine 免费提供 500MB 的存储量和大概每月 500 万的网页浏览。如果需要更多的存储空间和计算性能，Google 计划在未来提供收费服务。

Google 开发环境的特点如下：

1）动态的网络服务。

2）充分支持常见的网络技术。

3）提供稳定存储、查询、排序、传输服务。

4）自动升级和自动负载平衡。

5）为授权用户提供接口和 Google 的邮件账户。

此外，还可以在本地计算机上模拟 Google App Engine，这样便可提供独具特点的本地开发环境。

3. IBM

IBM 不仅提供企业级计算机硬件的服务，还提供云平台的服务。公司旨在通过 Blue Cloud 计划推出为中小型企业提供按需计算的云平台服务。

IBM 建立云计算中心，而 Blue Cloud 在全球范围内部署云计算网点，企业使用这些网点来分散计算量。EA（Express Advantage）就是其服务之一。EA 包括数据备份、数据恢复、邮件连贯、邮件存档、数据安全等功能。一些密集型数据处理由专门的 IT 部门来解决。

为了管理它的硬件设备，IBM 使用 Hadoop 开源软件调整负载平衡。除此之外，还有 PowerVM、Xen（一种开放源代码虚拟机监视器）、Tivoli（IBM 的数据管理软件）等软件支持 IBM 的云设备。

4. Salesforce. com

Salesforce. com 的软件即服务平台以提供销售管理服务闻名，它在云平台服务中处于领先地位。这个在互联网中运行的 Force. com（平台即服务）是完全按需分配的。Salesforce 提供了 Force. com 接口以及开发工具包。

AppExchange 补充了 Force. com 的功能，AppExchange 是一个网络应用程序的目录。开发者可以使用 AppExchange 列出的第三方应用程序，也可以在这个目录上共享自己的应用程序或者发布只能由授权公司及授权用户访问的商业应用程序。很多在 AppExchange 上的应用程序是免费的，收费的应用程序可以向开发者购买。

AppExchange 上的大多数应用程序都跟销售相关，比如销售分析工具、邮件销售系统、金融分析软件等。事实上公司可以用 Force. com 平台开发任何类型的应用程序。2008 年 4 月的《计算机世界》杂志上引用了梦工厂投资公司（一家位于纽约由 10 人组成的抵押投资公司）CTO 的一句话："我们是一家小公司，我们没有资金购买服务器，没有实力从零起步开发软件，对我们来说，Force. com 就是一个助推器。"

5. Microsoft

Microsoft 提出了云端战略，开发出了 Azure 云平台。Azure 系统服务平台是由微软数据中心开发的云计算平台。它提供了一个操作系统以及一些系统的开发服务。Azure 可以被用于构建基于“云”的新应用程序，或者改进现有的应用程序以适用在云环境中。它的开放性框架给了开发者各种选择，例如编制网络应用程序，或者是运行在互连的设备中，同时它也能提供一个在线和按需的混合解决方案。

而 Microsoft Live Mesh 则旨在提供一个集中位置来为用户提供应用程序和数据的存储服务，并且用户可以从世界的任何地方通过设备来访问（比如计算机、移动电话）。

用户可以通过 Web-based Live Desktop 或者自己已安装的 Live Mesh 软件来访问上传的应用程序和数据。每个用户的 Live Mesh 都是被密码保护的并且可以通过他的 Windows Live Login 来鉴别；同时，所有的文件传输也被 Secure Socket Layer（SSL）保护起来。

6. 其他云平台服务

除了 Amazon、Google、IBM、Salesforce. com 和 Microsoft 提供的云计算平台，许多其他公司也涉足了这个领域。

1）3tera（www. 3tera. com）提供 AppLogic 操作系统网和 Cloudware 按需计算结构。

2）10gen（www. 10gen. com）为开发商提供了用于开发可升级的网络程序的平台。

3）Cohesive Flexible Technologies（www. cohesiveft. com）提供了 Elastic Server 按需分配虚拟服务器平台。

4）Joyent（www. joyent. com）为网络应用程序开发者推出的 Accelerator 平台是一个可升级的按需分配基础架构；它为小公司推出的 Connector 是一个网络应用程序套件。

5）Mosso（www. mosso. com）提供自动调整的企业级云平台。

6）Nirvanix（www. nlrvsnlx. com）为开发者提供了云存储平台，它提出的 Nirvanix 网络服务平台使用标准接口为用户提供文件管理功能和其他常用操作。

7）Skytap（www. skytap. com）推出的“虚拟实验室”是基于网络的按需自动化控制平台，开发者使用顶配置的虚拟机创建和配置实验室环境。

8）Strikelron（www. strikelron. com）推出的 IronCloud 是一个提供网络服务的云平台，开发者可以把各种各样的 LiveData 服务整合到自己的应用程序当中。

9. 5. 5 云平台服务的优势和面临的挑战

上一节详细地介绍了各个云平台的服务商。作为一项有望大幅降低成本的新兴计算技术，云计算日益受到众多公司的追捧。但是不可否认，各种云平台的服务也有各自面临的挑战性问题。

首先，如何在云服务中实现跨平台跨服务商的问题，也就是说服务商要在开发功能和兼容性上进行权衡。目前，早期的云计算提供的 API 比传统的诸如数据库的服务系统的限制多得多。各个服务商之间的代码无法通用，这给跨平台的开发者带来很多的编程负担。

其次，如何来管理各个云服务平台，这对于服务商来说，也是一个挑战。和传统的系统相比，大型的云平台受有限的人工干涉、工作负载变化幅度大和多种多样的共享设备这三个因素的影响，各个云平台公司有各自的管理方案：例如 Amazon 公司的 EC2 用硬件级别上的虚拟机作为编程的接口，而 Salesforce 公司则在一个数据库系统上实现了具有多种独立模式的“多租户”虚拟机。当然还有其他的解决方案也是可行的，每一种方案都有不同的缺点和优势。

此外，云平台的安全问题和隐私保护也特别难以保障。安全问题不能再依靠计算机或网络的物理边界得到保障。过去的对于数据保护的很多加密和解密的算法代价都特别高，如何对大规模的数据采用一些合适的安全策略是一项非常大的挑战。

云服务的挑战还包括服务的稳定和可靠性。2009 年 8 月，Google 的云计算服务出现严重问题，Gmail、Blogger 和 Spreadsheet 等服务均长时间宕机。2008 年 7 月 21 日，Amazon 在线计算服务的主要组件简单存储服务星期日（7 月 20 日）明显出现了故障。Amazon 的服务健康状况控制台报告称，在美国和欧洲的 S3 服务的错误率增加了，许多客户的服务宕机时间超过 6h。这种云服务的事故对于银行或者互联网公司的损失往往是巨大的。所以云服务商是否能提供长期稳定的服务也是企业选择云服务的主要顾虑之一。

最后，随着云计算越来越流行，预计会有新的应用场景出现，也会带来新的挑战。例如，人们需要从结构化、半结构化或非结构的异构数据中提取出有用信息。同时，这也表明“云”整合服务必然会出现。联合云架构不会降低只会增加问题的难度。综上所述，可以看出云计算和云平台服务本身在适当场景下的确有着巨大的优势，但同时面临着许多的技术难题亟待解决。

9.6 微软公司的基于 Windows Azure 系统的开发

微软（Microsoft）公司推出了自己云计算理念。微软公司认为未来的互联网世界应该是“云 + 端”的组合，在这个以云为中心的世界里，用户可以方便地使用各种终端设备诸如计算机、移动电话甚至是电视机等大家熟悉的电子产品访问云中的数据和应用。用户在访问云中服务的同时，还能得到完全相同的无缝体验。

Windows Azure 服务平台是一个基于微软公司数据中心的 Internet 云计算服务平台，它提供了一个实时操作系统的开发和存储等一系列服务。更简单地说，Azure 就是微软公司实现云计算的平台，而微软公司在业界的地位决定了这个平台成熟后将会有宽广的应用前景。

9.6.1 微软公司的云计算战略

微软公司的云计算战略包括三大部分，目的是为自己的客户和合作伙伴提供三种不同的云计算运营模式。

（1）微软运营　微软公司自己构建及运营公共云的应用和服务，同时向个人消费者和企业客户提供云服务。例如，微软公司向最终使用者提供的 Online Services 和 Windows Live 等服务。

（2）伙伴运营　ISV/SI 等各种合作伙伴可基于 Windows Azure Platform 开发 ERP、CRM 等各种云计算应用，并在 Windows Azure Platform 上为最终使用者提供服务。另外一个选择是，微软公司运营在自己的云计算平台中的 Business Productivity Online Suite（BPOS）产品也可交由合作伙伴进行托管运营。BPOS 主要包括 Exchange Online、SharePoint Online、Office Communications Online 和 LiveMeeting Online 等服务。

（3）客户自建　客户可以选择微软公司的云计算解决方案构建自己的云计算平台。微软公司可以为用户提供包括产品技术平台在内的全部管理。

而微软公司云计算战略的特点可以总结为以下三点。

（1）软件 + 服务　在云计算时代，一个企业能否不需要自己部署任何的 IT 系统，一切都从云中计算平台获取？或者反过来，企业还是像以前一样，全部的IT系统都自己部署，不从云中获取任何的服务？很多企业认为有些IT服务适合从云中获取，如CRM、网络会议、电子邮件等；但有些系统不适合部署在云中，如自己的核心业务系统、财务系统等。因此，微软公司认为理想的模式将是“软件+服务”，即企业既会从云中获取必需的服务，也会自己部署相关的IT系统。“软件+服务”可以简单描述为两种模式：

1）软件本身架构模式是软件加服务。例如，杀毒软件本身部署在企业内部，但是杀毒软件的病毒库更新服务是通过互联网进行的，即从云中获取。

2）企业的一些IT系统自己构建，另一部分向第三方租赁、从云中获取服务。例如，企业可以直接购买软硬件产品，在企业内部自己部署ERP系统，而同时通过第三方云计算平台获取CRM、电子邮件等服务，而不是自己建设相应的CRM和电子邮件系统。

（2）平台战略　为客户提供优秀的平台一直是微软公司的目标。在云计算时代，平台战略也是微软公司的重点。

在云计算时代，有三个平台非常重要，即开发平台、部署平台和运营平台。Windows Azure平台是微软公司的云计算平台，其在微软公司的整体云计算解决方案中发挥关键作用。它既是运营平台，又是开发、部署平台；上面既可运行微软公司的自有应用，也可以开发部署用户或ISV的个性化服务；平台既可以作为SaaS等云服务的应用模式的基础，又可以与微软公司线下的系列软件产品相互整合和支撑。事实上，微软公司基于Windows Azure平台，在云计算服务和线下客户自有软件应用方面都拥有了更多样化的应用交付模式、更丰富的应用解决方案、更灵活的产品服务部署方式和商业运营模式。

（3）自由选择　为用户提供自由选择的机会是微软公司云计算战略的第三大典型特点。这种自由选择表现在以下三个方面。

1）用户可以自由选择传统软件或云服务两种方式。自己部署IT软件、采用云服务，或者两者都用。无论是用户选择哪种方式，都能很好地得到微软公司云计算的支持。

2）用户可以选择微软公司不同的云服务。无论用户需要的是SaaS、PaaS还是IaaS，微软公司都有丰富的服务供其选择。微软拥有全面的SaaS服务，包括针对消费者的Live服务和针对企业的Online服务；也提供基于Windows Azure平台的PaaS服务；还提供数据存储、计算等IaaS服务和数据中心优化服务。用户可以基于任何一种服务模型选择使用云计算的相关技术、产品和服务。

3）用户和合作伙伴可以选择不同的云计算运营模式。用户和合作伙伴可直接应用微软公司运营的云计算服务；用户也可以采用微软公司的云计算解决方案和技术工具自建云计算应用；合作伙伴还可以选择运营微软公司的云计算服务或自己在微软公司云平台上开发云计算应用。

总体而言，云计算可以采用图9-7所示的微软云计算参考架构。

9.6.2　微软公司的动态云解决方案

动态云解决方案是微软公司提供的基于动态数据中心技术的云计算优化和管理方案。企业可以基于该方案快速构建面向内部使用的私有云平台，服务提供商也可以基于该方案在短时间内搭建云计算服务平台对外提供服务。微软公司的动态云能够让用户自己动态管理数据中心的基础设施（包括服务器、网络和存储等），及其开通、配置和安装等。其核心价值在

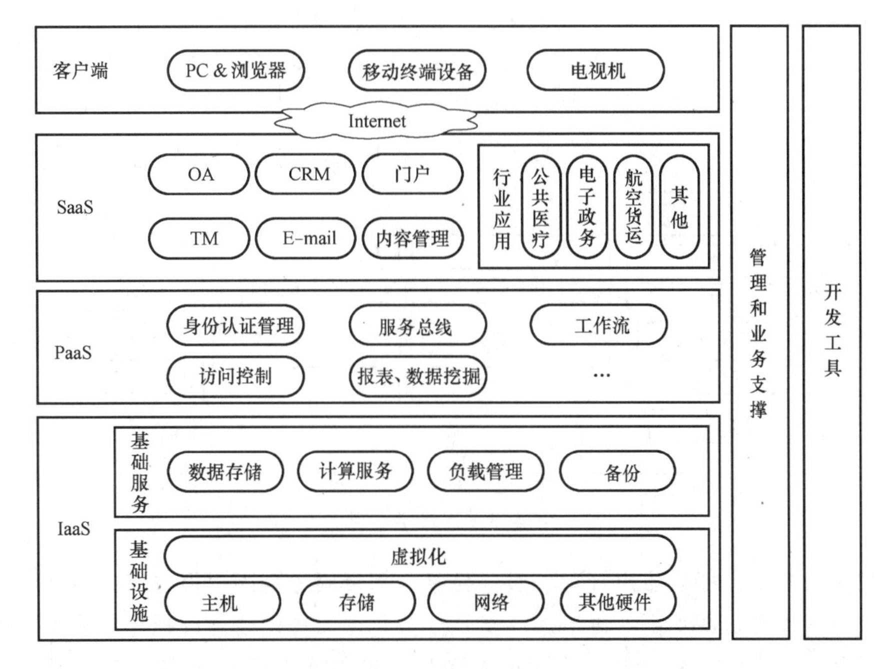

图 9-7 微软云计算参考架构

于，它可以帮助用户提高 IT 基础设施资源的利用效率，提升基础设施的应用和管理水平，实现计算资源的动态优化。

微软公司的动态云解决方案能够帮助企业创建虚拟环境来运行应用，用户可以按照需要弹性分配适当的应用配置，并且支持动态扩展。具体功能特点包括部署、监控、优化、保护和灵活适配这五个方面。其中，部署功能包括部署服务器、网络和存储服务等资源；灵活的自我管理。监控功能包括收集运行情况数据来更好地满足 SLA 需要，监控资源利用情况；客户自我监控。优化功能包括持续监控和在不影响或少影响应用运行的情况下主动根据运行需要来调整和迁移服务器；根据需要分配“合适”的资源，不超配和低配。保护功能包括防病毒、垃圾访问过滤和防火墙等；应用和数据备份；保证 99.9% 正常运行时间和基础设施的物理安全。灵活适配功能包括容易调整环境、部署新资源；存储、带宽等根据需要可以动态调整；支持不同虚拟技术，并可以管理不同类型的虚拟机。

具体而言，微软公司的动态云解决方案包括面向两类不同对象的解决方案。

1）面向企业客户方案（基于 Dynamic Data Center Toolkit for Enterprise 等产品）。

面向企业客户方案是微软公司提供给企业自己应用的动态数据中心管理工具。无论这些企业是最终用户、系统集成商，还是独立软件开发商，该产品的功能都是将用户数据中心优化为一个动态资源池，分配和管理以服务形式提供的 IT 资源。其所提供的价值和优势有：①架构路线图、部署指南和最佳实践；②使用现有开发工具和技术开发应用。

2）面向服务提供商方案（基于 Dynamic Data Center Toolkit for Hoster 等产品）。

面向服务提供商方案是微软提供给合作伙伴——服务提供商的动态数据中心管理工具，该产品能令服务提供商帮助其客户构建虚拟化的 IT 基础架构，并提供可管理的服务。其所提供的价值和优势有：①部署指南；构建可伸缩的、虚拟化的基础架构；②示例代码和最佳实践；③使用现有开发工具和技术开发应用。

上述解决方案中包含了配置、数据保护、部署、监控等四大基础设施功能模块，用户应用时可从自助服务 Web 门户或管理 Web 门户接入。微软公司的动态云解决方案基于从上到下四层结构提供相关资源和功能支持，如图 9-8 所示。

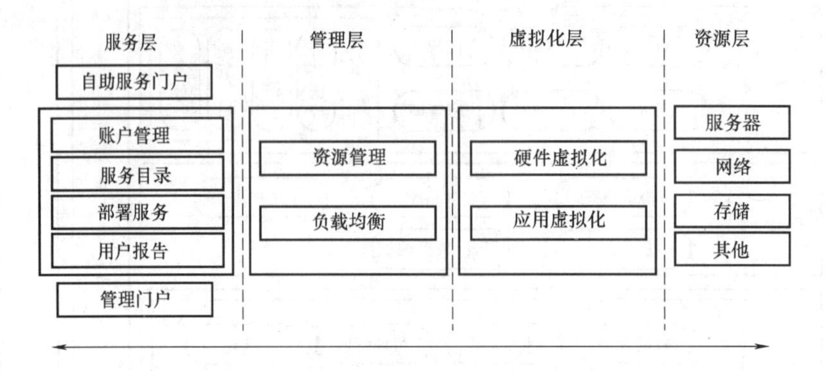

图 9-8 逻辑层实现

最上层是服务层，提供账户管理、服务目录、部署服务和用户报告等；下面一层是管理层，提供资源管理和负载均衡：再下面一层是虚拟化层，提供硬件虚拟化和应用虚拟化；最底层是包括服务器、网络和存储等在内的资源层。最终帮助用户实现动态数据中心的以下功能：

1）资源池管理。集中管理中心的硬件资源，包括服务器、存储、网络等。

2）动态分配服务。平台可以动态分配服务资源。

3）自助服务门户。用户可以根据需求自助申请计算资源；平台根据 SLA 和用户付费情况，决定审批结果。

4）应用和服务管理。包括应用管理，服务度量计费和 SLA，数据存储和灾备服务。

除此之外，微软公司还建立了动态数据中心联盟（Dynamic Data Center Alliance）。该联盟成员企业围绕上述两大动态数据中心管理产品，利用微软的 Hyper-V（硬件虚拟化产品）、App-V（应用程序虚拟化产品）和 System Center 管理套件等技术进行多样化的增值开发，从而构建以微软公司的技术产品为核心的动态数据中心生态系统。联盟企业可获得来自微软的如下服务：

1）共享使用、测试、定义技术内容，加快应用开发的市场化时间。

2）可以优先应用微软公司提供的新技术。

3）在微软公司门户网站上获得市场推广的机会，还可参加新技术实践和试用。

9.6.3 Windows Azure 平台简介

Windows Azure（以及 Azure 服务平台）由微软公司首席软件架构师雷·奥兹在 2008 年 10 月 27 日微软公司年度专业开发人员大会中发表社区预览版本，最新的版本为 2009 年 7 月的预览版本（以 SDK 为主），并且已在其网站中公告费用等授权信息，于 2010 年 2 月正式开始商业运转（RTM Release）。它的七个数据中心分别位于美国的芝加哥、圣安东尼奥及得克萨斯、爱尔兰的都柏林、荷兰的阿姆斯特丹、新加坡及中国的香港。2010 年 7 月已有 40 个国家和地区可以使用 Windows Azure Platform 服务。

Windows Azure 平台提供了云计算开发的相关技术，Azure 可以被用于构建基于云的新应用程序，或者改进现有的应用程序以适用云计算环境。它的开放性框架向开发者提供了各种选择，例如编写网络应用程序，或者是运行在互联的设备中，同时它也能提供一种在线和按需的混合解决方案。

Azure 使开发者能够快速地使用现有的 Microsoft Visual Studio 工具在 Microsoft. NET 环境下开发基于云计算的应用程序。支持 . NET 程序语言的同时，Azure 最近将会支持更多的程序语言和开发环境。Azure 通过提供按需计算来管理网络环境和互连环境下的程序，使得构建和使用应用程序更加简单。Azure 平台有较高的可用性和动态规模性，根据不同支付选项提供不同的使用方案。Azure 提供了一个开发的、标准的、可交互式的，同时支持多种 Internet 的协议，包括 HTTP、REST、SOAP（Simple Object Access Protocol，简单对象访问协议）和 XML 环境。

微软公司同时提供了可以直接被用户使用的云应用程序，例如 Windows Live、Microsoft Dynamics，以及其他的微软公司的商务在线服务，比如 Microsoft Exchange Online 和 SharePoint Online。Azure 服务平台可以为不同需求的开发人员提供计算能力、存储能力和配置模块上的多种选择，使他们在云计算环境下开发合适的程序，其体系结构如图 9-9 所示。

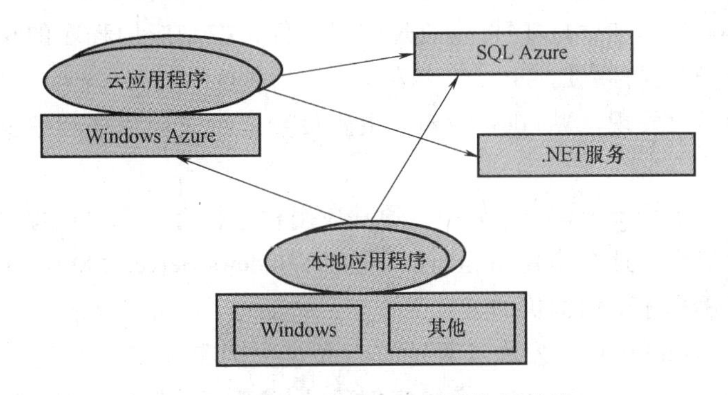

图 9-9 Windows Azure 平台体系结构

从图 9-9 中，可以知道 Windows Azure 平台主要由三大部分组成。

1）Windows Azure。在微软公司的数据中心，提供基于 Windows 环境下的应用程序运行和存储数据的服务。

2）SQL Azure。通过 SQL Server 数据库提供云计算环境下的数据服务。

3）. NET 服务。向云环境和本地环境下的应用程序，提供分布式基础服务。

下面，将对 Windows Azure 的每个部分进行较详细的介绍。

1. Windows Azure

从高层次考虑，会很容易理解 Windows Azure 的作用，即为 Windows 应用程序运行和存储应用程序数据提供云计算平台。图 8-10 给出了 Windows Azure 主要组成部分的结构图。

如图 9-10 所示，Windows Azure 操作系统运行在由很多微软公司的数据中心的计算机组成的 Fabric 上，通过 Internet 可以访问这些计算机。Windows Azure 通过 Fabric 向应用程序提供计算和存储数据服务。

当然，Windows Azure 计算服务是基于 Windows 操作系统平台的。在微软公司早期发布的社区技术预览（Community Technology Preview，CTP）版中，Windows Azure 只允许运行基于.NET框架的应用程序。目前，Windows Azure可以支持其他语言的应用程序。开发人员可以使用诸如C#、VisualBasic和C++等Windows编程语言，通过Visual Studio集成开发环境或其他工具编写应用程序。同时，开发人员也可以利用ASP.NET和WCF（Windows Communication Foundation，分布式通信编程框架）技术开发Web应用程序。

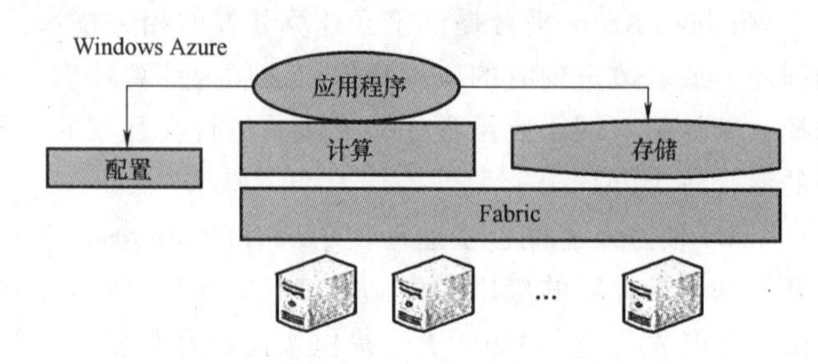

图9-10 Windows Azure主要组成部分结构

Windows Azure应用程序和本地应用程序（On-premises Applications）都是通过REST（Representational Station Transfer，表述状态转移）方法访问WindowsAzure数据存储服务。Windows Azure数据存储并不是采用SQL Server数据库，同时，查询语言也不是SQL。Windows Azure数据存储支持简单的、可扩展的数据存储，允许存储二进制大对象（Binary Large Objects，Blob），提供应用程序之间通信队列，同时支持使用简单查询语言进行表单查询。

另外，Windows Azure应用程序可以通过配置文件，控制应用程序的相关设置，如设置Windows Azure运行实例的数量。

从上面的讨论可以发现，Windows Azure主要负责运行应用程序和数据存储。下面将分别对此进行讨论。

（1）计算服务 在Windows Azure中，通常应用程序拥有多个实例程序，每个实例程序运作于各自的虚拟机中。这些虚拟机运行64位的Windows Server 2008，并且由云计算特定的管理程序负责实例程序到虚拟机的分派工作。

在CTP版本的Azure中，开发人员通过Web角色实例和Worker角色实例创建应用程序。其应用程序组成如图9-11所示，Web角色实例通过IIS 7服务器接收HTTP或HTTPS请求信息。可以使用ASP.NET、WCF或其他IfS支持的技术实现Web角色。相反，Worker角色实

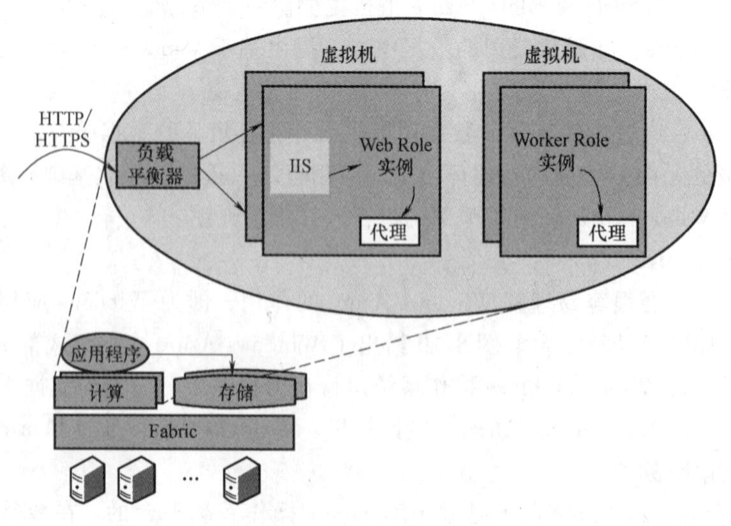

图9-11 CTP版本中Windows Azure应用程序组成

例并不直接接收外部的请求，并且IIS服务器并不运行在Worker角色的虚拟机中。Worker角色实例的输入一般由Windows Azure存储的队列提供，队列中的消息可能来自Web角色实例、本地应用程序或其他。无论输入信息来自哪里，Worker角色实例都会产生输出信息并发送到其他队列或外部世界。Worker角色实例是批处理作业，所以，可以使用任何包括main（）方法的Windows技术来实现。无论运行Web角色实例还是Worker角色实例，每个虚拟机中都包括一个Windows Azure代理（Agent）。应用程序通过代理可以和Fabric交互。

随着时间的推移，应用程序的组成可能会发生改变。但在CTP发布版本中，Windows Azure保持了一个虚拟机对应一个物理处理器核。因此，可以较好地保证每个应用程序的性能。为了提高应用程序的性能，可以在配置文件中增加运行实例的数目。

Windows Azure将增加新的虚拟机，并将它们分配到相应的处理器核上运行。Fabric同时检测Web角色或Worker角色的失败实例，并开始运行新实例程序。

特别注意，为了增加可扩展性，Windows Azure Web角色实例不允许是无状态的。任何客户端特定状态都必须写入到Windows Azure存储区，发送到SQL Azure数据库或传回到客户端的一个Cookie中。尽管Web角色实例程序是无状态的，但还是需要由Windows Azure内置的负载平衡器（Load Balanced）进行授权。它不允许创建一个相似的特定Web角色实例，因为无法保证来自相同用户的多个请求被发送至相同的实例程序。

（2）数据存储服务　Windows Azure数据存储服务支持存储简单的二进制大对象（Blob）、结构化存储信息和应用程序的不同部分间的数据交换。如图9-12所示，最简单的存储数据方式是使用二进制大对象，一个存储账户可以拥有一个或多个容器，每个容器内包含一个或多个二进制大对象。其中，二进制大对象最大可以是50GB，将二进制大对象分解成多个块可以提高传输效率。

Windows Azure存储数据服务同时还支持表（Tables）存储，但是该表并不是传统的关系型数据表。实际上，表中存储的是带有属性信息的实体集合，表没有特定的模式，而且属性可以是多种类型的，例如Int、String、Bool或DataTime。应用程序可以通过ADO.NET数据服务或LINQ（Language Interg-rated Query，语言集成查询）访问表中的数据。一个表可以是大字节数量级的，包含数十亿的实体。Windows Az-ure可以用多个服务器来分割该表来提高性能。

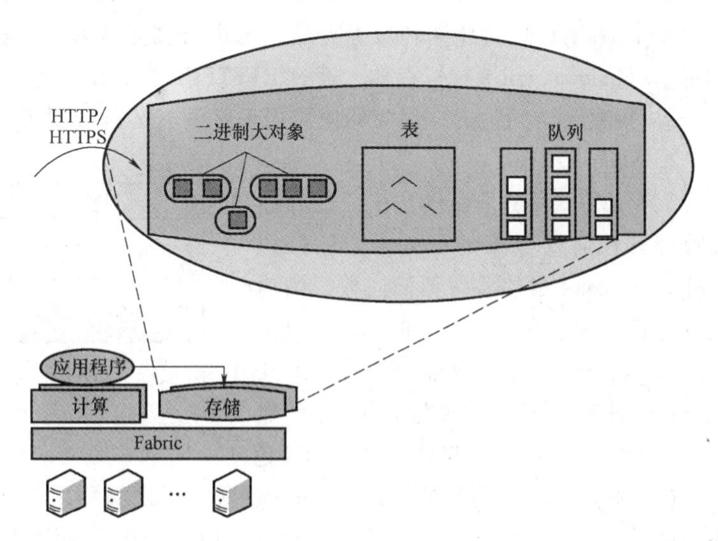

图9-12　Windows Azure允许的3种数据存储方式

二进制大字节和表（Table）都是为了存储数据，而队列（Queues）在Windows Azure

中主要是实现 Web 角色实例和 Worker 角色实例间的通信。举例来说，假设用户通过 Web 角色实现的 Web 网页，提交一个执行一些计算密集型任务的请求。当 Web 角色实例接收到该请求时，将向某个队列中写入一个描述如何工作的消息。等待在该队列上的 Worker 角色实例将会在消息到达时读取该消息，然后执行该任务。任何运行结果都将可以返回至其他队列中，或由某种方式控制结果。

Windows Azure 数据存储区中的所有数据都会备份三份。复制数据能够容错，因此丢失数据将不会是致命的。同时，系统还保证了数据的一致性。

无论是 Windows Azure 应用程序或运行在其他地方的应用程序，都可以访问 Windows Azure 数据存储区。数据存储区的三种类型数据都遵守 REST 规则确定并获取数据。所有数据都是使用 URI 命名并通过标准 HTTP 操作访问。. NET 客户也可以使用 ADO. NET 或 LINQ 访问数据存储区。但对于 Java 等应用程序来说，只能通过 REST 访问数据存储区。例如，可以使用下面形式化的 URI，通过 HTTPGET 方法读取某个二进制大对象 Blob：

http：// < StorageAccount >. blob. core. windows. net/ < Container >/ < BlobName >

其中，< StorageAccount >为一个数据存储区的账户 ID，< Container >和< BlobName >分别是所要访问的容器名和 Blob 的名称。

同样，通过 HTTP GET 方法，可以使用下面的形式化的 URI 查询特定表：

http：// < StoraqeAccount > . table. core. windows. net/ < TableName >？ $ filter = < Query >

其中，< TableName >是所要查询的表名，< Query >包含对该表所要执行的查询。

Windows Azure 应用程序和外部应用程序都可以通过 HTTP GET 方法访问队列信息，其形式化的 URl 如下：

http：// < StorageAccount >. queue. core. windows. net/ < QueueName >

Windows Azure 对计算和数据存储资源进行独立的收费。这样一个本地应用程序可以仅仅使用 Windows Azure 数据存储，通过 RESTFUL 方式访问它的数据。可以直接从非 Windows Azure 应用程序访问数据，因为即使应用程序没有运行数据仍然可用。

2. SQL Azure

SQL Azure 主要是提供基于云的存储和管理各种信息数据的服务。微软公司宣称 SQL Azure 最终将包括面向数据的功能，包括报表、数据分析和其他。如图 9-13 所示，SQL Azure 目前仅实现了 SQL Azure 数据库和 Huron 数据同步两个部分。下面将分别对这两部分进行详细讨论。

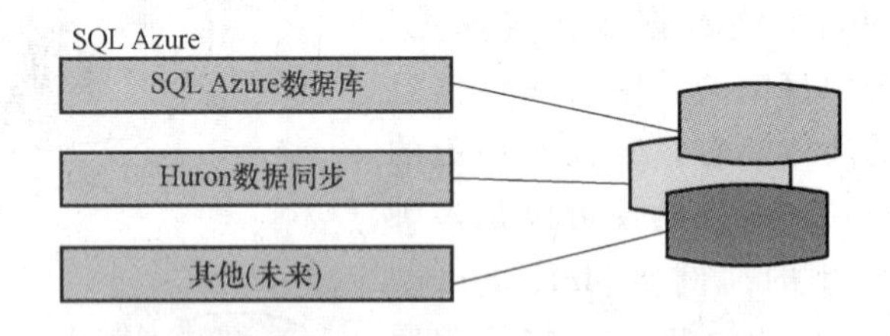

图 9-13　SQL Azure 提供了面向数据的云服务功能

（1）SQL Azure 数据库　SQL Azure 数据库（之前称之为 SQL 数据服务）扮演了云计算环境中的 DBMS 角色。它允许本地或云环境应用程序在微软公司的服务器上存储关系型或其他类型的数据。与 Windows Azure 数据存储服务不同，SQL Azure 数据库是建立在 SQL Server 之上的。SQL Azure 将会在未来支持关系型数据，提供云计算下的 SQL Server 环境，包括索引、视图、触发器等功能。应用程序可以通过 ADO. NET 或其他 Windows 数据访问接口访问 SQL Azure 数据库。

无论SQL Azure数据库的应用程序运行在Windows Azure、企业数据中心、移动设备还是其他场所，应用程序都将通过TDS（Tabular Data Stream，表格数据流）协议访问数据。SQL Azure数据库和SQL Server环境很相似，但前者没有支持SQL CLR（Common Language Runtime）和空间数据功能。因为所有的管理任务都是由微软公司负责的，并且每个查询操作都有资源使用的限制等。

和Windows Azure数据存储服务一样，SQL Azure也支持数据复制三份的机制。SQL Azure服务提供了一致性功能，当返回一个写操作后，所有的副本都将被重写。即使面对系统或网络的故障，也提供可靠的数据存储服务。

SQL Azure数据库中最大的单个数据库实例是10GB。如果应用程序所需要的数据存储空间超过这个限制，则可以创建多个数据库实例。对于单个数据库，一个SQL查询语句可以访问所有的数据。然而，对于多个数据库来说，应用程序必须将这些数据划分到各数据库中。例如，对于名字以“A”开头的顾客信息可能存储在某个数据库中，对于名字以“B”开头的顾客信息就可能存储在另一个数据库中。如果应用程序在多个数据库中查询满足某个查询语句的数据，就必须了解数据在多个数据库中是如何划分的。对于某些并行处理情况，即使单个数据库满足应用程序的数据存储要求，应用程序同样可能选择多数据库方式存储。同样的，对于向不同组织提供服务的应用程序也可能选择多数据库方式，并将每个数据库分配给不同的组织。

（2）Huron数据同步　理想情况下，数据仅被存储在一个位置。然而，这种情况并不现实。因为很多组织在多个不同数据库系统中拥有相同数据的多个副本，而且是在不同的地理位置。因此，保持数据的同步至关重要。基于Microsoft同步框架和SQL Azure数据的Huron数据同步，可以在多个不同数据库系统间同步关系数据，如图9-14所示，其介绍了Huron数据同步的基本思想。

最初，Huron数据同步支持SQL Server和SQL Server Compact Edition数据库。但可以通过Huron数据同步SDK支持其他数据库。无论对于哪种数据库，Huron数据同步都是首先将数据变更同步到SQL Azure数据库，然后再同步到其他数据库。用户也可以定义数据同步中的冲突处理，可以是最后的写操作有效、要求对特定数据的数据变更有效等选项。

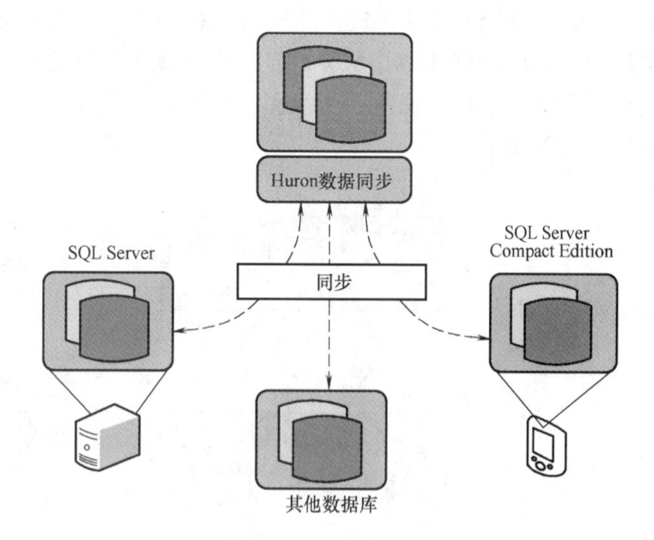

图9-14　Huron数据同步

3. NET服务

.NET服务主要是向云计算环境和本地环境下的应用程序提供分布式基础服务。

.NET服务提供的BizTalk服务可以较好地解决创建分布式应用程序所遇到的基础性挑战。下面分别对.NET服务的两个组件，访问控制（Access Control）服务和服务总线（Service Bus）进行介绍。

（1）访问控制服务　身份验证对于分布式应用程序来说是必不可少的部分。基于用户身份信息，应用程序可以决定允许用户执行哪些操作。对此，.NET服务采用了安全性断言标记语言（Security Assertion Markup Language，SAML）定义的令牌（Token）机制。每个SAML令牌都包含用户信息各部分的声明（Claim），声明可能包括用户名称，也可能包括用户的角色（如经理），或用户的电子邮件信息。令牌是由安全性令牌服务（Security Token Services，STS）创建的，其中对令牌的数字签名可以用来确保该令牌的合法性。

一旦客户端（如Web浏览器）拥有该用户的令牌，客户端将该令牌发送给应用程序。应用程序根据令牌中的声明决定允许用户执行哪些操作。然而，这可能存在两个问题：

1）如果令牌中不包括应用程序需要的声明，应该怎样处理。因为基于声明的身份验证，应用程序可以随意地定义用户需要提供的声明信息，但STS在创建令牌时可能没有将应用程序需要的声明写入。

2）如果应用程序不信任STS颁发的令牌，应该怎样处理。应用程序不能信任任意STS创建的令牌，相反，应用程序通常拥有可信任的STS证书列表，证书列表允许验证STS创建的令牌签名。只有这些可信任的STS创建的令牌才被接受。

增加另外一个STS可以很好地解决这两个问题。为了确认令牌中包含正确的声明，该STS将执行声明变换操作。STS中包括如何将输入声明转化为输出声明的规则，通过该规则可以生成一个新的包括应用程序所需要的声明的令牌。对于第二个问题，可以通过身份联盟（Identity Federation）要求应用程序信任新的STS。同时，还需要建立新STS和生成该STS接受的令牌的STS之间的信任关系。

通过STS支持声明变换和身份联盟两种身份验证方式，可以很好地解决上面两个问题。但是，STS应该运行在哪里？可以将该STS运行在一个组织内部。如果把STS运行于云计算环境中，可以使任何组织的用户或应用程序访问它。同时，可以将运行和管理STS的负担交给服务提供商来解决，访问控制服务的由来也就是基于此的。为了说明访问控制服务是如何工作的，假设ISV（独立软件开发商）提供了很多不同组织访问的应用程序。同时，所有这些组织都可以提供SAML令牌，但这些令牌并不精确地包括应用程序所需要的全部声明。访问控制服务基于规则的声明变换和身份联盟如图9-15所示，其说明了访问控制服务是如何解决这类问题的。

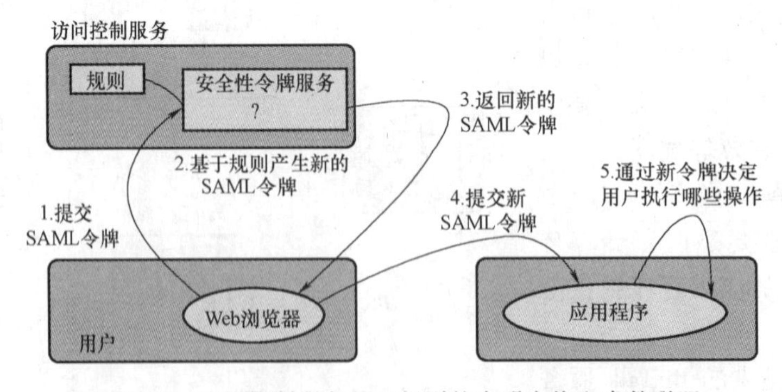

图9-15　访问控制服务基于规则的声明变换和身份联盟

首先，用户应用程序（通常情况下，是指Web浏览器或WCF客户端等）发送用户的SAML令牌到访问控制服务。访问控制服务检查服务验证令牌的签名是否是由一个可信任的

STS 创建的。然后，访问控制服务根据规则生成新的 SAML 令牌，该令牌包括了应用程序所需要的精确声明。这里举例说明对于访问控制服务中的规则是如何工作。

假如应用程序保证特定的访问权限给每个公司的经理，每个公司的令牌中都包括一个指明用户是否是经理的声明。可能一个公司使用 Manager 表示，而其他公司则使用 Supervisor 表示，也有的使用整数来表示。为了解决这些定义的差异性，使用者将定义一组规则，说明所有这些声明都将由 Decision Maker 来代替。一旦新的 SAML 令牌创建完成，将会把该令牌返回给客户端。然后客户端再将该令牌发送至应用程序，应用程序验证令牌签名，确保该令牌是由访问控制服务的 STS 生成的。注意，访问控制服务的 STS 必须维护每个用户组织的 STS 的信任关系，而应用程序只需信任访问控制服务的 STS 即可。一旦验证成功，应用程序将根据令牌中的声明决定用户的执行操作权限。

访问控制服务依赖于标准的通信协议，如 WS-Trust 和 WS-Federation 协议。这样可以允许运行于任何平台的应用程序访问该服务。服务同时提供了基于浏览器 GUI 和客户 API 的方式定义规则。

（2）服务总线 服务总线可以很方便地将编写的应用程序发布 Web 服务，并允许本地或云应用程序访问该服务。每个 Web 服务终端都被分配一个 URI，用户可以通过 URI 定位并访问 Web 服务。

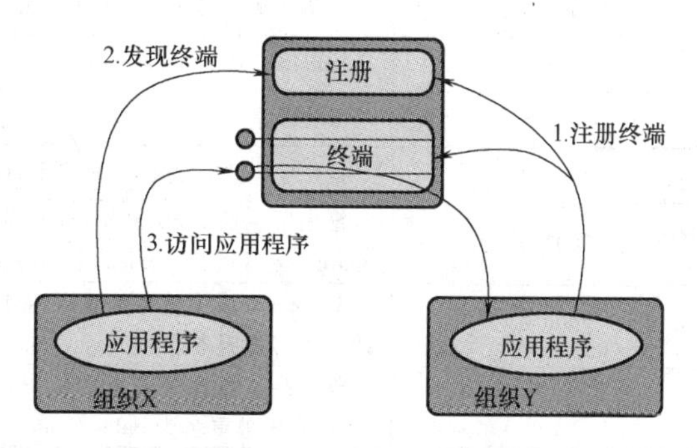

图 9-16 服务总线流程图

如图 9-16 所示，应用程序首先将应用程序终端注册到服务总线。服务总线将为用户的组织分配一个 URI 根，在 URI 根下可以创建任意的命名结构。这样可以为终端分配特定的容易发现的 URI。同时，应用程序还要保持一个到服务总线的连接处于打开状态。

当其他组织的应用程序试图访问本组织内的应用程序时，它需首先联系服务总线来获得存储在其上的应用程序终端的注册信息，请求采用 Atom 发布协议，同时返回包括引用应用程序终端的 AtomPub 服务文档。一旦其他组织的应用程序获得这些信息，就可以通过服务总线调用终端服务。同时，为了提高效率，可以在应用程序间建立通信连接。

服务总线也支持队列通信。当监听应用程序不可用时，客户端应用程序同样可以发送消息。服务总线利用队列保存这些消息直到监听器接收。同时，客户应用程序也可以向服务总线队列发送消息，然后接收来自不同监听者的反馈消息。

通常来说，应用程序利用 WCF 向服务总线发布其服务。客户端可以使用 WCF 或其他技术，譬如 Java，并通过 SOAP 或 HTTP 发送请求。应用程序和客户端可以独立地使用各自的安全机制，例如通过加密技术，可以保护来自攻击者或服务总线本身的攻击。

Windows Azure 服务使用请参阅 Windows Azure 在 Visual Studio 集成开发环境下的使用说明。

9.7 云计算的典型公司 Salesforce 及产品简介

在云计算方面，Salesforce 可谓是业界的领袖，它不仅在产品方面比较成熟，而且在思维方面也是引领潮流的，特别是在 SaaS 和 PaaS 这两个领域内。

9.7.1 Salesforce 公司的历史

Salesforce. com 在 1999 年由前甲骨文高管 Marc Benioff 创立，他创办 Salesforce 的核心理念就是“No Software”（消灭软件），但是其意义并不是排斥所有的软件，而是主要排斥运行在企业数据中心的软件，也就是希望用户能直接通过互联网来使用诸如 CRM 等软件服务，并且用户无需自己搭建和维护软件所需的硬件和系统等资源。Salesforce 的主要产品包括 Sales Cloud（即之前的 CRM）、Service Cloud、Chatter 和 Force. conl 等。关于 Salesforce 的具体发展史见表 9-4。

表 9-4 Salesforce 的发展史

日 期	具 体 事 件
1999 年	Salesforce 在美国旧金山成立
2001 年	推出了第一款 SaaS 应用 CPM，同时也受到众多厂商和客户的热议
2004 年	Sunguard 成为 Salesforce 第 1000 位用户
2005 年	推出了名为 App Exchange 的程序商店，以丰富用户选择
2006 年	推出了首个运行在云计算平台的语言 Apex，该语言在语法上类似 Java
2007 年	推出了它的 PaaS 平台 Force. com，让用户更方便地在 Salesforce 平台上开发在线应用，同时 Salesforce 凭借 Force. com 得到了华尔街日报的科技创新奖
2009 年	Salesforce 成为首家年收入达到 10 亿美元的云计算公司，并在年初推出了名为 ServiceCloud 的在线客户服务应用
2010 年	Salesforee 推出了名为 Chatter 的企业级在线 SNS 服务，类似于企业内部的 Linkedln，同时其 CRM 应用被更名为 Sales Cloud

9.7.2 Salesforce Force. com 的安全机制

在安全方面，Force. com 做得非常出色。与大多数系统在开发后期才开始添加安全功能不同，Force. com 在最初设计的时候，就已经将安全整合到总体的设计当中，并通过精心的设计在多个层次上加入各种防御机制以应对各种威胁。下面分模块来对其安全机制进行详细介绍。

1. 整体监管和合规性

Force. com 会使用一系列复杂的安全工具实时监控整个平台的事件来发现多种恶意的事件、威胁和入侵等，比如使用最新的 IDS（Intrusion Detection System，入侵检测系统）系统来侦查几种常见的外部攻击。另外，系统也会监管与应用、数据库和用户管理相关的事件来纠正用户的行为，同时关注一些潜在的来自企业内部和外部的危险，并通过 SAS 70 Type Ⅱ、SysTrust 和 ISO 27001 等认证，而且不会影响性能。

2. 用户管理

首先，Force. com 默认使用用户的用户名和密码建立连接，但它不允许使用客户端 Cookie 来存储机密的用户信息和会话信息。其次，它支持两种单点登录机制：其一是集合认证的单点登录，它是基于 SAML（Security Assertion Markup Language，安全性断言标记语言）协议在多个相关的 Web 服务之间使用会话来传递认证和授权信息的；其二是授权认证的单点登录，允许一个机构使用诸如基于 LDAP 的服务和令牌等认证方法来整合在 Force. com 上运行的应用。最后，系统将关闭一些已经长时间空闲的会话来保护那些已经建立的会话。

3. 数据管理

为了避免用户将一些机密内容暴露给不合适的用户，Force. com 推出了灵活、有层次的共享机制来让一个机构暴露特定的应用和数据给特定的用户。这个机制主要包括四部分：用户概要、共享设置，共享法则和手动共享。还有，数据库在存储用户密码之前会对它们进行单向的 MD5 散列加密，支持对部分栏位的数据进行加密处理，并且 Salesforce 会严格设置数据库的管理权限。

4. 系统和网络

在系统方面，Salesforce 会对每台 Force. com 的主机进行优化，比如会对所有 Linux 和 Solaris 主机上的进程、用户账号和支持的网络协议等进行尽可能的删减，并且不允许使用 Root 账号来运行主机上的服务，所有用户的登录和访问都会在一个远程服务器上做相应记录。

在网络方面，Force. com 主要采用了下面四种机制：

1）状态报检测（Stateful Packet Inspection，SPI）。防火墙会检查所有的网络包，并且不允许任何未授权的连接。

2）防御主机（Bastionhost）。一台特制的电脑会在网关和核心防火墙之间抵御攻击。

3）双因素认证（Two-factor Authentication）流程。这个流程会对内部系统访问的请求进行认证。

4）全程 TLS/SSL 加密。通过 TLS/SSL 协议来对所有网络数据流量进行加密。

5. 物理设施

Salesforce 会对数据中心的运行维护人员进行详细的背景检查，只允许其使用被监控的工作站（避免诸如复制粘贴、即时通信和数据复制等有安全隐患的行为）和内部网络，而且每个人的权限都尽可能低。另外，数据中心大楼本身也会配备很多安全措施，比如防弹玻璃、闭路电视、报警系统和专业门卫等。

9.8 云计算的服务模式

就像本章开始介绍的那样，云计算主要有 SaaS、PaaS 和 IaaS 三种服务模式。对于普通用户而言，他们主要面对的是 SaaS 这种服务模式。但是对于普通开发者而言，却有两种服务模式可供选择，那就是 PaaS 和 IaaS，这两种模式有很多不同，而且它们之间还存在一定程度的竞争。

本节将首先对这两种模式进行比较，接着将预测它们的未来，也就是哪种模式将会更受开发者的青睐。

9.8.1 PaaS 和 IaaS 模式的比较

PaaS 的主要作用是将一个开发和运行维护平台作为服务提供给用户，而 IaaS 的主要作用是将虚拟机或者其他资源作为服务提供给用户。下面将从七个方面对 PaaS 和 IaaS 进行比较。

1. 开发环境

PaaS 基本上都会给开发者提供一整套包括 IDE 在内的开发和测试环境，而在 IaaS 方面，用户主要还是沿用之前那套开发环境，虽然比较熟悉，但是因为之前那套开发环境在与云的整合方面比较欠缺，所以有时候会很不方便，比如通过 PaaS 提供的工具部署一个应用到云上，可能只需单击几下鼠标，10 多秒即可完成，而在 IaaS 平台上部署应用要复杂一些，特别是在刚开始使用的时候。

2. 支持的应用

因为 IaaS 主要是提供虚拟机，而且普通的虚拟机能支持多种基于 x86 架构的操作系统，包括 Linux、OpenBSD 和 Windows 等，所以 IaaS 支持的应用范围非常广泛。但是如果要让一个应用跑在某个 PaaS 平台却不是一件轻松的事，因为不仅需要确保这个应用基于这个平台所支持的语言，而且也要确保这个应用只能调用这个平台所支持的 API。如果这个应用调用了平台所不支持的 API，那么就需要在部署之前对这个应用进行修改。

3. 开放标准

虽然很多 IaaS 平台都存在一定的私有功能，但是由于 OVF 等协议的存在，IaaS 在跨平台和避免被供应商锁定这两方面是稳步前进的。而 PaaS 平台的情况则不容乐观，因为不论是 Google 的 App Engine，还是 Salesforce 的 Force. com，都存在一定的私有 API。

4. 可伸缩性

PaaS 平台会自动调整资源来帮助运行于其上的应用更好地应对突发流量，而 IaaS 平台则常需要开发人员手动地对资源进行调整。

5. 整合率和经济性

PaaS 平台的整合率非常高，比如 PaaS 的代表 Google App Engine 能在一台服务器上承载成千上万个应用，而普通的 IaaS 平台的整合率最多也不会超过 100，而且普遍在 10 左右，因此 IaaS 的经济性远不如 PaaS。

6. 计费和监管

因为 PaaS 平台在计费和监管这两方面不仅达到了与 IaaS 平台比肩的操作系统层面，比如 CPU 和内存使用量等，而且还能做到应用层面，比如应用的反应时间或者应用调用某个服务的次数等，这将会提高计费和管理的精确性。

7. 学习难度

熟悉 UNIX 系统的程序员能很快上手基于 IaaS 云的应用的开发和管理，虽然现有的 IaaS 产品普遍对 Windows 开发环境没有很好的支持。但如果要学会 PaaS 上应用的开发，则有可能需要学一门新的语言或者新的框架，所以在学习难度方面 IaaS 更低。

下面将通过表 9-5 来总结一下上面的比较。

表 9-5 PaaS 和 IaaS 之间的比较

	PaaS	IaaS
开发环境	完善	熟悉
支持的应用	有限	广
通用性	欠缺	稍好
可伸缩性	自动伸缩	手动帅缩
整合串和经济性	高整合率、更经济	低整合率
计费和监管	精细	简单
学习难度	略难	较低

9.8.2 未来的竞争

在当今的云计算环境中，除了 IaaS 始终是最主要的面向普通大众的模式之外，IaaS 对开发者而言也是非常主流的，无论是 Amazon EC2 还是 Linode 或者 Joyent 等，都占有一席之地。但是随着 Google 的 App Engine、Salesforce 的 Force. com 和微软的 Windows Azure 等 PaaS 平台的推出，PaaS 也开始崭露头角。谈到这两者的未来，特别是这两者之间的竞争关系，由于 IaaS 模式在支持的应用和学习难度两方面的优势，使它会在短期之内成为开发者的首选。但是从长期而言，如果 PaaS 能解决通用性和支持的应用等方面的问题，PaaS 模式会因为其高整合率所带来的经济性而替代 IaaS 模式，成为开发者的“新宠”。

9.9 云计算与中国

虽然无论从云计算的概念还是相关技术的发展看，现在主要由美国的各大 IT 企业领导和创新，但是云计算作为整个 IT 产业的下一个浪潮，其发展和进步离不开拥有世界最多人口、最快经济增长速度和世界第二大 GDP 产值的中国。本节就将讨论云计算在国内的产业环境和研究人员对云计算未来的期望。

9.9.1 发展现状

由于全球化和比较成熟的互联网产业，云计算在国内的引入并不像过去互联网时代那样滞后很多。云计算这个概念的第一次正式对外公布，是在 2007 年 11 月上海举办的 IBM SOA 创新高峰论坛。

云计算在国内的发展预计将主要由国外 IT 巨头、国内 IT 巨头和国内软硬件厂商这三方面共同推动。

1. 国外 IT 巨头

在国外类似 IBM、EMC 和微软等 IT 巨头不仅将部分云计算产品研发项目交由国内的研发中心负责，而且给很多行业客户提供了一些不错的云计算解决方案，其中最具代表性的莫过于 IBM。首先，IBM 在中国研发部门 CDL（IBM 中国开发中心）和 CRL（IBM 中国研究院）都承担了一定的全球云计算产品研发的重担，比如 WebSphere CloudBurst Appliance（WCA）等。其次，IBM 中国云计算中心在之前著名的“蓝云”的基础上，还推出了名为“6 + 1”的云计算解决方案，其中就包括物联网云、分析云、平台云、IDC 云、开发测试云和基础架构云等多种类型的云。结合 IBM 在各个行业积累的经验，它能帮助各类企业和机构解决其所需计算资源的问题。到 2010 年为止，IBM 已经在江苏无锡、山东东营、中化集团和北京工业大学等地方建设了多个云计算中心。除了 IBM，由 VMware、Cisco 和 EMC 这三大巨头组成的 VCE 联盟在虚拟化、存储和网络这三方面都处于领导地位，所以虽然它们现在并没有在我国正式开展相应的业务，但是它们的产品对于那些已经在它们的产品上有了一定投入，并且希望在自身的数据中心中引入云计算技术的企业而言，非常有吸引力。另外，可惜的是，Google 和 Amazon 这两个在云计算界处于领导地位的企业还没有在我国大规模扩展其云计算业务的计划。

2. 国内IT巨头

一些国内的IT巨头也对云计算产生了浓厚的兴趣，其中包括中国移动、中国电信、阿里巴巴、百度和腾讯等，其中到现在为止投入最多人力和物力的莫过于中国移动和阿里巴巴。中国移动在第二届中国云计算大会上正式发布其“大云”1.0系统，其中就包括分布式文件系统、分布式海量数据仓库、分布式计算框架、集群管理、云存储系统、弹性计算系统和并行数据挖掘工具等关键功能，并已面向公众进行测试。2009年9月，阿里巴巴云计算团队命名为“阿里云”的子公司正式成立。该子公司主要由原阿里软件、阿里巴巴集团研发院以及B2B与淘宝的底层技术团队组成，主要从事基础技术的研发，并将推出用于电子商务服务的云计算中心。

3. 国内软硬件厂商

在国内，一些传统的软硬件厂商也参与到云计算这场浪潮当中，比如服务器厂商浪潮推出了用于管理数据中心的云操作系统，专注于移动设备的联想推出了一些云终端等。还有，国内最大的IDC之一世纪互联也推出了类似Amazon EC2的IaaS服务云快线。

中国移动云计算作为中国移动蓝海战略的一个重要部分，于2007年由移动研究院组织力量，联合中科院计算所，着手起步了一个叫作“大云”的项目。

中国移动的大云建设包括两个方向：一是基础架构建设；二是平台及服务的建设。基于这两方面之上，中国移动将推出“软件即服务”，以便中小企业减少IT投入成本和IT运营复杂性，同时提供办公自动化解决方案。

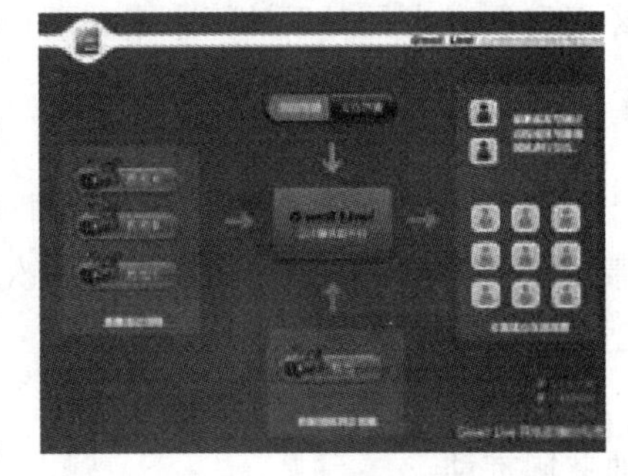

图9-17 云计算网络直播平台结构

大云1.0版于2010年正式发布。以此为基础，中国移动将逐步展开云计算的商业化步伐。

Giwell是国内首个通信计算云平台，是天地网联科技有限公司研发的新一代云计算平台，如图9-17所示。

虽然如表9-6所示的那样，已经有很多企业在国内推动了云计算的普及和发展，但相对于发达国家，国内在IT技术和整体产业方面还有一定的差距。总体而言，云计算在国内发展的现状不是特别乐观，可以总结为“产品多、精品少，厂商多、创新少”，也就是说，虽然有很多厂商参与到云计算中并推出了一些产品，但是大多是对过去产品的再次包装，而不是真正意义上的创新和开拓。

表9-6 国内云计算的现状

	方 向	代表企业	著名产品
国外IT巨头	私有云	IBM	蓝云、6+1
国内IT巨头	公有云	中国移动、阿里巴巴	大云、阿里云
国内软硬外厂商	两者皆有	世纪互联	云快线

9.9.2 对未来的期望

虽然如上面所说的那样，国内云计算的现状并不是非常乐观。但幸运的是，云计算还只是刚刚开始，只要能把握好云计算这次巨大的浪潮，就能推进信息产业的发展，将信息化普及到各行各业，促进整体产业结构的调整，推动科技方面的创新。

1. 普及信息化

虽然信息化项目已经在国内开展了多年，但主要还是集中在重点行业，比如金融、银行、石油和电信等，而且也主要以大中型企业为主。对于那些属于其他行业的小型企业而言，信息化是可望而不可即的。通过云计算的发展，能够更大规模地将信息化推广到这些企业，并且使用起来更方便，成本也更低。通过信息化，不仅能提升企业的运行效率，而且企业也减轻了运行维护的负担，还有机会通过网络和全世界的客户沟通。同时，那些已经在业务中大量实施信息化的企业，也会通过引入云计算技术来提升企业自身的信息化程度。

2. 促进产业结构调整

除了2008年和2009年以外，2003~2007年我国经济增长都在10%以上。但在调整产业结构方面却进展不大，还主要以出口加工为主，从而导致高额的利润被外国公司获取，比如，苹果公司在iPhone上每赚100元，其制造商富士康却只能得到2元“辛苦钱”，而富士康普通员工的所得更是微乎其微。

如果在普及信息化的基础上大力推广云计算技术，不仅能使应用供应商更快速地开发更适合行业的商业应用，而且大多数企业也可以卸去IT方面的重担，从而将更多精力放在业务的创新上，这样能更有效地促进产业结构的优化转型。

3. 推动科技创新

与之前PC和大型机浪潮不同的是，现有的云计算的大多数核心技术要么直接开源，要么有相应开源的版本，比如Xen和MapReduce等，所以对我国而言，基本上没有像之前操作系统和芯片那样非常严重的技术壁垒。只要在云计算上加大创新方面的投入，将不仅有助于缩小我国科技事业和世界领先水平的差距，而且将使更多的中国IT企业有机会登上世界舞台，并在云计算或者云计算之后的下一个浪潮当中起到决定性的作用。

4. 云计算与物联网

云计算与物联网的两种存在形式如图9-18所示。

Networks of Things（内网和专网）和Internet of Things（外网或公网）对应两种业务模式：即MAI（M2M Application Integration），内部MaaS和MaaS（M2M as a Service），MMO，Multi-Tenants（多租户模型）

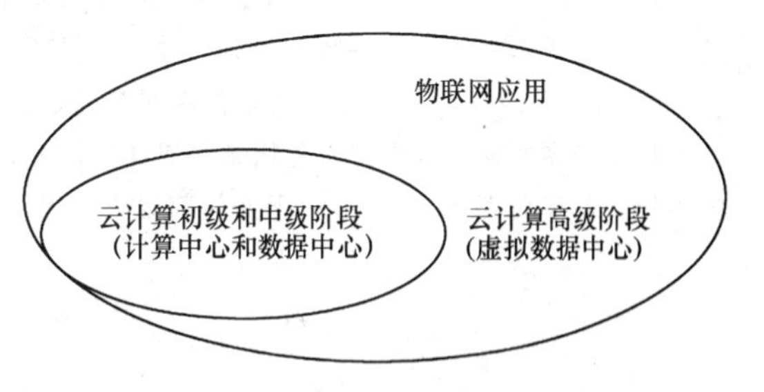

图9-18 云计算与物联网的两种存在形式

随着业务量的增加，对数据存储和计算量的需求将带来对“云计算”能力的要求：

1）云计算：从计算中心到数据中心在物联网的初级阶段，COWs即可满足需求。

2）在物联网高级阶段，可能出现MVNO/MMO营运商（国外已存在多年），需要虚拟化云计算技术，SOA等技术的结合实现物联网泛在服务：TaaS（EveryThing As A Service）。

9.10 本章小结

本章概述了云计算。微软公司提出了云计算即“软件+服务”的策略，并推出了自己的云计算平台 Windows Azure。Windows Azure 云计算平台主要由 Windows Azure、SQL Azure 和 .NET 服务三个部分组成。Windows Azure 是整个 Azure 云计算平台的数据中心，Windows Azure 主要通过 Fabric 向应用程序提供计算和数据存储服务。SQL Azure 则为应用程序提供云计算环境下的数据服务，SQL Azure 数据库是建立在 SQL Server 之上的，提供 DBMS 的功能。同时 SQL Azure 还提供了 Huron 数据同步机制，保证不同设备间数据的同步问题。.NET 服务向云计算环境和本地环境下的应用程序提供分布式基础服务，.NET 服务提供了采用令牌访问机制，通过声明变换和身份联盟的方式可以很好地解决令牌访问机制中遇到的问题。.NET 服务中还提供了基于服务总线的服务发布和调用的机制。

通过 Windows Azure 开发和部署实例，详细了解了 Web 角色和 Worker 角色的运行机制，数据存储和使用 Table、Blob 和队列的过程。同时，Windows Azure 提供了两种部署环境，分别为 Staging 和 Production。

关于云计算的未来，从业者的看法各有不同，希望更多的研究人员把握住云计算这次浪潮，带领大家走出“云”里“物”里，走在世界前列，使得云计算和物联网有机地结合，推动信息产业的发展。

习题

9-1 云计算产生的基础是什么？什么是云计算？

9-2 如何理解云计算？

9-3 Windows Azure 云计算平台的三大组成部分，各部分的主要功能是什么？

9-4 简述 Windows Azure 的计算服务。

9-5 WindowsAzure 数据存储服务都支持哪些数据方式？并对每种方式进行简单的说明。

9-6 说明 Windows Azure 的数据存储区访问方式，并介绍诸如 Java 等语言采用 REST 访问方式的基本方法。

9-7 简述 SQL Azure，并介绍 SQL Azure 的同步机制。

9-8 .NET 服务主要包括哪些服务，并简述每项服务。

9-9 根据图 9-15，说明访问控制服务是如何通过声明变换和身份联盟进行身份验证的。

9-10 数据实体模式中必须包括哪些属性？

9-11 简述在 Windows Azure 下如何部署应用程序。

第 10 章　物联网安全技术

网络像空气，无处不在，我们一边呼吸它，一边却冒着可能失去其控制权的风险。在物联网正在成为经济和社会发展新模式的时代，我们不得不面对随物联网而带来的网络安全性问题，毕竟通过物联网络覆盖医疗、交通、电力、银行等关系国计民生的重要领域，以现有的信息安全防护体系，难以保证敏感信息不外泄。一旦遭遇某些信息风险，更可能造成灾难后果，小到一台计算机、一台发电机，大到一个行业，甚至各国经济都会被别人控制。

10.1　物联网安全

由于物联网是一种虚拟网络与现实世界实时交互的新型系统，其无处不在的数据感知、以无线为主的信息传输、智能化的信息处理，虽然有利于提高工作效率，但也会引起大众对信息安全和隐私保护问题的关注，特别是暴露在公开场所之中的信号很容易被窃取，也更容易被干扰，这将直接影响到物联网体系的安全。物联网规模很大，与人类社会的联系十分紧密，一旦受到攻击，很可能出现世界范围内的工厂停产、商店停业、交通瘫痪，让人类社会陷入一片混乱。

10.1.1　物联网的安全特点

物联网系统的安全和一般 IT 系统的安全基本一样，主要有八个尺度：读取控制、隐私保护、用户认证、不可抵赖性、数据保密性、通信层安全、数据完整性、随时可用性。前四项主要处在物联网 DCM 三层架构的应用层，后四项主要位于传输层和感知层。其中，隐私权和可信度（数据完整性和数据保密性）问题在物联网体系中尤其受关注。如果从物联网系统体系架构的各个层面仔细分析，会发现现有的安全体系仅仅基本上可以满足物联网应用的需求，尤其在我国物联网发展的初级和中级阶段。

根据物联网自身的特点，物联网除了面对移动通信网络的传统网络安全问题之外，还存在一些与已有移动网络安全不同的特殊安全问题。这是由于物联网由大量机器构成，缺少人对设备的有效监控，并且数量庞大、设备集群等相关特点造成的，这些特殊的安全问题主要有以下几个方面：

1）物联网机器/感知节点的本地安全问题。由于物联网的应用可以取代人来完成一些复杂、危险和机械的工作，所以，物联网机器/感知节点多数部署在无人监控的场景中。攻击者可以轻易地接触到这些设备，从而对他们造成破坏，甚至通过本地操作更换机器的软硬件。

2）感知网络的传输与信息安全问题。感知节点通常情况下功能简单（如自动温度计），携带能量少（使用电池），使得它们无法拥有复杂的安全保护能力，而感知网络多种多样，从温度测量到水文监控，从道路导航到自动控制，它们的数据传输和消息也没有特定的标准，所以没法提供统一的安全保护体系。

3）核心网络的传输与信息安全问题。核心网络具有相对完整的安全保护能力，但由于物联网中节点数量庞大，且以集群方式存在，因此会导致在数据传播时，由于大量机器的数据发送使网络拥塞，产生拒绝服务攻击。此外，现有通信网络的安全架构都是从人的通信角度设计的，并不适用于机器的通信。使用现有安全机制会割裂物联网机器间的逻辑关系。

4）物联网应用的安全问题。由于物联网设备可能是先部署后连接网络，而物联网节点又无人看守，所以，如何对物联网设备进行远程签约信息和应用信息配置就成了难题。另外，庞大且多样化的物联网平台必然需要一个强大而统一的安全管理平台；否则，独立的平台会被各式各样的物联网应用所淹没。但如此一来，如何对物联网机器的日志等安全信息进行管理成为新的问题，并且可能割裂网络与应用平台之间的信任关系，导致新一轮安全问题的产生。

对于上述问题的研究和产品开发，目前国内外都还处于起步阶段，在传感器网络和RFID领域有一些针对性的研发工作，统一标准的物联网安全体系的问题目前还没提上议事日程，比物联网统一数据标准的问题更滞后，这两个标准密切相关，甚至应合并到一起统筹考虑，其重要性不言而喻。

特别指出，物联网作为一种WSN，具有传统网络和WSN共同的特点。因此，解决物联网安全问题除了使用常规网络安全措施外，针对物联网本身特点进行的安全防护尤为重要。

WSN安全相关的特点主要有以下几点：

1）单个节点资源受限，包括处理器资源、存储器资源、电源等。WSN中单个节点的处理器能力较低，无法进行快速的、高复杂度的计算，这对依赖加解密算法的安全架构提出了挑战。存储器资源的缺乏使得节点存储能力较弱，节点的充电也不能保证。

2）节点无人值守，易失效，易受物理攻击。WSN中较多的应用部署在一些特殊的环境中，使得单个节点失效率很高。由于很难甚至无法给予物理接触上的维护，节点可能产生永久性的失效。另外，节点在这种环境中容易遭到攻击，特别是军事应用中的节点更易遭受针对性的攻击。

3）节点可能的移动性。节点移动性产生于受外界环境影响的被动移动、内部驱动的自发移动及固定节点的失效，它导致网络拓扑的频繁变化，造成网络上大量的过时路由信息及攻击检测的难度增加。

4）传输介质的不可靠性和广播性。WSN中的无线传输介质易受外界环境影响，网络链路产生差错和发生故障的概率增大，节点附近容易产生信道冲突，而且恶意节点也可以方便地窃听重要信息。

5）网络无基础架构。WSN中没有专用的传输设备，它们的功能需由各个节点配合实现，使得一些有线网中成熟的安全架构无法在WSN中有效部署，需要结合WSN的特点做改进。有线网安全中较少提及的基础架构安全需要在WSN中引起足够的重视。

6）潜在攻击的不对称性。由于单个节点各方面的能力相对较低，攻击者很容易使用常见设备发动点对点的不对称攻击。如处理速度上的不对称、电源能量的不对称等，使得单个节点难以防御而产生较大的失效率。

因此，建立物联网安全模型，就是要根据物联网的网络模型，侧重于RFID标签安全及网络设备之间交互的安全。

10.1.2　物联网的安全模型

仅就现阶段而言，物联网安全侧重于电子标签的安全可靠性、电子标签与RFID读写器之间的可靠数据传输，以及包括RFID读写器及后台管理程序和它们所处的整个网络的可靠的安全管理。物联网的安全模型如图10-1所示。

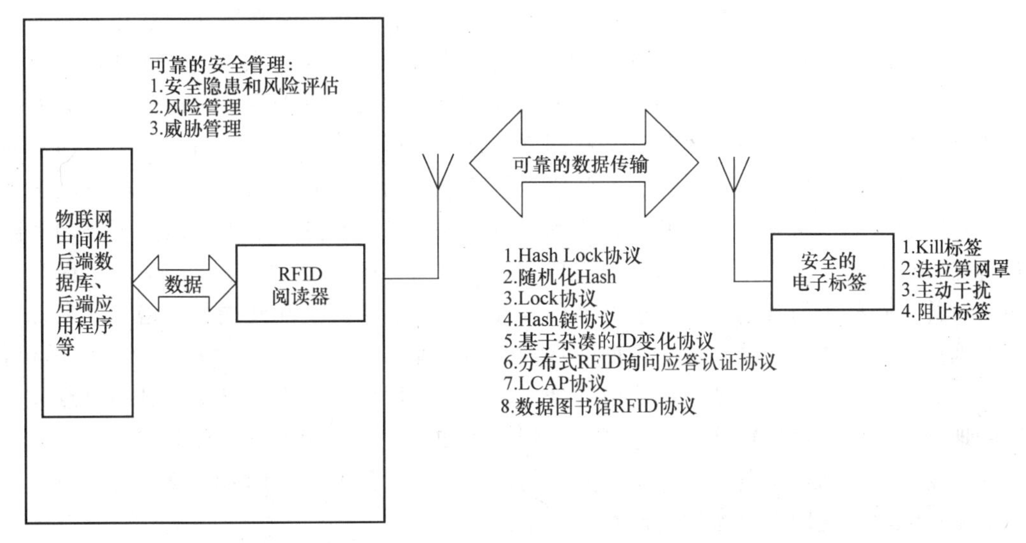

图10-1　物联网的安全模型

但是，根据物联网的特点及对物联网的安全要求，其安全模型在“智慧感知”方面更应该侧重于服务安全和接入安全。综合起来，物联网安全模型主要考虑以下因素：

第一，电子标签由耦合元件及芯片组成，每个电子标签具有唯一的RFID编码，附着在物体上标识目标对象。电子标签是物体在物联网中的“身份证”，不仅包含了该物体在此网络中的唯一ID，而且有的电子标签本身包含着一些敏感的隐私内容，或者通过对电子标签的伪造可以获取后端服务器内的相关内容造成物品持有者的隐私泄露，另外，对电子标签的非法定位也会对标签持有人（物）造成一定的风险。

第二，物联网系统是一个庞大的综合网络系统，从各个层级之间进行的数据传输有很多。在传统的网络中，网络层的安全和业务层的安全是相互独立的。而物联网的特殊安全问题，很大一部分是由于物联网是在现有移动网络基础上，集成了感知网络和应用平台带来的。因此，在现阶段，移动网络中的大部分机制虽然可以适用于物联网并能够提供一定的安全性，如认证机制、加密机制等，但还是需要根据物联网的特征对安全机制进行补充调整，主要有以下两个方面。

1）物联网中的业务认证机制。传统的认证是区分不同层次的，网络层的认证负责网络层的身份鉴别，业务层的认证负责业务层的身份鉴别，两者独立存在。但在物联网中，大多数情况下，机器都拥有专门的用途，因此，其业务应用与网络通信紧紧地绑在一起。由于网络层的认证是不可缺少的，那么，其业务层的认证机制就不再是必需的，而是可以根据业务由谁来提供和业务的安全敏感程度来设计。例如，当物联网的业务由运营商提供时，就可以充分利用网络层认证的结果而不需要进行业务层的认证；当物联网的业务由第三方提供也无法从网络运营商处获得密钥等安全参数时，它就可以发起独立的业务认证而不用考虑网络层的认证；或者当业务是敏感业务（如金融类业务）时，一般业务提供者会不信任网络层的安全级别，而使用更高级别的安全保护，这时就需要做业务层的认证；而当业务是普通业务时，如气温采集业务等，业务提供者认为网络认证已经足够，就不再需要业务层的认证。

2）物联网中的加密机制。传统的网络层加密机制是逐跳加密，即信息在发送过程中，虽然在传输过程中是加密的，但需要不断地在每个经过的节点上解密和加密，即在每个节点上都是明文的。而传统的业务层加密机制则是端到端的，即信息只在发送端和接收端才是明文，而在传输的过程和转发节点上都是密文。由于物联网中网络连接和业务使用紧密结合，就面临到底使用逐跳加密还是端到端加密的选择。对于逐跳加密来说，可以只对有必要受保护的链接进行加密，并且由于逐跳加密在网络层进行，所以可以适用于所有业务，即不同的业务可以在统一的物联网业务平台上实施安全管理，从而做到安全机制对业务的透明，这就保证了逐跳加密的低时延、高效率、低成本、可扩展性好的特点。但是，因为逐跳加密需要在各传送节点上对数据进行解密，所以，各节点都有可能解读被加密消息的明文，因此，逐跳加密对传输路径中的各传送节点的可信任度要求很高。而对于端到端的加密方式来说，它可以根据业务类型选择不同的安全策略，从而为高安全要求的业务提供高安全等级的保护。不过，端到端的加密不能对消息的目的地址进行保护，因为每一个消息所经过的节点都要以此目的地址来确定如何传输消息。这就导致端到端加密方式不能掩盖被传输消息的原点与终点，并容易受到对通信业务进行分析而发起的恶意攻击。另外，从国家政策角度来说，端到端的加密也无法满足国家合法监听政策的需求。

由以上分析可知，对一些安全要求不是很高的业务，在网络能够提供逐跳加密保护的前提下，业务层端到端的加密需求就显得并不重要。但是，对于高安全需求的业务，端到端的加密仍然是其首选。因而，由于不同物联网业务对安全级别的要求不同，可以将业务层端到端安全作为可选项。

10.2 RFID的安全管理技术及手机的安全

10.2.1 RFID安全管理

到目前为止，设计高效和低成本的RFID安全机制仍然是一个具有挑战性的课题。基于密码技术的RFID安全机制分为静态ID和动态ID。好的安全机制必须解决动态ID的“数据同步”问题，中国的RFID标准制订者正在进行积极的研究。

RFID的安全缺陷主要表面在以下两个方面：

1）RFID标识自身访问的安全性问题。由于RFID标识本身的成本所限，使之很难具备足以自身保证安全的能力，这样就面临很大的问题。非法用户可以利用合法的读写器或者自制的一个读写器，直接与RFID标识进行通信，这样就可以很容易地获取RFID标识中的数据，并且还能够修改RFID标识中的数据。

2）通信信道的安全性问题。RFID使用的是无线通信信道，这就给非法用户的攻击带来了方便。攻击者可以非法截取通信数据；可以通过发射干扰信号来堵塞通信链路，使得读写器过载，无法接收正常的电子标签数据，制造拒绝服务攻击；可以冒名顶替向RFID发送数据，篡改或伪造数据。

10.2.2　手机安全

当手机实现了发短信、彩信、电子邮件，以及下载彩铃、访问Web网站、收看视频这些与互联网直接通信的应用方式后，对手机的攻击和病毒侵入的出现就不可以回避了。蓝牙技术与手机的结合最终也会导致手机病毒的产生。安全厂商McAfee的调查报告显示，2006年全球手机用户中遭受手机病毒袭击的比例已经高达83%，较2003年上升了五倍。

手机病毒是以手机为感染对象，以手机网络和计算机网络为平台，通过病毒短信等形式，利用手机嵌入式软件的漏洞，将病毒程序夹带在手机短信中，当用户打开携带病毒的短信之后，手机的嵌入式软件误将短信内容作为系统指令执行，从而导致手机内部程序故障，达到攻击手机的目的。手机病毒同样具有传播功能，可利用发送普通短信、彩信、上网浏览、下载软件、铃声等方式，实现网络到手机、手机到手机之间的传播。手机病毒的危害包括造成手机死机、关机、删除存储的资料、手机通话被窃听、向外发送垃圾邮件、拨打电话等，甚至是损毁SIM卡、芯片等邮件。

手机病毒攻击有以下四种基本的方式：

1）以病毒短信的方式直接攻击手机本身，使手机无法提供服务。

2）攻击WAP服务器，使WAP手机无法接受正常信息。

3）攻击和控制移动通信网络与互联网的网关，向手机发送垃圾信息。

4）攻击整个网络。有许多型号的手机都支持运行Java程序。攻击者可以利用Java语言编写一些脚本病毒来攻击整个网络，使整个手机通信网络产生异常。

凡是基于Windows操作系统开发的手机应用软件，都会受到针对Windows操作系统的蠕虫与病毒的攻击，Windows操作系统的漏洞也都有可能成为攻击手机应用软件的途径。目前，针对Linux操作系统的病毒开始增多，那么基于Linux操作系统开发的应用系统，同样也会是造成手机被攻击和手机感染病毒的途径。

历史上最早的手机病毒出现在2000年。当时的手机病毒最多只能算是短信炸弹，真正意义上的第一个手机病毒是“Caribe”（卡比尔）。到了2005年总共出现了200多种手机病毒，尽管它的数量不能与互联网上的病毒数量相比，但是手机病毒的增长速度是针对个人计算机病毒增长速度的10倍。

从发展趋势看，手机攻击已经从初期的恶作剧开始向盗取用户秘密、获取经济利益方向发展。2005年11月出现的SYMBOS-PBSTEALA是第一个窃取手机短信的病毒，它可以将染毒手机的信息传送到一定距离的其他移动设备之中。

通过计算机向手机传播的病毒在几年前已经出现，但此前还没有病毒能从一部手机传染给另一部手机。2004年，俄罗斯防病毒软件供应商——卡斯佩尔斯基实验室宣布，一个名为29a的国际病毒编写小组制造出了世界上首例可在手机之间传播的病毒。这个名叫“Cabir”的手机病毒是一种蠕虫病毒，它具有在手机之间传播的功能，针对的是使用Symbian操作系统，并且具有蓝牙接入模块的手机。Cabir蠕虫病毒不能通过文件的自动传输来传播，它被伪装成一种安全软件。带有病毒的文件在进入手机之前，手机会发出“是否接受文件”的提示，如果手机用户回答“是”，带有病毒的文件才会进入手机。反病毒专家提醒说，尽管这种病毒只是一种研究性的结果，但一些病毒编写者会利用它来制造杀伤力更强的手机病毒。手机病毒以及PDA等数字移动设备的病毒将成为病毒防治技术研究的一个新的分支。近年来，针对手机的病毒与攻击愈演愈烈，因此也引起了信息安全研究人员的高度重视。物联网环境中用手机作为最终用户访问的端系统设备会变得越来越多，因此研究针对手机和其他移动通信设备的安全技术就显得越来越重要了。

在日益发展的无线传感器网络中，已可用手机获得远端人体医疗信息（如体温、血糖、脉搏、心跳等）。

10.3 无线传感器网络的安全管理技术

网络安全技术历来是网络技术的重要组成部分。网络技术的发展史已经充分证明了这样一个事实：没有足够安全保证的网络是没有前途的。

安全管理本来应该是网络管理的一个方面，但是因为在日常使用的公用信息网络中存在着各种各样的安全漏洞和威胁，所以安全管理始终是网络管理中最困难、最薄弱的环节之一。随着网络的重要性与日俱增，用户对网络安全的要求也越来越高，由此形成了现在的局面：网络管理系统主要进行故障管理、性能管理和配置管理等，而安全管理软件一般是独立开发的。一般认为，网络安全问题包括以下一些研究内容：

1）网络实体安全，如计算机机房的物理条件、物理环境及设施的安全标准，计算机硬件、附属设备及网络传输线路的安装及配置等。

2）软件安全，如保护网络系统不被非法侵入，系统软件与应用软件不被非法复制、篡改、不受病毒的侵害等。

3）网络中的数据安全，如保护网络信息的数据安全、不被非法存取，保护其完整性、一致性等。

4）网络安全管理，如网络运行时突发事件的安全处理等，包括采取计算机安全技术，建立安全管理制度，开展安全审计，进行风险分析等内容。

由此可见，网络安全问题的涉及面非常广，已不单是技术和管理问题，还有法律、道德方面的问题，需要综合利用数学、管理科学、计算机科学等众多学科的成果才可能较好地予以解决，所以网络安全现在已经成为一个系统工程。

如果仅仅从网络安全技术的角度看，加密、认证、防火墙、入侵检测、防病毒、物理隔离、审计技术等是网络安全保障的主要手段，对应的产品也是当前网络安全市场的主流，现在常用的网络安全系统一般综合使用上述多种安全技术。尽管如此，网络安全问题并没有得到很好的解决，现在仅互联网上每年仍然会发生不计其数的网络入侵事件，造成的损失非常惊人。

无线传感器网络作为一种起源于军事领域的新型网络技术，其安全性问题显得更加重要。由于和传统网络之间存在较大差别，无线传感器网络的安全问题也有一些新的特点。本节首先分析无线传感器网络的安全需求和特点，然后介绍研究现状并分析其不足。在此基础上给出一个基于生物免疫原理的无线传感器网络安全体系，最后提出解决无线传感器网络安全问题的几个途径。

10.3.1 无线传感器网络信息安全需求和特点

1. 无线传感器网络信息安全需求

无线传感器网络的安全需求是设计安全系统的根本依据。尤其是无线传感器网络中资源严格受限，为使有限的资源发挥出最大的安全效益，首要任务是做细致、准确的安全需求分析。由于无线传感器网络具有和应用密切相关的特点，不同的应用有不同的安全需求，因此下述需求分析仅仅是一般意义上的讨论，对于具体应用还需具体分析。通信安全需求包括以下几方面的内容。

（1）节点的安全保证　传感器节点是构成无线传感器网络的基本单元，如果入侵者能轻易找到并毁坏各个节点，那么网络就没有任何安全性可言。节点的安全性包括以下两个具体需求：

1）节点不易被发现：无线传感器网络中普通传感器节点的数量众多，少数节点被破坏不会对网络造成太大影响。但是，一定要保证簇首等特殊节点不被发现，这些节点在网络中只占极少数，一旦被破坏整个网络就面临完全失效的危险。

2）节点不易被篡改：节点被发现后，入侵者可能从中读出密钥、程序等机密信息，甚至可以重写存储器将该节点变成一个“卧底”。为防止为敌所用，要求节点具备抗篡改能力。

（2）被动抵御入侵的能力　实际操作中由于诸多因素的制约，要把无线传感器网络的安全系统做得非常完善是非常困难的。对无线传感器网络安全系统的基本要求是：在局部发生入侵的情况下保证网络的整体可用性。因此，在遭到入侵时网络的被动防御能力至关重要。被动防御要求网络具备以下一些能力：

1）对抗外部攻击者的能力：外部攻击者是指那些没有得到密钥，无法接入网络的节点。外部攻击者无法有效地注入虚假信息，但是可以进行窃听、干扰、分析通信量等活动，为进一步攻击收集信息，因此对抗外部攻击者首先需要解决保密性问题。其次，要防范能扰乱网络正常运转的简单网络攻击，如重放数据包等，这些攻击会造成网络性能下降。再次，要尽量减少入侵者得到密钥的机会，防止外部攻击者演变成内部攻击者。

2）对抗内部攻击者的能力：内部攻击者是指那些获得了相关密钥并以合法身份混入网络的攻击节点。由于无线传感器网络不可能阻止节点被篡改，而且密钥可能被对方破解，因此总会有入侵者在取得密钥后以合法身份接入网络。由于至少能取得网络中一部分节点的信任，内部攻击者能发动的网络攻击种类更多，危害更大，也更隐蔽。

（3）主动反击入侵的能力　主动反击能力是指网络安全系统能够主动地限制甚至消灭入侵者，为此至少需要具备以下能力：

1）入侵检测能力。和传统的网络入侵检测相似，首先需要准确识别网络内出现的各种入侵行为并发出警报。其次，入侵检测系统还必须确定入侵节点的身份或者位置，只有这样才能在随后发动有效反击。

2）隔离入侵者的能力。网络需要具有根据入侵检测信息调度网络正常通信来避开入侵者，同时丢弃任何由入侵者发出的数据报的能力。这样相当于把入侵者和己方网络从逻辑上隔离开来，可以防止它继续危害网络。

3）消灭入侵者的能力：要想彻底消除入侵者对网络的危害就必须消灭入侵节点，但是让网络自主消灭入侵者是较难实现的。由于无线传感器网络的主要用途是为用户收集信息，因此可以在网络提供的入侵信息的引导下，由用户通过人工方式消灭入侵者。

2. 无线传感器网络信息安全特点

与传统网络相比，无线传感器网络的特点使其在安全方面有一些独有优势。下面在分析无线传感器网络安全特点的同时，提出实现无线传感器网络安全面临的挑战性问题。在深刻理解无线传感器网络安全问题特点的基础上，合理发挥无线传感器网络的安全优势并据此克服资源约束带来的挑战，是解决无线传感器网络安全问题的必由之路。

与传统网络安全问题相比，无线传感器网络安全问题具有以下特点：

1）内容广泛。传统 Internet 等数据网络为用户提供的是通用的信息传输平台，其安全系统解决的是信息的安全传输问题。而无线传感器网络是面向特定应用的信息收集网络，它要求安全系统支持数据采集、处理和传输等更多的网络功能，因此无线传感器网络安全问题要研究的内容也更加广泛。

2）需求多样。无线传感器网络作为用户和物理环境之间的交互工具大多以局域网的形式存在，不论是工作环境还是网络的用途都与传统的公用网络存在很大差异，不同用户对网络的性能以及网络安全性的需求呈现出多样化的特点。

3）对抗性强。在一些军事应用中，传感器网络本身就是用于进攻或防御的对抗工具。攻击者往往是专业人员，相关经验丰富，装备先进，并且会动用一切可能的手段摧毁对方网络。对此类无线传感器网络来说，安全性往往是最重要的性能指标之一。

综上所述，在复杂的安全环境、多样的安全需求和无线传感器网络自身资源限制等因素的综合作用下，无线传感器网络的安全性面临以下一些挑战性问题：

1）无线传感器网络中节点自身资源严重受限，能量有限、处理器计算能力弱、通信带宽小、内存容量小，这极大地限制了传感器节点本身的对抗能力。

2）无线传感器网络主要采用无线通信方式，与有线网络相比，其数据包更容易被截获。其信道的质量较差，可靠性比较低，也更容易受到干扰。

3）无线传感器网络内不存在控制中心来集中管理整个网络的安全问题，所以安全系统必须适应网络的分布式结构，并自行组织对抗网络入侵。

在面临这些挑战性问题的同时，与传统网络相比，无线传感器网络在安全方面也具有自己独有的优势，总结为以下几个方面：

1）无线传感器网络是典型的分布式网络，具备自组网能力，能适应网络拓扑的动态变化，再加上网络中节点数目众多，网络本身具有较强的可靠性，所以无线传感器网络对抗网络攻击的能力较强，遇到攻击时一般不容易出现整个网络完全失效的情况。

2）随着 MEMS 技术的发展，完全可能实现传感器节点的微型化。在那些对安全要求高的应用中，可以采用体积更小的传感器节点和隐蔽性更好的通信技术，使网络难以被潜在的网络入侵者发现。

3）无线传感器网络是一种智能系统，有能力直接发现入侵者。有时网络入侵者本身就是网络要捕捉的目标，在发起攻击前就已经被网络发现，或者网络攻击行为也可能暴露攻击者的存在，从而招致网络的反击。

4）无线传感器网络不具有传统网络的通用性，每个网络都是面向特定应用设计的，目前没有统一的标准。在这种情况下，入侵者难以形成通用的攻击手段。

10.3.2 密钥管理

针对无线传感器网络安全面临的挑战性问题，人们在密钥管理、安全路由和安全数据聚合等多个方面进行了研究。

加密和鉴别为网络提供机密性、完整性、认证等基本的安全服务，而密钥管理系统负责产生和维护加密和鉴别过程中所需的密钥。相比于其他安全技术，加密技术在传统网络安全领域已经相当成熟，但在资源受限的无线传感器网络中，任何一种加密算法都面临如何在非常有限的内存空间内完成加密运算，同时还要尽量减小能耗和运算时间的问题。在资源严格受限的情况下，基于公开密钥的加密、鉴别算法被认为不适合在无线传感器网络中使用。而无线传感器网络是分布式自组织的，属于无中心控制的网络，因此也不可能采用基于第三方的认证机制。考虑到这些因素，目前的研究主要集中在基于对称密钥的加密和鉴别协议。

1. 单密钥方案

无线传感器网络中最简单的密钥管理方式是所有节点共享同一个对称密钥来进行加密和鉴别。UC Berkeley 的研究人员设计的 TinySec 就使用全局密钥进行加密和鉴别。TinySec 是一个已经在 Mica 系列传感器平台上实现的链路层安全协议，它提供了机密性、完整性保护和简单的接入控制功能。在对节点进行编程时，TinySec 所需的密钥和相关加密、鉴别算法被一并写入节点的存储器，无需在运行期间交换和维护密钥，加之选用了适于在微控制器上运行的 RC5 算法，使得它具有较好的节能性和实时性。由于 TinySec 在数据链路层实现，对上层应用完全透明，网络的路由协议及更高层的应用都不必关心安全系统的实现，所以其易用性非常好。

加密和解密过程中将消耗大量能量和时间，因此在无线传感器网络中要尽量减少加密、解密操作。为此研究人员提出 SecureSense 安全框架，允许节点根据自己所处的外部环境、自身资源和应用需求为网络提供动态的安全服务，从而减少不必要的加密、解密操作。SecureSense 也使用开销比较小的 RC5 算法，提供语义安全、机密性、完整性和防止重放攻击等安全机制。

以上两个协议都使用了固定长度的密钥，加密强度是一定的。从理论上说，密钥越长则安全性越好，但是计算开销也越大。为便于根据不同数据包中信息的敏感程度实施不同强度的加密，UCLA 和 Rockwell 开发的 WINS 传感器节点上实现了 Sensor Ware 协议，可高效、灵活地利用有限的能量。由于采用了 RC6 算法，无需改变密钥长度，只要简单地调整参数即可改变加密强度，因此非常适合需要动态改变加密强度的场合。

总之，单密钥方案的效率最高，对网络基本功能的支持也最全面，但缺点是一旦密钥泄露，整个网络安全系统就形同虚设，对无人值守并且大量使用低成本节点的无线传感器网络来说是非常严重的安全隐患。

2. 多密钥方案

为消除单密钥系统存在的安全隐患，可以使用多密钥系统，就是不同的节点使用不同的密钥，而同一节点在不同时刻也可使用不同的密钥。这样的系统相比单密钥系统要严密的多，即使有个别节点的密钥泄露出去也不会造成太大危害，系统的安全性大大增强。

SPSNS（Security Protocols for Sensor Networks）是一个典型的多密钥协议，它提供了两个安全模块：SNEP 和 TESLA。SNEP 通过全局共享密钥提供数据机密性，双向数据鉴别，数据完整性和时效性等安全保障。μTESLA 首先通过单向函数生成一个密钥链，广播节点在不同的时隙从中选择不同的密钥计算报文鉴别码，再延迟一段时间公布该鉴别密钥。接收节点使用和广播节点相同的单向函数，它只需和广播者实现时间同步就能连续鉴别广播数据包。由于 TESLA 算法只认定基站是可信的，只适用于从基站到普通节点的广播数据包鉴别，普通节点之间的广播数据包鉴别必须通过基站中转。因此，在多跳网络中将有大量节点卷入鉴别密钥和报文鉴别码的中继过程，除了可能引发安全方面的问题，由此带来的大量通信开销也是以广播通信为主的无线传感器网络难以承受的。

LEAP协议采用了另一种多密钥方式：每个节点和基站之间共享一个单独的密钥，用于保护该节点发送给基站的数据。网络内所有节点共享一个组密钥，用于保护全局性的广播。为保障局部数据聚合的安全进行，每个节点都和它所有的邻居节点之间还共享一个组密钥。同时，任意节点都与其每个邻居节点之间拥有一个单独的会话密钥，用于保护和邻居节点之间的单播通信。由于LEAP协议使用不同的密钥保护不同的通信关系，其对上层网络应用的支持好于SPSNS协议。但其缺点是每个节点要维护的密钥个数比较多，开销较大。

为降低密钥管理系统传递密钥带来的危险，减少用于密钥管理的通信量，可采用随机密钥分配机制。通过从同一个密钥池中随机选择一定数量的密钥分配给各个节点，就能以一定的概率保证其中任意一对节点拥有相同的密钥来支持相互通信。随机分配机制不必传输密钥，能适应网络拓扑的动态变化，安全性较好，但是其扩展性仍然有限，难以适应大规模的网络应用。

总之，由于入侵者很难同时攻破所有密钥，多密钥方案的安全性较好，但是网络中必须有部分节点承担繁重的密钥管理工作，这种集中式的管理不适合无线传感器网络分布式的结构。这种结构性差异将引起一系列问题，当网络规模增大时，用于密钥管理的能耗将急剧增加，影响系统的实际可用性。此外，多密钥系统仍无法彻底解决密钥泄露问题。

10.3.3 安全路由

无线传感器网络中一般不存在专职的路由器，每一个节点都可能承担路由器的功能，这和无线自组网络是相似的。因此，网络路由是无线传感器网络研究的热点问题之一。本书第5章已详细地介绍了无线传感器网络的路由进展，对于任何路由协议，路由失败都将导致网络的数据传输能力下降，严重的会造成网络瘫痪，因此路由必须是安全的。但现有的路由算法如SPIN、DD、LEACH等都没有考虑安全因素，即使在简单的路由攻击下也难以正常运行。解决无线传感器网络的路由安全问题的要求已经十分紧迫。

与外部攻击者相比，那些能够发送虚假路由信息或者有选择地丢弃某些数据包的攻击者对路由安全造成的危害最大，因此网络安全系统要具有防范和消除这些内部攻击者的能力。当前实现安全路由的基本手段有两类，一类是利用密钥系统建立起来的安全通信环境来交换路由信息，另一类是利用冗余路由传递数据包。

由于实现安全路由的核心问题在于拒绝内部攻击者的路由欺骗，因此有研究者将SPINS协议用于建立无线自组网络的安全路由，这种方法也可以用于无线传感器网络。在这类方法中，路由的安全性取决于密钥系统的安全性。前面已经提到，无线传感器网络的特点决定其密钥系统是脆弱的，难以抵挡设计巧妙的网络攻击。例如，在虫孔（Wormhole）攻击中，入侵者利用其他频段的高速链路把一个地点收集到的数据包快速传递到网络中的其他地点再广播出去，从而使相距很远的节点误以为它们相邻。因为这些攻击完全是基于入侵者拥有的强大硬件设施发动的，根本就无需靠窃取密钥等方法接入网络，密钥系统对此类网络攻击无能为力。

J. Deng等研究人员提出了对网络入侵具有抵抗力的路由协议INSENS。在这个路由协议中，针对可能出现的内部攻击者，网络不是通过入侵检测系统，而是综合利用了冗余路由及认证机制化解入侵危害。虽然通过多条相互独立的路由传输数据包可能避开入侵节点，但使用冗余路由也存在相当大的局限性，因为冗余路由的有效性是以假设网络中只存在少量入侵节点为前提的，并且仅仅能解决选择性转发和篡改数据等问题，而无法解决虚假路由信息问题。冗余路由在实际网络使用中也存在问题，如在网络中难以找到完全独立的冗余路径，或者即使成功地通过多条路由将数据传输回去，也将导致过多的能量开销。

10.3.4 安全聚合

数据聚合是无线传感器网络的主要特点之一，通过在网络内聚合多个节点采集到的原始数据，可以达到减少通信次数、降低通信能耗，从而延长网络生存时间的作用。目前在无线传感器网络内实现安全聚合主要通过以下两个途径：

1）提高原始数据的安全性。要保证用于聚合的原始数据的真实性。现有的手段主要是数据认证，但是从前面对密钥系统介绍可知，现有的高强度认证机制不但引入了更多的时间和能量开销，还限制了网络的数据聚合能力，而那些对数据聚合支持较好的协议又存在比较严重的安全隐患。

2）使用安全聚合算法。由于相邻节点采样值具有相似性，聚合节点可通过对多个原始数据进行综合处理来减轻个别恶意数据的危害。但是必须看到，这种办法也存在局限性，聚合节点并不总能获得多个有效的冗余数据，而且对于不同的应用效果也不同。在环境监测等时间驱动型应用中可能取得较好效果，但是在目标侦察、定位等事件触发型应用中这样做不但会引起更大的延时，还可能会把重要信息过滤掉。

10.4 物联网安全问题

网络安全一直是网络技术的重要组成部分，加密、认证、防火墙、入侵检测、物理隔离等是网络安全保障的主要手段，现在常用的网络安全系统一般综合使用上述多种安全技术。

在物联网中，传感网的建设要求 RFID 电子标签预先被嵌入任何与人息息相关的物品中。可是，人们在观念上似乎还不是很能接受自己周围的生活物品甚至包括自己时刻都处于一种被监控的状态，这直接导致嵌入电子标签势必会使个人的隐私权受到侵犯。因此，如何确保电子标签物的拥有者个人隐私不受侵犯便成为射频识别技术以至物联网推广的关键问题。而且如果一旦政府在这方面和国外的大型企业合作，如何确保企业商业信息，国家机密等不会泄露也至关重要。所以说在这一点上，物联网的发展不仅仅是一个技术问题，更有可能涉及政治法律和国家安全问题。

1. 隐私问题

借助 RFID 和互联网，人们身边的各类物品都可升级为“网民”，电子标签有可能预先被嵌入任何物品中。比如人们的日常生活物品中。人们可能被扫描、定位和追踪，势必会使个人的隐私受到侵犯。因此，如何确保电子标签物的拥有者个人隐私不受侵犯便成为物联网推广的关键问题。

2. 国家安全问题

“物联网”使地球联系得更紧密，必然涉及国家、政府机密以及企业的商业秘密的保护问题，这不仅是技术问题，更是国家的安全问题。如果物联网技术在中国普及实施，如何保证国家安全的信息不被泄露，尤其重要。

3. 物联网的政策和法规问题

物联网涉及各行各业，是多种力量的整合。物联网需要国家的产业政策和立法走在前面，要制定出适合这个行业发展的政策和法规，保证行业的正常发展。

中国作为一个大国，要想成为世界真正的强国，必须拥有这些技术的自主知识产权。无论出于安全保密考虑还是为打破国外技术垄断，建立具有自主知识产权的技术更为可靠。我国一方面要加大投入和研究；另一方面，要加大对相关企业进行法律，尤其是知识产权的宣传，用法律武装自己，为未来在全球占有一席之地作充分的准备。

10.5 本章小结

物联网的安全和互联网的安全问题一样，永远都会是一个被广泛关注的话题。本章主要介绍了物联网的相关安全技术知识，包括物联网的安全特点、安全模型、安全管理等。在此基础上着重介绍无线传感器网络信息安全需求及特点，密钥管理、安全路由和安全聚合等相关内容。最后就物联网现阶段的安全做简要介绍并提出未来研究的方向。

习题

10-1 物联网安全的特点有哪些？

10-2 RFID 安全缺陷主要表现在哪些方面？

10-3 无线传感器网络安全管理技术包含的主要研究是什么？

10-4 简述无线传感器网络信息安全的需求及特点。

10-5 什么是密钥管理？

10-6 无线传感器网络内如何实现安全路由？

10-7 物联网的安全包含哪些方面？

第 11 章　物联网的典型应用

物联网应用基本流程大致可分为五个部分，即电子标签、读写器、中间件、名称解析和信息服务。在物联网系统中，每一个物品都被赋予一个 RFID 码，存储于物品上的电子标签中。同时这个代码所对应的详细信息和属性（包括名称、类别、生产日期、保质期等）被存储在 IOT-IS 服务器中。读写器对电子标签进行扫描后，将读取到的 RFID 码发送给中间件。中间件服务器通过 Internet 向相关的名称解析服务器发出查询指令，名称解析服务器收到查询指令后，根据规则查得与之相匹配的地址信息（就像 Internet 中的 DNS 的功能一样），同时引导中间件服务器访问存储了该物品详细信息的物联网信息服务器。物联网信息服务器接收到查询信息后，就将物品的详细信息以网页的形式发送给中间件，从而获得物品对应的详细信息，本章介绍的应用系统即是基于此的物联网服务流程。

11.1　物联网在智能交通方面的应用

智能交通系统（ITS）是以现代信息技术为核心，利用先进的通信、计算机、自动控制、传感器技术，实现对交通的实时控制与指挥管理。交通信息采集被认为是 ITS 的关键子系统，是发展 ITS 的基础，成为交通智能化的前提。无论是交通控制还是交通违章管理系统，都涉及交通动态信息的采集，交通动态信息采集也就成为交通智能化的首要任务，随着 ITS 和 ETC（不停车收费系统）等系统的推广应用，物联网在交通行业的应用越来越广泛。

成功应用的案例有很多，例如各省在实施与运营中的高速公路联网不停车电子收费系统（ETC）、全国各地的停车场 RFID 收费系统、车辆自动称重系统、公交车站车辆进出站管理系统、海关车辆进出检验系统、城市汽车环保检测系统等。图 11-1 给出了 RFID 电子标签技术在高速公路不停车收费系统中的应用示例照片。

图 11-1　RFID 电子标签技术在高速公路不停车收费系统中的应用

作者所在课题组正在研究将 RFID 技术应用到公路交通的管理领域，并已经研发了实体模型系统：交通流检测子系统。工作过程是，读卡器首先通过天线发送加密数据载波信号到 RFID 汽车电子标签，电子标签的发射天线工作区域被激活，同时将加密的载有车辆信息的加密载波信号发射出去，接收天线接收到射频卡发来的载波信号，经读卡器接收处理后，提取出车辆信息送至计算机，完成预设的系统功能和自动识别，实现车辆的自动化管理。通过 RFID 完成获取车流量、分车型、确定道路畅通情况、确定车辆位置等工作以便于高速公路的综合管理。图11-2为读写有源电子标签系统连接，可对RFID电子标签进行读写操作。图11-3为在图11-2系统基础上，将电子标签附着在车辆上，通过对电子标签的读写操作来获取车辆信息。图11-4为利用天线来获取无源标签信息的系统组成。通过本课题的研究和探索，希望能提供一种基于RFID技术的实时交通检测方法，为管理人员及时掌握道路交通状况（畅通、拥挤和阻塞）提供快捷途径，并可及时发布交通诱导信息，疏导交通；基于RFID与互联网技术的智能车位管理系统设计详见11.3节。

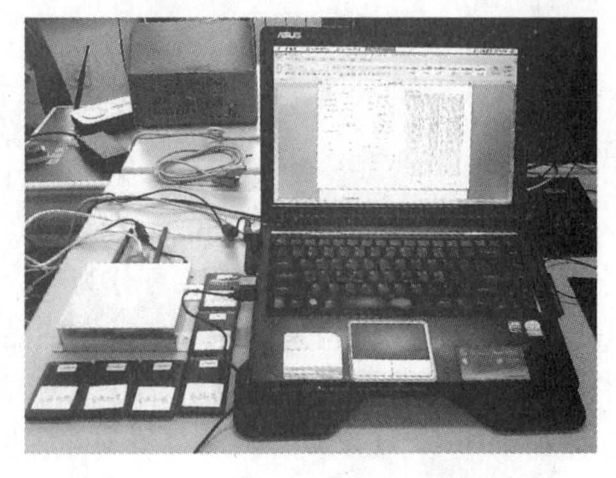

图11-2　有源电子标签读写系统连接

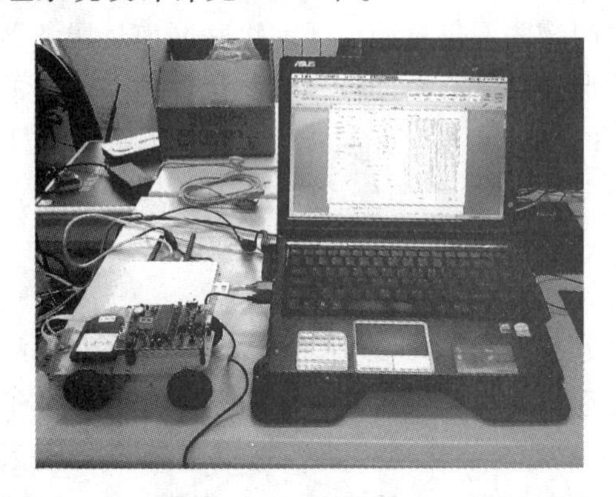

图11-3　附电子标签的智能车辆信息读写系统

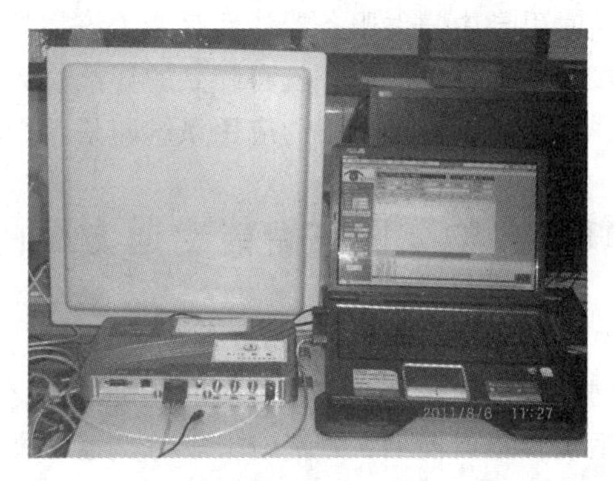

图11-4　附加天线的无源电子标签读写系统

11.2　停车场管理

11.2.1　停车场管理综述

1. 管理概述

随着中国汽车工业的发展和鼓励轿车进入家庭及一系列相关政策的实施，特别是伴随大城市经济社会的发展和城市现代化水平的提高，城市静态交通问题将越来越突出。解决城市交通堵塞和停车难的问题，已成为影响和制约城市建设和经济发展的一个重要因素。

世界各国在汽车保有量高速增长初期，开始注重停车场建设和停车管理，并制定相应的法律予以保障。

中国城市停车场按其性质用途划分为三类：配建停车场、路外公共停车场和路面停车场。

配建停车场又称建筑物附设停车设施，是提高停车场供应水平的主要停车设施，在停车场整体中占主导地位。路外公共停车场具有经营性、开放性、集合性等特点，在停车场整体中居辅助地位。路面停车场具有挤占性、方便性和临时性等特点，是以挤占动态交通资源为代价，在停车场中起调节和补充作用。

中国城市停车场建设的总体发展思路是：以发展配建停车场为主，路外公共停车场为铺，路面停车场为补充，形成布局合理、比例适当、使用方便的停车设施和管理体系。

大城市停车场发展和停车管理策略：近期以扩大停车场供应为主，停车需求管理为辅的策略；远期以停车需求管理为主，停车场建设为辅的策略。对城市的不同区域区别对待，城市中心区保持一种低水平供需平衡策略、方便停车和提高收费相统一的策略、“以路内补路外”的策略。

2. 立体车库

一般意义上的停车场或停车库，都是指驾驶员将汽车直接驶入（或驶出）平面停车泊位的这种不需要专门停车机械设备的自走式停车场所。它的特点是除了有一定的管理人员及进/出口（如果有进/出口时）的管理设备外，还设有专门的停车机械设备。其优点是停车取车直接方便，汽车驾驶员直接在停车泊位存/取车，心理感觉较好。但由于所需的场（库）内行车通道宽度及泊车车位面积较大而使停车场（库）占地面积较大，只能单层平面停车。而车场（库）总停车数量较少，由于停车场（库）内通道迂回，有时甚至出现拥堵，导致车辆进场（库）停车或把车从场（库）中取出时耗费的时间较多。此外，车辆的防丢失、防损坏等防护措施也不到位。

为了提高停车场（库）的平面停车密集度及充分利用空间实现多层停车，就出现了机械式停车库。机械式停车库，就是利用机械来存取停放车辆的机械式停车的整套设施。在机械式停车库中，除了机械式停车设备之外，还包括有通风、照明、消防、排水、供电、报警、出/入口控制、运营管理、计时收费等一系列的辅助设备，甚至还应包括场内空闲泊车位数显示，车库出入库通道及出入库通道指示，出，入口前必要的周转空地等辅助设施及场地。

机械式停车设备，一般由机械、结构、电气传动、控制仪表、安全系统等组成，是光、机、电、仪一体化的成套设备。有一部分是对单层车场（库）平面停车使用的，但更多的可实现多层的立体停车，叫作机械式立体停车库。

机械式立体停车库有以下优点：①节省占地面积，充分利用空间；②造价相对较低，经济效益明显；③存取快捷方便，安全可靠性好；④改善市容环境，减少交通事故。

3. RFID 在停车场管理上的应用

停车场是城市交通基础设施的重要组成部分，公共停车场具有“准公共物品”的特点；非公共停车位具有房地产的特性，其供需状况对城市空间供应也有很大的影响。停车场与一般商品不同，具有三个特点：一是不可存储性，表现在非高峰时段容量过剩，高峰时段容量不足；二是不可运输性，体现在无法实行空间上的调节，例如，不能把边缘地区停车场的剩余容量输送到中心区去；三是作为社会资源的有限性，从常识的角度来讲，一辆车至少要占用一个停车位，与道路交通相比，停车位的总需求是“刚性”的。鉴于中国城市土地资源紧张，城市停车场的供应与需求始终存在着矛盾。

随着中国近年来城市经济的繁荣，城市化进程的加快，城市道路车辆交通量日益剧增，很多大中城市不仅出现了动态交通的严重阻塞，而且不同程度地发生了占道停车、违章停车，从而进一步加剧了交通阻塞，导致交通事故上升。城市“停车难”状况已引起各方人士的关注。但长期以来，中国城市停车场建设问题未受到应有的重视，问题日益严重。

当前急需参照发达国家的先进经验，从政策规划入手，探讨在中国城市化和机动化过程中，解决城市停车问题的途径和方法，并将此理论、方法应用到实际建设中去。

为加快停车场的现代化建设，将RED技术应用到现代化停车场的管理中，可有效地管理停车场，具有使车辆进出有序、手续简便、速度快、安全防盗、管理自动化、收费公正合理、应收费用不流失以及减少管理人员等特点。将远距离无线射频识别系统应用于停车场管理，继承了以往磁卡、条码卡、接触式IC卡、近距离感应IC卡的所有优点，向零缺陷迈进了一大步，代表了当今国际流行的停车场管理的最新水平。

RFID技术应用于该系统的特点是：识别距离不小于9m，1～10m可调；能可靠识别静态或100km/h的高速移动目标（包括人、车、物等）；可同时识别多张不同号码的射频卡；没有对人体有伤害的电磁污染；识别区域无方向性、无盲区；信号穿透力和绕射力强；信息的安全性和保密性能高；集成度高、兼容性好、通信简单快捷；性价比高，便于安装和维护。

RFID技术在停车场管理上的应用具有以下优点：

1）降低劳动成本，提高工作效率。系统稳定可靠，自动化程度较高，采用长距离感应技术，驾驶员只需将车辆停车卡在指定位置5m左右范围内稍微一晃，系统即能瞬间完成检验、记录、核算、收费等工作，道闸自动启闭，全过程无需停车场人员操作。

2）安全保密。感应式IC卡的加密性极高，基本没有破译的可能，采用一卡一车制，系统自动判断车辆是否进场或出场，有效防止车辆失窃。

3）收费公正合理。固定车主用户（长期卡），首期发行收取押金，分期收取储值金额和期限金额，实行预交费，保证了大部分车主租费的先行缴纳，管理主动、简明。临时用户（临时卡）在入口取卡，出口交卡交费，费用自动记入电脑和当班管理员名下，车场管理人员无权修改电脑的任何记录，充分保证整个费用不流失。

4）抗环境影响能力强。感应式IC卡具有防水、防磁、抗静电、无磨损、适应各种复杂气候环境的能力。其采用免接触方式，不会对硬件系统造成磨损干扰等破坏，因此系统故障率极低，存储信息也不因外部干扰而丢失、错乱，使用寿命超过10年。

5）系统扩展性强。可与监控、通信、财务等系统方便连接。

11.2.2 停车场管理系统

本节以某停车场管理系统为例，详细介绍了物联网技术在停车场管理系统中的应用、系统流程和系统功能框架。

1. 系统模型

在本系统中所采用的停车场RFID管理系统模型如图11-5所示。

2. 停车场管理流程设计

（1）入口流程设计　入口控制系统图如图11-6所示。

1）长期用户。当车辆进入发射天线工作区域时，系统自动感应到车上的标识卡（RFID电子标签），将图像传送到入口计算机，计算机检查卡号的有效性并控制摄像头抓拍车辆图像，经判断后进行如下处理：

① 如果标识卡号有效（即用户为合法用户），控制道闸抬起，车辆不停车进入停车场。

② 如果标识卡号无效（过期、不是本停车场卡、卡已进场），系统通过视觉和声音报警，LED提示牌（含满位显示功能）根据错误原因提示以下内容（中、英文）中的一种："卡已过期""卡在场内""非本场卡"，持续30s后自动清除，控制道闸不抬起。这时保安

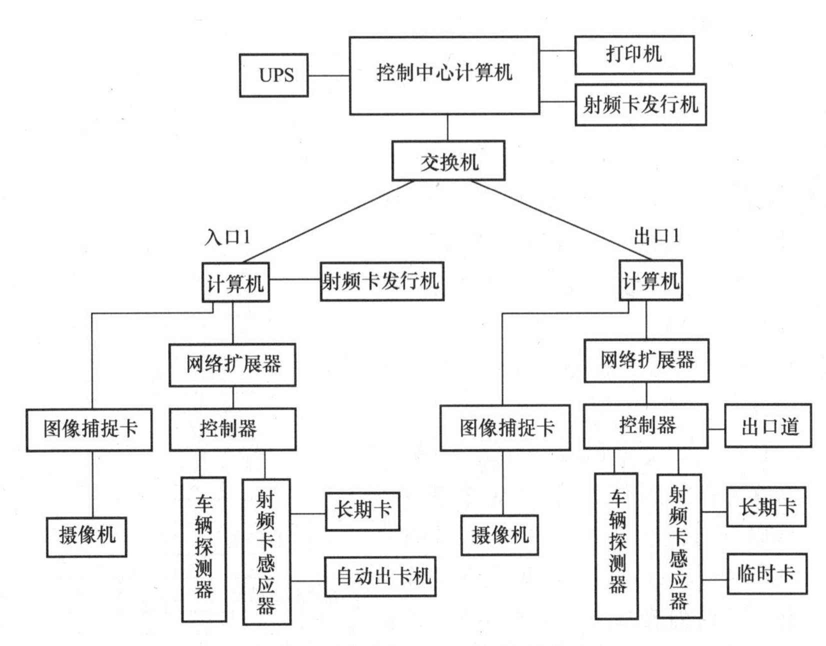

图 11-5　停车场 RFID 管理系统模型

员（或驾驶员）可通过内部通话系统与管理中心联系，及时处理。考虑到满位的情况比较少见，出现无效卡的情况也不多，因而用满位显示牌来提示错误信息，以提高设备的利用率，如果车场认为不合适，可另设一显示牌专门提示。

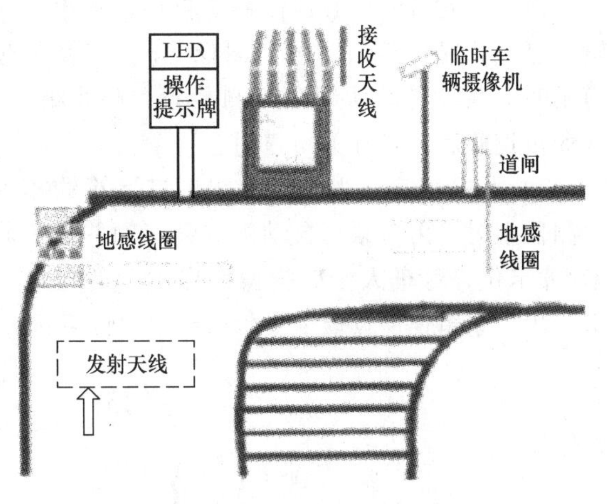

图 11-6　入口控制系统图

道闸抬起后，中心控制系统自动保存入场车辆信息（进场时间、卡号、图像等）。车辆通过道闸时，系统启动防砸车检测装置，防止砸车。车辆过道闸后，自动关闭道闸。

2）临时用户。当车辆停在入口票箱的车辆检测器上时，入口票箱自动感应到车辆并置于售卡/读卡位，驾驶员根据操作提示牌的提示取卡并读卡后，入口票箱把所读取卡号传送到入口计算机。计算机检查卡号的有效性并控制摄像头抓拍车辆图像，经判断后做如下处理：

① 如果标识卡号有效，控制道闸抬起，车辆进入停车场。

② 如果标识卡号无效（不是本停车场卡），系统通过视觉和声音报警，控制满位提示牌提示“非本场卡”，持续 30s 后自动清除，控制道闸不抬起。这时保安员（或驾驶员）可通过内部通话系统与管理中心联系，及时处理。

道闸抬起后，中心控制系统自动保存入场车辆信息（进场时间、卡号、图像等），系统检查剩余车位数，当剩余车位数为零时，控制满位显示屏显示满位。车辆通过道闸时，系统启动防砸车检测装置，防止砸车。车辆通过道闸后，自动关闭道闸。

车辆进入停车场流程如图11-7所示。

(2) 出口流程设计 出口控制系统如图11-8所示。

1) 长期用户。当车辆进入发射天线工作区域时，系统自动感应到车上的标识卡号（RFID电子标签）并将图像传送到出口计算机，计算机检查卡号的有效性，并控制摄像头抓拍车辆图像，经判断后做如下处理：

① 如果标识卡号有效，控制道闸抬起，车辆不停车离开停车场。

② 如果标识卡号无效（过期、不是本停车场卡、卡已出场），系统通过视觉和声音报警，错误提示牌提示以下内容中的一种："卡已过期""卡已出场""非本场卡"，持续30s后自动清除，控制道闸不抬起。这时保安员（或驾驶员）可通过内部通话系统与管理中心联系，及时处理。

道闸抬起后，中心控制系统自动保存出场车辆信息（出场时间、卡号、图像等）。车辆通过道闸时，系统启动防砸车检测装置，防止砸车。车辆过道闸后，自动关闭道闸。

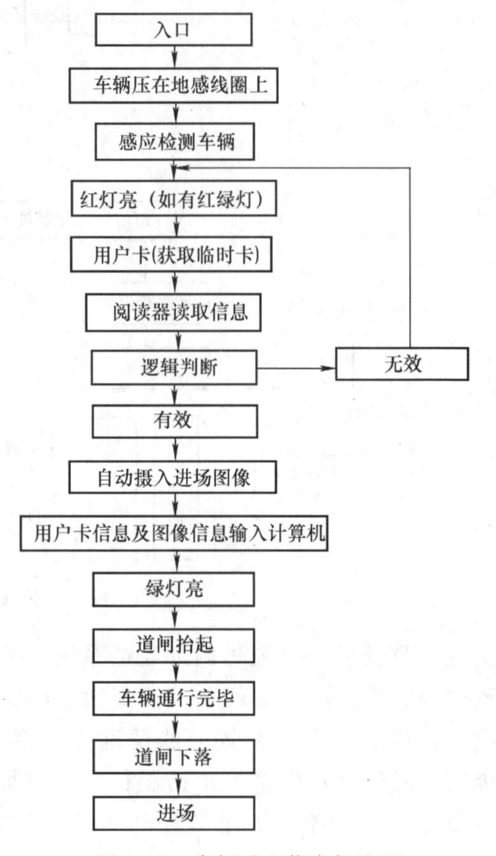

图11-7 车辆进入停车场流程

2) 临时用户。当车辆停在出口票箱的车辆检测器上时，出口票箱自动感应到车辆并置于收卡/读卡位，驾车人士根据操作提示牌的提示读卡，出口票箱把所读取卡号传送到出口计算机。计算机检查卡号的有效性并控制摄像头抓拍

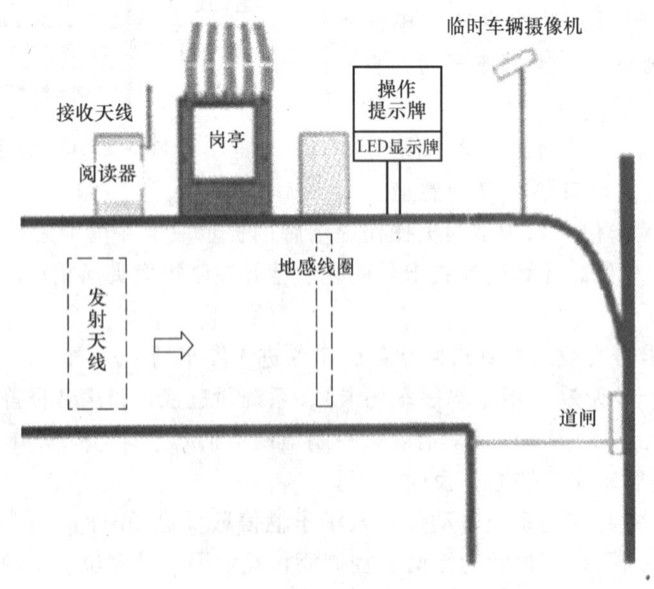

图11-8 出口控制系统图

车辆图像，经判断后做如下处理。

① 如果标识卡号有效，LED显示牌显示“停车费已付”，道闸抬起，车辆离开停车场。

②如果标识卡号无效（不是本停车场卡），系统通过视觉和声音报警，控制LED提示牌提示“非本场卡”，持续30s后自动清除，控制道闸不抬起。这时保安员（或驾驶员）可通过内部通话系统与管理中心联系，及时处理。

道闸抬起后，中心控制系统自动保存出场车辆信息（进场时间、卡号、图像等）。车辆通过道闸时，系统启动防砸车检测装置，防止砸车。车辆通过道闸后，自动关闭道闸。

停车场出口流程如图11-9所示。

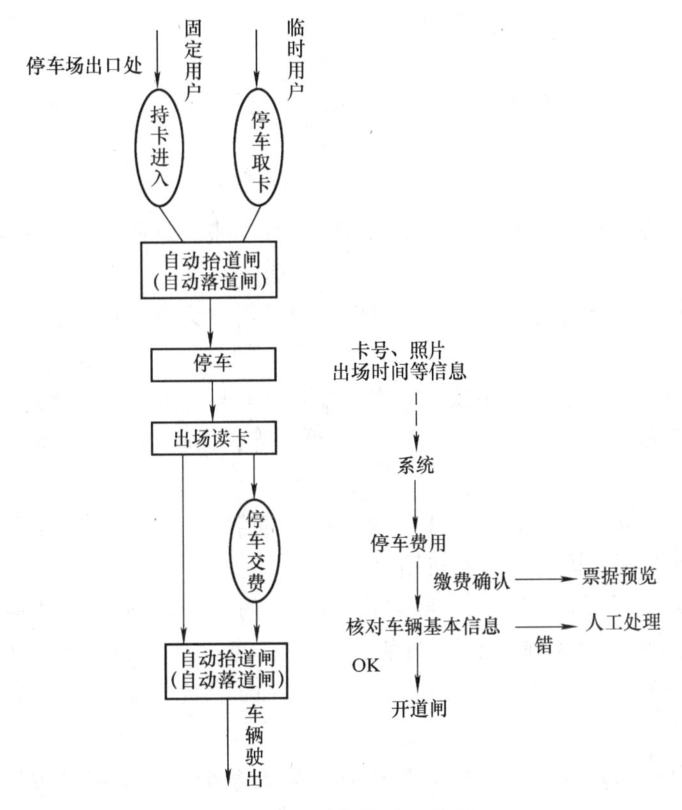

图11-9 停车场出口流程

3. 主要设备工作原理

系统工作原理如图11-10所示。

（1）阅读器（进出口各一台） 当地感线圈感应到车辆进出时，控制中心计算机发出命令，相应的阅读器打开电磁发射信号，激活进入工作区的车辆标识卡。同时把卡片传输器送来的915MHz高频载波信号经过放大、解调、解码后变成数字信号送给控制中心的计算机。

（2）车辆识别卡（若干片） 卡进入识别系统工作区后，被无线电信号激活（在非感应区处于睡眠状态），发出带有预先编制的唯一的加密识别码915MHz无线电信号。

4. 用户类型设计

停车场共分为五种用户，分别为：临时用户、刷卡用户、包月用户、VIP用户、特殊用户。后四种都是长期用户。临时用户每次入场停车，发放近距离ID卡，出场时需归还ID

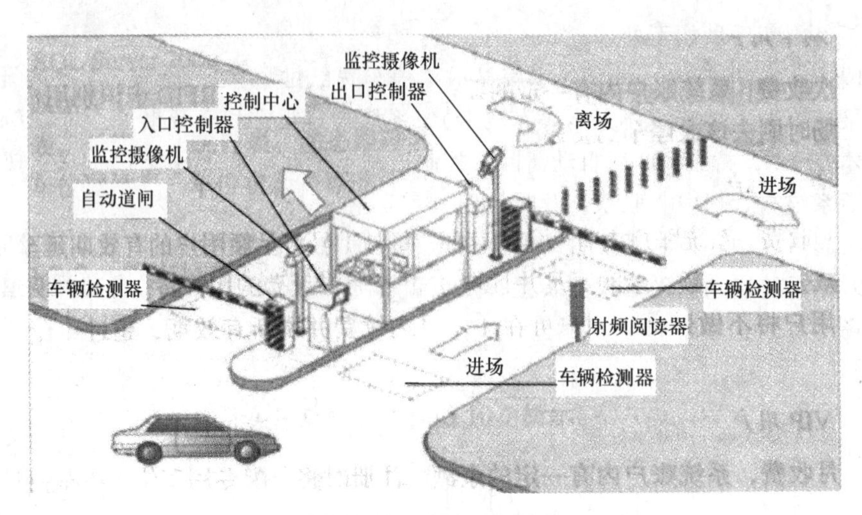

图 11-10 系统工作原理

卡。长期用户在注册时发放近距离和远距离 ID 卡各一张。远距离卡安置在汽车适当位置，近距离卡由用户随身携带，以用于身份识别和缴费等。

长期用户可通过车上的远距离卡自动识别，如果用户为合法用户，可实现不停车出入停车场。

（1）临时用户 按次收费，每次停车发放临时 ID 卡（近距离卡），由系统动态分配用户 ID，并按车牌号统计停车次数、总时间、总费用等，以便根据需要推荐用户升级为长期用户。

（2）刷卡用户 按次收费，系统账户内有一定的存额。每次通过远距离 RFID 卡识别用户，并自动在出场时刷去该次停车的费用。

（3）包月用户 按月收费，系统账户内有一定的存额。每月首日将足额用户的有效期延至下月首日，并减去相应金额。余额不足并且超过一个月没续费的用户将被冻结；只是余额不足的用户将不做处理，用户可在一个月内续费并刷新有效期，超过一个月将被冻结。

（4）VIP 用户 按月收费，系统账户内有一定的余额。注册时将分配专用车位，该车位将加上防盗设备，并且用户可享受 VIP 的特殊服务。每月首日将够额用户的有效期延至下月首日，并减去相应金额。余额不足并且超过一个月没续费的用户将被冻结；只是余额不足的用户将不做处理，用户可在一个月内续费并刷新有效期，或超过一个月将被冻结。

（5）特殊用户 该用户由于身份特殊，可免费停车。一般来说，特殊用户数量较少，注册时分配专用车位（例如车场的所有者）。也有临时的特殊用户，如军车，该用户每次发给临时近距离 ID 卡，但用户等级按特殊用户处理。

用户可根据需要注册为不同的类型，也可以根据需要，通过相应的手续更换类型。

5. 代码设计与数据库设计

根据软件设计思想和系统管理思想，设计代码主要有：用户 ID、流水号、员工 ID、车位号（车位代码）。

给以上的代码分配不同的代码位，见表 11-1。

表11-1　给代码分配不同的代码位

代码名	码长	码　内　容
用户ID	14位	预留位、等级码、日期码、顺序码
流水号	12位	日期码、顺序号
员工ID	9位	预留位、等级码、地区码、顺序码
车位号	8位	预留位、层代码、区代码、排代码、号代码

对于系统的数据库选型，由于数据量不是十分大，因此可以选用性价比较好的SQL Server 2000数据库系统。

在数据库中需要对ID卡、临时用户表、临时用户统计表、长期用户表、长期用户交费表、长期用户统计表、动态跟踪表、日统计表、员工基本信息表、员工日业绩表、车位表、车位状态表等进行设计。

11.2.3　停车场管理系统主要功能模块研究

1. 功能模块总框架

停车场管理系统功能模块总框架如图11-11所示。

2. 主流程功能模块研究

本停车场管理系统共有五大功能模块，即用户管理、ID卡管理、员工管理、统计与查询、系统设置。下面介绍部分主要功能。

(1) 长期用户注册与修改　该功能集成了用户的首次注册与用户的资料修改。新用户可以通过该界面进行注册，老用户可以通过该界面修改基本资料。

注册时用户需填写车牌号、姓名、身份证号、性别、车型等基本信息，通过分配ID卡功能分配闲置的ID卡，并可选择注册为刷卡、包月、VIP和特殊这四种用户中的一种。注册时，录入用户（车辆）照片。

修改用户时，双击表格，选中用户或通过条件查询用户。基本资料填写无误后可提交修改资料。在该功能中，用户可以更换ID卡。

(2) 用户缴费管理　长期用户可以通过该功能进行账户续费、用户类型更换。员工也可通过该功能对用户进行冻结与解冻操作。

刷卡用户、包月用户、VIP用户、特殊用户类型的相互转换时，应先将原账户冻结，并给用户创建新的账号。这种转换有时需要交一定的费用，有时需要分配车位。系统会自动识别转换类型，相应地弹出窗口进行操作。

对用户的冻结系统会记录执行该操作的操作员，操作员必须提供ID、密码以及冻结理由才可以冻结用户。

所有员工都有权进行用户冻结操作。而解除冻结操作除了提供解冻理由外，还必须提供管理员ID与密码。换言之，解除冻结的操作只有管理员才有权限进行。

(3) 用户进出场管理　在用户进场过程中，通过RFID卡自动识别，系统抓拍车辆照片、记录车辆车牌号以及进场时间。

读卡机读入RFID卡号，在系统数据库内进行数据检索，搜索相关资料判断用户等级。

· 等级为1（临时用户），显示欢迎信息。用户可选择停放或放弃停放。

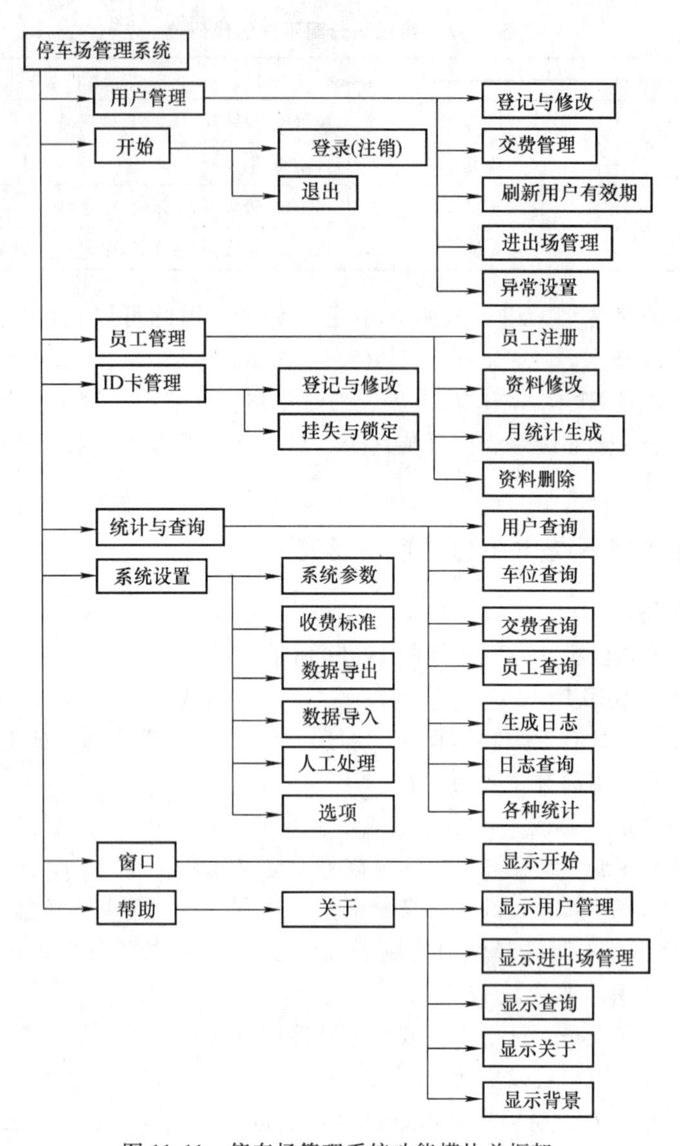

图 11-11　停车场管理系统功能模块总框架

· 等级为2（刷卡用户），检查余额，如果余额不足，给予提示，仍然允许停放。用户也可选择放弃停放或继续停放。

· 等级为3或4（包月用户和VIP用户），系统检查有效期，如果过期，给予提示，仍然允许停放。用户也可选择放弃停放或继续停放。

· 等级为5（特殊用户），用户可直接进入车场停放。

进入车场的车辆状态为"未停入"，直到车辆停入车位时状态变为"停放中"。

车场空位数量将动态进行更新，以便告知用户车场车位情况。

车辆到达出口时，系统通过读取RFID卡的信息自动识别卡号。通过内部数据库里的信息检索，查到相应的车辆记录。界面显示出记录提供的用户类型、车牌号码、车辆照片，以及动态提供的出场时间。同时通过摄像头再次抓拍车辆照片。系统并排显示车辆原始照片和当前照片，并醒目地显示车牌号，以便员工进行核对校验。非法用户系统将报警提示。

临时用户缴付停车费用后，归还 ID 卡，然后出口道闸启动，用户可以出场。

刷卡用户系统自动判断账户内余额，自动刷去相应停车费用，然后允许出场。如果余额不足则系统报警，用户可以选择续费或停回。

包月用户和 VIP 用户，系统判断用户有效期，合法用户可允许出场。如果过期，系统将报警。该用户仍然可以免费出场（非法），但是非法总数超过三次的用户只可选择继续包月续费、强制停回或按次收费。选择按次收费，则冻结用户账号，重新创建新的临时用户账号，并根据当次停车时间收取停车费用。手续完毕后可允许用户出场。特殊用户对比照片、车牌，合法后可以直接出场。

（4）车辆监控与管理　车辆监控与管理功能可以监控所有在位车辆。可以直接查看车牌号、车位号、车辆的状态、进场时间、是否索要凭证等信息，也可以选择列表记录查看其基本信息。同时，该界面还可以对车辆的资料做一些修改，以弥补流程中出现的错误。操作员也可以随时切换到可视化地图进行查询管理。

（5）可视化地图查询　车场车位的信息显示在该地图中，车位的分配情况、使用情况、锁定情况都在该界面进行可视化查询和管理。

车位在不同的状态下显示不同的颜色，一目了然。车位有车时鼠标感应车位可以显示用户基本信息。同时，操作员可以根据需要通过右键菜单进行车位锁定、解锁、合并等操作，也可以随时根据需要切换到“车辆监控管理”界面。

3. 管理功能模块研究

（1）ID 卡登记与修改　车场工作人员在该功能下将新卡购入的信息录入数据库，主要记录新卡的卡号、类型、生产日期、寿命等基本卡信息。同时，也可选中已有的卡记录，对其基本资料进行修改，以弥补录入时出现的错误操作。

ID 卡的损坏需要在该界面进行登记，并根据需要进行 ID 卡的重新分配。如长期用户的 ID 卡损坏，登记后可选择是否重新分配 ID 卡。如果损坏较轻，可暂时保留记录，快速修复后继续使用；如果损坏较严重，可以重新给用户分配 ID 卡。对于损坏非常严重的卡，进行作废登记，表示卡片永久作废。

ID 卡维修登记，可修复的卡片在维修后需要进行维修登记，作为历史“病历”以便统计查看。

该功能实现了对卡的基本信息的维护和记录。

（2）ID 卡挂失与锁定　卡的挂失与锁定界面对卡的异常状态进行维护和管理。若用户将 ID 卡丢失，可在该界面进行挂失处理。挂失的卡片处于异常状态，一旦阅读器读取到该卡信息，系统将进行报警提示。卡片找回后也可以在该界面进行卡片的解除挂失操作，该项操作需要管理员权限。要执行解挂处理，必须提供管理员账号及密码。

同卡片挂失一样，对于 ID 的其他异常情况可以将其锁定。被锁定的卡同样处于异常状态，阅读器读到该卡信息时同样会触发报警提示。

卡片解除锁定的操作同样需要管理员权限，操作时必须提供管理员账号和密码。

（3）员工注册和员工资料修改　该功能模块实现员工的注册与资料修改。填写员工基本资料后可以注册为车场员工，该功能只有管理员才有权进入。注册时可以注册管理员，也可以注册操作员。另一个界面可以对员工的错误资料进行更正，该功能需要输入密码才能执行。

（4）长期用户查询 所有长期用户，包括刷卡用户、包月用户、VIP 用户、特殊用户，都可以在该功能下对用户本身的所有基本信息和所有统计信息进行查询。用户可以通过 ID 卡的识别进行直接查询，也可以通过其他条件的限制进行查询。

该界面显示用户的照片、车牌、姓名、余额、有效期、专用车位号及用户 ID 等基本资料。同时也以列表方式显示用户的每次进场时间、出场时间、所停车位、收费记录、经办人员及凭证索要情况等历史统计信息。每次的停车记录都可以显示在下面的列表中。同时，该界面还支持打印输出功能，可对用户的统计信息进行打印输出。

（5）员工查询 该功能实现对员工的查询。查询可以通过两个条件进行条件查询，这两个条件可以是"与"关系的较强条件，也可以是"或"关系的较弱条件。查询也可以同时显示所有员工的信息。查询结果显示在下面的列表框中。

该功能支持打印输出。可以将符合查询条件的所有员工的基本资料都打印输出。例如，要打印所有籍贯为北京的员工，操作人员可以在任意一个条件下选择"籍贯"，同时在后面的内容中填入"北京"，单击查询按钮后即可以列出所有籍贯为北京的用户资料。

（6）收费标准设定 管理员可以通过该界面实现对车场收费标准的制定。可以设置的项目如下：

1）收费基本时间单位：设定最小计费时间单元。

2）单位费用：设定每个最小计费时间收取的费用。

3）优惠时段：设定每天优惠时段的起始时间和终止时间。

4）优惠费用：优惠时段内每个最小计费时间收取的费用。

5）折扣率：不同用户收费的折扣率。

6）车型费率：不同车型收费的费率。

7）月租：包月用户以及 VIP 用户每月应交的费用。

8）刷卡用户有效期设定：平均每月的最低消费。

4. 统计功能模块研究

该模块通过每次运营操作的累积统计，动态地将停车场管理的各个方面，如车位使用情况、员工业绩及用户记录等信息记录下来。并通过统计分析，得出一系列的分析结果。车场管理人员可以通过这些结果对车场的进出场、用户管理、卡管理及员工业绩等各环节的运营情况进行较为直观的分析，以便能及时发现问题并及时进行解决。

统计模块共分为停车总数统计、月收费总数统计、各类停车统计、索要凭证数统计、停车峰值开始时间统计、最大停车数统计、各区车位使用情况统计、长期用户满位拒绝记录、临时用户累计消费金额统计及员工业绩统计。下面将对各模块进行详细介绍。

（1）停车总数统计 根据表的日统计中的当天停车总数，以日为单位，统计出停车场每月停车数量的大概趋势。做此统计是为了让管理者在停车场的运营初期能够及时掌握了解停车场在规划及流程设计方面存在的不合理问题，并且立即想出应对办法，使停车场的运营能尽快走上正轨。

（2）各类停车统计 根据日统计表中的当天临时停车数、当天长期停车数、当天 VIP 用户数，以日为单位，统计出停车场每天各个用户群的数量。根据不同用户类型数量的比较，管理者可以做出相应调整。例如，临时用户数较少，管理者可以适当降低临时用户的收费标准，增加对临时用户奖励优惠政策，简化不合理的流程。如果VIP用户较多，就要在停车场车位规划方面做改动，适当增加VIP车位的数量等。

（3）索要凭证数统计 根据表的日统计，将当天索要凭证数与当天停车总数进行比较，可以得出用户是否需要凭证数的结论。根据此结论，可以在流程上做出调整、简化；同时，根据用户的实际情况做出的调整也符合人性化设计的要求。每天索要凭证数以及未索要凭证数以曲线图的形式显示，红色曲线代表索要的凭证数，绿色代表未索要的凭证数。其中未索要凭证数的用户数量是由当天停车总数与索要凭证的用户数量的差得出的结果。

（4）停车峰值开始时间统计 根据表的日统计中的停车开始时间（以时为单位），可以统计出每天停车场的使用高峰期及低谷期的大概时间，此项统计便于管理者实施相应措施，能够及时缓解高峰期容易出现的拥堵问题以及在低谷期精简工作人员。例如，加派工作人员在出入口及现场进行疏导；在管理系统方面，高峰期时应尽量避免数据量大的信息处理工作，防止影响系统工作速度。

可设置红色代表每天最大停车数的开始时间，蓝色代表每天最小停车数的开始时间。从两条曲线的变化趋势就可以看出停车场日常运营过程中的高峰期和低谷期，因为只需观察时间的大体趋势，而不需要知道具体时间，因此无需在曲线取点处显示时间的具体数值，程序画面简单清晰。

例如每天的最大停车数基本出现在早晨8点到9点之间，而每天的最小停车数基本出现在下午2点左右。以此可以做出的相应调整为，在早晨8点到9点间增加工作人员，可在下午2点左右对系统进行日志处理。

（5）其他统计模块

1）月收费总数统计。根据表的日统计中当天的收费总数，以日为单位，统计出停车场每月的收入状况。根据此项统计可以直观地看出停车场的运营情况。

2）最大停车数统计。根据表的日统计中最大的停车数，可以大略估计出该停车场最大用户使用率。如果停车场使用率较低，即停车场中车位数总大于最大停车数，则应找出流程管理等方面的问题，并及时改进；如果停车场中车位数总小于最大停车数，则说明停车场车位供不应求，应扩大规模，争取更大的收益。

3）各区车位使用情况统计。根据“车位—状态”表，可以比较出各个区的车位使用情况，以此可以人为进行调整。例如，对使用率较低的车位可以增加对其车位建议的次数。以此使停车场内车位的使用率达到最优的配比，从而获得最大的收益。

4）长期用户满位拒绝记录。根据“长期用户统计”表中的满位拒绝次数，按从大到小的顺序统计出受到满位拒绝次数最多的长期用户的基本信息，对这些用户要相应给予一定的补救，例如，对其收费进行打折等，以免顾客流失。同时，可扩大停车场的规模，或者限制临时用户的数量以保证长期用户的利益。

5）临时用户累计消费金额统计。根据“临时用户统计”表中的累积消费金额，按从大到小的顺序统计出消费金额最高的临时用户，对这些用户给予一定的优惠奖励，使其能够经常惠顾，最终成为停车场的长期用户或VIP用户。

6）员工业绩统计。根据“员工—业绩—天”表中的日累计经手车辆数，可以统计出每个员工每天的工作量。对于工作好的予以表扬和奖励，不好的进行教育，使其改进工作方法，以使停车场更好地运营。

11.3　基于RFID与互联网技术的智能车位管理系统设计

基于RFID与互联网技术的智能车位管理系统主要由两部分组成：停车场车位管理子系统及互联网车位信息发布查询系统。

停车场车位管理子系统采用RFID射频电子标签作为核心管理介质，系统包括：入口检测及控制系统、电子地图定位引导系统、出口检测及控制系统等。入口检测及控制系统与出口检测及控制系统共用一台中心计算机，通过在计算机上配置的管理软件进行管理。停车场车位管理子系统的系统结构如图11-12所示。

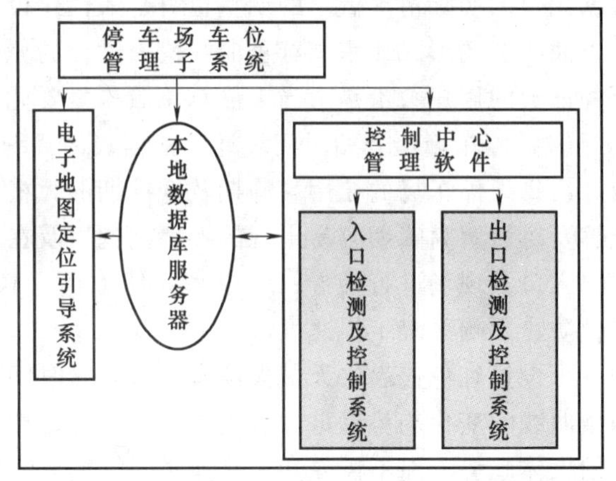

图11-12　停车场车位管理子系统的系统结构

互联网车位信息发布查询系统采用B/S结构（Browser/Server结构，即浏览器和服务器结构），将全城的停车场信息接入互联网管理平台，进行有效的管理。车位

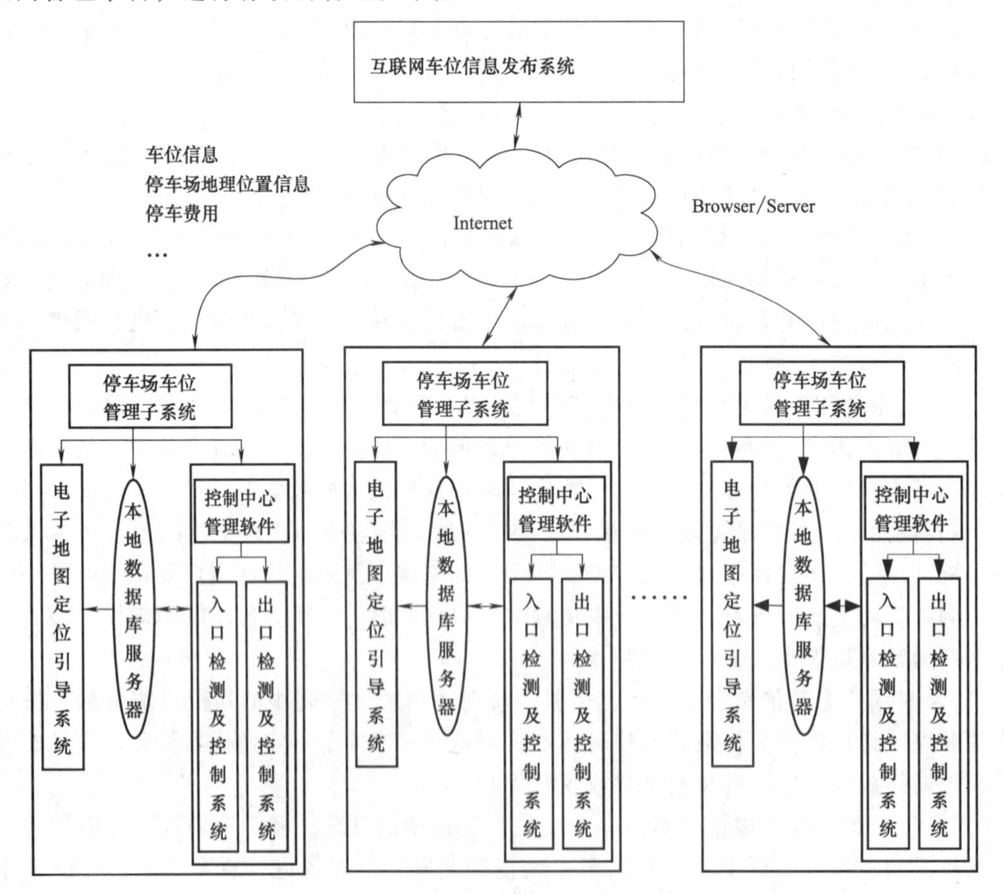

图11-13　互联网车位信息发布查询系统结构

信息发布查询系统结构如图 11-13 所示。

该系统的实体模型已研发成功，并获得了专利授权，经过工程检验后即可投入生产。作者提出将车位信息统一发布到互联网的设计思路，具有一定的现实意义和社会价值，主要表现在以下几个方面：大大减少了驾驶员为寻找车位花费的时间；减少因寻找车位而产生的车辆绕行、巡游交通量，从而改善城区周边地区的交通状况；减少因寻找车位而导致的路面拥堵，提高了路面交通运行效率，节约了能源，减少了路面车辆尾气的排放量，改善空气质量。

11.4　车辆自动识别管理系统

“车辆自动识别管理（AVIM）系统”可以作为智能交通系统（ITS）的前端信息平台，可以用于交管部门的交通管理、治安侦防等方面，国内已有城市在试点应用。

11.4.1　系统组成

车辆自动识别管理系统如图 11-14 所示，主要组成部分有：车辆标识电子标签（又称电子车牌），各种读写设备，后台工作终端及处理计算机，专用短程通信（无线接入），专用及公众信息网，系统管理中心及卡管中心等。下面介绍其中几项。

1. 车辆标识卡（电子标签）

电子标识卡采用防拆防伪技术，按照“一车一卡”严格对应的设计原则，固定安装在每一辆汽车的挡风玻璃上，卡内存储有车辆的基本档案，即和《车辆行驶证》对应的车号、车型、发动机号码等内容，以及各种商用数字化信息。按照用户需求扩展功能，可增设一个与该车标识卡卡对应使用的、由驾驶员随身携带的副卡。

2. 车外读写设备

根据不同的应用场合，车外读写设备分为车载式、路边式、台式、手持式等。利用这些读写设备，可在几米远的距离与正在行驶状态或停下来的车辆进行专用短程无线通信，采集车辆标识卡中所存储的信息进行无接触识别。

3. 车道控制设备

车道控制设备包括车道控制器和车道计算机。

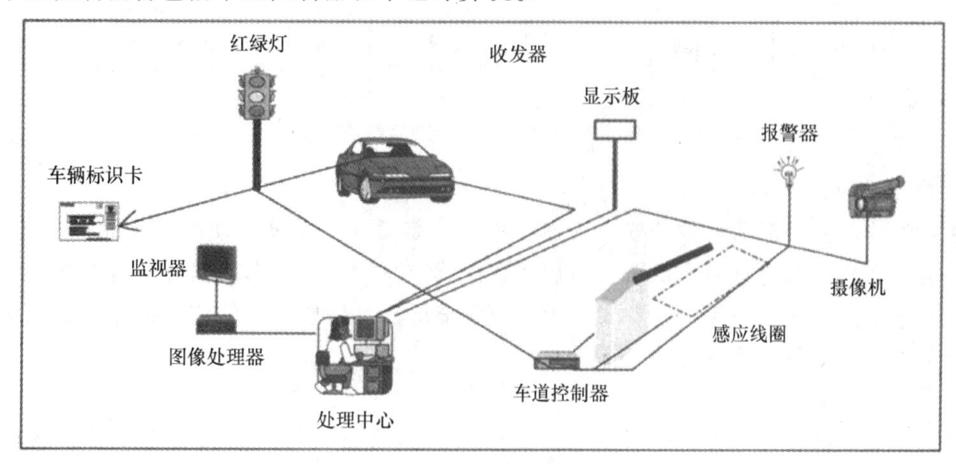

图 11-14　车辆自动识别管理系统

4. 专用短程通信

专用短程通信（DSRC）是由车辆标识卡与车外读写设备之间通过一系列通信协议接口和操作控制软件，按照国际标准建立起来的通信网络。通过对欧、美、日等国的不同体系进行了优化处理，相关软件达到了在大区域联网使用的条件。

11.4.2 系统功能与特点

车辆自动识别管理系统主要功能是使车辆信息数字化、车辆识别自动化、车辆管理智能化。

车辆自动识别管理系统将先进的微波通信技术、识别技术和计算机技术汇集为一体，具有车辆自动识别、查控报警、查询统计、实时处理等功能，可同时读多个卡，可联网或脱机运行。利用上述基本设备，可根据各种用户的不同需求，组建成专用或综合应用系统，可以从一个点上获得诸如交通、查控车辆等信息。通过公用或专用网络汇集到监控中心，又可把命令同时下发给各监控点，成为覆盖某个区域的动态车辆管理各级组织系统。如果不想让无关者了解这些数据，可以采取加密措施。

11.4.3 系统应用与特点

车辆自动识别管理系统的应用框图如图11-15所示。

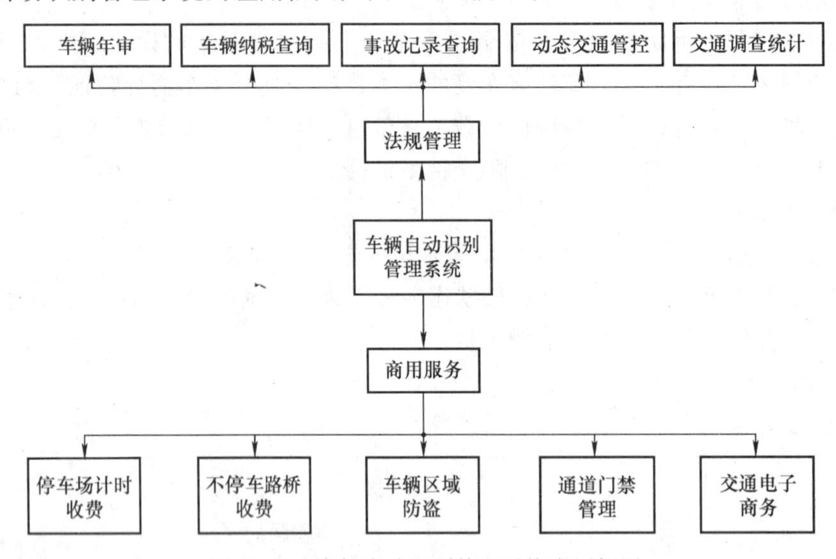

图11-15 车辆自动识别管理系统应用框图

1. 用于政府管理部门

这是为政府相关部门（如公安、交通、税务、海关、环保等）实施管理而设计的功能。可在车辆动态和静态下对存入识别卡的数据进行读与写，完成对车辆法定身份的真实性鉴别和车型判别，完成对车辆年审、事故记录、完税情况、环保要求等的例行检查，完成对车辆的实时定点通行记载和流量统计。

2. 用于治安侦防

健全交通法制管理的有效办法之一，是根据《车辆行驶证》缉查在正常行驶状态下的被盗车辆、走私车辆、非法翻新车辆、肇事逃逸车辆、挪用牌照车辆、未按时年审车辆等。

目前因受技术手段的限制，只能在停车状态下进行验证，这不但费时、费事，而且难以选取合适的验车地点。AVIM 系统的建立，将从根本上改变这种被动局面，可在不停车状态下随时随地进行验证。该系统可根据对车卡的快速自动识别（无卡、只有一张卡、两张卡不配对）和读出的信息（车牌号、车型、发动机号等）判断某车是否为合法车。如果所读信息与该车不符，则被认为是涉嫌车。如果失主已事先报失，该车即被列入“黑名单”而存入指挥中心，随即下达到所有网站，待它路过任何网站时，通过该系统对它自动识别，即可被查获。即使未报失，也会因从标识卡的上述识别结果不匹配而发现异常，也同样会被挡下。即使被偷车者换了车牌，也会被查获出来。此外，执法人员还可用手持式读写设备对宾馆、停车场等地随时随地进行巡检。这种网络式治安侦防手段，比现用的任何车辆防盗手段更实用、有效。

3. 用于交通路政管理

车辆自动识别管理系统用于交通路政管理，特别是对营运车辆的管理最为有效，能及时查出不按营运线路行驶或未办理合法手续的车辆。

4. 用于商业性服务

车辆自动识别管理系统依托装在车辆上的标识卡，可为车辆的使用者、消费者提供多种信息资源，在商业上有着十分广泛的用途。例如，停车场、加油站自动收费，生活小区车辆防盗，车辆进出门禁服务，车站站务管理，等等。

该系统对停车场、小区的管理十分方便且有效：对持有双卡车（正常车），离场时自动计时、收费、打印票据；对无卡车，离场时显示“无卡，请登记”；对持单卡车，离场时显示“请停车交费”或“接受查验”；对双卡不配对车，离场时显示“卡不配对”，将被拦下查验。

该系统的另一重要用途，是高速公路、桥梁的停车或不停车自动收费。

该系统适合于在某区域全面推广应用，不仅能为政府部门提供现代化的车辆及交通管理手段，而且还可促进当地信息产业和电子商务业（包括税务、银行、保险业等）的发展。所有这些，都会给当地带来明显的经济效益和社会效益，为提高地区的整体形象和改善投资环境创造了重要的前提。

中国自改革开放以来，随着经济的飞速发展，公路里程、机动车辆保有量及海关进口货物的大幅度增长，原有的交通管理手段、物流控制方式已不能满足要求，寻求全新的技术解决措施已成为当务之急，这意味着 ITS 产业在中国蕴涵着巨大的市场机会。智能交通系统（ITS）在世界上是一个新兴高科技产业，作为现代交通的技术基础，它肩负着改善交通管理、提高道路设施利用率的重任，是各发达国家争相投入巨资研究和发展战略性基础设施之一。将无线射频识别技术应用在智能交通系统，会极大地推进中国 ITS 的现代化水平。

11.5 物联网在物流业的应用

11.5.1 应用概述

1. 物流行业物联网应用发展历程

（1）启蒙阶段（1999～2004 年） 在启蒙阶段，物流行业的物联网的应用是从两个独立的技术路线开始探索的，一个是基于 RFID/EPC 的技术路线，另一个是基于 GPS/GIS 的技术路线。

1）基于 RFID 与 EPC 的物联网技术。1999 年基于 RFID/EPC 物联网概念提出；2003 年 11 月 EPC Global 成立，基于 RFID/EPC 的物联网概念引入中国。

2004 年 1 月 12 日 EPC Global 中国成立，2004 年 4 月，中国举办了第一届 EPC 与物联网高层论坛。2004 年 10 月，举办了第二届 EPC 与物联网高层论坛。同年关于物联网的图书首次在中国出版，在这一时期，中国物流领域掀起了第一轮物联网概念与应用小高潮。

2004 年中国物流技术协会召开中国物流技术创新大会，推动物联网技术创新。

2）基于 GPS 技术的物联网。1999 年开始探讨 GPS 技术与物流可视化管理；2001 年前后开始探索 GPS 在物流货运监控与联网管理上的应用；从 2003 年前后开始出现一些成功的应用案例，开始探讨物流配货信息与 GPS 物流运输跟踪定位相结合；2004 年前后开始结合 GPS 感知与定位技术和互联网技术，实现对移动中的物流运输车辆与货物联网、跟踪、定位、调度、配货等智能管理与运作，初步具备了物联网本质特征，但是当时这一技术路线及其应用案例并未纳入物联网理念范畴。

（2）起步探索阶段（2005～2009 年） 面对的问题如下：

1）RFID 芯片成本高。

2）基础网络覆盖率低。

3）技术水平不过关。

4）成功应用模式少。

解决办法如下：

1）降低 RFID 芯片成本。

2）尝试在高附加值产品上应用 RFID 电子标签。

3）借助物流运作的单元化技术，形成以物流单元为终端节点的物联网体系。

4）GPS 跟踪定位。

5）局部联网。

（3）理性发展阶段（2009 年至今）

1）2005 年 11 月 17 日，国际电信联盟（ITU）发布了《ITU 互联网报告 2005：物联网》，物联网理念得到了全面提升。

2）2009 年我国总理温家宝提出“感知中国”理念；美国总统奥巴马采纳“智慧地球”理念。

3）中国物流业已经有很多物联网应用案例，具备物联网本质特征。作为现代信息技术的集成创新，物流业物联网的应用是逐步深入的。

4）目前中国物流行业整体技术水平的应用呈金字塔结构，先进的物联网技术就是塔尖部分，占的比例不大。

5）物流行业物联网应用空间也是很大的。

2. 物联网技术在物流业应用状况

进行调研的目的是分析物联网主要技术在物流行业的应用情况，因此不对物联网概念与技术展开全面分析与论述。只结合研究目的，对目前物流行业应用的主要物联网技术进行归类的概述分析。

物联网主要有三大技术体系，一是感知技术体系；二是通信与网络技术体系；三是智能技术体系。

（1）感知技术应用状况　根据对各种案例统计分析，中国物流信息化领域应用最普遍的物联网感知技术首先就是 RFID 技术，占 38%；其次是 GPS/GIS 技术，占 32%；视频与图像感知技术居第三位，占 9% 的案例中采用了视频或图像的感知技术，这一技术目前还停留在监控阶段；传感器的感知技术居于第四位，大约不到 4% 的案例采用了传感器感知技术；其他感知技术在物流领域也有应用，不足 4%。

（2）通信与网络技术应用状况　企业物流系统的网络架构，以局域网为主体；社会物流往往是互联网与企业局域网相结合。数据通信方面一般无线通信与有线通信相结合。根据不完全的对物流信息化案例的统计分析，采用互联网技术的占 68%，采用局域网技术的占 63%，采用无线局域网技术的占 24%，有的系统采用多种网络技术。

（3）智能管控技术应用状况　根据相关资料统计分析，目前物流信息系统能够实现对物流过程智能控制与管理的还不多，物联网及物流信息化还仅仅停留在对物品自动识别、自动感知、自动定位、过程追溯、在线追踪、在线调度等一般的应用。专家系统、数据挖掘、网络融合与信息共享优化、智能调度与线路自动化调整管理等智能管理技术应用还有很大差距。

目前只是在企业物流系统中，部分物流系统还可以做到与企业生产管理系统无缝结合，智能运作；在部分全智能化和自动化的物流中心的物流信息系统，可以做到全自动化与智能化物流作业。

11.5.2　药品食品安全管理

目前我国的药品食品管理技术手段并不完善，比如 2008 年发生的“三聚氰胺”事件，使我国奶业长期存在的深层次矛盾充分暴露出来，虽然经过了一系列治理整顿，但是其中存在的许多问题没有得到有效解决。

RFID 在食品安全中能够发挥的最大作用是保证系统的高效运行。例如质量保障系统，可以追溯到每一袋奶粉的最终奶源在哪里，包括哪个国家、哪个草场，甚至哪头奶牛。

物联网应用的核心价值并不是通过技术，识别某某物和联网，而是通过识别、联网能够解决以上问题。RFID 解决了食品在生产环节中的信息采集、提高了工作效率、降低了工作量，谁出了问题找谁，责任分工明确，把问题扼杀在摇篮里。

11.5.3　电子商务物流

从铁路、交通，到物流、食品追溯，从奥运会到世博会，物联网正在一个个行业中稳步地得到应用。电信针对物流行业物联网应用需求，创造性地开发和推出了位置服务、全球眼、物流 e 通等产品和服务，为物流行业实现物流、信息流、资金流的“三流合一”创造了条件。目前，电信向物流业提供的物联网信息化服务主要有三类：一是通信服务类，提供固话、宽带、移动通信等全面的通信服务，提供 VPN 等经济的通信服务；二是应用产品服务类，提供位置服务、全球眼、综合办公、协同通信等各行业应用产品；三是物联网平台服务类，可向用户提供平台租用，提供物流 e 通、物流供应链管理平台等平台租用型应用。除此之外，武汉电信还可针对物流业的需求进行定制开发，向客户提供特定解决方案和系统。

物联网提高信息传递效率，提升物流业效益。电信提供的物联网平台让实时跟踪货物信息变为可能，可随时了解货物安全，降低管理成本。“物联网，就是通过代码跟踪让人与物的通话成为可能”。物联网与现代物流有着天然紧密的联系，其关键技术在于诸如物体标识及标识追踪、无线定位等应用。现代物流企业应用物联网之后，将有效地实现物流的智能调度管理。

目前，中国电信可以通过 GPSONE 或 GPS 定位技术，针对携带定位手机的人员或配置专用终端的车辆，向客户提供实时监控调度、历史轨迹查询、语音导航、特殊人群跟踪、位置信息查询功能的全天候全覆盖的个性化定位服务，这就是位置服务。基于精准定位、高精度室内定位和快速定位的三大优势，可以实时跟踪物体最新状态信息，如货物运到哪里了、是否丢失等。在家用汽车进入物联网之后，甚至可以实时查看汽车的所在位置和油耗等运行状态。

物联网提升物流业管理水平，提升管理效率。出差在外，也能随时查看物流仓库，实现远程监控管理。专家介绍，这种全球眼远程视频监控业务，能满足政企客户远程实时查看各类监控应用现场情况、应急指挥调度、控制监控视频、掌握最新监控信息、各类现场情况监督管理等需求，向各行业客户提供随时随地的实时、移动视频监控服务，帮助客户提升远程视频监控管理能力。通过内置监控客户端软件的 CDMA 手机终端，进行浏览页面的动态调整和适配等。甚至还能根据不同要求进行前端设备、中心平台、客户端三地录像与存储，并对所存储的图像按照不同的要求进行回放查看。

例如，某饮料瓶上贴有电子标签，并在其上附有其生产商提供的唯一的 RFID 码，以欧美国家比较通用的 EPC 码为例，该瓶饮料的 EPC 码为 1367803732101000000000。与此同时，此饮料的详细信息和属性（包括名称和类别，生产日期，保质期等）都被存储在 EPCIS 中。

读写器对其进行识读操作，得到了其唯一的 EPC 码，并将此 EPC 码发送给中间件。中间件将这一串 EPC 码转化为抽象身份的 URI（Universal Resource Identifier，统一资源标识），并通过 Internet 向相关的 ONS（Object Name Service，名称解析服务）服务器发出查询指令。ONS 收到查询指令后，根据规则查得与之相匹配的地址信息（即此产品所对应的 IP 地址，该瓶饮料对应的 IP 地址为 192. 168. 2. 106），同时引导中间件访问已经存储了该瓶饮料详细信息的 EPCIS。EPCIS 接收到查询信息后，就将物品的详细信息以网页的形式发送给中间件，从而获得物—储对应的详细信息。

有了这些信息，用户将对商品一目了然，对商家的销售将起到巨大的推动作用。由此可见，物联网对于各行业尤其是物流业的发展促进作用将非常巨大。

物联网提升物流业运营效率，提升经营水平。电信提供的“物流 e 通”随时掌握货物收取、配送信息，有效提高企业效率。以前，物流企业提货，一般都是记录在纸上，然后再回到办公室输入电脑中，但是物流企业加入物联网以后，提单员可以利用手机，轻轻扫描，现场即录入货物信息，然后可以立即发送到物联网上，而坐在办公室内的调度员在第一时间就可以获取货物信息，并可坐在办公室内对货物运送过程进行调度和管控。方便，快捷，可以降低物流成本，减少流通费用、增加利润。“物流 e 通”将成为现代物流、快递企业不可或缺的信息化武器。

11.6　物联网在其他方面应用

1. 物联网与城市信息化

所谓智能城市，是指对城市的数字化管理和城市安全的统一监控。城市安全是指基于宽带互联网的实时远程监控、传输、存储、管理的业务，利用无处不达的宽带和4G网络，将分散、独立的图像采集点进行联网，实现对城市安全的统一监控、统一存储和统一管理、为城市管理和建设者提供一种全新、直观、视听觉范围延伸的管理工具。

作为平安城市的重要组成，“全球眼”及“移动全球眼”网络视频监视业务凭借在公共安全与公共交通与运输的突出效果，目前其应用范围已经遍布全国。而随着4G业务的发展和移动全球眼的诞生，手机逐渐成为新的处理终端，真正实现了任何时间、地点的远程监视以及任何时候管理的需要。

2. 智能家居

有一种应用正悄然兴起，那就是“智能家居”。我国已将建设智能化小康示范小区列入国家重点发展方向。住房和城乡建设部计划在近年内，使60%以上的新房具有一定的“智能家居”功能。通过在家庭布设传感器网络，可以通过手机或互联网远程实现家庭安全、客人来访、环境与灾害的监控报警以及家电设备控制，以保障居住安全，提高生活质量。智能家居是通过家庭传感网线将家庭中的水、电、煤气、照明、视听、安全、通信、调温等各种设备连接起来，协同工作，从而将家庭从一个被动的结构转变成一个主动的“伙伴”。要实现家居智能化，必须能够实时监控住宅内部的各种信息，从而采取相应的控制。为了实现这一目的，家居中必须有足够的传感器来采集温度、湿度、有无煤气泄漏或者外来入侵等信息，这些传感器就构成家庭神经系统的神经末梢。而在这类惠及每个家庭的应用中，M2M通信业务能够发挥很大的作用。

智能家居产品融合自动化控制系统、计算机网络系统和网络通信技术于一体，将各种家庭设备（如音视频设备、照明系统、窗帘控制、空调控制、安防系统、家电等）通过智能家庭网络联网实现自动化，通过固话、有线宽带和4G无线网络，实现对家庭设备的远程操控以及居家安防。

基于4G网络的“平安e家”智能化手机监控综合系统是一种典型的物联网应用。通过部署在家居内的各种温度感应器、红外感应器或RFID设备，借助移动网络在手机视频监控基础上叠加多种报警与远程家居设备控制的家居综合安防系统，其系统架构如图11-16所示。

该系统架构图中，整体分为前端、平台、客户端三部分。前端包括摄像机（枪形、球形摄像机）、多种传感器（门磁、窗磁、红外、烟雾、煤气等传感器）、受控家电设备（灯具、冰箱、热水器等）、视频存储服务器与家电远程控制器；平台则需利用视频转发与信令控制服务器实现视频与控制信号的转发；客户端实现远程查看与控制目的。该系统的功能包括但不限于以下几个方面：

（1）家庭安防摄像机实时视频查看　在客厅、厨房等房间安装球形、枪形摄像机后，住户可通过手机客户端随时查看自家实时视频状况。同时，住户能够授权给亲属及朋友，使他们也具有视频观看权利。此外，利用任何可接入Internet的PC用户及授权用户也可实时视频查看。该系统前端还具有专用大容量视频存储设备，用于摄像机视频存储。

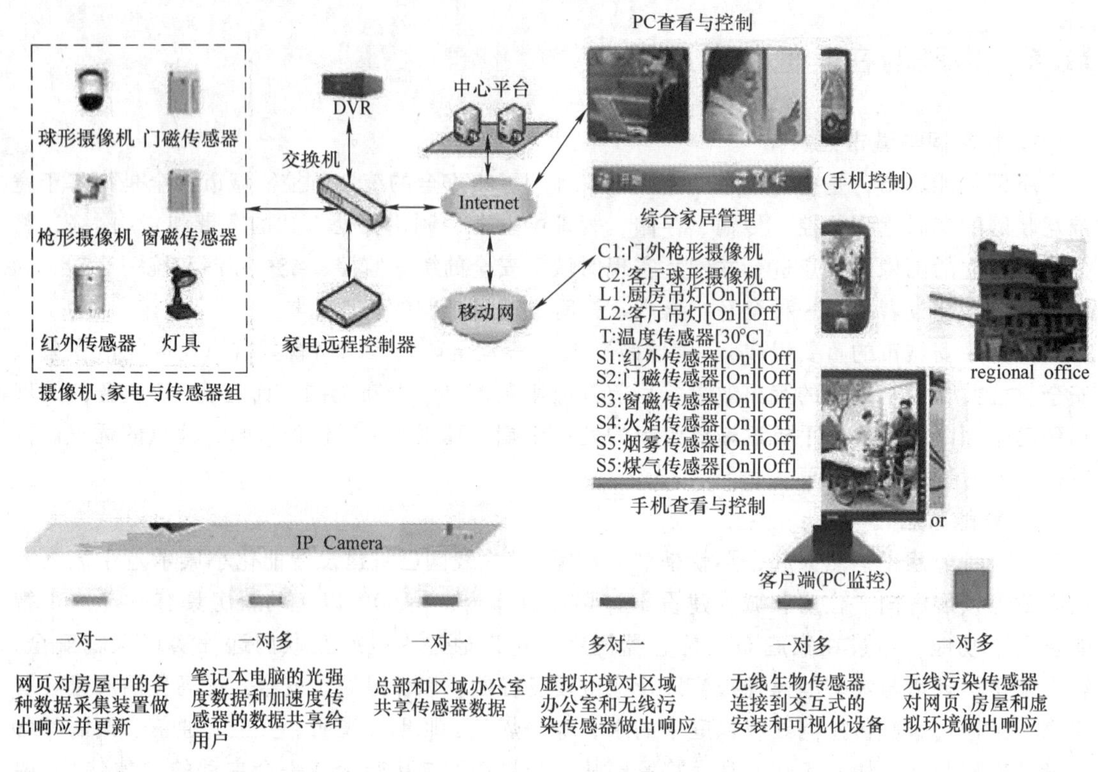

图 11-16 物联网产品应用之平安 e 家系统架构

（2）家居状况实时报警 客厅、厨房、门口等可安装门磁、窗磁、红外、烟雾、煤气等多种传感器。当传感器发现门窗遭破坏、有人闯入、家内起火、煤气泄漏以及摄像机通过移动侦测功能发现可疑人员等情况时，则立即通过平台发送警报给住户手机（警报可为预录制语音、短信、彩信等），住户能够立即了解具体报警类型信息，并可通过客户端观看摄像机拍摄的实时视频状况。

3. RFID 在城市一卡通中的应用

城市一卡通是将城市公用事业统筹考虑，建立城市公共事业管理信息平台的产物。它以 RFID 卡作为信息的载体和接口，使居民在一定区域内持同一张 RFID 卡即能实现身份验证、流动消费支付、存储各类信息等功能；同时通过查询、统计、间接测算、决策分析等，为城市中的个人消费、企业经营及城市管理者的决策提供分析基础和指导依据。

城市一卡通能够提供公用事业的预收费，金融、旅游、医疗等多个领域的快速结算和支付，身份认证和信息存储查询等服务。目前比较成熟的应用有公交、地铁、轻轨、轮渡、出租等公共交通的收费；水、电、气、有线电视、电信等公用事业收费；购物、订票等金融应用；门票、旅游积分等旅游消费；医疗收费、医保待遇、养老待遇等社保管理；加油、加气等油气收费、税控管理。图 11-17 给出了 RFID 电子标签技术在城市服务中各种应用的示例。

4 . RFID 在医疗卫生管理中的应用

医药卫生行业的服务质量直接关系到人们的身体健康，而药品作为治病救人的特殊商品，与患者的生命直接相关，绝对不能出错。RFID 技术目前已经在医疗卫生管理中开始得到应用，可以实现对药品、医疗器械、患者、医生，以及对医疗信息的跟踪、记录和监控。

图 11-17 RFID 电子标签技术在城市服务中的各种应用

欧盟的部分国家已经开始在医疗卫生管理中试用 RFID 系统。

（1）RFID 在患者管理中的应用　患者的 RFID 卡记录了患者姓名、年龄、性别、血型、病史、过敏史、亲属姓名、联系电话等基本信息。患者就诊时只要携带 RFID 卡，所有对医疗有用的信息就直接显示出来，不需要患者自述、医生反复录入，避免了信息的不准确和人为操作的错误。

住院患者可以使用一种特制的腕式 RFID 电子标签，其中记录了其医疗信息和治疗方案，医生和护士可以随时通过 RFID 读写器了解患者的治疗情况。如果将 RFID 电子标签与医学传感器相结合，患者的生命状态，如心跳、脉搏、心电图等信息定时记录到 RFID 电子标签中，医生和护士可以随时通过 RFID 读写器了解患者的生理状态的变化，为及时治疗创造条件，如图 11-18 所示。

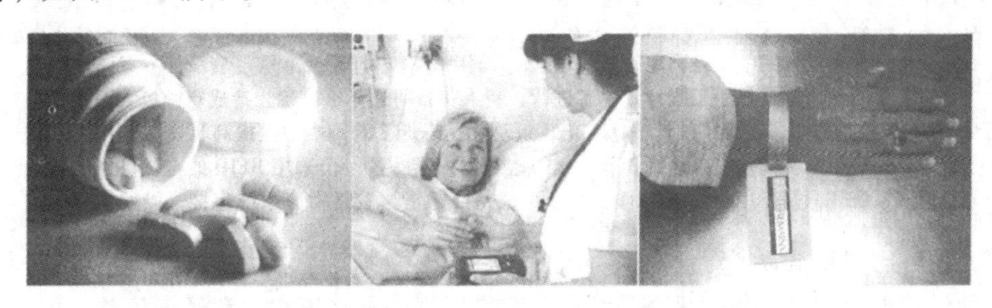

图 11-18 RFID 在药品与病人治疗过程中的应用

（2）RFID 在手术器械管理中的应用　在外科手术管理中，美国俄亥俄州哥伦布儿童医院在将 RFID 用于心脏手术管理方面做出了非常有益的尝试。心脏手术过程非常复杂，需要涉及的人与器械非常多，医院必须对各种手术所需要的器械、工具预先采购，并放置在指定的位置。对于医院来说，这就需要由多人、花很大的精力，精确地管理手术器械和工具，任何工作中的失误都有可能导致非常严重的后果。哥伦布儿童医院安装了 13 台智能橱柜，橱柜中安装了 RFID 读写器，用于管理橱柜中存放带有 RFID 电子标签的心脏支架、导管、止血带与手术常用的器械等。每一次手术之前，工作人员根据医院数据库了解手术主刀医生、患者、手术内容，准备手术所需要的设备、器械所在的位置、规格与数量。手术之前、手术之中和手术之后若出现了任何与预案不同的问题，系统立即会报警提示，这样可以减少心脏手术中出现错误的可能性。目前，美国、英国、日本等很多国家和地区都开展了 RFID 电子标签在医疗（包括血液制品和药品）在生产、流通、患者服用过程中应用的尝试。

5. RFID 在航空行李托运中的应用

新西兰航空公司应用 RFID 技术在 2008 年 11 月实现了自动化登机流程。美国针对恐怖分子常利用非随身行李安置炸弹以破坏飞机的攻击手法，早在 1997 年就将 RFID 技术引入国际机场，实现对国际航线旅客的旅行路线、行李确认、搜寻、检验的跟踪管理。RFID技术在全球航空产业已广泛用于旅客、行李、货物、维修与资产管理，以及旅客护照、行李条形码、登机证、行李跟踪、航空货物、机场资产、人员、交通、维修与免税品等管理之中，覆盖了航空业的货运、货柜、地勤、装备、运输、仓储、飞机维修等领域。如图11-19所示。

图11-19　RFID电子标签在航空行李托运中的应用

6. RFID在商业流通领域中的应用

RFID在商业流通领域中的应用前景已经被人们所认识。国际知名的大型零售业巨头沃尔玛就是一个成功的案例。2003年6月19日，在美国芝加哥召开的"零售业系统展览会"上，沃尔玛宣布将采用RFID技术以取代条形码，因而成为第一个在零售业正式宣布采用RFID的企业。沃尔玛公布了从条形码过渡到RFID的时间表，如果沃尔玛货源的供应商们在2008年还达不到这一要求，就可能失去为沃尔玛供货的资格。能坐上零售业的头把交椅，沃尔玛的成功秘诀之一是搭建高效物流体系，以保证竞争中的成本优势。作为沃尔玛历史上最年轻的CIO凯文·特纳，曾说服公司创始人山姆·沃顿建立了全球最大的移动计算网络，并推动沃尔玛引进RFID技术。RFID计划实施成功，沃尔玛供应链管理超前领先一大步。RFID技术可以即时获得准确的信息流，完善物流过程中的监控，减少物流过程中不必要的环节及损失，降低供应链各个环节上的安全存货量和运营资本。同时，通过实现对最终销售的监控，及时地获得消费者对商品消费的现状数据，根据积累的数据做出科学的需求预测，从而帮助沃尔玛及时调整和优化商品结构，获得更高的顾客满意度和经济效益。图11-20给出了RFID电子标签在商场与超市中的应用。

图11-20　RFID电子标签在商场与超市中的应用

7. RFID在食品安全与流通中的应用

近年来，食品安全事故频发已经引起各国人民的高度重视。美国和欧盟等发达国家和地区要求对出口到当地的食品必须能够进行跟踪和追溯。食品供应链包括食品生产前期、中期和后期。食品生产前期包括种子、饲料的生产环节，中期是粮食种植生产环节，而后期包括粮食分级、包装、加工、存储与销售等环节。因此，食品安全实际上涉及"从农田到餐桌"的全过程。而RFID技术应用于食品安全中已经取得了很好的效果。如欧盟的食品可追溯系统主要用于牛肉的生产与流通领域，保证了生产过程中动物个体的详尽资料，提高了监管的透明度与正确性。澳大利亚要求在饲养的羊和牛的耳朵上都夹上带有 RFID 电子标签的耳标，从而可以通过畜牧标识追溯信息系统，保持了作为食品的牛、羊从生长到屠宰、加工、包装以及销售信息的跟踪，以实现对食品安全的全过程监管。图 11-21 给出了用于各种动物的 RFID 电子标签。

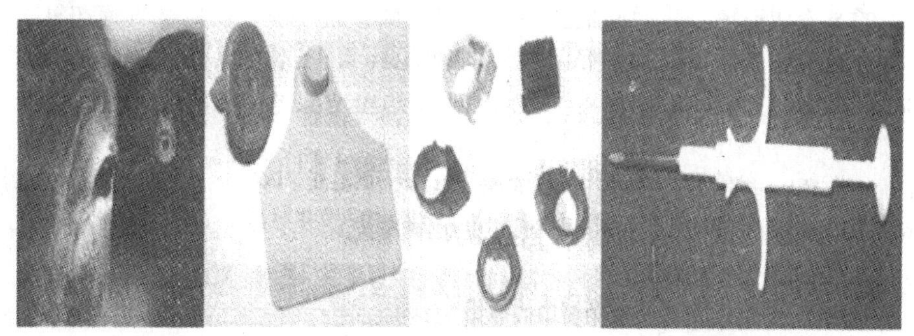

挂有RFID电子标签的牛　用于牛的RFID电子标签　用于禽类的RFID电子标签　用于植入动物体内的RFID电子标签与工具

图 11-21　用于各种动物的 RFID 电子标签

我国在奥运会期间为了保证奥运食品的安全，建立了由政府牵头、相关企业参加的食品安全保障体系，为奥运会运动员使用的大米、面粉、食油、肉类与乳制品增加了 RFID 电子标签，以实现对食品的种植、生产、加工、运输与销售的全过程跟踪和监控。

8. RFID 在危险品管理中的应用

凡是在装卸、运输、保管与使用过程中存在爆炸、燃烧、腐蚀、放射性与有毒危险的物品都属于危险品。危险品对于社会安全、人身与财产安全有着重大的影响。因此，人类一直在研究危险品在装卸、运输、保管与使用过程中的安全管理问题，而 RFID 电子标签在危险品管理中显示出特有的优势。以我国目前的危险品管理为例，从大型的液化气与燃油储存罐、运送燃油和化工原料的移动油罐车，到家用的液化气钢瓶，危险品的管理异常困难，存在着数量不清、位置不明、状态了解不准，以及安全责任难以落实等问题。同时，有一些危险品人不易靠近，使用环境复杂，普通的打钢号、条形码应用都难以实现，因此很多国家都投入巨资，研究如何应用 RFID 电子标签技术来管理危险品从生产、装卸、运输、使用到报废处理全过程的实时数据采集、传输、处理与报警，以减少事故发生的可能性。NASA 下属机构正在执行 ChemSecure 项目，此项目是在美国国防部基于 Web 的有害材料管理系统（HMMS）数据库上集成了 RFID 和传感器技术，自动实时管理有害材料，如有害材料的使用、运送、跟踪和存储。图 11-22 给出了 RFID 电子标签在危险品储存与流通过程中的应用。

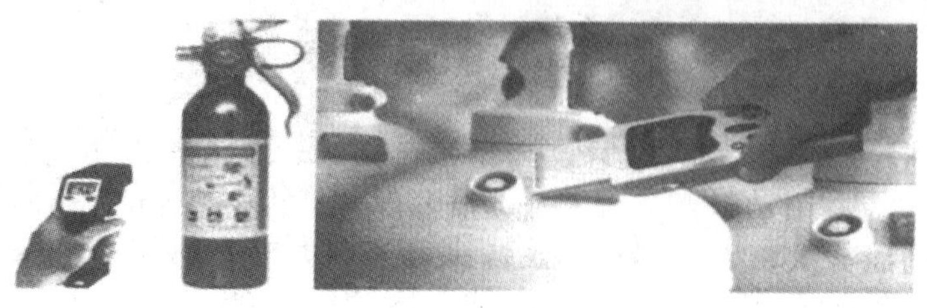

图 11-22　RFID 电子标签在危险品管理中的应用

11.7　物联网技术的应用前景

1. 物联网应用面临的问题

虽然物联网被预计将普遍在物流、供应链领域起到重大作用，但从目前国内应用状况来看，对于人的身份认证还是物联网最主要的应用领域，而物流、供应链方面仍然“雷声大、雨点小”。这是因为目前制约其发展的主要问题有 RFID 产品的价格、性能、标准、政策、先导者、隐私这六个方面，它们决定了物联网在中国应用的深度、广度等各个层面。

（1）价格　价格决定了 RFID 在各个行业应用的广度。成本居高不下阻碍了 RFID 在物流管理方面的应用，搭建 RFID 系统需要的初期投资较大，而作为消耗器材的电子标签，其成本仍然在几个美分的量级，还没有低到可以附着较低价值产品上的程度，这阻碍了 RFID 在超市等大规模物流行业的应用。

（2）性能　性能决定了 RFID 在具体行业的应用深度。目前，RFID 系统在性能方面尚存在若干难点，主要包括对金属、玻璃、高含水物体的识别准确率，复杂环境下的持续识别准确率，多电子标签同时识别的并发准确率，后台数据处理能力等。性能上存在的缺陷使 RFID 系统的优越性能以发挥，这些难点的解决程序与进度，直接关系到 RFID 技术对其应用行业的影响程度。

（3）标准　标准决定了 RFID 在应用中对产业链的整合程度。RFID 通用标准的制定问题日益成为焦点，由于目前国内尚无 RFID 的国家标准，因此 RFID 的应用很难跨供应链环节展开。只有各技术标准解决了一致性问题，RFID 应用才能贯穿产业链的各个环节，发挥其最大的作用。

标准的制定关系到知识产权的归属，直接决定了国内企业在 RFID 市场上的话语权。从世界范围来看，RFID 统一标准的制定问题日益成为焦点，EPC、ISO、UIC 等主要标准之间的竞争日趋激烈。中国既是制造业中心，也是具有广阔市场的消费大国，在全球供应链中占据着重要地位，但现在仍未制定相应的标准，因此成为各方短兵相接的前沿阵地。因此，中国标准的制定，不但会对 RFID 的国内应用产生直接影响，对其在世界范围内的发展也有着重要意义。相关部门应重视我国 RFID 标准的确立问题，以中国广阔的市场为依托，在全球统一标准确定的博弈过程中加强话语权，尤其应注重自主知识产权的确立，力争在这一产业的发展中争取到最大利益。

此外，目前企业由于担心自身采用的 RFID 系统与即将出台的标准不符，造成过高的重置成本，因此对在内部供应链实施 RFID 也存在顾虑。

（4）政策　政府的职能正由传统的管理型向服务型转变，这对身份认证、物品辨识、交通管理、危险物品控制等方面的工作范围与工作效率提出了更高的要求，RFID 成为政府部门提高效率、建立现代化管理体系的手段之一。

政府的推动也成为我国 RFID 市场发展与产业链完善的重要因素。目前中国市场上的 RFID 应用相当大一部分都是由政策推动的。以第二代身份证为代表的政府应用不但拓展了我国 RFID 市场，同时也带动了配套产业的进步，有助于完善 RFID 产业链，为其进一步发展提供了条件。

（5）先导者　对很多产业来讲，RFID 新技术要在应用上打开突破口，先导者对市场具有重要的推进作用，具体表现如下：

1）率先进入市场的应用者会起到示范作用，增强一部分企业应用 RFID 的信心。

2）先导者可以促使供应链的上下游关联企业应用 RFID。

3）先导者可以通过应用 RFID 提高效率、降低成本，在所处的市场上形成一定的竞争优势，从而推动竞争对手采用 RFID。

（6）隐私　RFID 可以提供商品与个人信息，这在提供便利的同时也造成了隐私泄露的潜在问题。我国公众的个人意识越来越强烈，公众对个人隐私泄露的担忧会延缓 RFID 在某些方面的应用。

此外，RFID 在应用中普遍存在上游投资而下游受益的现象，投资者与受益者不一致也阻碍了双方的合作，如沃尔玛公司强推 RFID 受阻，主要是因为这需要供应商投入大量成本，但不能给他们带来相应的回报。因此，产业链上下游创立协同联盟，构建合理的利益转移机制是解决这一问题的办法之一。

2. 市场前景

虽然 RFID 技术在应用中依然存在一些问题，分析家们依然认为 RFID 具有巨大的市场潜力和广阔的市场发展空间。

华尔街的分析师认为，RFID 技术所独有的优势，最终将在全球形成一个巨大的产业，RFID 技术市场将在未来 5 年内达到数百亿美元的市场空间。据了解，2007 年零售领域使用的 RFID 电子标签数量为 2.25 亿个，2008 年需要 3.25 亿个 RFID 电子标签。同时，报告推断，到 2018 年 RFID 市场的容量将达到目前规模的 5 倍，随着更加廉价的电子标签的出现和相关设备的安装，市场上将有更多的产品应用 RFID 电子标签。仅中国 2009 年 RFID 电子标签的消耗量就有近 30 亿个，中国的 RFID 市场规模正在迅速扩大。我国已经是世界第三大贸易大国，年外贸进出口额已经超过 10000 亿美元，大量中国制造的产品远销世界各地，进入世界零售领域。根据买方市场的要求，RFID 在中国的推进势在必行。中国标准化协会的 EPC 和“物联网”应用标准化工作组曾对中国的 RFID 应用市场作了相关调查和分析，调查的主要对象是 2003 年中国 500 强企业。工作组首席科学家陈十一说：“调查工作组预计在未来的 RFID 电子标签的使用上，中国（每年）大概需要 30 亿个以上的 RFID 电子标签。其中，电子消费品将需要 8300 万个电子标签；香烟产品将需要 8 亿个电子标签；酒类产品将需要 1.3 亿个电子标签；IT 产品大概需要 13 亿～14 亿个电子标签。”

易观国际（Analysys International）推出的《中国 RFID 市场发展专题报告 2005》研究发现，尽管 RFID 在近两年才成为市场的热点，但实际上 RFID 于 20 世纪 80 年代就已经开始发展起来，在中国市场上，RFID 在低频及高频的应用已经相对成熟。2004 年中国 RFID 市场已经有超过 12 亿元人民币的市场规模，其中，电子标签的市场规模就占据了 9.33 亿元人民币的市场规模；2005 年第二季度中国 RFID 市场规模已经达到 2.26 亿元人民币，超过 2004 年同期一倍以上，显示出我国 RFID 市场迅速增长的态势。2009 年，物联网热浪席卷中国，在进入微纳传感领域比较早的无锡市建立中国的传感网中心，早一点谋划未来，早一点攻破核心技术，抢占传感网技术和产业制高点。以新能源、物联网传感网技术、新材料、生命科学、空间与海洋探索等为重点的产业规划，强调要“以国际视野和战略思维来选择与发展新兴战略性产业”。要着力突破传感网、物联网关键技术以及早部署后 IP 时代相关技术研发，使信息网络产业成为推动产业升级、迈向信息社会的“发动机”。在“两化融合”

“感知中国”“中国制造2025”的国家战略背景下，物联网发展受到了政府、产业、资本等各层面的高度关注。

11.8 本章小结

本章主要介绍了当前物联网的行业应用及应用中所用到的技术。通过介绍物联网在停车场管理、车辆自动识别和物流业的应用，展现了RFID、WSN等多种物联网技术融合在一起的典型应用模式。随着社会信息化程度的提高，科学技术的进步，尤其是在众多商家的大力推动下，RFID技术的应用将会渗透到社会生活的方方面面，它将具有广阔的发展前景。

习题

11-1 简述智能停车管理系统的特点。

11-2 RFID在停车场管理上的应用意义是什么？

11-3 停车场管理流程设计包括哪些内容？

11-4 简述车辆自动识别系统的组成、功能与特点以及应用与特点。

11-5 列举物联网的相关应用。

第 12 章　物联网基础实验

物联网作为一种新的信息传播方式，它可以让尽可能多的物品与网络实现时间、地点的连接，从而对物体进行识别、定位、追踪、监控，进而形成智能化的解决方案，这就是物联网带给人们的生活方式。本章内容以蓝牙技术和 RFID 技术为基础介绍几个与物联网相关的基础实验。通过该实验的训练可以使读者更深入地掌握物联网关键技术。

12.1　无线射频识别实验

本节介绍采用专用 IC 设计的 RFID 实验套件，以及利用该实验套件开展的射频卡序列号读取、存储区读写实验。

12.1.1　RFID 实验套件简介

本书 RFID 实验所采用的阅读器电路由 NXP 公司生产的 MFRC522 非接触式集成读写芯片及外围电路构建，应答器（IC 卡）采用 S50 卡，阅读器控制板采用 Cortex-M3 内核的微控制器作为主控。RFID 实验套件的实物与原理框图如图 12-1 和图 12-2 所示。

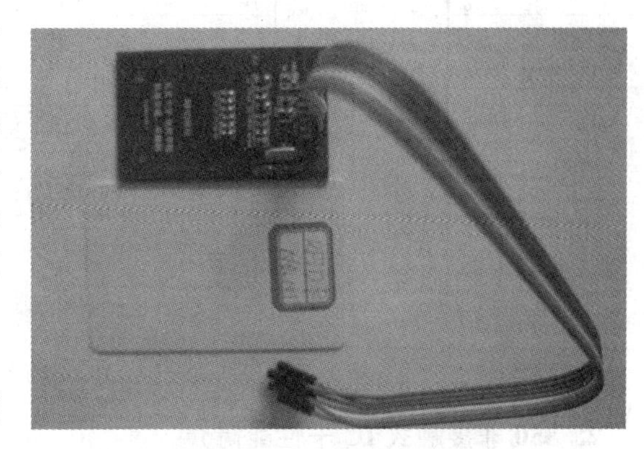

图 12-1　RFID 实验套件实物

1. 阅读器性能简介

（1）主要指标　阅读器电路由 NXP 公司生产的 MFRC522 非接触式集成读写芯片及外围电路构建。MFRC522 芯片是专门用于驱动与 ISO/IEC 14443A 卡片或其他有源设备进行通信的读写芯片，工作频率为 13.56MHz。接收器部分提供一个功能强大、高效的解调和译码电路，用来处理兼容 ISO 14443A/MIFARE ® 的卡和应答机的信号。数字电路部分处理完整的 ISO 14443A 帧和错误检测（奇偶 &CRC）。MFRC522 支持 MIFARE ® Classic（如 MIFARE ® 标准）器件，支持 MIFARE ® 更高速的非接触式通信，双向数据传输速率高达 424kbit/s。MFRC522 具有三种接口方式可方便地与任何 MCU 通信：SPI 模式、UART 模式、I^{2}C 模式。甚至可以通过 RS-232 或 RS-485 通信方式直接与 PC 相连，因此主控板设计具有前所未有的灵活性。

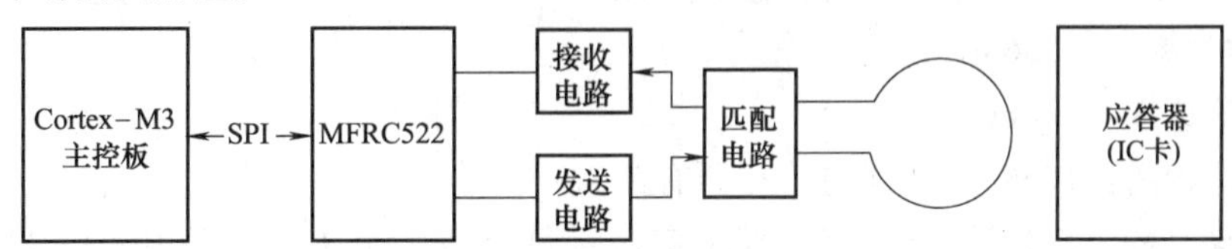

图 12-2　RFID 实验套件原理框图

（2）工作原理 MFRC522射频阅读器在主控板的控制下，通过天线向射频卡发送无线载波信号，这些信号通过射频卡的天线耦合接收后先进行波形转换，然后对其整流滤波，由电压调节模块对电压进行进一步处理，包括稳压等操作，最终输出到射频卡上的各级电路。射频卡通过自身的调制/解调电路对载波信号进行调制/解调，处理后的信号送到射频卡上的控制器以供控制及处理。数据处理完毕后，射频卡通过天线向MFRC522返回载波信号，MFRC522也通过自身的调制/解调电路来对这些载波信号进行处理。通过这样一个通信回路，MFRC522就可以对射频卡的存储区进行数据读写操作。

由于射频卡本身是无源体，当阅读器对卡进行读写操作时，读写模块发出的信号由两部分叠加组成，一部分是电源信号，信号由卡接收后，与其本身的L/C电路产生谐振，产生一个瞬间能量来供给芯片工作。另外一部分则是载波数据信号，实现数据的传输。MFRC522阅读器的外围电路中也包含了射频信号发射天线电路，电路原理如图12-3所示。

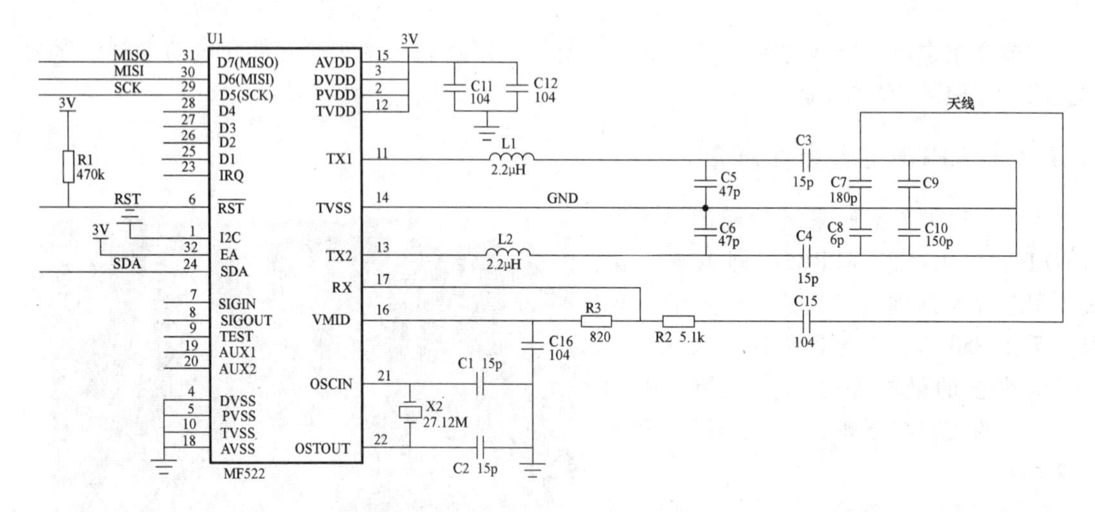

图12-3 MFRC522阅读器电路原理

2. S50非接触式IC卡性能简介

（1）主要指标

1）容量为8KbitEEPROM。

2）分为16个扇区，每个扇区为4块，每块16个字节，以块为存取单位。

3）每个扇区有独立的一组密码及访问控制。

4）每张卡有唯一序列号，为32位。

5）具有防冲突机制，支持多卡操作。

6）无电源，自带天线，内含加密控制逻辑和通信逻辑电路。

7）数据保存期为10年，可改写10万次，读无限次。

8）工作温度：-20℃～50℃（湿度为90%）。

9）工作频率：13.56MHz。

10）通信速率：106bit/s。

11）读写距离：10cm以内（与读写器有关）。

（2）存储结构 S50射频卡分为16个扇区，每个扇区由4块（块0～块3）组成，将

16 个扇区的 64 个块按绝对地址编号为 0 ~ 63，存储结构如图 12-4 所示。

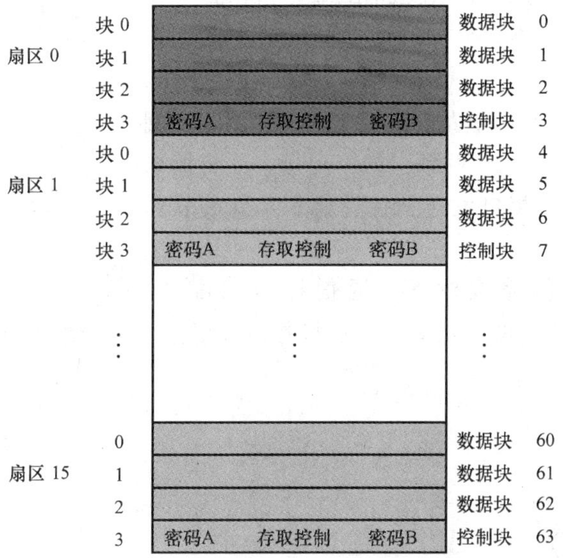

	块 0		数据块	0
扇区 0	块 1		数据块	1
	块 2		数据块	2
	块 3	密码A　存取控制　密码B	控制块	3
	块 0		数据块	4
扇区 1	块 1		数据块	5
	块 2		数据块	6
	块 3	密码A　存取控制　密码B	控制块	7
	⋮	⋮	⋮	
	0		数据块	60
扇区 15	1		数据块	61
	2		数据块	62
	3	密码A　存取控制　密码B	控制块	63

图 12-4　S50 射频卡存储结构图

S50 射频卡存储区中第 0 扇区的块 0（即绝对地址 0 块）用于存放厂商代码，已经固化，不可更改。每个扇区的块 0、块 1、块 2 为数据块，可用于存储数据，通常用作数据保存，可以进行读、写操作。每个扇区的块 3 为控制块，包括了密码 A、存取控制、密码 B。每个扇区的密码和存取控制都是独立的，可以根据实际需要设定各自的密码及存取控制。存取控制为 4 个字节，共 32 位，扇区中的每个块（包括数据块和控制块）的存取条件是由密码和存取控制共同决定的。

（3）工作原理　卡片的电气部分由一个天线和 ASIC 组成。卡片的天线是只有几组绕线的线圈，很适于封装到 ISO 卡片中。卡片的 ASIC 由一个高速（106KB 波特率）的 RF 接口、一个控制单元和一个 8KbitEEPROM 组成。

当阅读器向 S50 射频卡发一组固定频率的电磁波时，卡片内有一个 *LC* 串联谐振电路，其频率与读写器发射的频率相同，在电磁波的激励下，*LC* 谐振电路产生共振，从而使电容内有了电荷。在这个电容的另一端，接有一个单向导通的电子泵，将电容内的电荷送到另一个电容内储存，当所积累的电荷达到 2V 时，此电容可作为电源为其他电路提供工作电压，将卡内数据发射出去或接收阅读器发送来的数据。

12.1.2　射频卡序列号读取实验

全球标准编码委员会给予每个 RFID 厂商分配一定的序列号区段，且 RFID 厂商是不能生产相同序列号的 RFID 芯片，如有违反，厂商将面临巨额的罚款以及制裁，此外全球唯一的序列号是固化在芯片内部不可以更改的，保证每张 RFID 应答卡片拥有全球唯一的序列号。应答卡序列号的唯一性在现实中具有重要的应用价值，本实验完成对射频卡序列号的读取。

1. 实验要求

利用实验套件中的主控板控制 MFRC522 阅读器实现对 S50 射频卡序列号的读取。

2. 实验目的

1）掌握通过SPI接口对MFRC522阅读器的操作方法。

2）掌握S50射频卡序列号存储区读取方法。

3. 实验指导

本实验使用单片机实验板的SPI接口与MFRC522阅读器进行数据通信，读取S50射频卡的序列号，并将读取到的序列号通过RS-232接口发送至计算机。实验的软件流程如图12-5所示。

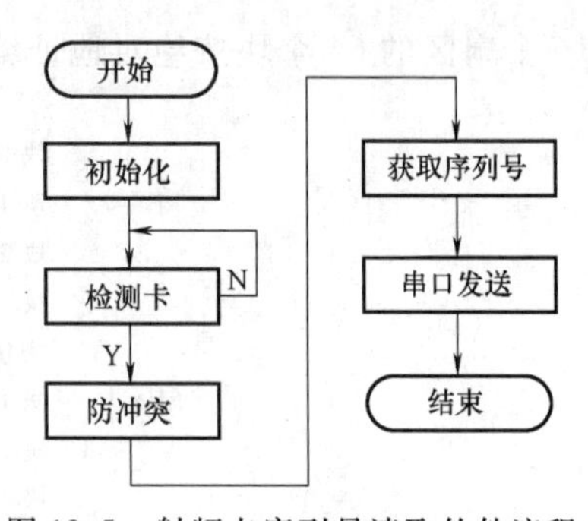

图12-5 射频卡序列号读取软件流程

其中，初始化操作完成对SPI通信接口的配置、MFRC522芯片复位操作、阅读器天线使能操作以及射频卡类型配置操作，程序代码如下。

```
void InitRc522(void)
{
  SPI2_Init();
  PcdReset();
  PcdAntennaOff();
  PcdAntennaOn();
  M500PcdConfigISOType('A');
}
```

检测卡函数的实现程序代码如下：

```
char PcdRequest(u8   req_code,u8  * pTagType)
{
    char   status;
    u8   unLen;
    u8   ucComMF522Buf[MAXRLEN];
    ClearBitMask(Status2Reg,0x08);
    WriteRawRC(BitFramingReg,0x07);
    SetBitMask(TxControlReg,0x03);
    ucComMF522Buf[0] = req_code;
    status = PcdComMF522(PCD_TRANSCEIVE,ucComMF522Buf,1,ucComMF522Buf,
&unLen);
    if ((status = =MI_OK) && (unLen = =0x10))
  {
        * pTagType      =ucComMF522Buf[0];
        * (pTagType +1) =ucComMF522Buf[1];
  }
  else
  {  status  = MI_ERR;  }
    return status;
```

```
}
```

防冲突函数的实现程序代码如下：

```
char PcdAnticoll(u8  * pSnr)
{
    char   status;
    u8   i,snr_check =0;
    u8   unLen;
    u8   ucComMF522Buf[ MAXRLEN ];
    ClearBitMask( Status2Reg,0x08) ;
    WriteRawRC( BitFramingReg,0x00) ;
    ClearBitMask( CollReg,0x80) ;
    ucComMF522Buf[ 0 ]= PICC_ANTICOLL1;
    ucComMF522Buf[ 1 ]= 0x20;
     status = PcdComMF522 ( PCD_TRANSCEIVE, ucComMF522Buf, 2, ucComMF522Buf,
&unLen) ;
    if (status = = MI_OK)
{
        for (i =0; i<4; i+ +)
{
     * (pSnr + i)    = ucComMF522Buf[ i ];
    snr_check ^= ucComMF522Buf[ i ];
}
if (snr_check ! = ucComMF522Buf[ i ])
{   status = MI_ERR;      }
}
SetBitMask( CollReg,0x80) ;
return status;
}
```

检测序列号读取成功标志位并通过串口打印射频卡的序列号的程序代码如下：

```
if (status = = MI_OK)
{
printf( " ID:%02x %02x %02x %02x\n" ,SN[0],SN[1],SN[2],SN[3]); //发送卡号
}
```

12.1.3 射频卡存储区读写实验

射频卡存储区用于存放与该卡片相关的用户信息，存储区可以被擦写和读取，本实验完成对射频卡存储区的读写操作。

1. 实验要求

利用实验套件中的 MFRC522 阅读器实现对 S50 射频卡存储区的读写操作。

2. 实验目的

1）掌握 MFRC522 阅读器的操作方法。

2）掌握 S50 射频卡用户存储区数据的读写方法。

3. 实验指导

本实验使用单片机实验板的 SPI 接口与 MFRC522 阅读器进行数据通信，对 S50 射频卡的数据存储区进行读写操作，并将读取到的序列号通过 RS-232 接口发送至计算机。实验的软件流程如图 12-6 所示。

其中初始化、检测卡和防冲突操作与前一个实验相同，不同的是选卡、写存储区和读存储区几个操作。

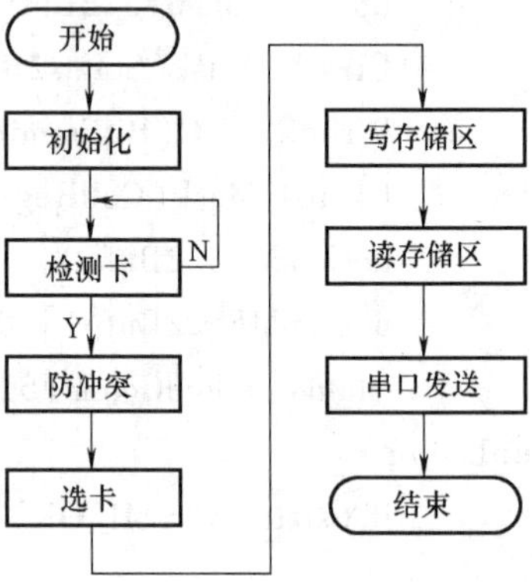

图 12-6 射频卡存储区读写软件流程

选卡函数实现程序代码如下：

```
char PcdSelect(u8  * pSnr)
{
    char   status;
    u8   i;
    u8   unLen;
    u8   ucComMF522Buf[MAXRLEN];
    ucComMF522Buf[0]= PICC_ANTICOLL1;
    ucComMF522Buf[1]=0x70;
    ucComMF522Buf[6]=0;
    for (i =0; i<4; i+ +)
  {
    ucComMF522Buf[i +2]= * (pSnr + i);
    ucComMF522Buf[6]  ^= * (pSnr + i);
  }
  CalulateCRC(ucComMF522Buf,7,&ucComMF522Buf[7]);
  ClearBitMask(Status2Reg,0x08);
  status  = PcdComMF522(PCD_TRANSCEIVE,ucComMF522Buf,9,ucComMF522Buf,&unLen);

    if ((status = =MI_OK) && (unLen = =0x18))
  {  status = MI_OK;  }
    else
  {  status = MI_ERR;    }
    return status;
}
```

写数据到射频卡函数实现程序代码如下：

```
char PcdWrite(u8  addr,u8  * p )
{
    char  status;
```

```
        u8   unLen;
        u8   i,ucComMF522Buf[MAXRLEN];
        ucComMF522Buf[0]= PICC_WRITE;
        ucComMF522Buf[1]= addr;
        CalulateCRC(ucComMF522Buf,2,&ucComMF522Buf[2]);
        status = PcdComMF522 ( PCD _ TRANSCEIVE, ucComMF522Buf, 4, ucComMF522Buf,
&unLen);
        if ((status ! =MI_OK) || (unLen ! = 4) || ((ucComMF522Buf[0] & 0x0F) ! =
0x0A))
      {  status = MI_ERR;  }
        if (status = = MI_OK)
      {
          //memcpy(ucComMF522Buf, p , 16);
          for (i =0; i<16; i + +)
          {
            ucComMF522Buf[i]= * (p +i);
          }
       CalulateCRC(ucComMF522Buf,16,&ucComMF522Buf[16]);
          status = PcdComMF522(PCD_TRANSCEIVE,ucComMF522Buf,18,ucComMF522Buf,
&unLen);
          if ((status ! =MI_OK) || (unLen ! = 4) || ((ucComMF522Buf[0] & 0x0F) !
= 0x0A))
          {  status = MI_ERR;  }
        }

       return status;
   }
```

从射频卡中读取数据函数实现程序代码如下：

```
   char PcdRead(u8  addr,u8  * p )
   {
       char  status;
       u8  unLen;
       u8  i,ucComMF522Buf[MAXRLEN];
       ucComMF522Buf[0]  = PICC_READ;
       ucComMF522Buf[1]  = addr;
       CalulateCRC(ucComMF522Buf,2,&ucComMF522Buf[2]);
     status = PcdComMF522(PCD_TRANSCEIVE,ucComMF522Buf,4,ucComMF522Buf,&unLen);
       if ((status = = MI_OK) && (unLen = =0x90))
```

```
//  {   memcpy(p , ucComMF522Buf, 16);   }
    {
        for (i=0; i<16; i++)
            {       * (p +i) = ucComMF522Buf[i];  }
}
    else
    {   status = MI_ERR;   }

    return status;
}
```

成功读取存储区中被写入的数据后，通过串口打印出来，程序代码如下：

```
printf ("%02x", Data [i]);
```

12.1.4 RFID 实验思考及练习

综合前面两节的实验涉及的内容，思考并练习以下实验内容。

利用三套 RFID 实验套件，模拟使用公交卡乘坐地铁。用 MFRC522 阅读器模拟售票机、进站闸机和出站闸机；用 S50 射频卡模拟公交卡。实验要求如下：

1）三至五人为一组，以小组为单位完成。

2）使用三套实验套件，分别模拟售票机、进站闸机、出站闸机。

3）售票机能够对公交卡（用预先写入数据的 S50 射频卡代替）进行充值，也能根据票价方案发售单程票。

4）要求售票机既能够选择金额和数量进行售票，也能够通过选择站点计算出票价，进行售票。

5）售票机和闸机显示的内容全部显示在 LCD 上，也通过串口发送至计算机上显示。

6）进站闸机初始化完毕后显示“请刷卡”。刷卡时显示欢迎语言以及余额，并发出声响，同时带动直流电动机逆时针转动两圈，延时 5s 后电动机顺时针转动两圈，LCD 恢复显示。

7）出站闸机初始化完毕后显示“请刷卡或投入车票”。刷卡时显示扣费及余额，并发出声响。若支付成功，则带动电动机逆时针转动两圈，延时 5s 后电动机顺时针转动两圈；若支付失败，则给出相应提示信息。

8）针对售票机、进站闸机和出站闸机设计容易操作的人机界面，输入可使用键盘或遥控器，输出使用串口和 LCD。

12.2 蓝牙 4.0 BLE 协议栈串口实验

本实验采用自主集成设计的蓝牙 4.0 BLE 开发板以及仿真器，其实物如图 12-7 所示。

协议是一系列的通信标准，通信双方需要共同按照这一标准进行正常的数据发射和接收。协议栈是协议的具体实现形式，通俗点来理解就是协议栈是协议和用户之间的一个接口，开发人员通过使用协议栈来使用这个协议的，进而实现无线数据收发。蓝牙协议栈的体系结构如图8-3所示。

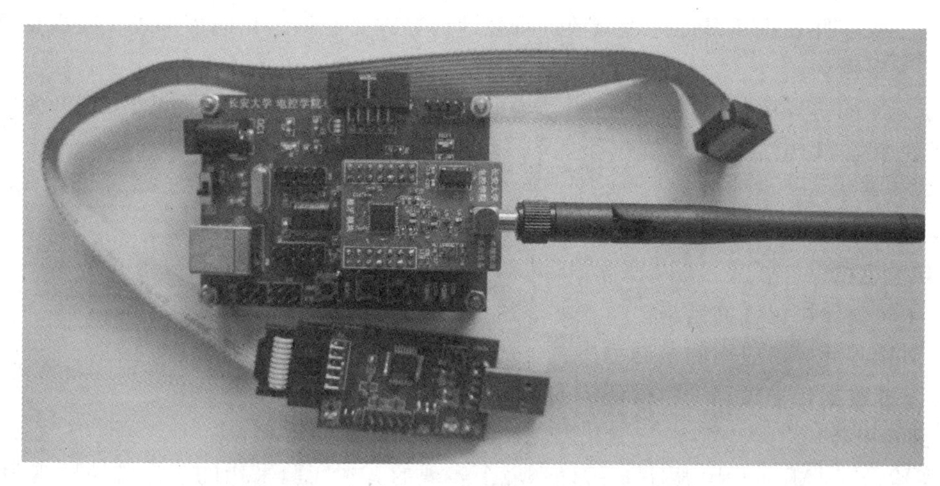

图12-7　蓝牙4.0 BLE开发板及仿真器实物图

任何配置文件和应用程序都是建立在通用访问规范（GAP）和通用属性规范（GATT）协议层上。也就是说编程只需要配置GAP和GATT就可以了。其中，GAP层是直接与应用程序或配置文件（Profiles）通信的接口，处理设备发现和连接相关服务以及处理安全特性的初始化；GATT层定义了使用属性协议（ATT）的服务框架和配置文件的结构。BLE中所有的数据通信都需要经过GATT。

CC2540芯片集成了增强型的8051MCU内核，TI公司为BLE协议栈搭建了一个简单的操作系统，即一种任务轮询机制。它搭建好了系统底层和蓝牙协议深层的内容，而将复杂部分屏蔽掉，这样可以使得用户通过API函数就可以轻易使用蓝牙4.0，便于后续的系统开发。

下面着重介绍一下任务轮询（OSAL）机制的工作原理。

安装完BLE协议栈（BLE-CC254x-1.3.2）之后，会在安装目录下找到SimpleBLECentral和SimpleBLEPeripheral两个文件夹，分别为主机和从机的协议栈基础结构。其中，Peripheral从机可链接，它在单个链路层链接中作为从机；Central主机可以扫描设备并发起链接，它在单链路层或多链路层中作为主机。

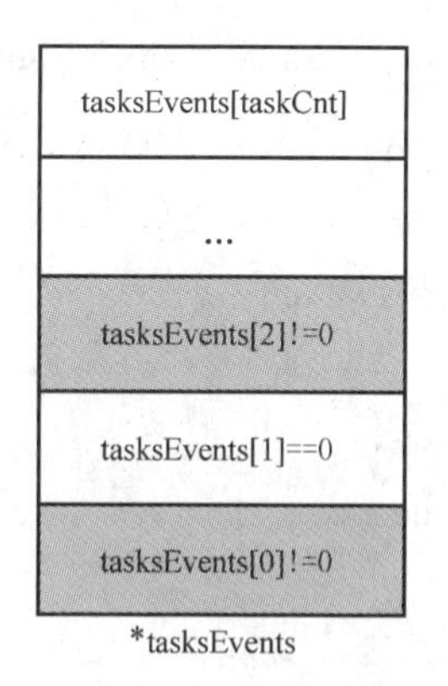

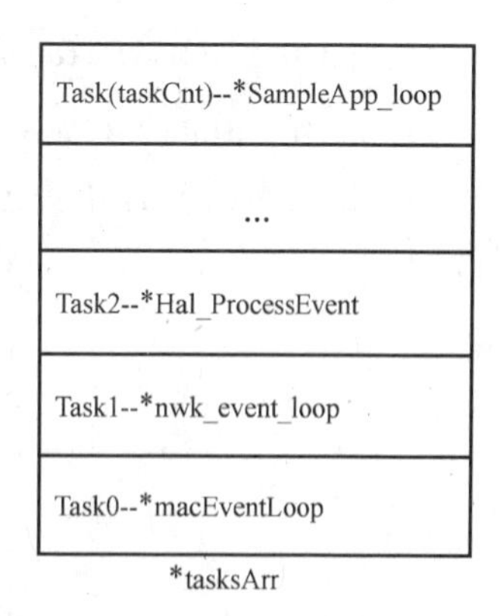

图12-8　事件和函数表的关系

在蓝牙4.0BLE协议栈中，OSAL负责调度各个任务的运行，如果有事件发生了就调用相应的事件处理函数。以下三个变量是至关重要的：① tasksCnt：任务的总个数；② tasksEvents：指针，指向事件表的首地址；③ tasksArr：数组，该数组的每一项都是一个函数指针，指向了事件处理函数。事件和函数表的关系如图12-8所示。

实际上，OSAL的工作原理就是通过tasksEvents指针访问时间表的每一项，如果有事件发生，则查找事件表找到事件处理函数进行处理，处理完后继续访问事件表，查看是否有事件发生，无限循环。

关于蓝牙的协议栈的物理以及逻辑结构如果还有疑问请参考《蓝牙4.0BLE开发完全手册》，或者参考TI网站。

1. 实验要求

学习蓝牙协议栈结构，实现蓝牙协议栈的蓝牙与PC的串口传输实验。

2. 实验目的

1）了解蓝牙协议栈的结构。

2）对比蓝牙串口应用的基础程序，了解蓝牙协议栈串口配置的特点。

3）掌握数据传输过程中数据的流向。

3. 实验指导

本实验是在IAR（8.10版本）编译环境下实现的。本实验采用的蓝牙协议版本为BLE-CC254x-1.3.2。

串口是开发板和电脑交互的一种工具，正确的使用串口是蓝牙开发过程中一个重要的步骤，对蓝牙协议栈的应用有很大的促进作用，使用串口的基本步骤如下：

1）初始化串口，包括波特率，中断等。

2）向发送缓冲区发送数据或从接收缓冲区读取数据。

上述方法是使用串口的常用方法，但是由于蓝牙4.0BLE协议栈的存在，串口的使用略有不同。在蓝牙协议栈中已经实现了串口初始化，所以只需要传递几个参数就可以使用串口了，此外协议站内还实现了串口读写函数。

协议栈中提供的串口操作函数有：

1）uint8 HalUARTOpen（uint8 port，halUARTCfg_t * config）

2）uint16 HalUARTRead（uint8 port，uint8 * buf，uint16 len）

3）uint16 HalUARTWrite（uint8 port，uint8 * buf，uint16 len）

函数定义在如下的目录里：

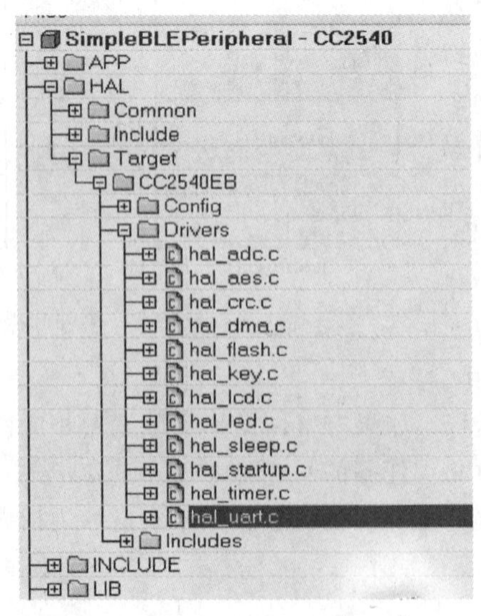

4. 串口发送实验

本实验在使用协议栈提供 simpleBLEPeripheral 工程的基础上对 simpleBLEPeripheral. c 文件进行改动就可以了。在文件内添加串口回调函数程序代码如下：

```
static void NpiSerialCallback( uint8 port, uint8 events)
{
  (void) port;
  uint8 numBytes = 0;
  uint8 buf[128];
  if( events &HAL_UART_RX_TIMEOUT)   //串口有数据
  {
    numBytes = NPI_RxBufLen();               //读出串口缓冲区有多少字节
    if (numBytes)
    {
      //从串口缓冲区读出 numBytes 字节数据
      NPI_ReadTransport( buf, numBytes);
      //把串口接收到的数据再打印出来
      NPI_WriteTransport( buf, numBytes);
      }
    }
}
```

首先在工作空间内添加 NPI 文件，打开 npi. c 文件，其中的 NPI_ InitTransport (npiCBack_ t npiCBack) 配置了串口参数，程序如下：

```
void NPI_InitTransport( npiCBack_t npiCBack)
{
  halUARTCfg_t uartConfig;

  // configure UART
  uartConfig. configured              = TRUE;
  uartConfig. baudRate                = NPI_UART_BR;
  uartConfig. flowControl             = NPI_UART_FC;
  uartConfig. flowControlThreshold= NPI_UART_FC_THRESHOLD;
  uartConfig. rx. maxBufSize          = NPI_UARI_RX_BUF_SIZE;
  uartConfig. tx. maxBufSize          = NPI_UART_TX_BUF_SIZE;
  uartConfig. idleTimeout             = NPI_UART_IDLE_TIMEOUT;
  uartConfig. intEnable               = NPI_UART_INT_ENABLE;
  uartConfig. callBackFunc            = (halUARTCBack_t) npiCBack;

  // start UART
  // Note: Assumes no issue opening UART port.
```

```
    (void)HalUARTOpen(NPI_UART_PORT,&uartConfig);

    return;
}
```

这里配置波特率为115200bit/s，想要修改其他波特率，可以使用go to definition of HAL_ UART_ BR_ 115200选择其他设置。在协议栈中使用了结构体halUARTCfg_ t对串口配置。

在simpleBLEPeripheral. c文件开头调用#include " npi. h" 这样串口初始化函数就配置完成。但还需要对预编译选项进行修改。打开“option” → “C/C + + ” 的 “CompilerPreprocessor”，添加HAL_ UART = TRUE，并将POWER_ SAVING注释掉，否则不能使用串口，修改好的程序代码如下：

```
INT_ HEAP_ LEN = 3072
HALNODEBUG
OSAL_ CBTIMER_ NUM_ TASKS = 1
HAL_ AES_ DMA = TRUE
HAL_ DMA = TRUE

xPOWER_ SAVING
xPLUS_ BROADCASTER
xHAL_ LCD = TRUE
HAL_ LED = FALSE
HAL_ UART = TRUE
```

下载程序即可实现串口与PC的通信。比如，在刚刚添加初始化代码后面加入一条指令：

NPI_ WriteTransport (“Hello World\n”, 12);

连接下载器和USB转串口线，单击下载并调试，可以看到串口助手收到的信息。

5. 实验要点

对回调函数的掌握。回调函数是一个通过函数指针（函数地址）调用的函数，如果把函数的指针（函数地址）作为参数传递给另一个函数，当通过指针调用该函数时，成为回调函数。不仅在串口应用中用到了回调函数，在以后的协议栈开发过程中回调函数也十分重要。

12.3 蓝牙4.0 BLE无线组网实验

一个蓝牙4.0 BLE集中器设备可以同时使多个节点保持网络连接。当网络中的一个节点设备发送完数据之后，断开连接，又可以有新的节点设备加入网络。并且节点设备与集中器设备断开后还可以连接到其他网络中，这样间接增加了网络中的设备数量。网络拓扑结构如图12-9所示。

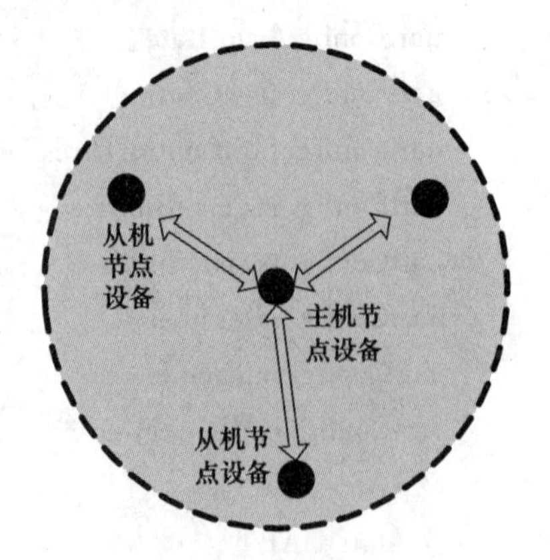

图12-9 网络拓扑结构

1. 实验要求

使用蓝牙4.0搭建网络结构，实现星形拓扑结构的网络组建。

2. 实验目的

1）使用三个蓝牙节点组成蓝牙无线网络；

2）掌握蓝牙模式的设置方法。

3. 实验指导

（1）主机节点设置　主机节点的设置主要修改 SimpleBLECentral 文件，首先将串口设置的内容添加到程序中，具体过程参照前一个实验。程序代码如下：

```
uint16 SimpleBLECentral_ProcessEvent (uint8 task_id,uint16 events)
{
  VOID task_id; // OSAL required parameter that isn't used in this function
  if (event s& SYS_EVENT_MSG)
  {
    uint8 * pMsg;
    if ((pMsg = osal_msg_receive(simpleBLETaskId))! =NULL)
    {
    simpleBLECentral_ProcessOSALMsg((osal_event_hdr_t * )pMsg);
```

调用 simpleBLECentral_ProcessOSALMsg((osal_event_hdr_t *)pMsg)进行按键事件处理。其中函数内容如下所示，其中 simpleBLECentral_HandleKeys《((keyChange_t *)pMsg)- >state,((keyChange_t *)pMsg)- >keys)为按键的处理函数。

```
static void simpleBLECentral_ProcessOSALMsg(osal_event_hdr_t * pMsg)
{
  switch(pMsg→event)
  {
    case KEY_CHANGE:
      simpleBLECentral_HandleKeys(((keyChange_t * ) pMsg) → state, ((keyChange_t * )
pMsg)→keys);
      break;
    case GATT_MSG_EVENT;
      simpleBLECentralProcessGATTMsg((gattMsgEvent_t * )pMsg);
      break;
    }
}
```

simpleBLECentral_HandleKeys 函数的内容如下：

```
static void simpleBLECentral_HandleKeys(uint8 shift,uint8 keys)
{
  (void)shift; // Intentionally unreferenced parameter
    if (keys&HAL_KEY_SW_1)   // s1 按键扫描广告设备
    {
      if(! simpleBLEScanning)
```

```
        {
          simpleBLEScanning = TRUE;
          simpleBLEScanRes = 0;
            LCD_WRITE_STRING("Discover....",LAL_LCD_LINE_1);
            LCD_WRITE_STRING("XXXXX",HAL_LCD_LINE_2);
            GAPCentralRole_StartDiscovery(DEFAULT_DISCOVERY_MODE,DEFAULT_DISCOV-
                                          ERY_ACTIVE_SCAN, DEFAULT_DISCOVERY_
                                          WHITE_LIST);
        }
        else
        {
        GAPCentralRole_CancelDiscovery();
        }
if (keys&HAL_KEY_SW_2)  //S2 按键,选择要与之连接的设备
{
  if(! simpleBLEScanning && simpleBLEScanRes >0)
  {
            simpleBLEScanIdx + +;
            if(simpleBLEScanIdx > = simpieBLEScanRes)
            {
            simpleBLEScanIdx = 0;
            }
     LCD_WRITE_STRING_VALUE("Divice",simpleBLEScanIdx + 1,10,HAL_LCD_LINE_1);
     LCD_WRITE_STRING(bdAddr2Str(simpleBLEDevList[simpleBLEScanIdx].addr),HAL_
LCD_KINE_2);
  }
  if (keys & HAL_KEY_SW_2)  //S2 按键,与设备进行连接
  {
     uint8 addrType;
     uint8 * peerAddr;
     if(simpleBLEScanRes >0)
     {
         peerAddr = simpleBLEDevList[simpleBLEScanIdx].addr;
         addrType = simpleBLEDevList[simpleBLEScanIdx].addrType;
         GAPCentralRole_EstablishLink(DEFAULT_LINK_HIGH_DUTY_CYCLE,DEFAULT_
                                      LINK_WHITE_LIST,addrType,peerAddr);
     LCD_WRITE_STRING("Connect",HAL_LCD_LINE_1);
     LCD_WRITE_STRING(bdAddr2Str(peerAddr),HAL_LCD_LINE_2);
  }
```

```
}
```

当主机设备扫描广播状态设备或发出建立连接请求时，GAP状态发生了改变，调用GAP回调函数处理，程序代码如下：

```
static void simpleBLECentralEventCB(gapCentralRoleEvent_t * pEvent)
{
                          ⋮
case GAP_DEVICE_INFO_EVENT;//处理扫描发现的设备信息
  {
    //if filtering device discovery results based on service UUID
    if (DEFAULT_DEV_DISC_BY_SVC_UUID = =TRUE)
    {
      if (simpleBLEFindSvcUuid(SIMPLEPROFILE_SERV_UUID,pEvent→deviceInfo.
                        pEvtData,pEvent- > deviceInfo. dataLen))
      {
          simpleBLEAddDeviceInfo(pEvent- > deviceInfo. addr,pEvent- > deviceInfo.
                        addrType);
        LCD_WRITE_STRING("advdevice_add",HAL_LCD_LINE_3);
        LCD_WRITE_STRING(bdAddr2Str(pEvent- > deviceInfo. addr),HAL_LCD
                        _LINE_4);
      //串口输出广告设备地址
      }
    }
  }
                          ⋮
case GAP_LINK_ESTABLISHED_EVENT://建立连接
{
  if (pEvent- > gap. hdr. status = =SUCCESS)
  {
   uint8 buf[9];//开辟一个缓冲区
   simpleBLEState = BLE_STATE_CONNECTED;
   simpleBLEConnHandle = pEvent- > linkCmpl. connectionHandle;
   simpleBLEProcedureInProgress = TRUE;
   //If service discovery not performed initiate service discovery
   if(simpleBLECharHd1 = =0)
   {
     osal_start_timerEx(simpleBLETaskId,START_DISCOVERY_EVT,DEFAULT_SVC_DIS-
                  COVERY_DELAY);
   }
   osal_memcpy(buf,"connected",9);
```

```
HalUARTWrite(0,buf,9);//串口输出广告设备地址
osal_memset(buf,0,9);
HalLedSet (HAL_LED_1,HAL_LED_MODE_ON);//开 LED
LCD_WRITE_STRING("Connected",HAL_LCD_LINE_1);
```

从机设置在广播状态保持不变。

（2）组网实例测试　将蓝牙设备通过串口线连接到计算机，设置波特率等，按下 Key1 按键，串口显示“Device Found 3”发现三个节点，按下 Key2 中可与其中一个进行连接，该设备串口显示“connected”，再按下 Key1，扫描广播设备串口显示“Device Found 2”发现两个节点，按下 Key2 中可与其中另一个进行连接，设备串口显示“connected”重复该过程直至将三个设备全部加入网络。此时，主机同时与三个节点设备保持连接状态。

12.4　基于蓝牙的温度采集系统实验

借助蓝牙技术，准确而有效地检测并监测多目标的相关参数是物联网的重要功能之一。本实验以温度采集为应用背景来说明蓝牙技术在物联网应用开发中的具体实现过程。

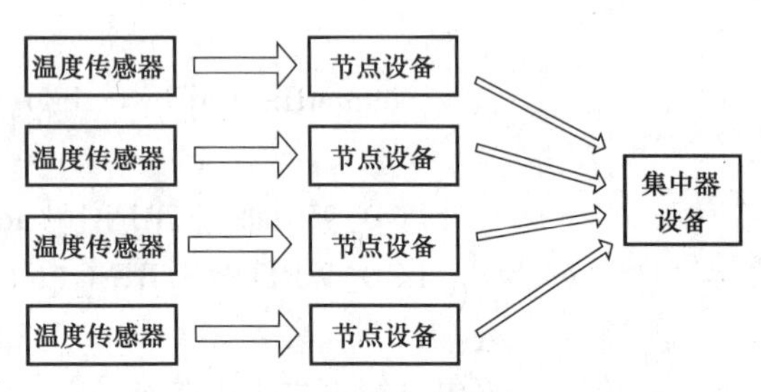

图 12-10　温度采集系统结构

温度传感器将采集到的温度数据存放到节点设备属性表的特性中，然后通过无线的方式将这些数据传送到集中设备节点上。该系统中的温度传感器可选用 SHT1X 或 DS18B20 等器件，系统结构如图 12-10 所示。

1. 实验要求

实现蓝牙网络一主多从模式的温度采集系统。

2. 实验目的

1）掌握蓝牙连接与断开的操作。

2）掌握蓝牙的数据传输设置规则。

3）实现 SHT1X 系列温度传感器的应用。

3. 实验指导

（1）节点设备编程　节点设备编程主要需要在协议栈的基础上添加温度传感器的应用程序以及数据发送程序。应用层的事件处理函数代码如下：

```
uint16 SimpleBLEPeripheral_ProcessEvent( uint8 task_id, uint16 events )
{ ……
      if ( events & SBP_PERIODIC_EVT )                    //周期性事件任务
{
    if ( SBP_PERIODIC_EVT_PERIOD )
    {
    osal_start_timerEx( simpleBLEPeripheral_TaskID, SBP_PERIODIC_EVT, SBP_PERI-
                        ODIC_EVT_PERIOD );
```

```
    }
    performPeriodicTask( );  //周期性采集数据
    return (events ^ SBP_PERIODIC_EVT);
}
```

1)周期检测函数代码如下:

```
static void performPeriodicTask( void)
{
  uint8 valueToCopy;
  uint8 stat;
  uint8 charValue7[SIMPLEPROFILE_CHAR7_LEN];
  stat = SimpleProfile_GetParameter( SIMPLEPROFILE_CHAR3,&valueToCopy);
  unit8 tempValue,himidityValue;
  DHT11_TEST( );      //使能温度传感器
              ……
```

2)温度采集数据处理部分程序代码如下:

```
T[0] = wendu_shi +48;
T[1] = wendu_ge +48;
HalUARTWrite(0,"temp = ",5);
HalUARTWrite(0,T,2);
HalUARTWrite(0," ",1);
H[0] = shidu_shi +48;
H[1] = shidu_ge +48;
HalUARTWrite(0,"humidity = ",9);
HalUARTWrite(0,H,2);
HalUARTWrite(0,"\n",1);
```

3)数据发送程序代码如下:

```
SimpleProfile_SetParameter(SIMPLEPROFILE_CHAR7, SIMPLEPROFILE_CHAR7_LEN,
                           charValue7);
tempValue = wendu_shi * 10 + wendu_ge;
himidityValue = shidu_shi * 10 + shidu_ge;
webeesensorProfile_SetParameter(WEBEESENSORPROFILE_TEMP, sizeof(uint8),
                                &tempValue);
webeesensorProfile_SetParameter(WEBEESENSORPROFILE_HUMIDITY, sizeof(uint8),
                                &himidityValue);
```

(2) 集中器编程 集中器需要注册接受节点数据即可,在这里通过循环断开和连接数据实现多个节点的数据采集任务。在GATT消息处理函数中处理接收到的通知。程序代码如下:

```
static void simpleBLECentral_ProcessOSALMsg( osal_event_hdr_t * pMsg)
{
```

```
    switch(pMsg->event)
    {
      case KEY_CHANGE:
        simpleBLECentral_HandleKeys(((keyChange_t *)pMsg)->state,((keyChange_
                                    t *)pMsg)->keys);
        break;
      case GATT_MSG_EVENT:
        simpleBLECentralProcessGATTMsg((gattMsgEvent_t *)pMsg);
        break;
      case SERIAL_MSG:
        simpleBLEPeripheral_HandleSerial((mtOSALSerialData_t *)pMsg);
        break;
    }
}
```

集中器使用串口实现数据选择性采集，使用 simpleBLEPeripheral_ HandleSerial 可实现该功能。程序代码如下：

```
  static void simpleBLEPeripheral_HandleSerial(mtOSALSerialData_t * cmdMsg)
{
  uint8 i,len, * str = NULL;   //len 有用数据长度 0~255
  uint8 CMD;
  uint8 CMD1;   //
  str = cmdMsg->msg;                //指向数据开头
  len = * str;                      //msg 里的第 1 个字节代表后面的数据长度
  /********打印出串口接收到的数据,用于提示**********/
  for(i=0;i<=len;i++)
  HalUARTWrite(0,str+i,1);
 HalUARTWrite(0,"\n",1);
  CMD = str[1];
  if(CMD=='1')
  {
  //Start or stop discovery 开始或停止设备扫描
  ……
  if (CMD=='4')
  {
    uint8 addrType;
    uint8 *peerAddr;
    if(len==2)
    {
    CMD1 = sit[2]-48;//把数字字符转换为实际的数字,用于指示连接设备的编号
```

```
        simpleBLEScanIdx = CMD1;
    //Connect or disconnect      连接或断开连接
    if (simpleBLEState = = BLE_STATE_IDLE)
    {
      //if there is a scan result
        if (simpleBLEScanRes > 0)
        {
          //connect to current device in scan result
          peerAddr = simpleBLEDevList[ simpleBLEScanIdx]. addr;
          addrType = simpleBLEDevList[ simpleBLEScanIdx]. addrType;
          simpleBLEState = BLE_STATE_CONNECTING;
          GAPCentralRole_EstablishLink( DEFAULT_LINK_HIGH_DUTY_CYCLE,DEFAULT_
                                      LINK_WHITE_LIST,addrType,peerAddr);
          uint8 ValueBuf[2];
    gattPrepareWriteReq_t req;
    rep. handle = 0x0039;
    req. len = 2;
    ValueBuf[0] = 0x01;
    ValueBuf[1] = 0x00;
    req. offset = 0;
    req. pValue = osal_msg_allocate(2);
    osal_memcpy( req. pValue, ValueBuf,2);
    GATT_WriteLongCharValue( simpleBLEConnHandle,&req,simpleBLETaskId);//使能通知
        }
      }
    else if( simpleBLEState = = BLE_STATE_CONNECTING||simpleBLEState = = BLE_STATE_
          CONNECTED)
    {
      //disconnect 断开连接
      simpleBLEState = BLE_STATE_DISCONNECTING;
      gStatus = GAPCentralRole_TerminateLink( simpleBLEConnHandle);
      LCD_WRITE_STRING( "Disconnecting",HAL_LCD_LINE_1);
       HalLedSet( HAL_LED_3,HAL_LED_MODE_OFF);
    }
  }
}
```

通过按键使能数据接收。

```
    static void simpleBLECentral_HandleKeys( uint8 shift,uint8 keys)
{
```

```
  (void)shift;  //  Intentionally unreferenced parameter
  if (keys & HAL_KEY_SW_1)
  {
    //HalUARTWrite(0,"KEYK1\n",7);
    /* 使能通知 Char7 */
    uint8 ValueBuf[2];
    gattPrepareWriteReq_t   req;
    rep.handle = 0x0039;
    rep.len = 2;
    ValueBuf[0] = 0x01;
    ValueBuf[1] = 0x00;
    req.offset = 0;
    req.pValue = osal_msg_aollocate(2);
    osal_memcpy(req.pValue,ValueBuf,2);
    GATT_WriteLongCharValue(simpleBLEConnHandle, &req.simpleBLETaskId);
    //HalUARTWrite(0,"Enable   Notice\n",14);
}
```

4. 温度采集系统测试

分别下载程序，集中器串口接收到‘1’扫描广播节点，‘2’显示广播节点的地址，串口接收‘40’接受第一个地址的温度数据，串口再次接收到‘40’断开节点，串口接收‘41’接受第一个地址的温度数据，串口再次接收到‘41’断开节点，循环采集所有蓝牙节点的温度数据。

通过完成以上物联网实验，为以后的相关工作打下良好研发基础。

参 考 文 献

[1] 吴功宜 . 智慧的物联网 [M]. 北京：机械工业出版社，2010.

[2] 宁焕生，王炳辉 . RFID 重大工程与国家物联网 [M]. 北京：机械工业出版社，2008.

[3] 游战清，李苏剑 . 无线射频识别技术（RFID）理论与应用 [M]. 北京：电子工业出版社，2004.

[4] Mitch Tulloch，Ingrid Tulloch. 网络百科全书 [M]. 邓云佳，译 . 北京：科学出版社，2003.

[5] Finkenzeller K. 无线射频识别技术（RFID）[M]. 陈大才，等译 . 北京：电子工业出版社，2004.

[6] 于海斌，等 . 智能无线传感器网络系统 [M]. 北京：科学出版社，2006.

[7] 周贤伟，等 . 无线传感器网络与安全 [M]. 北京：国防工业出版社，2007.

[8] 倪金生，等 . 数字城市 [M]. 北京：电子工业出版社，2008.

[9] Peter Fingar. 云计算：21 世纪的商业平台 [M]. 王灵俊，译 . 北京：电子工业出版社，2009.

[10] AutoID Labs homepage. http：//www. autoidlabs. org/.

[11] International Telecommunication Union，Internet Reports 2005：The Internet of things [R]. Geneva：ITU，2005.

[12] Commission of the European communities，COM（2009）278 final. Internet of things—an action plan for Europe，Brussels [EB/OL].（2009 - 06 - 18）[2010 - 05 - 12]. http：//ec. europa. eu/information_society/policy/rfid/documents/commiot2009. pdf.

[13] DUQUENNOY S，GRIMAUD J J G. VANDEWALLE. Smews：smart and mobile embedded Web Server [C]. International Conference on Complex，Intelligent and Software Intensive Systems，2009.

[14] PUJOLLE G. An autonomic - oriented architecture for the Internet of Things [C]. IEEE John Vincent Atanas off 2006 International Symposium on Modern Computing，2006.

[15] GUSTAVO R G，MARIO M O，CARLOS D K. Early infrastructure of an internet of things in spaces for learning [C]. Eighth IEEE International Conference on Advanced Learning Technologies，2008.

[16] AMARDEO C，SARMA，J G. Identities in the future internet of things [C]. Wireless Personal Communications，2009.

[17] AKYILDIZ L F，et al. Wireless sensor networks：A survey [J]. Computer Networks，2002（1）.

[18] STANKOVIC J A. Real - time communication and coordination in embedded sensor networks [R]. Proceedings of the IEEE，2003（7）.

[19] YAN B，HUANG G W. Application of RFID and internet of things in monitoring and anti - counterfeiting for products [C]. International Seminar on Business and Information Management，2008.

[20] SHA LUI，GOPALAKR ISHNAN S，LIU XUE，et al. Cyber - Physical systems：a new frontier [C]. 2008 IEEE International Conference on Sensor Networks：Ubiquitous and Trustworthy Computing，2008.

[21] WOLFW. Cyber - physical Systems [J]. Computer，2009（3）.

[22] EASWARAN A，LEE INSUP. Compositional schedule ability analysis for cyber - physical systems [J]. SIGBED Review，2008（1）.

[23] TAN YING，GODDARD S，PEREZ L C. A prototype architecture for cyber - physical systems [J]. SIGBED Review，2008（1）.

[24] PRESIDENT'S COUNCIL OF ADVISORS ON SCIENCE AND TECHNOLOGY. Leadership Under Challenge：Information Technology R&D in a Competitive World，An Assessment of the Federal Networking and Information Technology R&D Program [EB/OL]. http：//ostp. gov/pdf/nitrd review. pdf.

[25] Wong C Y. Integration of Auto - id Tagging System With Holonic Manufacturing Systems [C]. White Article，

Auto - id Labs, University of Cambridge, 2001.

[26] Cooper J, James A. Challenges for Database Management in the Internet of Things [C]. IETE Technical Review, 2009.

[27] CONTI P. The Internet of Things [J]. Communications Engineer, 2006, 4 (6): 20 - 25.

[28] ROLFHW, ROMANAW. Internet of Things [M]. New York: Springer - Verlag Berlin Heidelberg, 2010.

[29] WELBOURNE E, BATTLE L, COLE G, et al. Building the Internet of Things Using RFID: The RFID Ecosystem Experience [J]. Internet Computer, 2009, 13 (3): 48 - 55.

[30] YIXiao - lin, JIA Zhi - gang, CHENNan - zhong, et al. The Research and Implementation of ZigBee Protocol - Based Internet of Things Embedded System [C] //IEEC 2010 2nd International Symposium on Information Engineering and Electronic Commerce (IEEC). IEEC, 2010: 1 - 4.

[31] KORTUEM G, KAWSAR F, FITTON D, et al. Smart objects as building blocks for the Internet of things [J]. Internet Computer, 2010, 14 (1): 44 - 51.

[32] TAN Lu, WANG Neng. Future internet: The Internet of Things [C] //ICACTE 2010 3rd International Conference on Advanced Computer Theory and Engineering. Chengdu: ICACTE, 2010, 5: 376 - 380.

[33] KOSHIZUKA N, SAKAMURA K. Ubiquitous ID: Standards for Ubiquitous Computing and the Internet of Things [J]. Pervasive Computing, 2010, 9 (4): 98 - 101.

[34] OLESHCHUK V. Internet of things and privacy preserving technologies [C] // 2009 1st International Conference on Wireless Communication, Vehicular Technology, Information Theory and Aerospace& Electronic Systems Technology. Aalborg WIRELESSVITAE, 2009: 336 - 340.

[35] MIAO Yun, BU Yu - xin. Research on the architecture and key technology of Internet of Things (IoT) applied on smart grid [C] //ICAEE 2010 International Conference on Advances in Energy Engineering (ICAEE). Beijing: ICAEE, 2010, 69 - 72.

[36] MICHAHELLES F, KARPISCHEK S, SCHMIDT A. What Can the Internet of Things Do for the Citizen? Workshop at Pervasive 2010 [J]. Pervasive Computing, 2010, 9 (4): 102 - 104.

[37] 韩国信息通信．韩国计划至2012年构建“物联网”基础设施 [EB/OL]. (2009 - 12 - 04) [2010 - 05 - 18]. http: //www. c114. net/news/17/a450913. html.

[38] European Research Projects on the Internet of Things (CERP - IoT) Strategic Research Agenda (SRA). Internet of things—strategic research roadmap [EB/OL] (2009 - 09 - 15). http: //ec. europa. eu/information_society/policy/rfid/documents/in_cerp. pdf.

[39] Commission of the European communities, Internet of Things in 2020, EPoSS, Brussels [EB/OL]. (2008) [2010 - 05 - 12]. http: //www. umic. pt/images/stories/publica coes2/Internet - of - Things in 2020_EC - EPoSS_Works hop _Report_2008_v3. pdf.

[40] Cisco UCS has Arrived.... http: //healthitguy. wordpress. com/2009/10/30/cisco - ucs - has - arrived/.

[41] Nehalem Memory with Catalina. http: //rodos. haywood. org/2009/06/ nehalem - memory - with - catalina. html.

[42] Aaron Delp. Introduction to Nehalem Memory. http: //blog. scottlowe. org/2009/05/ 11/introduction - to - nehalem - memory/.

[43] Cisco Extended Memory Whitepaper. http: //www. ciscosystems. com/ en/US/prod/collateral/ps10265/ps10280/ps10300/white_paper_c11 - 525300. pdf.

[44] Optimizing the Performance of IBM System x and BladeCenter Servers using Intel Xeon 5500 Series Processors. ftp: //ftp. software. ibm. com/common/ ssi/sa/wh/n/xsw03025usen/ XSW03025USEN. PDF.

[45] Matt Stansberry. Ramen noodles or data center cabling disaster? . http: //serverspecs. blogs. techtarget. com/2008/01/28/ramen - noodles - or - data - center - cabling - disaster/.

[46] Nehalem - EX 将发布 X86 上攻关键计算市场 . http: //tech. sina. com. cn/b /2010 - 03 - 31/

09051298754. shtml.

[47] Cisco Nexus 1000v: Technical Preview. http: //www. vmworld. com/docs/ DOC - 2926.

[48] Cisco VN - Link: Virtualization - Aware Networking. http: //www. cisco. com/en/US/ solutions/collateral/ ns340/ns517/ns224/ns892/ns894/white_paper_c11 - 525307_ ps9902_Products_White_Paper. html.

[49] A Platform Built for Server Virtualization: Cisco Unified Computing System. http: //www. cisco. com/en/US/ prod/collateral/ps10265/ps10276/white_paper_c11 - 555663_ps10280_Products_White_Paper. html.

[50] Unified Computing Deep Dive Overview. http: //www. ciscoknowledgenetwork. com/register. php? area = dc&action = download_q_a&target = virtualization/ documents/12 - UCS_Technical_WebEx_Session_1_Final. ppt.

[51] James Hamilton. Private Clouds Are Not The Future. http: //perspectives. mvdirona. com/2010/01/17/PrivateCloudsAreNotTheFuture. aspx.

[52] Dmitry Sotnikov. Cloud Computing: ain't electricity - it's a supermarket. http: //cloudenterprise. info/ 2009/09/25/cloud - computing - aint - electricity - its - a - supermarket/.

[53] Ho, Ricky. Cloud Security Considerations. http: //www. horicky. blogspot. com/ 2009 /05/cloud - security - considerations. html.

[54] Katasonov Artem, Kaykova Olena, Khriyenko Oleksiy, Nikitin Sergiy, Terziyan Vagan. Smart semantic middleware for the internet of things. ICINCO 2008 - Proceedings of the 5th International Conference on Informatics in Control, Automation and Robotics, 2008, v ICSO: 169 - 178.

[55] Zorzi Michele, Gluhak Alexander, Lange Sebastian, Bassi Alessandro. From today's INTRAnet of things to a future INTERnet of things: A wireless - and mobility - related view. IEEE Wireless Communications, 2010, 17 (6): 44 - 51.

[56] Welbourne Evan, Battle Leilani, Cole Garret, Gould Kayla, Rector Kyle, Raymer Samuel, Balazinska Magdalena, Borriello Gaetano. Building the internet of things using RFID: The RFID ecosystem experience. IEEE Internet Computing, 2009, 13 (3): 48 - 55.

[57] Kortuem Gerd, Kawsar Fahim. Market - based user innovation in the internet of things. 2010 Internet of Things, 2010.

[58] Spiess Patrik, Karnouskos Stamatis, Guinard Dominique, Savio Domnic, Baecker Oliver, Souza Luciana Moreira Sά De, Trifa Vlad. Soa - based integration of the internet of things in enterprise services. 2009 IEEE International Conference on Web Services, ICWS 2009: 968 - 975.

[59] De Leusse Pierre , Periorellis Panos, Dimitrakos Theo, Nair Srijith K. Self managed security cell, a security model for the internet of things and services. 2009 1st International Conference on Advances in Future Internet, AFIN 2009: 47 - 52.

[60] Alam Sarfraz, Noll Josef. A semantic enhanced service proxy framework for internet of things. 2010 IEEE/ACM International Conference on Green Computing and Communications, GreenCom 2010, 2010 IEEE/ACM International Conference on Cyber, Physical and Social Computing, CPSCom 2010: 488 - 495.

[61] Khoo Benjamin. RFID - From tracking to the internet of things: A review of developments. 2010 IEEE/ACM International Conference on Green Computing and Communications, GreenCom 2010, 2010 IEEE/ACM International Conference on Cyber, Physical and Social Computing, CPSCom 2010: 533 - 538.

[62] Castellani Angelo P, Gheda Mattia, Bui Nicola, Rossi Michele, Zorzi Michele. Web services for the Internet of things through CoAP and EXI. IEEE International Conference on Communications, 2011, 2011 IEEE International Conference on Communications Workshops.

[63] Evdokimov Sergei, Fabian Benjamin, Kunz Steffen, Schoenemann Nina. Comparison of Discovery Service architectures for the Internet of Things. SUTC 2010 - 2010 IEEE International Conference on Sensor Networks, Ubiquitous, and Trustworthy Computing, UMC 2010 - 2010 IEEE International Workshop on Ubiquitous and

Mobile Computing, 2010: 237 - 244.

[64] Sarma Amardeo C, Girão João. Identities in the future internet of things. Wireless Personal Communications, 2009, 49 (3): 353 - 363.

[65] Evdokimov Sergei, Fabian Benjamin, Günther Oliver, Ivantysynova Lenka, Ziekow Holger. RFID and the Internet of Things: Technology, applications, and security challenges. Foundations and Trends in Technology, Information and Operations Management, 2011, 4 (2): 105 - 185.

[66] Sensors, networks and internet of things: Research challenges in health care. Kumara Soundar, Cui LiYing, Zhang Jie. ACM International Conference Proceeding Series, 2011, Proceedings of the 8th International Workshop on Information Integration on the Web, II Web 2011.

[67] Schneider Michael, Kröner Alexander, Stephan Peter, Plötz Thomas, Kawsar Fahim, Kortuem Gerd. Digital object memories in the internet of things workshop (DOME - IoT 2010). Proceedings of the 2010 ACM Conference on Ubiquitous Computing, 2010: 527 - 530.

[68] Chaves Leonardo Weiss Ferreira, Decker Christian. A survey on organic smart labels for the Internet - of - Things. 7th International Conference on Networked Sensing Systems, 2010: 161 - 164.

[69] Ubiquitous ID: Standards for ubiquitous computing and the internet of things. Koshizuka Noboru, Sakamura Ken. IEEE Pervasive Computing, 2010, 9 (4): 98 - 101.

[70] Iera Antonio, Floerkemeier Christian, Mitsugi Jin, Morabito Giacomo. The Internet of things. IEEE Wireless Communications, 2010, 17 (6): 8 - 9.

[71] IGNACIO HUIRCAN J, MUNOZ C, YOUNG H, et al. ZigBee - based wireless sensor network localization for cattle monitoring in grazing fields [J]. Computers and Electronics in Agriculture, 2010, 74 (2): 258 - 264.

[72] BURGESS S S O, KRANZ M L, TURNER N E, et al. Harnessing wireless sensor technologies to advance forest ecology and agricultural research [J]. Agricultural and Forest Meteorology, 2010, 150 (1).

[73] ZHENG L, LI M, WU C, et al. Development of a smart mobile farming service system [J]. Mathematical and Computer Modelling, 2010, In Press, Corrected Proof: 1 - 10.

[74] COLLIER T C, KIRSCHEL A, TAYLOR C E. Acoustic localization of antbirds in a Mexican rainforest using a wireless sensor network [J]. JOURNAL OF THE ACOUSTICAL SOCIETY OF AMERICA, 2010, 128 (1): 182 - 189.

[75] LOPEZ RIQUELME J A, SOTO F, SUARDIAZ J, et al. Wireless Sensor Networks for precision horticulture in Southern Spain [J]. Computers and Electronics in Agriculture, 2009, 68 (1): 25 - 35.

[76] NADIMI E S, SOGAARD H T. Observer Kalman filter identification and multiple - model adaptive estimation technique for classifying animal behaviour using wireless sensor networks [J]. COMPUTERS AND ELECTRONICS IN AGRICULTURE, 2009, 68 (1): 9 - 17.

[77] GREEN O, NADIMI E S, BLANES - VIDAL V, et al. Monitoring and modeling temperature variations inside silage stacks using novel wireless sensor networks [J]. Computers and Electronics in Agriculture, 2009, 69 (2): 149 - 157.

[78] MATESE A, DI GENNARO S F, ZALDEI A, et al. A wireless sensor network for precision viticulture: The NAV system [J]. COMPUTERS AND ELECTRONICS IN AGRICULTURE, 2009, 69 (1): 51 - 58.

[79] HE H M, ZHU Z H, MAKINEN E. A Neural Network Model to Minimize the Connected Dominating Set for Self - Configuration of Wireless Sensor Networks [J]. IEEE TRANSACTIONS ON NEURAL NETWORKS, 2009, 20 (6): 973 - 982.

[80] NADIMI E S, SOGAARD H T, BAK T, et al. ZigBee - based wireless sensor networks for monitoring animal presence and pasture time in a strip of new grass [J]. COMPUTERS AND ELECTRONICS IN AGRICULTURE, 2008, 61 (2): 79 - 87.